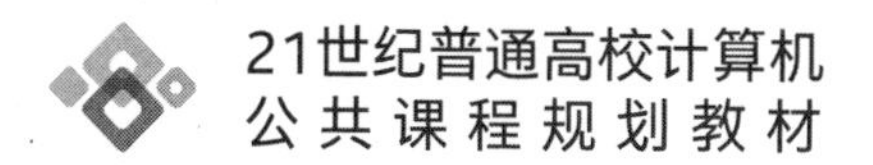

计算机网络管理技术及应用

张成文 主编

清華大学出版社
北京

内容简介

本书将计算机网络管理基础理论和计算机网络管理典型应用结合在一起，帮助读者熟悉计算机网络管理的内容和原理。本书的前半部分主要介绍了计算机网络及网络管理的相关原理，内容主要包括计算机网络的分类、计算机网络的硬件部分、计算机网络的体系结构、交换机基本工作原理、路由器基本工作原理、局域网技术、TCP/IP、网络管理系统、SNMP(Simple Network Management Protocol，简单网络管理协议)原理等，而后半部分从实践出发，将众多实用的计算机网络管理技术应用进行了分类，主要介绍了路由器与交换机模拟器、网络设备配置维护、MAC地址与IP地址维护、网络链路诊断、服务器状态监测、网络监测、数据包捕获与协议分析、网络监控、网络性能测试等内容。

本书不仅可以作为计算机科学与技术、网络工程、通信工程、信息工程、自动化等相关专业本科生及计算机与信息类专业研究生的教材和教学参考书，也可以作为计算机网络管理技术人员的参考书和培训资料。

图书在版编目(CIP)数据

计算机网络管理技术及应用/张成文主编. —北京：清华大学出版社，2020.4 (2025.1 重印)
21世纪普通高校计算机公共课程规划教材
ISBN 978-7-302-51087-1

Ⅰ. ①计… Ⅱ. ①张… Ⅲ. ①计算机网络管理－高等学校－教材 Ⅳ. ①TP393.07

中国版本图书馆CIP数据核字(2018)第195635号

责任编辑：黄　芝
封面设计：刘　键
责任校对：时翠兰
责任印制：宋　林

出版发行：清华大学出版社
网　　址：https://www.tup.com.cn，https://www.wqxuetang.com
地　　址：北京清华大学学研大厦A座　　**邮　　编**：100084
社 总 机：010-83470000　　**邮　　购**：010-62786544
投稿与读者服务：010-62776969，c-service@tup.tsinghua.edu.cn
质量反馈：010-62772015，zhiliang@tup.tsinghua.edu.cn
课件下载：https://www.tup.com.cn，010-83470236
印 装 者：三河市龙大印装有限公司
经　　销：全国新华书店
开　　本：185mm×260mm　　**印　　张**：20.5　　**字　　数**：495千字
版　　次：2020年6月第1版　　**印　　次**：2025年1月第6次印刷
印　　数：7501～9000
定　　价：59.90元

产品编号：078284-01

出版说明

随着我国改革开放的进一步深化，高等教育也得到了快速发展，各地高校紧密结合地方经济建设发展需要，科学运用市场调节机制，加大了使用信息科学等现代科学技术提升、改造传统学科专业的投入力度，通过教育改革合理调整和配置了教育资源，优化了传统学科专业，积极为地方经济建设输送人才，为我国经济社会的快速、健康和可持续发展以及高等教育自身的改革发展做出了巨大贡献。但是，高等教育质量还需要进一步提高以适应经济社会发展的需要，不少高校的专业设置和结构不尽合理，教师队伍整体素质亟待提高，人才培养模式、教学内容和方法需要进一步转变，学生的实践能力和创新精神亟待加强。

教育部一直十分重视高等教育质量工作。2007 年 1 月，教育部下发了《关于实施高等学校本科教学质量与教学改革工程的意见》，计划实施"高等学校本科教学质量与教学改革工程(简称'质量工程')"，通过专业结构调整、课程教材建设、实践教学改革、教学团队建设等多项内容，进一步深化高等学校教学改革，提高人才培养的能力和水平，更好地满足经济社会发展对高素质人才的需要。在贯彻和落实教育部"质量工程"的过程中，各地高校发挥师资力量强、办学经验丰富、教学资源充裕等优势，对其特色专业及特色课程(群)加以规划、整理和总结，更新教学内容、改革课程体系，建设了一大批内容新、体系新、方法新、手段新的特色课程。在此基础上，经教育部相关教学指导委员会专家的指导和建议，清华大学出版社在多个领域精选各高校的特色课程，分别规划出版系列教材，以配合"质量工程"的实施，满足各高校教学质量和教学改革的需要。

本系列教材立足于计算机公共课程领域，以公共基础课为主、专业基础课为辅，横向满足高校多层次教学的需要。在规划过程中体现了如下一些基本原则和特点。

(1) 面向多层次、多学科专业，强调计算机在各专业中的应用。教材内容坚持基本理论适度，反映各层次对基本理论和原理的需求，同时加强实践和应用环节。

(2) 反映教学需要，促进教学发展。教材要适应多样化的教学需要，正确把握教学内容和课程体系的改革方向，在选择教材内容和编写体系时注意体现素质教育、创新能力与实践能力的培养，为学生知识、能力、素质协调发展创造条件。

(3) 实施精品战略，突出重点，保证质量。规划教材把重点放在公共基础课和专业基础课的教材建设上；特别注意选择并安排一部分原来基础比较好的优秀教材或讲义修订再版，逐步形成精品教材；提倡并鼓励编写体现教学质量和教学改革成果的教材。

(4) 主张一纲多本，合理配套。基础课和专业基础课教材配套，同一门课程有针对不同层次、面向不同专业的多本具有各自内容特点的教材。处理好教材统一性与多样化，基本教材与辅助教材、教学参考书，文字教材与软件教材的关系，实现教材系列资源配套。

(5) 依靠专家，择优选用。在制定教材规划时要依靠各课程专家在调查研究本课程教材建设现状的基础上提出规划选题。在落实主编人选时，要引入竞争机制，通过申报、评审确定主题。书稿完成后要认真实行审稿程序，确保出书质量。

繁荣教材出版事业，提高教材质量的关键是教师。建立一支高水平教材编写梯队才能保证教材的编写质量和建设力度，希望有志于教材建设的教师能够加入到我们的编写队伍中来。

21世纪普通高校计算机公共课程规划教材编委会

联系人：魏江江 weijj@tup.tsinghua.edu.cn

前　言

党的二十大报告强调“必须坚持科技是第一生产力、人才是第一资源、创新是第一动力，深入实施科教兴国战略、人才强国战略、创新驱动发展战略，开辟发展新领域新赛道，不断塑造发展新动能新优势”。

计算机网络就是将多台具有独立功能的计算机通过传输介质连接起来，在网络通信设备、网络操作系统、网络管理软件及网络通信协议等软硬件的支撑下，以资源共享和信息传递为目的的系统。

伴随着计算机、网络和通信技术的发展，计算机网络为了向用户提供具有服务质量的网络服务，需要监测和控制计算机网络资源的性能和使用情况，以使得计算机网络有效运行。计算机网络管理包括对硬件、软件的使用、综合与协调，以便于对计算机网络资源进行监视、测试、配置、分析和控制，还包括对交换机、路由器等网络设备的管理，也包括对服务器的管理等，这样就能以合理的价格满足网络的一些需求，如实时运行性能、服务质量等。

在计算机网络系统中，网络管理系统是其重要组成部分，该系统直接影响了计算机网络系统运行的效率，只有功能强大的网络管理系统或应用，才能保证计算机网络能够高速而协调地运行。

本书围绕计算机网络管理理论与技术展开，共包括17章，其中第1～9章介绍了与计算机网络管理理论相关的内容，第10～17章介绍了采用计算机网络管理实用技术的一些应用。读者在学习前半部分的计算机网络管理原理内容时，可以使用后半部分的计算机网络管理实用技术进行感性验证，同时也加深了对计算机网络管理原理内容的理性理解，从而起到事半功倍的学习效果。对于计算机网络使用与运维人员而言，在使用本书后半部分所介绍的计算机网络管理实用技术进行实际网络管理操作时，可以结合本书前半部分所讲解的计算机网络管理原理内容，来理解计算机网络管理实用技术应用的操作含义及反馈内容的含义，从而能够更加灵活高效地使用与管理计算机网络。

本书不仅可以作为计算机科学与技术、网络工程、通信工程、信息工程、自动化等相关专业本科生及计算机与信息类专业研究生的教材和教学参考书，也可以作为计算机网络管理技术人员的参考书和培训资料。

由于时间仓促，加之作者水平有限，所以疏漏之处在所难免。在此，诚恳地期望得到各领域专家和广大读者的批评指正。

编　者

2020年4月

前言

目　　录

第1章 绪 论

目前，计算机网络得到了越来越广泛而深入的应用，人们对网络的依赖性也越来越大。信息社会已离不开网络，计算机网络在人们工作和生活中的地位也越来越重要，计算机网络作为信息社会的基础设施已渗透到了社会的方方面面。当前，计算机网络所发挥的作用越来越大，计算机网络的复杂程度越来越高，其规模也越来越大，这就迫切地需要计算机网络的规划人员、工程施工人员、使用者、运维人员根据角色需求的不同，来了解或掌握计算机网络管理的相关理论与技术，这样，不仅会提高计算机网络的规划水平，也会提高计算机网络的建设水平，同时还会提高网络使用的正确性和网络使用效率以及计算机网络的日常运维水平。

正确的规划、使用与管理网络，不仅可以保证网络能够正常、可靠、高效、安全、稳定地运行，并且还能够有效地避免网络故障，从而避免不必要的损失，为网络用户带来一个安全、稳定的使用环境，使得网络发展得更快，为网络用户提供更加优质的服务。正确的规划、使用与管理网络，不仅可以使得网络中的各种资源得到有效的利用，还会减少不必要的资金投入和设备投入，并且还可以维护网络的正常运行。

在计算机网络日常运维工作中，在了解或掌握相关理论与技术的基础上，通过采用计算机网络管理技术，可以实现网络的实时监控，通过监测网络流量的变化情况，可以及时发现网络瓶颈，从而为网络性能的改善提供全方位的动态支持，并且在网络出现故障时，可以快速地获取故障信息，迅速定位故障点，减少了故障的判断过程，能够及时地报告故障，加快了故障的处理速度；通过采用计算机网络管理技术，还可以减少重复劳动，将一些日常进行的操作自动化；通过采用计算机网络管理技术，还可以远程监控位于偏远地区或处于危险环境的网络或设备；通过采用计算机网络管理技术，可以控制用户的访问权限、跟踪网络连接情况、改变网络设备安全配置、记录网络访问历史等，从而为网络用户提供一个安全的网络环境。

本书从计算机网络的基本原理入手，然后再从计算机网络管理的角度来介绍如何应用各种网络技术。在计算机网络管理理论方面，内容包括计算机网络的体系结构、主要的计算机网络设备(包括交换机、路由器)工作原理、局域网技术原理、TCP/IP、网络管理原理、SNMP 原理；在计算机网络管理技术应用方面，内容包括路由器与交换机模拟器、网络设备配置维护、MAC 地址与 IP 地址维护、网络链路诊断、服务器状态监测、网络监测、数据包捕获与协议分析、网络监控、网络性能测试等。

本书既注重理论基础，又注重与实际应用相结合，通过将计算机网络及网络管理的基本原理的介绍与计算机网络管理技术的展示相结合的方式，实现了网络管理原理与网络管理技术的统一，即理论与实践相统一，达到了计算机网络管理原理有相应的应用来验证和计算机网络管理技术有相应原理来支撑的目的。

第2章 计算机网络简介

本章主要介绍计算机网络的概念、功能，计算机网络的分类，计算机网络的硬件构成以及计算机网络的体系结构。

2.1 计算机网络的概念

计算机网络就是利用通信设备和通信线路将位于不同地理位置的、具有独立功能的多台计算机及其外部设备互连，在网络管理系统、网络通信协议等功能完善的网络软件的管理和协调下，实现了网络中的资源共享和信息传递的系统。

简单来看，计算机网络就是由多台计算机、网络设备通过传输介质和软件而物理地或逻辑地连接在一起而组成的。通过互联设备间的相互通信，实现共享彼此的资源和交流数据与信息。

从功能区域的角度来看计算机网络的组成，计算机网络由资源子网和通信子网两部分构成，其中，资源子网由各个计算机组成，这些计算机会提出资源请求，也会向外提供资源，同时它们也会负责全网的数据处理，并向用户提供服务；而通信子网主要由网络节点和通信链路组成，它们承担了全网的数据传输、数据交换等通信处理工作。

很显然，计算机网络的构成离不开硬件和软件，硬件由计算机、通信设备、接口设备和传输介质等四部分组成，软件由通信协议和应用软件构成。其中，硬件部分的计算机是进行资源共享及信息传递的主角，它包括客户机、工作站、服务器、个人计算机、大型计算机等；硬件部分的通信设备的作用是为主机转发数据，它包括交换机和路由器等设备；硬件部分的接口设备完成网络和计算机之间的接口功能，它包括网卡、路由器等；硬件部分的传输介质用于物理地将地理分散的设备连接在一起，它主要包括了光纤、双绞线、无线电、卫星链路和同轴电缆等。硬件与软件共同工作才能发挥巨大的作用，计算机网络亦是如此。计算机网络组成中的软件不仅能使计算机网络的硬件正常工作，而且也使得硬件部分更加高效的工作。软件部分的通信协议定义了计算机网络硬件之间的信息传输规则，使得计算机网络硬件可以按序、无障的工作，通信协议中就包括鼎鼎大名的 TCP/IP 协议簇等。软件部分的应用软件实现了计算机网络的增值，在资源共享、信息交换的基础上，完成了网络上的各种增值应用，它包括万维网、电子邮件、即时通信等。

基于组成计算机网络的硬件与软件，计算机网络的基本功能是利用连接网络设备和主机的通信线路，将信息从信息源点发送到信息终点，从而实现资源共享、数据通信，并在此基础上，实现计算机网络的负载均衡、相互协作、分布处理、提高计算机的可靠性等功能。特别是在一些计算机网络应用软件的帮助下，计算机网络不断地向人们提供方便工作和生活的功能，从而使计算机网络的应用范围的广度与深度大大增加。

由此可以看出，计算机网络是计算机技术与通信技术相结合的产物，它对计算机的组织方式产生了深远的影响。

在计算机网络技术的发展过程中，计算机网络的发展经历了面向终端的计算机网络、计算机-计算机网络和开放式标准化计算机网络这三个阶段。

2.2 计算机网络的分类

计算机网络可以按照不同的分类标准进行类型划分，这些分类标准包括按地理范围分类、按拓扑结构分类等。

2.2.1 按地理范围分类

最常见的计算机网络类型的划分依据是计算机网络的作用范围以及网络中各个计算机之间的相互距离，将这个划分标准简称为按地理范围进行分类，根据计算机网络所属不同地理范围，可以将计算机网络划分为局域网、城域网和广域网。很显然，这三类网络的地理覆盖范围是不同的，并且由此不同，还引出这三类网络的其他技术指标的不同，比如它们的传输带宽就存在显著的区别。局域网、城域网、广域网这三类网络的覆盖范围是依次增加的，但是它们的网络带宽却是依次降低的。一个简单的原因是随着这三类网络的覆盖范围越来越广，接入网络的计算机设备也就越来越多，随之带来的是同时使用网络的计算机设备也就越来越多，而网络带宽的提高速度往往赶不上接入网络的计算机设备数量的增长速度，从而造成网络有效带宽的降低。

下面将分别对局域网、城域网和广域网进行讲述，最后简要介绍了全球最大的广域网，即互联网。

1. 局域网

在按地理范围划分的网络类型中，局域网(Local Area Network，LAN)的分布距离是最小的，同时它也是一类最常见的、应用领域和范围最广的计算机网络。原因就在于局域网的地理分布范围较小，从而形成管理与配置的难度相对较小，以及网络拓扑结构规划较容易的优点，并且由于接入的计算机设备数量较少，使得局域网内的数据传输及数据交换速度较快、延迟小。这些优点的存在，使得局域网得到了广泛的应用，成为在小范围之内实现信息交换与数据共享的有效网络形式。典型的局域网应用包括办公室自动化网络、校园网、单位内部网等。在众多的局域网技术中，以太网就是一种最常见的局域网技术，如图 2-1 所示。

下面归纳局域网的一些特点：

- 局域网分布于较小的地理范围，它适用于在有限范围之内的计算机设备的联网需求；
- 局域网往往应用于某一群体，比如单位内部、学校内部等，以内部网络的形式存在；
- 局域网提供较高的数据传输速率(10Mbps～10Gbps)；

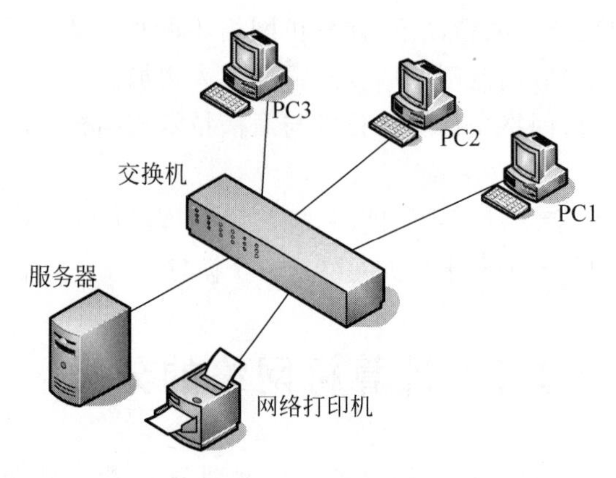

图 2-1　以太网例子

- 局域网提供了具有低误码率的、高质量的数据传输环境；
- 局域网易于建立、维护与扩展；
- 局域网支持包括光纤、双绞线、无线以及同轴电缆在内的多种传输介质；
- 局域网具有对不同速率的适应能力，低速设备或高速设备均能接入；
- 局域网在网络层次上只需要物理层和数据链路层，局域网的重点是通过数据链路层来解决共享信道的多点接入控制问题；
- 局域网一般不在网络传输上使用多路复用技术；
- 局域网的网络拓扑结构一般比较单纯、规整。

2. 城域网

按地理范围划分，城域网（Metropolitan Area Network，MAN）覆盖的地理范围比局域网大，但是小于广域网。正如它的名字，城域网的分布范围是一个城市或一个地区，是在一个城市内部或地区内部组建的计算机网络，按照网络分布范围与网络支撑的传输速度的反比关系，城域网的传输速度会低于局域网，但是会高于广域网。城域网覆盖范围较大，城域网的一个重要用途是用作骨干网，它将位于一个城市之内或一个地区之内的计算机设备、多个局域网连接起来，因此城域网的网络设备中需要包含具有路由功能的设备。城域网服务的设备数量多于局域网，因此城域网所使用的通信设备和网络设备要比局域网的设备具有更高的功能要求与性能要求，以便有效地覆盖一个城市或一个地区的地理范围。

目前，城域网已经有了 IEEE 802.6 标准，即分布式队列双总线（Distributed Queue Dual Bus，DQDB），DQDB 采用贯穿于整个城市的两条平行的单向总线，城域网上的所有节点都同时与这两条总线相连，有效地解决了因某一个节点的失效而造成整个网络的瘫痪的问题。DQDB 的每条总线都有一个端接点，都会产生一个信元流。每个信元都会沿着总线从端接点往下传，当到达终点时，就会从总线中消失。IEEE 802.6 采用先进先出的数据发送原则，每个节点只有在其下方的节点发送完后才能发送自己的数据。这样可以避免离端接点最近的节点将所有经过它的空闲信元全部捕获，致使其后面的节点无法发送数据。

城域网的应用是将一个城市或一个地区内的多个企事业单位、公司、医院和学校的局域网连接起来实现资源共享与信息交互，从而为全市或全地区提供信息服务的支撑。

下面归纳城域网的四个特点：

- 城域网分布的地理范围介于局域网与广域网之间，它适用于在一个城市或一个地区范围之内的计算机设备的联网需求；
- 城域网由一个城市之内或一个地区之内的多个企业、机关、公司的局域网连接构成；
- 城域网的数据传输速度介于局域网与广域网之间；
- 城域网的目标是实现一个城市之内或一个地区之内的大量用户之间的语音、视频、数据、图形等多种类型信息的传输功能。

3. 广域网

按地理范围划分，与局域网、城域网相比，广域网(Wide Area Network，WAN)覆盖的地理范围最大，分布距离最远。广域网通常由两个或多个局域网组成。广域网可以覆盖一个城市、一个国家甚至于全球，互联网(Internet)就是广域网的一种。接入广域网的设备数量众多，加上设备分布范围广阔，远距离数据传输的带宽有限，因此广域网的数据传输速率要比局域网慢很多，跨越大距离的设备间的数据传输延迟也很大，如图 2-2 所示。

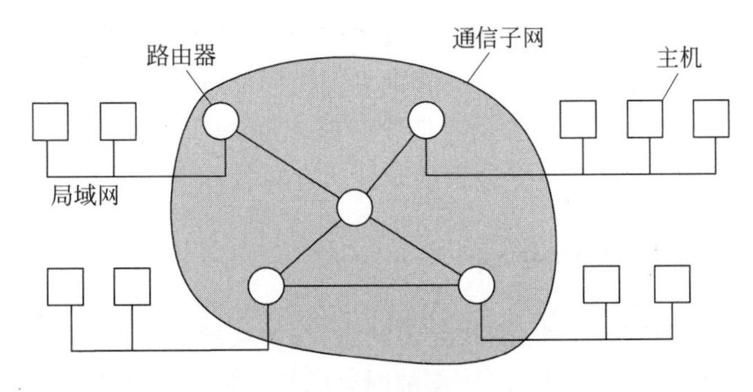

图 2-2　广域网例子

为了更好地服务于广域网跨度大、接入设备数量多的特点，需将设备的通信功能与应用功能分离，由专门的通信设备(如交换机、路由器)来负责全网的交换、路由等互联功能，而接入设备只需负责收发数据和处理数据等应用功能。广域网一般包括主机和通信子网，通信子网的任务是在主机之间传送数据。通信子网一般由两个部分组成，一个是通信线路，另一个是通信设备。其中，通信线路用于在主机或通信设备之间传送数据；而通信设备是一种专用计算机，用来连接两条或多条通信线路，通信设备在从一条通信线路收到数据后，会按照一定的规则选择一条输出线路，并把数据传输出去。一般情况下，都是由交换机、路由器等通信设备通过通信线路连接起来而构成网状结构的通信子网。广域网常常使用电信运营商提供的通信网络作为数据传输网络。

下面归纳广域网的一些特点：

- 在网络拓扑结构上，广域网一般比较复杂、不规整，多为网状结构和树型结构，或者是网状结构和树型结构的混合结构；
- 为了提高传输线路的利用率，广域网一般会采用多路复用技术；
- 在网络层次上，广域网不仅包括物理层和数据链路层，还需加上网络层，而广域网的重点是网络层，解决分组转发和路由选择问题；

- 广域网一般会使用分组交换技术，也就是将整个数据包分成若干个分组，然后逐个以存储转发的方式在网络节点间进行传输；
- 广域网一般采用点到点的发送方式，也就是发送主机通过广域网的通信线路将数据包只发送给指定的另一个主机，而别的主机是不会收到这个数据包的，在数据包发送过程中，数据包在由源主机发送后，会经过网络的传输，一般经过多个中间节点的转发后，才会到达目的节点；
- 广域网一般由主机和通信子网组成，通信子网由通信线路连接通信设备而构成，一般来说，通信子网是电信运营商提供的公共通信网。

4. 互联网

互联网是一种特殊的广域网，是目前全球最大的一个计算机网络，它是由美国的ARPANET发展演变而来的。目前，互联网已经几乎覆盖了全球范围，形成了全球数据共享与信息交互的局面，它已渗透到全球经济与社会活动的各个领域，推动了全球信息化进程，成为当今世界推动经济发展和社会进步的重要信息基础设施。互联网不仅具有计算机网络所具有的数据共享及信息交互功能，更重要的是，它还为人们提供了各种各样的简单而快捷的通信手段，同时也为人们提供了具有世界规模的信息资源和服务资源。

在这个全球网络中，所有的主机及通信设备都支持TCP/IP，实现了将众多异构设备连接在一起的目标，从而形成了世界上最大的开放式计算机网络。

2.2.2 按网络拓扑结构分类

引用拓扑学中用来研究与大小、形状无关的点、线关系的方法，来定义计算机网络的拓扑结构。在计算机网络的拓扑结构中，把计算机网络中的计算机设备、通信设备抽象成一个点，把数据传输介质抽象成一条线，由这样的点和线组成的几何图形就是计算机网络的拓扑结构。

在计算机网络的拓扑结构中，隐去了计算机网络通信线路、通信设备及主机的具体物理特性，而将节点之间的结构关系抽象出来。讨论计算机网络拓扑结构的原因就在于计算机网络的拓扑结构对计算机网络的运行性能、可靠性等都有相当大的影响。常见的计算机网络拓扑结构类型如图2-3所示，包括总线型、星型、树型、环型、网状型等。

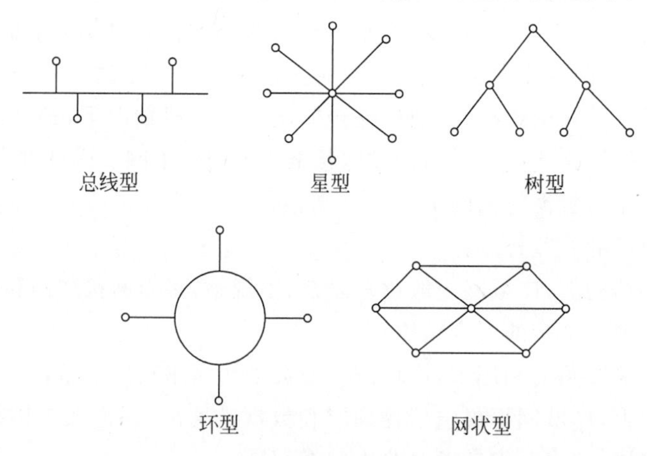

图2-3 计算机网络拓扑结构的类型

1. 总线型拓扑结构

如图 2-3 中总线型拓扑结构所示，总线型拓扑结构就是将服务器、工作站等设备都连接在同一根总线（通信介质可以采用双绞线、光纤、同轴电缆等）上。它的特点是计算机设备都连接到同一条公共传输介质（总线）上，所有计算机设备相对于总线的位置关系是平等的。在总线型拓扑结构中，在总线两端需要有称为端结器（终止器或末端阻抗匹配器）的连接器件，它的主要作用是与总线进行阻抗匹配，最大限度地吸收发送端发送的能量，从而避免信号反射回总线而带来的不必要干扰。

根据总线型拓扑结构的组成描述，可以得知总线型拓扑结构具有以下特点：

- 计算机网络需要铺设的电缆很短，网络铺设成本低；
- 总线型拓扑结构的计算机网络的安全性低，监控比较困难，通信效率比较低下；
- 增加新节点不如星型拓扑结构容易；
- 网络中某个计算机设备发生的故障一般不会影响到整个网络，但公共传输介质发生的故障会导致整个网络无法运行；
- 较早的以太网一般采用总线型拓扑结构。

2. 星型拓扑结构

如图 2-3 中星型拓扑结构所示，在星型拓扑结构中存在中央节点，并以中央节点为中心，其他节点通过单独线路与中央节点相连，各节点之间的通信通过中央节点完成。

根据星型拓扑结构的组成描述，可以得知星型拓扑结构具有以下特点：

- 采用星型拓扑结构的计算机网络必须存在一个中央节点，网络中其他节点之间的所有数据交换都要通过中央节点进行，因此中央节点是星型网络的核心点；
- 采用星型拓扑结构的计算机网络增加节点容易，成本低；
- 如果计算机网络出现故障，可以非常容易地确定故障点；
- 由于各节点之间的通信只与发送节点、接收节点、中央节点以及前两者与中央节点之间的通信线路相关，因此，整个计算机网络的运行不会因为某一个节点出现故障而受到影响；
- 采用星型拓扑结构的计算机网络，增删网络节点的操作只与中央节点相关，而与其他节点无关，因此基于星型拓扑结构的计算机网络的网络节点的增加、删除操作十分方便、快捷；
- 所有发送和接收节点都通过中央节点进行通信，因此中央节点存在单点失效性，当中央节点出现故障时，整个计算机网络会瘫痪，故基于星型拓扑结构的计算机网络的可靠性较差；
- 局域网经常采用星型拓扑结构，该结构可以提高计算机之间的通信效率，星型拓扑结构已经成为以太网的主要拓扑结构。

3. 树型拓扑结构

如图 2-3 中树型拓扑结构所示，采用树型拓扑结构的计算机网络中的各计算机都要与两类节点相连，一类是连接它的父节点（除根节点外），另一类是连接它的子节点（除叶节点外)，这样就构成了呈树状的连接关系。

根据树型拓扑结构的组成描述，可以得知树型拓扑结构具有以下特点：

- 树型拓扑结构连接简单，维护方便，适用于汇集信息的应用要求；
- 树型拓扑结构是一种层次结构，网络中的所有节点都按层次连接；
- 主要在上下层节点之间进行数据交换，而相邻节点或同层节点之间一般不进行数据交换；
- 由于树型拓扑结构的数据交换只发生在上下层节点之间，因此，网络的资源共享能力较低；
- 树型拓扑结构的上下层通信方式使得某一个节点发生故障会影响它的上层或下层之间的通信，因此可靠性不高；
- 树型拓扑结构是星型拓扑结构的扩展，节点层次越高，它的通信负荷越重。目前的网络中较少使用树型拓扑结构。

4. 环型拓扑结构

如图 2-3 中环型拓扑结构所示，采用环型拓扑结构的计算机网络，网络中计算机设备相互连接而形成一个环。事实上，计算机设备是通过一种称为环接口的数据收发设备参与网络连接的，计算机设备之间通过它们所带的这种环接口逐段连接起来而形成环。

根据环型拓扑结构的组成描述，可以得知环型拓扑结构具有以下特点：

- 构成环型拓扑结构的所有计算机设备发送的数据在环中只能单向传输，不能反向传输；
- 环型拓扑结构规定信息在每台计算机设备上的延时时间是固定的，因此该拓扑结构非常适于实现实时控制功能的局域网系统；
- 由于网络中的数据传输线路是由环网中的所有节点构成的，因此网络中的每个节点均成为网络可靠性的瓶颈，任何一个节点发生故障，都会造成整个网络的瘫痪，同时网络出现故障后，可疑故障节点太多而导致网络故障诊断困难；
- 数据传输过程中，需要经过路途中所有的计算机设备的环接口，造成一定的时间延迟，如果网络中的节点太多，只能加长数据传送延迟时间，因此采用环型拓扑结构的计算机网络的容量是有限的；
- 采用环型拓扑结构的计算机网络建成后，新节点的增加会涉及附近的节点，因此存在一定的难度；
- 在令牌环网和 FDDI 网络中，环型拓扑结构有较好的应用。

5. 网状拓扑结构

如图 2-3 中网状拓扑结构所示，计算机网络的主干网络通常采用网状拓扑结构，网状拓扑结构中的网络节点之间的连接是任意的，毫无规律可言，即网络节点互联成不规则形状，网络结构复杂。

根据网状拓扑结构的组成描述，可以得知网状拓扑结构具有以下特点：

- 由于采用网状拓扑结构的计算机网络中任意两个节点之间存在两条或两条以上的通信路径，当某一条路径出现故障时，就可以通过另一条路径传送信息，从而提高了计算机网络的运行可靠性，而且网络比较容易扩展；

- 由于采用网状拓扑结构的计算机网络中存在多条通信路径完成相同两个节点之间的数据传输，可以根据不同通信路径的数据传输质量情况，来平衡不同通信路径的信息流量；
- 在发送数据时，可以从多条通信路径中选择传输延迟小的最佳路径；
- 网状拓扑结构的网络可以组建成各种形状的网络，可以采用具有多种传输速率的多种通信信道，这样可以适应复杂的网络环境；
- 由于需要在两个节点间铺设多条线路，网络的建设成本较高；
- 网状拓扑结构复杂，因此管理和维护的难度较大；
- 在网状拓扑结构中，几乎每一个节点都与多个节点进行连接，在节点发送数据前，需要采用路由算法来从多条通信路径中进行选择，同时需要采用流量控制方法来控制不同通信路径的通信流量。

2.2.3 按数据交换方式分类

按照数据交换方式来分类，计算机网络可以分为电路交换网、报文交换网和分组交换网三种，下面分别进行介绍。

(1) 电路交换网采用电路交换方式的计算机网络在用户开始发送数据前，必须首先申请并建立一条从发送端到接收端的通信信道，然后在这条信道上传输数据。在通信期间，通信双方始终占用该信道，即使中间有段时间没有数据传送，该信道也不能分配给其他用户。当数据传送结束后，该信道需要释放才能分配给其他用户使用。这种数据交换方式类似于传统的电话交换方式。

(2) 报文交换网采用报文交换方式的计算机网络在用户开始发送数据前，不需要申请只服务于该用户的通信信道，而是所有的用户共享所有的通信信道，用户发送的数据以一个完整报文的方式发送出去，这样的报文长度没有限制，在通信路径中以整个报文的方式进行转发，转发设备在收到报文后，先存储，选择出后面的发送路径后，再向后转发，这就是存储-转发原理。为了实现转发的功能，报文中需要包含目的地址，每个中间转发节点根据事先获取的路径信息，通过一定的算法计算，从众多的路径中选择一条通往目的地址的路径，使其能最终到达目的端。

(3) 分组交换网的分组交换方式与报文交换方式类似，用户在开始发送数据前，不需要申请信道，通信转发方式也采用存储-转发的方式。分组交换方式与报文交换方式的主要区别是，分组交换方式中的分组是从整个要发送的数据当中划分出来的较小的数据单元，而报文交换方式中的报文往往就是整个要发送的数据本身，因此分组交换方式也称为包交换方式。

分组交换方式于 1969 年首次在 ARPANET 网上使用，因此 ARPANET 网被公认为分组交换网之父，而分组交换方式的出现，也成为计算机网络新时代的开始。

如果计算机网络采用分组交换方式，那么在用户通信前，需要在发送端首先将整个数据划分为多个较短的数据分组包，然后逐个发送这些分组包。通信路径中的通信节点采用存储-转发的方式逐个处理这些分组包，当这些分组包都到达目的端点以后，再组装成原来的数据。这时由于分组的长度比报文要小，采用存储-转发方式的话，分组的存储处理以及转发速度都很快。

2.3 计算机网络硬件

2.3.1 网络传输介质

网络传输介质是计算机网络中位于信息发送方与信息接收方之间的物理通路，是在计算机网络中承担信息传输的载体，不同的网络传输介质会对计算机网络的数据通信产生不同的影响。

网络传输介质一般分为有线传输介质和无线传输介质两大类。

2.3.1.1 有线传输介质

有线传输是指在两个通信设备之间使用某种人为架设的物理连接将数据信息从一方传输到另一方。有线传输介质主要包括双绞线、同轴电缆和光纤。

1. 双绞线

双绞线是一种数据传输线，是最常用的传输介质。将两根具有绝缘保护层的金属导线按照一定的绞合密度互相绞合在一起，就组成了双绞线(Twisted Pair，TP)。将金属导线互相绞合的原因是这种特定的绞合方式可以使每一根导线在传输中辐射出来的电波被另一根导线上发出来的电波抵消，从而可以降低导线自身信号的相互干扰，同时也可以降低外界对金属导线内所传输数据信号的干扰程度。

双绞线在实际使用时，一般都以双绞线电缆的形式存在，也就是将多对双绞线一起包在同一个绝缘电缆套管里。双绞线电缆里的对数一般是四对，也存在将更多对双绞线放在同一个电缆套管里的情况。在双绞线电缆内，线对具有不同的扭绞长度。扭绞长度范围为38.1mm～14cm，并且按逆时针方向扭绞；而相邻线对的扭绞长度在12.7mm以上，扭线密度与双绞线的抗干扰能力相关，一般而言，扭线密度越大，抗干扰能力越强。双绞线与其他传输介质相比，在传输距离、信道宽度和数据传输速度等方面均受到一定的限制，但是双绞线的价格较为低廉。

(1) 按照屏蔽层的有无分类

根据双绞线的屏蔽特性，可以将双绞线划分为非屏蔽双绞线或无屏蔽双绞线(Unshielded Twisted Pair，UTP)和屏蔽双绞线(Shielded Twisted Pair，STP)。非屏蔽双绞线由四对不同颜色的传输线组成，目前广泛用于以太网路和电话线中，而屏蔽双绞线在金属导线与外层绝缘封套之间有一个金属屏蔽层，该屏蔽层用于减少辐射、防止所传输的信息被窃听，也可以阻止外部电磁干扰传输的信息。金属屏蔽层的存在使得屏蔽双绞线比同类的非屏蔽双绞线具有更高的传输速率。屏蔽双绞线价格相对较高，安装时要比非屏蔽双绞线电缆困难。

(2) 按照线径粗细分类

按照双绞线的线径粗细进行分类，双绞线主要可分为3类线、4类线、5线类、超5类线、6类线、7类线等。常见的双绞线有3类线、5类线、超5类线以及最新的6类线，前者线径细，后者线径粗。双绞线的带宽和传输速率随着网络技术的发展和应用需求的增加而得到了提高。

表 2-1 为各类线的参数对比。

表 2-1　各类线参数对比

双 绞 线	带宽/MHz	传输速率/Mbps	主 要 应 用
3 类双绞线	16	10	10 兆位以太网
4 类双绞线	20	16	10 兆位以太网
5 类双绞线	100	100	100 兆位以太网
超 5 类双绞线	100	1000	千兆位以太网
6 类双绞线	250	1000	1 吉位以太网
7 类双绞线	600	10 000	10 吉位以太网

2. 同轴电缆

传统以太网使用的传输介质是同轴电缆，它由里到外分为四层：中心导体、绝缘材料层、网状织物构成的屏蔽层以及外部隔离材料层。同轴电缆中“同轴”的得名来源于中心导体和网状屏蔽层为同轴关系。最常见的同轴电缆由绝缘材料隔离的铜线导体组成，同轴电缆分为 50Ω 的基带同轴电缆和 75Ω 的宽带同轴电缆两类。各种同轴电缆类型参数如表 2-2 所示。

表 2-2　同轴电缆类型参数

网 络 类 型	RG 编号	中 心 标 号	阻抗/Ω	导 体 芯
10Base2(以太网细缆)	RG-58C/U	20AWG	50	单芯
10Base5(以太网粗缆)	RG-8/U	10AWG	50	单芯
10Broad36(CATV 缆)	RG-6/U	18AWG	75	单芯
IBM3270 网、ARC 网	RG-62/U	22AWG	93	单芯

75Ω 同轴电缆常用于 CATV(Community Antenna Television，共用天线电视)网，故称为 CATV 电缆。

基带电缆仅仅用于数字传输，总线型以太网就是使用 50Ω 同轴电缆。基带同轴电缆又分为细同轴电缆和粗同轴电缆。在以太网中，50Ω 细同轴电缆的最大传输距离为 185m，粗同轴电缆可达 1000m。

无论是应用粗同轴电缆还是细同轴电缆，在计算机网络中均采用总线拓扑结构，也就是网络上的所有设备都连接在同一根电缆上，这种拓扑结构的故障诊断和修复都很麻烦。因此，计算机网络的总线拓扑结构将逐步被其他拓扑结构所取代。这样，在计算机网络的应用场合，同轴电缆也渐渐被非屏蔽双绞线或光缆等其他传输介质所取代。

3. 光纤

光纤的全称是光导纤维，是一种光传导工具，它利用了光在玻璃或塑料制成的纤维中的全反射原理。光电转换及光传输过程如下，一般情况下，在用光纤来传输电信号时，在光纤的发送端要先将电信号转换成光信号，发光源可以采用两种不同类型的发光管，也就是发光二极管和注入型激光二极管(多模光纤和单模光纤分别对应这两种发光管)，再将光脉冲发送至光纤，通过光纤的传输到达光纤的另一端以后，在光纤的另一端也存在接收装置，由光检波器将光信号还原成电信号。光在光纤中的传导损耗比电在电线中的传导损耗要低很多，因此光纤往往被用于长距离的信息传递。

按照光纤传输信号模式数量的多少，光纤可分为单模光纤和多模光纤。

多模光纤允许多个模式的光在一根光纤上传输，也就是在多个给定的工作波长上，能以多个模式(多路信号)同时传输。多模光纤的纤芯直径为 50～100μm，由于多模光纤的芯径较大，多模光纤可以使用较为廉价的耦合器及接线器。与双绞线相比，多模光纤能够支持更长的传输距离，比如在 10Mbps 及 100Mbps 的以太网中，多模光纤所支持的最长传输距离为 2000m；在 1Gbps 以太网中，多模光纤所支持的最长传输距离为 550m；在 10Gbps 以太网中，多模光纤所支持的最长传输距离为 100m。

单模光纤的纤芯直径为 3～10μm，远细于多模光纤。由于单模光纤的玻璃芯很细，只有一个波峰可以通过，在给定的工作波长上只能传输一路信号，其模式色散很小，因此这种细光纤称为单模光纤。在光纤传输中，影响光纤传输带宽的主要因素是各种色散，尤以模式色散最为重要。由于单模光纤的模式色散小，能把光以很宽的频带传输很长距离，这样会使单模光纤的传输频带较宽，传输容量也很大，适用于远程通信。相比于多模光纤，单模光纤能够支持更长的传输距离，比如在 100Mbps 的以太网以及 1Gbps 的以太网中，单模光纤能够支持超过 5000m 的传输距离。

但是由于单模光纤还存在着材料色散和波导色散，单模光纤对光源的谱宽和稳定性就有着较高的要求，即要求光源的谱宽要窄、稳定性要好。从成本角度考虑，单模光纤的光端机非常昂贵，因此采用单模光纤的成本会比多模光纤的成本高。

光纤在使用前都必须在它的外面包覆几层保护结构，以防止周围环境(如水、火、电击)对光纤的伤害，这样被包覆后的缆线称为光缆。

光缆可分为室内光缆和室外光缆。其中，室内光缆主要应用于室内布线，它具有柔软、方便插接、阻燃(或不延燃)以及一定的机械强度等特点；而室外光缆主要应用于建筑群间布线或远程通信布线，也可用于干线布线，一般具有抗拉伸、抗侧压、防水性能好等特点。

2.3.1.2 无线传输介质

无线传输主要是指在两个通信设备之间不使用任何人为架设的物理连接，而是在大气中利用电磁波来发送信号和接收信号的一种技术。其优点就是不需要架设或铺埋电缆或光纤，只需利用电磁波通过大气空间来传输数据信息。

无线传输所使用的电磁波的频段很广，有好几个频段可以用于无线通信，根据所利用的电磁波的频段的不同，可以将无线传输通信主要划分为无线电通信、微波通信和红外通信等多种。

下面分别描述这三种无线传输介质。

1. 无线电波

无线电波是指在包括空气和真空的自由空间内传播的射频频段的电磁波，而无线电技术就是通过无线电波传输数据信号的技术。

无线电传输数据信息的技术原理是，在数据信息发送端，不同的数据信息会引发导体中的电流强弱发生不同的变化，当导体中的电流强弱发生变化时，会产生无线电波。利用这个现象，通过调制技术可以将数据信息加载于无线电波之上，当无线电波通过空间传播到达数据信息接收端时，无线电波引起的电磁场的变化又会在导体中产生对应大小的电流，然后通过解调技术就可以将数据信息从电流强弱变化中提取出来，从而达到数据信息传输的目的。

2. 微波

微波是指频率范围为300MHz～300GHz的电磁波，它代表了无线电波中的一个有限频带，即波长为1mm～1m(不含1m)的电磁波，是毫米波、厘米波、分米波的统称。由于微波频率比一般的无线电波频率要高，微波通常也称为"超高频电磁波"。

微波具有反射、吸收和穿透这三个基本特性。具体而言就是，金属类东西会反射微波，水和食物等会吸收微波而使自身发热，微波几乎会穿越玻璃、塑料和瓷器而不被吸收。

利用微波进行通信的技术就是微波通信。微波通信具有通信质量好、传输数据容量大、有效传输距离远的特点，因此微波通信成为一种重要通信手段，也适用于专用通信网。微波曾在无线通信领域得到广泛应用，目前也是无线局域网的主要传输介质。

微波的频率极高，波长又很短，因此它在空气中的传播特性与光波接近，即以直线的方式向前传播。当遇到阻挡的时候，微波就会被阻断或被反射，因此当传输距离超过一定距离后，就需要架设中继站。当微波沿着地球表面传播的时候，由于地球球面的影响以及微波在空气中传输所引发的损耗，一般每隔50km左右，就需要设置微波中继站。将微波信号放大并向下一站转发，不仅保证了信号不失真，而且又延长了微波的传播距离，这样的一种通信方式，称为微波中继通信或微波接力通信。对于长距离的微波通信而言，在经过很多次中继转发后，传到数千公里以外的目的地时，所传输的信号仍然可以保持很高的质量。

3. 红外线

红外线是太阳光线中不可见光中的一种，又称为红外热辐射，在太阳光谱上红外线的波长大于可见光线，它的波长是0.75～1000μm，其中，300～1000μm区域的波也称为亚毫米波。红外线可分为三部分，包括波长为6.0～1000μm的远红外线，波长为1.50～6.0μm的中红外线，波长为0.75～1.50μm的近红外线。红外线是一种波长较长的光波，具有热感功能。

大气对红外线辐射传输的影响主要是吸收和散射。红外线通信是利用红外线作为传输数据信息的通信信道来传输数据信号的无线通信方式。目前，红外线通信技术在世界范围内被广泛使用，为众多的硬件和软件平台所支持。

红外线通信的过程如下，数据信息发送端首先将基带二进制信号调制为一系列的脉冲串信号，然后通过红外线发射管发射红外线信号。数据信息的接收端将接收到的红外线光脉冲转换成电信号，再经过放大、滤波等处理后送给解调电路进行解调，最后还原成二进制数字信号后输出。常用的调制方法包括通过脉冲串之间的时间间隔来实现信号调制的脉时调制(PPM)和通过脉冲宽度来实现信号调制的脉宽调制(PWM)两种方法。从上述描述可知，红外线通信的实质就是对二进制数字信号进行调制与解调，通过数据电脉冲和红外线光脉冲之间的相互转换实现无线方式的数据信息收发，以方便采用红外线信道进行传输，红外线通信接口就是针对红外线信道的调制解调器。

红外线通信技术适用于跨平台、低成本、点对点高速的数据连接，尤其是嵌入式系统。其主要应用范围是通信网关、设备互联。通信网关负责将通信终端与互联网连接起来，设备互联用于在不同设备间交换共享信息。红外线较早应用于近距离无线传输。

(1) 根据红外线的特性以及红外线通信技术的原理，红外线通信具有以下一些优点：

◆ 红外线几乎不会受到电气的干扰，因此红外线通信具有很强的抗干扰性；
◆ 红外线通信系统安装简单，易于管理；
◆ 红外线通信不占用频道资源，因此采用红外线通信的数据信息不易被发现和截获，具有很强的保密性；
◆ 红外线具有不透光材料的阻隔性，因此具有可分隔性，从而限定了物理使用性；
◆ 红外线通信机体积小、重量轻、结构简单，价格低廉。

(2) 红外线通信具有以下一些缺点：

◆ 红外线通信具有小角度、短距离的缺点；
◆ 红外线通信设备的位置在通信过程中要求固定；
◆ 红外线通信具有点对点直线数据传输的特点，因此无法灵活地组成网络。

2.3.2 网络互联设备

计算机网络由计算机终端、传输介质和网络通信设备组成，其中计算机终端工作在网络的七个层次之上，传输介质工作在物理层之上，网络通信设备则根据所互联的对象的不同而具有不同的功能。计算机网络中的常见网络通信设备包括中继器、集线器、网桥、交换机和路由器。

其中，中继器和集线器工作在物理层，中继器只能延长传输距离，因而扩展能力较弱。而集线器能够非常方便地扩展计算机网络的规模，但是由于存在冲突域的限制，所连接的网络规模不能太大。网桥工作在物理层和数据链路层，而且能够兼容多种物理层和多种数据链路层协议；二层交换机工作在物理层和数据链路层，通过二层交换机的连接，只能够扩展局域网，也就是对局域网进行扩展后，仍然属于同一个局域网；三层交换机和路由器工作在物理层、数据链路层和网络层。

下面简要介绍这五种网络通信设备。

1. 中继器

中继器是一种模拟设备，它的主要功能是将在一个网段上出现的数据信号放大后传到另一个网段，即对数据信号进行重新发送或者转发，从而达到防止数据信号在传输过程中衰减过大的目的，增加了传输距离。

中继器是计算机网络的物理层上的网络连接设备，适用于互连两类完全相同的网络。中继器只工作在物理层，只理解电压值，是物理层设备，因此中继器设备中没有可以理解帧以及分组的相应模块。

在局域网中，中继器可以扩展局域网的覆盖范围，在经典以太网中，允许使用四个中继器，最大长度从 500m 扩展到 2500m。可以看出，在以太网中，中继器的扩展能力是比较弱的。

中继器扩展局域网的方式如图 2-4 所示。

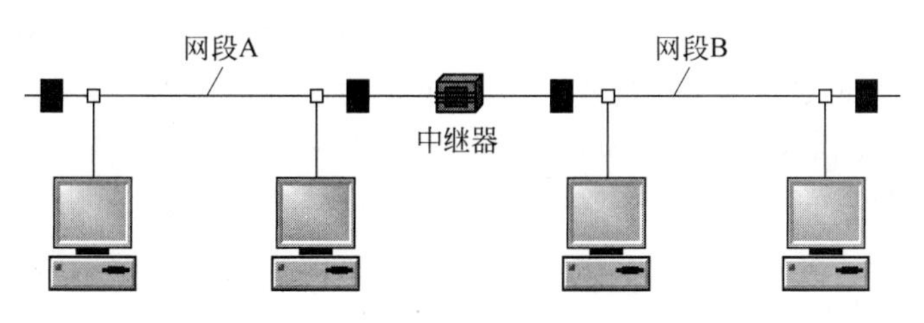

图 2-4　中继器扩展网络的方式

中继器除了可以应用于局域网，还可以应用于广域网。当广域网的远距离传输采用光纤通信的时候，光信号在光纤中传输也会存在损耗和色散等情况，这些情况的存在都会影响数据信号在光纤中的传输距离和所传送的数据容量。为了补偿数据信号在光纤传输中所产生的传输损耗和色散，也就是如果想要远距离传输，就必须在光纤通信线路中加入光中继器。

2. 集线器

与中继器类似，集线器也可以扩展计算机网络的覆盖范围。如图 2-5 所示，通过多个集线器，计算机网络的覆盖范围明显地得到扩展，但集线器与中继器所构成的计算机网络的拓扑结构是不同的，前者是星型拓扑结构，而后者是总线型拓扑结构。

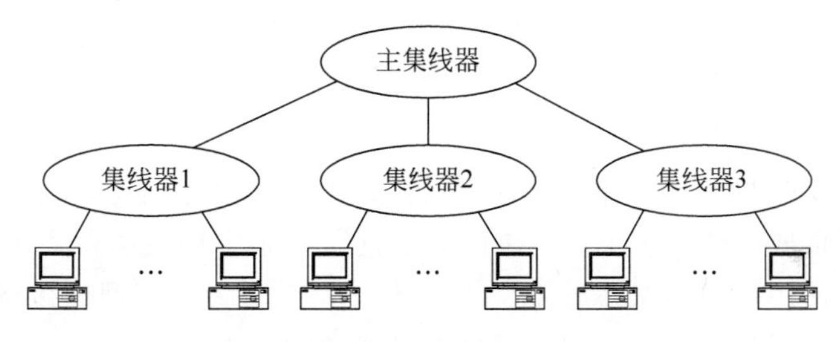

图 2-5　集线器扩展网络

集线器与中继器一样都工作在物理层，集线器一般使用外接电源，它对接收到的信号也进行放大处理。在某些场合，集线器也被称为多端口中继器。原因就在于集线器属于纯硬件网络底层设备，不具备与交换机类似的学习能力和记忆能力，也没有交换机所具有的 MAC 地址与端口对应表。这样的话，集线器在发送数据时无法做到有针对性的转发，只能采用广播方式转发数据，也就是说当它在任一个端口接收到数据后，因为不知道该数据的接收目的地，它会同时向集线器的其他端口转发，这些接收到所转发的数据信息的端口中只有一个是通向该数据的目的地的，而其他的端口也收到了本不该发给它们的数据，从而浪费了资源。集线器通过这种方式来扩展网络，虽然不需要处理或检查接收的数据信息，处理方式简单、所需时间短，但这种转发方式的结果是所有连接到集线器的网络设备都共享集线器的带宽，造成这些设备共享同一广播域、冲突域的局面。早期的只进行转发的集线器所构成的网络从形状上看是星型的，但实际运行上是总线型的。

从上述的描述来看，当采用集线器进行网络扩展时，网络中节点数量会不断增加，由于集线器所有端口都共享同一带宽，也就是说在集线器同时只能传输一个数据帧，数量过多的网络节点在同时发送数据的可能性就会增加，从而形成冲突，而大量的冲突将导致网络性能急剧下降。为了保证整个网络的运行性能，由集线器构成的计算机网络中的计算机设备不能太多，也就是说集线器多用于小规模网络，因此集线器的扩展能力是有限的。

集线器的这种广播式的转发数据的方式存在以下三个缺点。

① 网络通信效率低。由于集线器在同一时刻每一个端口只能进行一个方向的数据通信，而不能像交换机那样进行双向通信，这种非双工传输方式造成网络的运行效率低下，不能满足较大型网络的通信需求。

② 不安全性。集线器将用户数据包向所有端口转发，使得网上的所有节点都能收到本不该发送给它们的数据包，由此会带来数据通信的不安全性，一些别有用心的人很容易就能获取网上其他人的数据包。

③ 网络拥塞可能性增加。由于集线器将所有数据包向所有节点同时发送，形成共享带宽的数据转发方式，增加了网络拥塞的可能性，从而降低了网络运行效率。

由于早期集线器存在上述缺点，经过几十年的发展，集线器在端口数量、接口类型和外形结构等方面都发生了很多变化，集线器增加了交换技术和堆叠技术，出现了具有堆叠技术的堆叠式集线器、具有交换功能的智能型集线器，以及模块式集线器，使集线器技术得到不断的改进。集线器技术在向交换机技术方向发展，具备了一定的数据交换能力和智能性。堆叠式集线器可扩展的网络规模也比早期的集线器要大很多。但是随着交换机的价格不断下降，与交换机相比，集线器仅有的价格优势也不再明显，集线器的市场也就越来越小，处于被淘汰的边缘。

3. 网桥

网桥设备工作在网络层次中的数据链路层，属于二层网络设备。它可以将多个局域网连接在一起，从而形成一个具有更大范围的局域网。当多个局域网位于不同地理位置的时候，如果这些网络使用相同的网络层协议，在它们之间的高速远程通信线路上需要一个快速的路由系统的话，那么就可以使用网桥通过高速线路把这多个局域网连接起来。网桥构成了这些局域网之间的通信链路，能够同时处理许多局域网之间的通信。

网桥工作的原理如下：当网桥接收到一个数据帧的时候，并不像早期的集线器那样直接向其他所有的端口转发此数据帧，而是首先检查该数据帧中所包含的目的 MAC 地址；通过查找 MAC 地址与端口对应表，网桥会确定将该帧转发到哪一个端口，然后再进行数据帧的转发。因此，网桥具有隔离冲突域的功能，从而提高了其网络扩展能力，还可以实现不同类型局域网之间的互联。但是由于网桥的端口数目较少，多个网络的互联不够方便。

4. 交换机

在描述交换机之前，首先讲一下共享网络带宽工作方式，然后再介绍交换的概念。

前面介绍的集线器就是一种共享设备。由于集线器本身不具备识别数据包所发送的目的地址的能力，当位于同一局域网内的某一主机向另一主机传输数据时，集线器为了保证数据包能够被正确发送到目的地，以集线器为架构的网络就以广播的方式传输数据包，而由网上的每一个计算机设备来验证数据包头的地址信息是否与本机地址相符来确定是否接收。在这种广播工作方式下，为了避免冲突，在同一时刻，网络上只可以传输一组数据帧，如果多个设备在发送数据时发生碰撞，就需要按照一定的算法避让、重试，这种数据传输方式就是共享网络带宽的工作方式。

在计算机网络系统中，为了改进共享工作模式，减少冲突域，提高传输带宽，由此提出了交换的概念。所谓交换就是根据通信两端传输数据信息的需要，通过人工或设备自动完成的方法，把需要传输的数据信息传送到符合要求的相应传输路径上的技术的统称。传输路径的出现改变了由于广播方式而带来的盲目性。交换机就是一种可以在通信系统中完成数据信息交换功能的设备。

交换机的类型很多，可以根据多种分类方式进行划分。一种常见的划分方法是根据交换机所在的工作协议层次的不同而划分为二层交换机、三层交换机等。这里的工作协议层次是按 ISO 的 OSI(Open System Interconnect，开放系统互连)划分的。其中，二层交换机工作的最高协议层次是 OSI 的第二层协议，即数据链路层；三层交换机工作的最高协议层次是 OSI 的第三层协议，即网络层。

二层交换机拥有一条具有高带宽的背板总线和内部交换矩阵，交换机上的所有端口都挂接在这条背板总线上，交换机的控制电路在接收到数据包以后，由于二层交换机工作在数据链路层，它会从所接收到的数据包中提取出目的地的链路层 MAC 地址信息，并依据 MAC 地址信息，通过查找内存中的 MAC 地址与端口对照表以确定目的 MAC 地址对应的主机挂接在哪一个端口上，即选择下一步应从哪一个端口转发数据。如果 MAC 地址与端口对照表中存在目的 MAC 地址项，则通过内部交换矩阵将数据包传送到对应的目的端口，完成不同端口间的数据线速交换，这样的话，交换机只允许必要的网络流量通过交换机。如果 MAC 地址与端口对照表中不存在目的 MAC 地址项，会通过广播方式将数据包转发到所有端口，但在后面的消息回应交互中，交换机学习到这个新 MAC 地址与端口对照信息后，会把它添入 MAC 地址与端口对照表中。

使用交换机可以把网络分段，交换机在同一时刻可以进行多个端口对之间的数据包转发，每一个端口都可看作独立网段，连接在每一个端口上的网络设备独自享有全部的带宽，不需要与其他设备竞争带宽。通过交换机的过滤和转发，可以有效地隔离广播风暴，减少误包和错包的情况出现，避免共享冲突。

另外，二层交换机的其他功能还包括数据流控制、帧序列、错误校验以及物理编址。

二层交换机的工作原理与网桥类似，但是它的端口数量要远远多于网桥，可以说二层交换机就是一个具有多个端口的网桥。

根据上述交换机转发原理，交换机能够同时在许多对端口之间转发数据，使得每一对相互通信的主机像是独占通信通道一样，彼此之间可以进行无碰撞地数据传输。这样的话，二层交换机可以连接更多的网络、更多的设备进行网络通信，因此二层交换机的网络扩展能力比集线器要强大很多。虽然二层交换机分隔了冲突域，但是二层交换机所连接的设备仍然属于同一个广播域，即二层交换机不隔断广播。从这方面来看，二层交换机的网络扩展能力受到了一定的限制。另外，二层交换机只能在局域网内工作，不具备互联不同类型局域网的能力。

由上述描述可知，交换机是一种基于 MAC 地址识别的、能够完成数据帧解析、封装并转发数据帧功能的网络设备。并且交换机具有学习 MAC 地址与端口对照的能力，通过 MAC 地址与端口对照关系保存在内部地址表中的形式，供交换机在数据帧转发时查找，从而在数据帧的发送方和数据帧的接收方之间建立起临时的数据帧交换路径，使得数据帧可以直接从源地址到达目的地址。

三层交换机在网络层工作，比二层交换机具有更强的功能，具有网络层的路由功能。它可以将所收到的数据包中的IP地址用于下一步的网络路径选择，同时能够实现不同网段之间的数据线速交换。当采用三层交换机进行多个局域网之间的互联时，三层交换机在数据传输的开始阶段工作在网络的物理层、数据链路层以及网络层，完成路由选择功能，随后进入流交换阶段后，三层交换机只工作在网络的物理层和数据链路层。三层交换机只能用于局部以太网的互联，可以实现网络间的高速信息交换。使用三层交换机互联多个局域网后，所形成的是互联在一起的多个局域网，而不是形成单一的局域网。

下面是交换机的一些性能指标：

- 支持的协议和标准；
- 网络管理能力；
- 部件冗余性；
- 流量控制方式；
- 生成树标准；
- 背板带宽；
- MAC地址表容量；
- VLAN能力；
- 端口聚合功能。

5. 路由器

在引出路由器之前，先学习一下路由的概念。

所谓路由就是指通过互联的网络把数据信息从数据源地点发送到数据目的地的活动。在路由过程中，信息一般会经过至少一个或多个中间节点。事实上，路由技术在问世之初并没有得到广泛的使用，其中主要原因是当时的网络结构非常简单，并不存在大规模的网络互联情况。因此，路由技术没有用武之地，路由技术的大规模应用是在大规模的互联网络流行起来以后，这才为路由技术的发展提供了良好的基础和平台，这说明一种技术的存在与发展是与应用密不可分的。

从前面可知，交换的功能也是数据信息的传送过程，但是路由与交换工作的网络层次是不同的，也就是说，路由与交换的主要区别是交换工作在OSI参考模型的第二层，即数据链路层，而路由工作在OSI参考模型的第三层，即网络层。这个区别决定了路由与交换需要使用不同的控制信息来转发信息，这样，两者具有不同的功能实现方式。

路由器是实现路由选择功能的设备，它工作在不同网络的物理层、数据链路层以及网络层，它通过选择路由来决定数据的转发方向。路由器是一种网络互联设备，它决定了数据包在网络中传输时能够通过的最佳路径。路由器根据网络层的地址信息选择合适的路由，从而将数据包从一个网络向前转发到另一个网络，最终数据包到达目的地。

与二层交换机不同的是，路由器可以隔绝广播，具有划分广播域的功能。因此，路由器具有非常强的网络扩展能力，可以互联世界范围内的网络。路由器互联方式如图2-6所示。

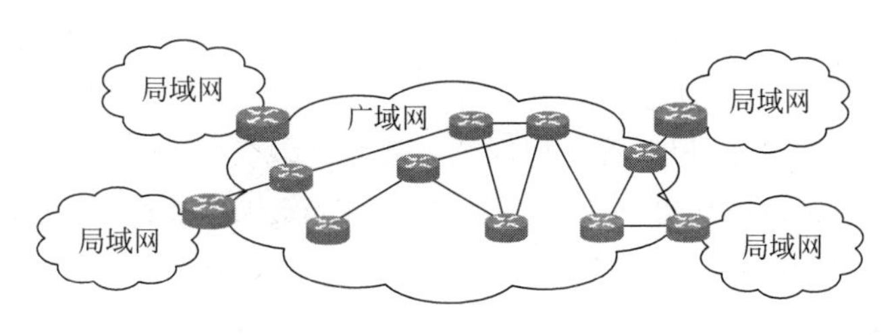

图 2-6　路由器互联方式

路由器是基于 TCP/IP 的互联网的主要通信设备，作为互联不同网络的枢纽，多个路由器组成的路由器系统构成了互联网的主体脉络，也就是说，路由器构成了互联网的骨架。因此，路由器的处理速度成为网络通信的主要瓶颈之一，它的可靠性直接影响着网络互联的质量。

下面是路由器的一些性能指标：

◆ 网络管理能力；
◆ 路由协议；
◆ 防火墙功能；
◆ 对 IPv6 的支持；
◆ 配置；
◆ 组播协议支持；
◆ VPN 支持能力；
◆ 压缩比；
◆ 性能。

2.4　计算机网络体系结构

2.4.1　网络体系结构概述

计算机网络体系结构指的是计算机网络的层次结构和协议组成。计算机网络的层次结构就是按照一定的层次组成网络功能的结构。协议是计算机网络协议的简称，它是指网络中计算机与计算机之间、网络设备与网络设备之间、计算机与网络设备之间进行信息交换的规则。

计算机网络体系结构分层的好处如下。

① 各层独立性强。计算机网络体系结构中的每一层都向上层提供服务，同时使用它的下层向它提供的服务。在每层的设计当中，都使用了抽象数据类型、信息隐蔽的设计方法，其目的是向上层提供服务时，上层对本层的内部状态和算法是不可见的，也就是说，各层之间是独立的，各层只需关注本层功能的实现即可。

② 灵活性好。每层可以灵活地采用不同方法来实现本层功能，对功能的增加和删减也比较容易。

③ 容易实现标准化工作。由于在结构上可以分割成各个功能层次，因此，各个层次之

间的互相影响较小，各层可以分别实现与维护，从而降低了实现和维护的难度。同时，各层可以分别进行标准化工作，加快了标准化工作的进程，从而促进了标准化的工作。

分层结构有上述的好处，但并不是层次越多越好。计算机网络体系结构的分层数量要适中，如果层数太少，就会增加每一层的复杂度；反之，如果层数太多，会造成各层间的接口数量过多，在进行与网络相关的系统工程设计和开发时，会增加各层功能的设计与开发难度。

网络体系结构目前主要有两大类，一类是OSI七层理论模型，另一类是TCP/IP应用模型。OSI七层网络模型的发布是计算机网络发展史中的一个重要的里程碑，OSI七层网络模型的层次划分十分合理与清晰，非常方便对计算机网络的学习、分析和研究，它不仅成为网络协议统一和设计的参考模型，也成为各种网络技术分析、评判的依据。而在实际应用中，TCP/IP是目前最为成功的网络体系结构，以它为基础的互联网目前已成为全球范围内规模最大的网络，TCP/IP也已成为最主要的互联网络协议。

下面将分别描述OSI七层理论模型与TCP/IP应用模型。

2.4.2 ISO/OSI参考模型

在计算机网络刚刚出现的时候，每个计算机厂商都有一套自己定义的网络体系结构，这些自定义的网络体系结构是私有的，彼此之间互不兼容，严重阻碍了不同厂商之间的计算机网络的互通和计算机网络技术的发展。为了促进计算机网络技术的发展，1977年，国际标准化组织ISO成立了一个专门委员会。在当时网络技术的基础上，提出了一种不依赖于具体机型、操作系统或公司产品的网络体系结构，称为开放系统互连的体系结构，也就是OSI七层理论模型，后来基于该模型，形成了ISO 7498国际标准，它是具有现代意义的计算机网络互联模型。之所以称OSI七层理论模型为开放系统互连体系结构，就在于只要都遵循OSI标准，就可以和位于世界上任何地方的、也遵循OSI标准的其他任何互不兼容的系统相互通信，即OSI七层参考模型定义了连接异构计算机的标准框架。

图 2-7　OSI七层模型

OSI七层模型将计算机网络系统的网络功能分成七层，如果按照由低层向高层的顺序进行排列，这七层分别是物理层、数据链路层、网络层、传输层、会话层、表示层和应用层，也就是第一层是物理层，第七层是应用层。在这七层功能划分中，底下三层的功能偏重于通信控制，但是它们的控制对象是不一样的，高四层的功能偏重于处理用户服务和各种应用请求。其中第一层至第三层主要提供了网络访问的功能，第四层至第七层用于支持端到端通信。OSI七层模型见图2-7所示。

分层的目的在于将网络功能分成各种特定的子功能，实现功能的分离，并且各层功能的实现对于其他层而言是透明的，这种分层结构的优点在于使各个层次的设计和测试相对独立。

计算机网络分成通信子网与资源子网两部分，其中，资源子网是数据通信的发起者和接收者，将资源子网中的每个设备统称为端点；而计算机网络的通信子网则为端点之间的通信行为提供服务，将通信子网中的每个设备统称为节点。后面的内容将采用端点与节点的称呼来区分这两类设备。

OSI 参考模型中的每一层实现该层特定的功能，并且每一层只与相邻的上下两层直接通信。而从逻辑上讲，两个正在通信的端点是通过各层的对等层直接通信的。

下面简要描述各层的工作流程：

当源端点的发送程序向目的端点发送信息时，会首先将数据提交给应用层，应用层在对数据进行相应处理后，会将处理过的数据传给表示层，数据在表示层经过相应处理后，再将数据发送给会话层，会话层处理后，再向下一层发送，依次发送的层次是传输层、网络层、数据链路层、物理层，在物理层接收到数据后，会通过相应传输介质向目的端点发送最终处理后的数据。所传送的数据随后经过了通信子网中的节点设备的处理或控制，在最终到达目的端点后，会从低层处理开始，依次向上一层发送，层次间的传送顺序正好与发送端点的层次顺序相反，也就是说，物理层在接收到数据的比特流后，会首先将数据向上传给数据链路层，后者在执行相应特定处理后，会把处理后的数据向上发送到网络层，在处理完成后，会再向上一层发送，依次发送的层次是传输层、会话层、表示层和应用层，在应用层最终得到数据后，经过处理，会将最终处理后的数据发送给接收程序。源端点中的数据发送程序与目的端点中的数据接收程序，以及节点设备中的各个对等层（即位于相同层次的层），从逻辑上看，都好像是在直接通信，但是事实上，所有的数据都是在被分解为比特流后，通过物理层进行的通信。

下面介绍 OSI 参考模型的各层主要功能。

1. 物理层（Physical Layer）

OSI 参考模型的最底层是物理层，在这一层，数据还没有被组织起来，只是作为原始的位流或电气电压来被处理，单位是比特，也就是该层负责传送比特流，实现比特流的透明传输，为数据链路层提供数据传输服务。物理层只能看见 0 和 1，物理层还没有可以确定它所发送的比特流的含义的机制，物理层只与光信号技术和电信号技术的物理特征相关，这些特征包括用于传输信号电流的电压、介质类型、阻抗特征，以及用于终止介质的连接器的物理形状。

物理层为它的上一层（即第二层数据链路层）提供一个物理连接，以及连接的电气、机械、过程和功能特性，物理层从上一层数据链路层接收数据帧，并串行发送（即每次只发送一个比特）数据帧的结构和内容；反之，当从物理层向上发送时，会将数据流传输给数据链路层重新组合成数据帧。

物理层的网络实体包括传输介质和网络设备，其中双绞线、同轴电缆、光纤是常见的传输介质，物理层利用传输介质为通信的网络节点之间建立、管理和释放物理连接；中继器、集线器、路由器都是常见的网络设备。

2. 数据链路层（Data Link Layer）

OSI 参考模型的第二层是数据链路层，该层负责数据链路的建立、维持和释放。通过在物理链路上建立数据链路，达到了在不可靠的物理链路上实现可靠的数据传输的目的，使有差错的物理链路变成无差错的数据链路。为了达到这个目的，数据链路层在通信双方建立数据链路连接，传送以帧为单位的数据包（帧是数据链路层生成的具有一定结构的数据封装），将所要传送的数据分割到各个帧中，而每一帧由一些数据和一些必要的控制信息组成。通过这些控制信息实现了数据帧的差错控制与流量控制，确保数据可以安全地通过网络到达目的地。

在发送端点，数据链路层需要负责将数据、控制信息等封装到帧中，然后发送给物理层，通过网络传输，接收端点的物理层向上传给数据链路层，数据链路层在收到完整的数据帧后，在帧中所包含的控制信息的帮助下，如果检测到帧中所传数据中存在差错，就会通知发送端点重新发送这个帧。

要确保数据帧完整地到达目的地，数据链路层必须包含一种机制用来保证数据帧在传送过程中数据内容的完整性。为确保数据帧内的数据内容完整安全地到达目的地，数据链路层具有以下机制：

- 目的地端点在接收到完整的数据帧后，必须向源端点发送一个响应；
- 目的地端点在发出收到完整数据帧的响应之前，必须首先验证数据帧内数据内容的完整性。

工作在数据链路层的网络设备主要有网桥和二层交换机等。

3. 网络层（Network Layer）

网络层介于OSI参考模型的传输层和数据链路层之间，是OSI参考模型中的第三层。在单一网络中，网络层是可选的，而在以下情况下，就需要网络层提供的功能。这些情况是：对于由多个网络组成的计算机网络，要完成位于不同网络的端点间的数据通信，就需要网络层提供不同网络的识别功能以及确定端点间通信路径的功能；另一个需要网络层的场景是通信应用需要网络层提供的服务或能力。

对于由多个局域网、端点设备、节点设备互联而组成的通信环境而言，该网络由两个部分组成，分别是通信子网与资源子网。资源子网内的端点是网络共享资源的主要提供者也是主要消费者，而通信子网完成了资源子网不同部分之间的互通。

在计算机网络中两个端点之间的通信有可能需要经过很多条数据链路，也有可能需要经过很多个通信子网。而通信子网的运行控制方式就与网络层的功能相关，网络层的功能体现了网络资源子网访问或使用通信子网的方式。

为了实现上述跨越多个网络通信的目的，网络层需要具备寻址和路由选择的功能，网络层通过路由选择功能为每一个数据分组选择通过通信子网的最合适路径，从而在发送端点与接收端点之间为数据分组的传输创建了一条传输通路。路由选择依据中可以包括路径当时的工作状态，因此网络层还可以实现网络拥塞控制的功能。

网络层提供的服务使得它的上层传输层不需要了解数据在离开发送端点以后，在网络中是如何根据网络层的地址来寻找合适路由进行传输的。另外，网络层负责在发送端点和目的端点之间建立传送数据分组的路由，该层没有规定任何错误检测和修正机制，因此网络层必须依赖于它的下层数据链路层提供的可靠传输服务。

目前应用得最广泛的网络层协议是IP协议，它是TCP/IP协议簇中最主要的协议之一。IP协议仅仅提供了不可靠的、无连接的传送服务。

工作在网络层的网络设备主要有路由器和三层交换机。

4. 传输层(Transport Layer)

传输层介于OSI参考模型的会话层和网络层之间，是OSI参考模型中的第四层。传输层位于OSI参考模型中面向网络通信的低三层（物理层、数据链路层、网络层）和面向信息处理的高三层（会话层、表示层、应用层）之间的中间层次。

传输层只存在位于资源子网的端点的开放系统中。网络层不能保证数据传输的可靠性，而OSI七层参考模型中的高三层也不能直接控制通信子网，因此在网络层之上、高三层之下，增加一个传输层用来改善数据传输的质量，传输层是OSI七层参考模型中负责数据通信的最高层，是在从源端点发送数据到目的端点的过程中，从网络层次的低层到高层对数据传送进行控制的最后一层，也是唯一负责总体数据控制和数据传输的网络层次。传输层利用了网络层提供的数据通信服务，并且将该层的端口地址作为高层用户传输数据的通信端口。网络层是根据网络地址将源端点发送出的数据包传送到目的端点的，数据在到达目的端点后，由传输层负责将数据可靠地传送到与数据包中指定的端口相对应的会话层。

传输层的主要功能包括以下五点。

- 分割与重组数据。将上层传下来的数据进行分割，组成被称为报文的协议数据单元，并向下传给网络层；反之，在传输层接收到网络层传上来的各个报文后，需要按照各个报文的顺序编号重新组成完整的数据。
- 连接管理。在两个端点系统（即数据发送端点和数据接收端点）的会话层之间，提供建立、维护和取消传输连接的功能，传输层的服务一般要经历传输连接建立、数据传送和传输连接释放这三个阶段，这样才算完成一个完整的传输层服务过程。通过传输层对传输连接的管理与控制，从而为正在进行的连接或会话提供了可靠的数据传输服务。
- 按端口号寻址。通过在同一网络层物理连接上使用不同的传输层端口地址，从而实现该网络层物理连接的复用，传输层控制的数据对象不是网络地址或主机地址，而是与会话层相关的端口地址。
- 提供端到端的报文序号顺序控制。在接收端点，在重新组装数据时，需要按照各个报文的顺序编号重新组成完整的数据，将收到的乱序报文重新排序，可以避免报文的重复、乱序，并且当检测到被丢弃的报文时，会自动产生一个重新传输该报文的请求，从而保证了数据在端到端之间传输的完整性，可以避免报文的丢失。
- 提供端到端流量控制、差错控制，向会话层屏蔽数据在网络中传输所涉及的细节与差异，向会话层提供通信服务的可靠性，避免报文的延迟时间紊乱、出错等差错。

5. 会话层(Session Layer)

会话层介于OSI参考模型的表示层和传输层之间，是OSI参考模型中的第五层，会话层使用它的下层（传输层）提供的服务，来提供会话连接管理、会话同步等功能。

会话层提供了一种建立连接并有序传输数据的方法，这种连接就叫作会话(Session)。比如说，会话可以使一个本地终端登录到远地服务器上，然后依据会话开展文件传输或其他应用。会话服务过程可分为会话连接建立、数据报文传送和会话连接释放三个阶段。

会话层的主要功能如下所述。

(1) 会话连接映射

会话连接映射功能主要负责会话连接到传输连接的映射。会话连接是在传输连接的基础上建立的,即只有当传输连接建立好后,会话连接才能依赖它而建立。会话层与传输层之间有三种连接对应关系。

① 一个会话连接对应单个传输连接,即会话层建立某个会话之前,必须先建立一个传输连接,而当会话结束时,这个传输连接也要释放。

② 多个会话连接对应单个传输连接,传输连接成功建立以后,基于该传输连接可以建立、结束多个会话,在每个会话结束时,传输连接并不会释放。但在同一时刻,一个传输连接只能对应一个会话连接,而不能对应多个会话连接。

③ 一个会话连接对应多个传输连接,这种对应关系的存在有它特有的场景,也就是说,传输连接建立后,在会话连接进行当中,传输连接失效,这时会话层可以重新建立一个传输连接而不用废弃当前的会话,当新的传输连接建立后,可以继续原来的会话。

(2) 会话连接释放

在正常情况下,会话连接采用有序释放的方式,使用完全握手,包括请求、指示、响应和确认原语,只有当双方都同意结束时,会话才终止,这种释放方式的优点是不会丢失数据。由于异常原因,会话层也可以不经协商就立即释放,但是这种释放方式可能会造成数据的丢失。

(3) 会话控制

通常会话由一系列交互对话组成,为了达到一定的通信目的,必须对这一系列交互对话的次序、会话的进展情况进行管理和控制。通过对会话进行控制,就可以协调、管理和控制会话实体之间的交互活动。会话层协议可以控制会话、支持并管理会话实体之间的数据交换。

会话层通过令牌来进行会话的交互控制。令牌是会话连接的一个属性,表示了会话服务用户对某种服务的独占使用权,只有持有令牌的一方才有权发送数据,另一方必须保持沉默。令牌是可以申请的,也可以在某一时刻动态地分配给一个会话用户,该用户用完后,令牌又可以重新分配。各个端系统对令牌的使用权可以具有不同的优先级。

(4) 会话同步

同步的含义就是会话用户双方对会话的进展情况拥有一致的了解,当会话被中断然后又恢复时,会话可以从中断处继续进行,而不需要从头开始恢复会话。

那么,如何让会话双方能够对会话的进展情况拥有一致的了解呢?会话层通过在传输的数据中设置同步点来达到这个目的。由于可以在传输的数据中设置多个同步点,为了识别和管理同步点,可以对每个同步点赋予同步点序号。

同步点的使用过程如下:发送方将同步点放置到用户数据中,并将它们一起传输给对方,接收方收到数据后,会发现同步点,然后通知发送方它所收到的同步点序号,这样,发送方就能够确信接收方已经全部收到该同步点之前的数据了,当在该同步点出现中断,再次继续会话时,只需发送该同步点所在的数据位置以后的数据就可以了。

6. 表示层(Presentation Layer)

表示层介于OSI参考模型的会话层和应用层之间,是OSI参考模型中的第六层,在

OSI参考模型中，位于表示层之下的五层（会话层、传输层、网络层、数据链路层、物理层）实现了端到端的、透明的、可靠的、无差错的数据传输。但是对于最终用户而言，数据在网络中的传送只是实现数据共享与信息交互的手段而不是目的，最终要实现的是对数据的使用。然而，由于不同主机有其自己表示数据的内部方法，不是所有的主机都使用相同的数据表示方式，这样，具有不同数据表示方法的主机之间的互通就存在问题。为了使得具有不同表示方式的系统之间能够相互通信，需要在不同的表示方法之间进行转换，OSI参考模型中的表示层就可以完成这个功能。表示层用于处理通信中的数据信息的表示方式问题，主要负责数据格式转换、数据加密与解密、数据压缩与恢复等，通过表示层的数据表示方式的处理，具有不同数据表示方式的系统也可以彼此相互理解。

表示层的主要功能如下：

(1) 数据表示

数据表示功能主要用来解决数据的语法表示问题，即确定数据传输时的数据结构，比如文本、声音、图形和图像的表示问题。不同主机具有不同的内部数据表示方式。

此时可以发现，低五层特地保证所有的报文被一位一位地从发送方准确地传输到接收方，对于许多应用来说，所传输的数据虽是精确复制但却是完全错的。人们所想要的是保留含义，而不是位模式。为了解决此类问题，必须执行转换，可以是发送方转换；也可是接收方转换；或者双方都能向一种标准格式转换。

(2) 数据压缩

数据压缩对于数据的传输是十分必要的，具体有以下两个原因。

① 随着多媒体实时数据处理的增加，多媒体实时数据的存储、吞吐和传输成为不得不考虑的关键问题，而高效的、实时的数据压缩对于提高网络带宽、减少数据存储量、提高传输速率是非常必要的。

② 网络的使用费用与所传输的数据量相关，在数据传输之前对数据进行压缩将会大大减少网络的使用费用。

(3) 数据加密

目前，安全和保密问题在计算机网络中变得越来越重要。提高网络安全性的最常用的方法之一就是数据加密。数据在表示层被加密后再向下传递，作为不可阅读和不可识别的数据进入网络进行传递，而在数据的目的端点，数据在到达表示层后，将会被解密，成为可读数据，从而实现了端到端的加密与解密，形成安全的网络数据传送。

端到端加密位于表示层，不加密OSI参考模型的下三层（网络层、数据链路层、物理层）信息，这样，下三层的协议信息都以明文方式传送。因此，只涉及网络下三层的网络节点就无需解密操作，就不会减慢网络节点处的数据处理速度。

7. 应用层（Application Layer）

应用层是OSI参考模型的第七层，也是最高层。尽管该层被称为应用层，但该层并不包含任何用户应用，该层只是用户应用与计算机网络之间的接口。

应用层直接为用户应用的通信需求提供服务，该层通过支持不同的通信协议来解决不同用户应用的实际通信需求，比如电子邮件、远程操作和文件传输等。应用层不仅要提供用户应用所需要的信息交换和远程操作等具体功能，而且还要作为用户应用的通信代理与外界进行通信，来完成一些为进行语义上有意义的通信所必需的功能，比如，应用层需要识别并保证通信对端的可用性，同步双方应用程序之间的交互，建立保证数据完整性和传输错误纠正的控制机制。

以 Internet 中的应用层为例，Internet 中的应用层协议很多，比如，支持文件传送的 FTP 协议、支持电子邮件的 SMTP 协议、支持万维网应用的 HTTP 协议等。

上面介绍了组成 OSI 参考模型的所有七层的功能，这七个层次是一个具有垂直方向的结构层次，而垂直方向的结构层次是当今普遍被认可的用于数据处理的功能流程。垂直结构的每一层都拥有与其相邻层进行通信的接口。从通信的实际流程上看，通信数据依次垂直通过了 OSI 参考模型的各个层次。而从通信双方的交互逻辑上看，发生通信的双方端点在逻辑上是在各个对等层之间直接传递着相应的数据信息以及控制信息，为了创建这种层次间的逻辑连接，在发生通信时，发送端点在将数据从应用层逐层向下层传递时，每经过一层，相应层的协议控制部分都要在该层的协议数据单元前增加与该层密切相关的控制头，而且每层的控制头只能被通信端点的对等层识别，这个过程称为封装。数据在经过每一层的封装后，最终通过物理介质发送出去，目的端点在接收到数据包后，数据包会从物理层开始逐层向上传递，数据包每经过一层，相应层的协议控制部分在获取了对应该层的控制头后，会将该控制头从数据包中删去，这个过程称为解封。然后将剩余的部分向上层传递，数据在经过每一层的解封后，最终会到达最高层，也就是应用层。

2.4.3 TCP/IP 参考模型

虽然最初的 OSI 参考模型的设计目标是设计一个具有开放式体系结构的通信框架，但是实际上由于该体系结构实现起来非常复杂，OSI 参考模型并没有在实际的应用中得到推广。OSI 七层参考模型实际上仅仅发挥了它的学术价值的功能，通过该模型，使得人们可以了解到一个非常完美的、用于解释什么是开放式通信的概念，了解到一个完整的端到端通信所包含的必需功能以及这些功能执行的先后逻辑顺序。

目前，在通信领域发挥实际作用的是另一个体系结构，下面将介绍一个有意义的、有实际应用价值的参考模型——TCP/IP 参考模型。

1. TCP/IP 参考模型结构

人们现在的学习、工作都离不开 Internet，而在支撑 Internet 运行的技术当中，如果没有 TCP/IP(Transmission Control Protocol/Internet Protocol，传输控制协议/因特网互联协议)，就没有 Internet。TCP/IP 是 Internet 最基本的协议，也是 Internet 运行的基础。事实上，TCP/IP 是一族通信协议的统称，其中最重要的协议是传输层的 TCP 和网络层的 IP 协议。与 TCP/IP 相对应的网络通信模型是 TCP/IP 参考模型，TCP/IP 参考模型是在它所解释的 TCP/IP 出现一段时间以后才发展起来的。

TCP/IP 参考模型与 OSI 参考模型不同，它更侧重于规定计算机网络中的设备如何进行数据传输，它定义了设备接入因特网的方式以及数据在设备之间传输的方法，它更强调通信功能的分布而不像 OSI 参考模型那样进行严格的功能层次的划分。因此，TCP/IP 参考模型比 OSI 参考模型更灵活，OSI 参考模型比较适于解释互联网的通信机制，而 TCP/IP 则成为互联网的事实上的市场标准。

TCP/IP 参考模型采用四层结构，各层由上至下分别是：应用层、传输层、网际层和网络接口层，而不是经典的 OSI 七层参考模型，TCP/IP 四层参考模型与 OSI 七层参考模型的对比如图 2-8 所示。

从图 2-8 中可以看出，TCP/IP 参考模型中并没有 OSI 参考模型中的表示层与会话层，TCP/IP 参考模型中的传输层与 OSI 参考模型中的传输层大致相对，TCP/IP 参考模型中的网际层与 OSI 参考模型中的网络层大致相对，TCP/IP 参考模型中的网络接口层与 OSI 参考模型中的数据链路层、物理层大致相对。

TCP/IP 参考模型的核心层是网际层，也就是 IP 层，IP 层的主要功能是屏蔽不同低层网络的差异，屏蔽低层网络的实现细节，从而向它的上层即传输层，也就是 TCP 层，提供统一的 IP 数据报，进而支持应用层可以提供多种多样的应用。通过 TCP 与 IP 的结合，TCP/IP 具有了很好的健壮性和灵活性，这是 TCP/IP 能够成为国际互联网主流协议的根本原因。在 TCP/IP 参考模型中，位于 IP 层之上的是非常丰富的应用层的各种应用，而位于 IP 层之下的是各种异构的数据链路层和物理层，TCP/IP 参考模型的这一特性使得该模型成为一个中间小两头大的沙漏模型，如图 2-9 所示。

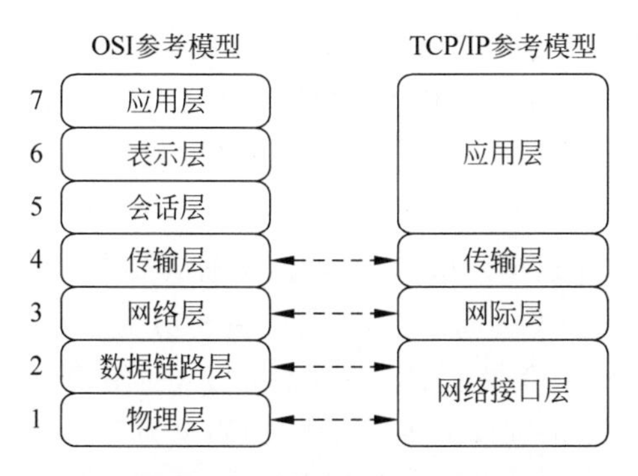

图 2-8　OSI 参考模型与 TCP/IP 参考模型的对比

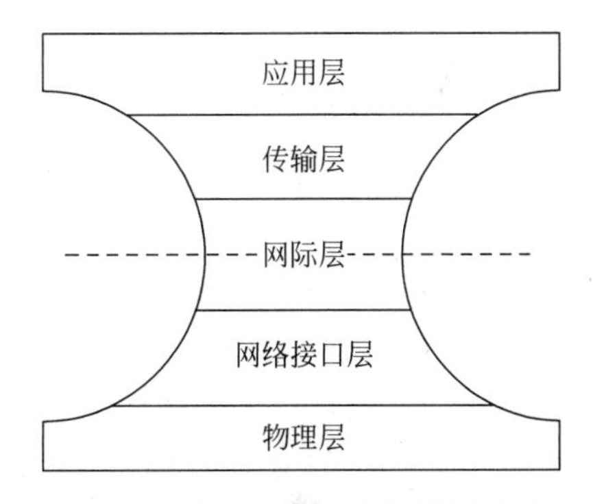

图 2-9　TCP/IP 沙漏模型

TCP/IP 特有的平台无关性使得具有任意硬件、软件架构的设备都可以接入 Internet 而成为全球互联网大家庭的一员，设备只要安装了 TCP/IP 协议栈就可以实现互通，这也使得 TCP/IP 成为世界上使用最广泛的网络协议。

2. TCP/IP 各层主要协议和主要功能

OSI 参考模型是一种七层抽象参考模型，这七层分别是物理层、数据链路层、网络层、传输层、会话层、表示层和应用层，模型中的每一层都完成一些特定功能，每一层都使用下一层所提供的服务来完成自己的需求并向上一层提供服务。而 TCP/IP 并不完全符合传统的 OSI 七层开放式系统互连参考模型，从协议分层模型方面来讲，TCP/IP 参考模型从上至下由应用层、传输层、网际层和网络接口层四层构成，该模型的目的是使各种异构软硬件系统在对等层次上相互通信。下面将分别介绍各层的功能以及对应各层的主要协议。

(1) 第一层是网络接口层，它是 TCP/IP 参考模型的最底层，与 OSI 参考模型的下两层(数据链路层和物理层)不同的是，该层没有定义与数据链路层和物理层相关的实际规范，而是定义了在由异质数据链路层和物理层构成的网络中发送和接收 IP 数据报的方法。从这点来看，该层充分体现了 TCP/IP 的适应性和兼容性，也为 TCP/IP 的成功奠定了基础。

网络接口层允许连入 Internet 的主机可以使用多种数据链路层协议，比如，分组交换网的 X.25、帧中继、ATM 协议、令牌网、HDLC、PPP、局域网的以太网等。

另外，ARP(Address Resolution Protocol，地址转换协议)、RARP(Reverse ARP，反向地址转换协议)也属于数据链路层。其中，ARP 是通过已知的 IP 地址来寻找对应主机的 MAC 地址；RARP 与 ARP 相反，是通过 MAC 地址来确定对应的 IP 地址。

(2) 第二层是网际层，该层相当于 OSI 参考模型的网络层，该层控制着网络中各个主机之间的信息传输，与该层对应的协议包括：IP 协议、ICMP(Internet Control Message Protocol，互联网控制报文协议)等。其中，本层的核心协议是 IP 协议，它是一种无连接的、提供尽力而为服务的网络层协议，IP 协议的主要功能包括 IP 包封装(收到传输层的分组发送请求后，将分组装入 IP 数据报，填充 IP 报头)、路由选择(选择去往目的主机的路径)、IP 包解封(如果 IP 数据包的目的地是当前主机，则去掉 IP 报头，并将剩下部分向上交给传输层)、IP 包转发(如果 IP 数据包的目的地不是当前主机，则转发该 IP 包)等；ICMP 是网络层的补充，ping 命令就是发送 ICMP 的 echo 包，通过 echo 包的响应包回送来测试网络工作状态的。

(3) 第三层是传输层，该层的主要功能是在源主机与目的主机的对等实体之间建立用于会话的端到端连接，与该层对应的主要协议包括：TCP(传输控制协议)和 UDP(User Datagram Protocol，用户数据报协议)。其中，TCP 是一种可靠的面向连接的协议，该协议规定接收端在收到 TCP 数据包后，必须向发送端发送确认包，如果数据包丢失的话，发送端必须重新发送该数据包；UDP 是一种不可靠的无连接协议，数据包无需确认接收。

(4) 第四层是应用层，该层对应于 OSI 参考模型的高三层，该层的主要功能是为用户提供所需要的各种服务，比如：TELNET 协议为终端登录远程主机提供服务，使用明码传送，保密性差、简单方便；FTP(File Transmission Protocol，文件传输协议)协议为 FTP 服务器的上传或下载功能提供服务，DNS(Domain Name Service，域名解析服务)协议为域名与 IP 地址之间的转换功能提供服务；SMTP(Simple Mail Transfer Protocol，简单邮件传输协议)协议用来控制电子邮件的发送；POP3(Post Office Protocol 3，邮局协议第 3 版本)协议用于接收邮件，等等。

表 2-3 是相对 OSI 七层模型的 TCP/IP 参考模型的各层主要协议。

表 2-3　TCP/IP 参考模型相对 OSI 七层模型的各层主要协议

OSI 模型	主 要 功 能	TCP/IP 模型
应用层	文件传输、电子邮件、虚拟终端	TELNET、FTP、TFTP、DNS、SMTP、POP3、HTTP、SNMP 等
表示层	数据格式化、数据模式转换、数据加密	没有协议
会话层	会话管理	没有协议
传输层	提供端到端的接口连接	TCP、UDP
网络层	为数据包选择路由	IP、ICMP、ARP、RARP、OSPF、BGP、IGMP 等
数据链路层	传输包含地址的帧、数据传输错误检测	X.25、帧中继、ATM 协议、令牌网、HDLC、PPP、SLIP 等
物理层	数据以二进制形式在物理媒体上传输	IEEE 802，IEEE 802.2

本 章 小 结

本章介绍了计算机网络的概念、计算机网络的分类、计算机网络硬件以及计算机网络的体系结构等四个部分，充分了解网络管理系统的管理对象，即计算机网络，对于网络管理工作的开展以及网络管理原理的学习，具有十分重要的帮助。

在教学上，本章的教学目的是让学生从总体上了解计算机网络的概念，了解计算机网络的各种分类方法以及不同类型的计算机网络，掌握计算机网络的体系结构。本章重点是学习计算机网络的分类、各种网络互联设备、ISO/OSI 参考模型和 TCP/IP 参考模型，本章难点是 ISO/OSI 参考模型和 TCP/IP 参考模型。

习　　题

1. 简答题

(1) 计算网络的定义。

(2) 计算机网络的拓扑结构主要有哪些？各自的特点是什么？

(3) 计算机网络按照作用范围可以分为哪几类？各自的特点是什么？

(4) OSI 七层参考模型包括哪七层以及各层的主要功能是什么？

(5) TCP/IP 模型由哪四层构成以及各层的主要协议是哪些？

(6) 计算机网络设备主要包含哪些？各自工作在 OSI 七层参考模型的哪个层次？

2. 填空题

(1) 计算机网络由(　　)和(　　)两部分构成，其中，通信子网主要由(　　)和(　　)组成。

(2) 计算机网络的发展经历了(　　)、(　　)和(　　)三个阶段。

(3) 计算机网络可以分为(　　)、(　　)和(　　)三种。

(4) 按地理范围进行分类，可以将计算机网络划分为(　　)、(　　)和(　　)。

(5) 常见的计算机网络拓扑结构类型包括(　　)、(　　)、(　　)、(　　)、(　　)。

第3章 交换机基础

3.1 交换机工作原理

通过集线器组织的计算机网络的数据传送方式属于共享工作模式，这是因为连接各个计算机设备的集线器是一种共享设备，当网络中的某个设备向集线器发送数据，希望通过集线器将数据发给目的设备时，由于集线器不具有识别数据中所包含目的地址的能力，数据将以广播的方式发给与集线器相连的所有其他设备，收到数据的所有设备都会通过对比数据包头中的地址信息是否为本设备的地址信息来确定是否接收数据。也就是说，在这种工作方式下，网络上在同一时刻只能传输某个设备的一个数据包，如果多个设备都需要发送数据，就会发生碰撞，这种方式就是共享网络带宽的数据传输方式。根据共享工作模式的特点，当网络中设备数量过多时，设备发送数据就会存在冲突，影响了网络的工作效率，因此，共享工作模式只适用于网络规模小的网络。对于规模较大的网络，需要采用其他合适的数据传送方式，而数据交换概念的提出改进了网络的共享工作模式，提高了网络的数据传送效率。

交换技术工作在 OSI 参考模型中的第二层，即数据链路层，因此交换操作是根据 MAC 地址进行的。在交换机内部的高速缓存中保存着 MAC 地址与端口的映射表，交换机就是通过查询该映射表来实现数据交换的。

数据交换功能的实现涉及两个子功能，即地址学习和数据包转发，下面分别介绍。

(1) 地址学习功能

地址学习功能主要完成以下内容。

① 源 MAC 地址学习。交换机通过端口接收到数据包后，会获取数据包中的源 MAC 地址，如果检查发现 MAC 地址与端口映射表中没有与该 MAC 地址相关的记录，就会在映射表中添加新的映射记录。

② 端口移动机制。交换机如果发现接收数据包的端口号不同于映射表中登记的数据包中源 MAC 地址对应的端口号，就需要修改映射表中的相应记录，将源 MAC 地址重新学习到当前接收数据包的端口，从而产生端口移动。

③ 地址老化机制。如果交换机的某个端口在规定的一段时间之内没有收到任何数据包，就会删除映射表中与该端口相关的所有记录，这样做的原因在于可以释放出映射表空间给新学到的 MAC 地址使用，被删除记录的端口在到数据包时，可以通过重新进行源 MAC 地址学习的方式将相应的映射再次添加进来。地址老化机制是交换机应对庞大的网络地址的一种行之有效的处理方法，不仅映射表降低了对交换机内存的存储量需求，也提高了映射

表的查询速度。

(2) 数据包转发功能

数据包转发功能主要完成以下内容。

① 交换机的端口控制电路收到数据包以后,如果数据包中的源 MAC 地址和目的 MAC 地址所在的交换机端口不相同,会到内存中的 MAC 地址映射表中查找数据包中的目的 MAC 地址挂接在哪个端口上。如果在映射表中找到相关记录,会通过内部交换矩阵迅速将数据包传送到映射表中指定的端口;如果在映射表中找不到相关记录,就向所有的端口广播该数据包,端口接收到回应后,交换机就将原来的目的 MAC 地址与该端口的对应记录添入内部 MAC 地址映射表中。

② 交换机的端口控制电路收到数据包以后,如果数据包中的源 MAC 地址和目的 MAC 地址所在的交换机端口相同,则丢弃该数据包。

③ 如果交换机的端口控制电路收到的数据包是广播数据包,则交换机会向除接收端口以外的其他所有端口转发该广播数据包。

从交换机数据交换的工作原理可以得知交换机具有以下特点。

- 交换机是一种基于 MAC 地址识别、能够封装及解封数据包、能够转发数据包的网络设备,交换机能够学习 MAC 地址与端口之间的对应关系,将这种对应关系保存在内部映射表中,并在数据包的始发端口和目标端口之间建立临时的交换路径,实现将数据包从源地址转发到目的地址的目的。
- 根据交换的原理可知,交换机可以在同一时刻进行多个端口对之间的数据传输。每个端口都可以看成是独立的网段,连接在该端口上的网络设备独自享有全部带宽,不需要与其他端口上的设备竞争带宽,也就是所有同时发生的端口对之间的数据传输都有自己的虚拟连接,都享有网络的全部带宽。这就要求交换机拥有一条具有高带宽的背板交换总线,交换机的所有端口都挂接在这条背板总线上。如果交换机有 N 个端口,每个端口的带宽是 M,交换机背板交换总线的带宽只有在超过 $N \times M$ 时,交换机才能够实现线速转发数据。
- 交换机一般都含有专门用于处理数据包转发的内部交换矩阵,因此转发速度可以非常快。
- 交换机通过地址老化机制来降低 MAC 地址与端口映射表对交换机内存的需求,但是在一定程度上影响了数据的转发速度,因此,MAC 地址与端口映射表的大小将影响交换机的接入容量。
- 通过交换机可以把网络分段,交换机通过查找 MAC 映射表,只在端口间转发数据,而不会将数据转发给不相关的端口,也就是只允许必要的网络流量通过交换机,这样,通过交换机的过滤和转发,就可以有效地隔离广播风暴,避免了共享冲突。

3.2 交换机的分类

根据交换机的不同分类标准,交换机可以分成如下五类。

(1) 根据交换机的网络连接覆盖范围可分为局域网交换机和广域网交换机。

局域网交换机工作在局域网中,主要用于连接网络中的终端设备,比如,网络共享打印机、工作站、服务器等，局域网交换机在这些设备之间提供独立的高速通信通道，单个局域网交换机只能管理一个局域网。广域网交换机主要工作在城域网互联、互联网接入等的广域网中，它提供通信用的基础平台，广域网交换机的背板带宽要大大高于局域网交换机。广域网交换机支持路由功能、内置安全机制、带有计费功能，并且广域网交换机可以管理多个局域网。

(2) 根据交换机在网络中的工作层次的不同，交换机可分为接入层交换机、汇聚层交换机和核心层交换机。其中，接入层交换机基本上采用以 10/100Mbps 为主的固定端口式架构，并且以扩展槽方式或固定式端口提供 1000BASE-T 的上连端口。汇聚层交换机具有固定端口式和机箱式两种架构，它不仅能够提供多个 1000BASE-T 端口，也能够提供 1000BASE-X 等端口。核心层交换机全部采用机箱式模块化架构，基本上都配备了 1000BASE-T 模块。

(3) 根据交换机的传输速度以及使用的传输介质的不同，交换机可以分为以太网交换机、快速以太网交换机、千兆以太网交换机、万兆以太网交换机、ATM 交换机、FDDI 交换机和令牌环交换机等。其中，以太网交换机是指带宽在 100Mbps 以下的应用于以太网的交换机；快速以太网是一种在光纤上或普通双绞线上实现 100Mbps 传输带宽的网络技术，快速以太网交换机就是应用于 100Mbps 快速以太网的交换机；千兆以太网的带宽可以达到 1000Mbps，一般用于大型网络的骨干网段，采用光纤或双绞线作为传输介质，千兆以太网交换机就是应用于千兆以太网的交换机。

(4) 根据交换机工作在 OSI 参考模型的不同层次，交换机可以分为第二层交换机、第三层交换机和第四层交换机等，一直可以到第七层交换机。其中，第二层交换机对应于 OSI 参考模型的第二层，它只工作在 OSI 参考模型的第二层，即数据链路层，该交换机根据链路层消息中的 MAC 地址进行交换机不同端口之间的线速数据交换，主要功能包括物理编址、帧序列、数据流控制和错误校验。第三层交换机对应于 OSI 参考模型的第三层，它工作在 OSI 参考模型的第三层，即网络层，它比第二层交换机具有更强的网络通信功能，该交换机根据网络层消息中的 IP 地址选择经过不同网络的传输路由，实现数据在不同网络间的传送。第四层以上的交换机称为内容型交换机，它们工作在 OSI 参考模型的第四层以上，主要用于互联网数据中心。

(5) 根据交换机是否支持 SNMP(Simple Network Management Protocol，简单网络管理协议)或 RMON(Remote Network Monitoring，远端网络监控)等网络管理协议，交换机可以分为非可管理型交换机和可管理型交换机。网络管理服务器可以监控可管理型交换机，而无法监控非可管理型交换机。

3.3 二层交换

3.3.1 二层交换工作原理

二层交换工作在 OSI 七层参考模型的第二层，即数据链路层，它的操作对象是数据帧。它是根据数据帧中的 MAC 地址对数据帧进行交换和过滤，从而实现 LAN 内主机之间的互连。

产生二层交换的原因是为了解决局域网在运行中遇到的问题，下面以最常见的局域网技术，也就是以太网技术为例。

早期以太网采用的是总线拓扑结构，为了保证网络传输介质有序、高效地为网络上所有主机提供传输服务，也就是解决网络上所有主机共享传输介质的问题，以太网的介质访问控制协议采用了CSMA/CD(Carrier Sense Multiple Access/Collision Detect，载波监听多路访问/冲突检测)机制。由于总线是网络上所有主机的唯一的、共享的通信通道，该机制在总线上允许在某一时刻只能有一个主机在发送数据，而其他主机在该时刻只能监听总线的忙闲状态，从而知道本机何时可以发送数据。当有两个主机或多个主机在同一时刻都想要向总线发送数据时，就产生了冲突，发生冲突的主机都会通过该机制的退避算法确定发送延时，由于各个主机的延时时长不一致，从而避免了下次发送数据时的冲突。但是这种机制也会带来问题，当挂在总线上的主机数量增多时，产生冲突的概率也就增大，退避算法的实现实际上降低了主机通信的速度，也降低了网络带宽的利用率。为了提高主机通信速度以及提高网络带宽的利用率，只有降低冲突发生的概率。

第二层交换可以将一个较大的网络划分为若干个较小的物理网段，各个网段不共享带宽，从而有效地增加了各个网段的带宽和吞吐量，将原来没有网段的共享带宽变成了各个网段的独占带宽，有效地分割了冲突域，减少了冲突的发生，大大提高了网络带宽的利用率。

二层交换机采用了多物理端口以及数据帧的MAC转发机制实现了分割冲突域的目的，交换机端口的功能是接收或转发与其相连的LAN上的数据帧，端口的状态有转发、学习、监听、阻塞和禁止状态，MAC转发功能主要实现交换机的不同端口之间的内部通信。

二层交换机保存各个端口的工作状态并维护一个MAC与端口映射表，通过该表来实现MAC层的路由。二层交换机具有MAC地址学习能力，可以将主机的MAC地址与该主机所连接的端口等信息记录在MAC与端口映射表中。

当从某个端口接收到数据帧时，交换机会检测数据帧中包含的源MAC地址和目的MAC地址，并将数据帧中的源MAC地址与端口号一起保存在MAC与端口映射表中。经过一段时间，交换机就会自动学习到所在网络的所有主机的MAC地址信息。同时，交换机也会根据数据帧中包含的目的MAC地址，在MAC与端口映射表中查找与该MAC地址相关的记录，并根据查找结果的不同，进行不同的处理。

(1) 如果成功找到与目的MAC地址相关的记录，会首先判断记录中指定的目的端口的工作状态，如果目的端口没有被阻塞，就将该数据帧到目的端口转发出去，实现了数据帧从源端口到目的端口的交换。

(2) 如果没有找到与目的MAC地址相关的记录，就将该数据帧广播发送到除其进入交换机的端口以外的所有其他端口。

(3) 如果通过查表发现，目的MAC地址对应的端口就是该数据帧进入交换机的端口，交换机将丢弃该数据帧。

为了保证数据帧的高转发速度，二层交换机采用ASIC(Application Specific Integrated Circuit，专用集成电路)技术，通过硬件实现协议解析和数据帧转发技术，从而达到数据帧从源端口到目的端口的点到点的线速交换。

3.3.2 二层交换主要特点

- 通过二层交换机可以连接具有不同速率的网段而构成具有混合速率的局域网。比如,10Mbps 网段与 100Mbps 网段或者 100Mbps 网段与 1000Mbps 网段都可以通过交换机互连。
- 扩展局域网覆盖的区域。由于共享冲突,单个冲突域不能包含过多的主机,而交换机分隔了冲突域,多个冲突域可以通过交换机构成更大的网络,从而扩大了网络覆盖范围。
- 可以支持过滤功能。根据应用或安全等方面的限制,通过配置数据帧的过滤规则,限制数据帧可以转发的端口,这样,不仅消除了多余的网络流量,还满足了某些应用的需求和安全需求。
- 可以支持 QoS 功能。通过使用优先级,能够以更快的速度转发对时间敏感的、优先级较高的数据帧。
- 可以支持 VLAN(Virtual Local Area Network),通过 VLAN 技术能够将相互通信的、共享数据的、物理上分散的主机逻辑分组。
- 可以通过包含简单网络管理协议(SNMP)和远程监控协议(RMON)来支持远程网络监测和管理。
- 数据转发速度快。二层交换工作在 OSI 参考模型的数据链路层,对于网络层以上的高层协议来说是透明的,也就是它不处理网络层的 IP 地址,不处理诸如 TCP、UDP 的端口地址,它只是按照所收到数据帧中的目的 MAC 地址来进行转发,并且依靠硬件实现数据转发,因此交换机的数据转发速度相当快。

3.4 三层交换

3.4.1 三层交换的引出及发展

最初的第二层交换机只能分割网络的冲突域,而无法分割网络的广播域。如果交换机的某个端口收到目的地址是广播地址的数据包时会向所有端口转发。这样的话,当网络的规模较大时,广播包的数量就会增多,大量的广播包将充斥着整个网络,从而造成网络的性能下降,严重时还可能引起广播风暴。

针对这个问题,二层交换机引入了 VLAN 技术,该技术将同一物理局域网内的不同主机从逻辑上划分成一个个网段,形成多个虚拟工作组,也就是多个 VLAN,具有相同工作需求的主机属于同一个 VLAN。由于是从逻辑上划分,而不是从物理上划分,一个 VLAN 内的各个主机可以位于不同的物理网段,这个逻辑上的 VLAN 与物理上形成的 LAN 具有相同的属性,从而划分出不同的广播域,一个 VLAN 内部的广播和单播流量都被限制在 VLAN 的内部,而不会转发到其他 VLAN 中。通过 VLAN 技术,二层交换网络的广播域得到分割,网络的广播风暴得到了控制,同时网络的安全性也得到了提高。

但是,VLAN 技术在隔离 VLAN 之间的广播风暴的同时,也隔离了各个 VLAN 之间的通信，这使得 VLAN 之间的通信必须经过网络层的路由才能完成。

在早期，网络层路由只能靠路由器来完成。路由器具有丰富的网络功能，可以处理大量跨越子网的报文，但是路由器的路由选择及报文转发功能的实现依赖于协议栈软件的运行。因此，报文的转发速度较慢，转发效率要比二层交换低。如果 VLAN 之间的通信依靠路由器转发，路由器将会成为整个网络的瓶颈。由此，结合了效率高的二层转发与三层路由处理的三层交换技术就诞生了。

相对于传统交换概念，1997 年出现了一种新的交换技术，它就是三层交换技术，也被称为 IP 交换技术，它是将交换功能和路由功能集成于一体的技术。

第三层交换机在传统的第二层交换机的基础上增加了路由功能。由软件实现第三层交换机的路由学习功能，而由硬件来实现 IP 数据包的转发功能。这样，第三层交换机在学习到路由以后，就可以按照报文中的 IP 地址由硬件直接转发数据包，从而大大提高了 VLAN 之间通信的速度。三层交换技术的出现，解决了局域网中 VLAN 划分之后，VLAN 之间必须依赖路由器进行通信的局限，同时也解决了传统路由器低速数据包转发造成的网络瓶颈问题。

目前，随着第三层交换技术越来越成熟，第三层交换机的应用地点也从网络的骨干范围扩展到网络的边缘范围，它的应用领域也扩大到企业局域网、校园网、宽带网等领域。

随着交换技术的发展，目前出现了第四层交换技术和第七层交换技术。

第四层交换技术可以根据第四层的代表不同业务协议的 TCP、UDP 端口号以及第三层的 IP 地址等第四层与第三层的信息来分析数据包的业务类型，并做出向何处转发会话传输流的决定。第四层交换的交换域是由源 IP 地址、目的 IP 地址以及 TCP 端口/UDP 端口共同决定的，第四层交换机成为一种基于会话的交换机，可以在会话级别控制网络流量和会话的服务质量。

除了第四层交换技术以外，也出现了 OSI 参考模型中的第七层的交换技术，第七层交换技术更具有智能交换的特征。第七层交换技术具有对应用层内容的认知功能，它可以通过分析数据流中的应用层的内容，根据应用的类型、应用的内容来控制数据交换转发行为，这样的处理更具有智能性，交换的是内容。因此，第七层交换机是一种基于应用的交换机，可以在应用级别实现有效的数据流优化和智能负载均衡。

3.4.2 三层交换工作原理

第三层交换技术是将路由技术与交换技术合二为一的技术。通过在交换机中增加网络层的功能，以交换机的性能来完成路由器的路由功能，这样的设备称为第三层交换机。第三层交换机将路由学习与数据包转发功能相分离，其中，路由学习功能由路由协议来实现，而数据包转发功能则采用交换的思想由硬件来实现，从而在网络层实现了数据包的线速转发。下面简要介绍路由功能与转发功能在第三层交换机中结合使用的过程。

三层交换机在收到业务数据流中的第一个 IP 数据包后，会根据 IP 包中目的 IP 地址选择路由，路由选择成功后，也就确定了该 IP 数据包从交换机中转发出去的输出端口。然后将在 MAC 地址与 IP 地址映射表中增加该 IP 数据包在交换机的输出端口的 MAC 地址与该目的 IP 地址的映射记录，当三层交换机收到该业务数据流的后续 IP 数据包时，不再需要选择路由的过程，而是根据目的 IP 地址从 MAC 地址与 IP 地址映射表中查出对应的输出端口的 MAC 地址，直接在数据链路层将 IP 数据包转发出去。这样的话，相当于在三层交换机中打通了一条从源 IP 地址到目的 IP 地址的通路，有了这条通路，三层交换机就不必每次都对收到的 IP 数据包进行解封操作并判断路由了，而是直接将 IP 数据包交由数据链路层的交换模块来完成数据包的转发。这就是通常所说的，一次路由，多次转发。

可见，三层交换机集路由功能与交换功能于一体，在交换机内部实现了路由，这样做的结果是，提高了数据包转发效率，消除了路由器进行路由选择而造成的网络延迟，消除了路由器可能产生的网络瓶颈问题，提高了网络的整体性能。

三层交换机和路由器具有以下三点不同：

(1) 三层交换机的端口基本上都是以太网端口，它不如路由器的端口类型丰富；

(2) 三层交换机不仅可以工作在 OSI 参考模型的第三层，也可以工作在第二层，可以直接交换不需要路由的数据包，而路由器不能工作在第二层，只能工作在第三层；

(3) 路由器基于软件处理来转发报文，而三层交换机是通过 ASIC 硬件来转发报文，因此两者之间的性能差别很大。

3.5 虚拟局域网

3.5.1 VLAN 的基本原理

根据交换机的数据转发原理，交换机在它的源端口与目的端口之间提供了直接的点到点连接，不仅解决了共享式局域网的共享冲突问题，而且还提高了网络带宽的利用率。但是，交换机无法有效隔离广播域，它对广播帧的处理方式是向交换机的所有端口转发。随着网络规模越来越大，广播帧的数量也会越来越多，极大地消耗了网络带宽。广播帧所占用的带宽影响了其他数据的传输，严重时会产生广播风暴，造成数据传输时延增长，网络性能迅速地下降，甚至造成全网阻塞以致瘫痪。这样，交换机组成的网络就陷入网络规模与网络性能之间的对立。为了解决网络规模与网络性能之间的矛盾，一个有效的解决方法就是构造较小的交换网，限制广播范围。而早期单个局域网的物理网络与逻辑网络的个数都是一个，并且是一一对应的，单一的物理网络对应的广播域个数也是一个。因此，具有不同共享数据域的主机也被束缚在同一个物理网络中，而不能根据需要将不同主机划分至不同的逻辑子网中，这样的网络结构缺乏灵活性，效率低和安全性差。解决的办法就是在统一的物理网络上，划分出不同的逻辑网段，这些逻辑网段是互相隔离的，是一个广播域，与用户的物理位置无关。

为了解决上述问题，虚拟局域网 VLAN 技术应运而生。VLAN 是 IEEE 802.1Q 中定义的一个标准，在 IEEE 802.1Q 中，VLAN 是在数据链路层实现的。VLAN 技术就是在交换局域网的基础上，在同一物理网络中将单一逻辑网络划分成多个逻辑子网的技术，它是一种将局域网内的主机逻辑地而不是物理地划分成一个个网段从而实现虚拟工作组的技术。它将局域网设备从逻辑上划分成一个个网段，网络中的任何主机都可以根据特定的逻辑子网划分方法而灵活地加入到不同的逻辑子网中，这些逻辑子网被称为虚拟局域网 VLAN。一个 VLAN 组成一个逻辑子网，即一个逻辑广播域，它可以覆盖多个主机，允许位于不同地理位置的主机加入到一个逻辑子网中。VLAN 和普通局域网一样，覆盖了一个广播包能够到达的主机范围，同一 VLAN 中的成员可以共享广播，而不同 VLAN 之间广播信息是相互隔离的，这样，整个网络的单一广播域被分割成多个不同的广播域。绝大多数的网络流量都限制在同一 VLAN 之内，一个 VLAN 中的成员看不到另一个 VLAN 中的成员，属于不同 VLAN 的主机就如同被物理分割到不同网络一样，即位于不同 VLAN 的主机之间不能直接通信。从使用效果上看，这与独立的网络没有差别。

VLAN 通过在数据帧中增加 VLAN ID(VLAN Identifier)的方式将网络分割开来，一个大的广播域被划分为若干小的广播域，这样就可以限制广播范围。

VLAN 是建立在物理网络上的一种逻辑子网，建立 VLAN 需要支持 VLAN 技术的网络设备。当网络中的不同 VLAN 间进行相互通信时，由于需要路由的支持，就需要增加路由设备，路由器或三层交换机都可以完成路由功能。

3.5.2 VLAN 的划分方法

VLAN 的划分标准主要包括以下几种，分别是基于端口划分、基于 MAC 地址划分、基于 IP 地址划分以及基于网络层协议划分等。

(1) 基于端口划分

基于端口的 VLAN 划分方法是最常用、最简单的 VLAN 划分方法，几乎所有的交换机都支持该划分方法。该方法从逻辑上把交换机上的物理端口分成若干个 VLAN，这些交换机端口可以在同一个交换机上也可以跨越多个交换机。该方法不允许同一个交换机端口出现在多个 VLAN 内，从而把网络从逻辑上划分成相对独立的，在功能上模拟传统局域网的不同 VLAN。

这种划分方法的特点是挂在属于同一个 VLAN 的各个端口上的所有主机都在一个广播域中，从一个端口发出的广播，可以直接发送到 VLAN 内的其他端口，它们相互可以直接通信，而不同 VLAN 之间的通信需要经过路由来进行。

这种基于交换机端口来划分 VLAN 的方法的优点是简单，容易实现。但其主要缺点是如果 VLAN 中的主机离开了原来的端口，移动到另一个端口，那么就必须对 VLAN 成员重新配置。

(2) 基于 MAC 地址划分

所谓基于 MAC 地址的 VLAN 划分就是根据交换机所在网络中的所有主机的 MAC 地址来划分 VLAN，由于主机上的每一个网卡上都有一个全球唯一的 MAC 地址，因此，这种划分方法就是配置每一个主机属于哪一个 VLAN。

这种划分 VLAN 的方法的最大优点就是当主机在交换机间或交换机各端口间进行物理位置移动时，主机上的 MAC 地址没有发生改变，该主机在原有的 VLAN 中的成员资格没有发生改变，因此，VLAN 不用重新配置。对于主机需要经常移动办公的网络而言，这种划分方法大大减少了网络管理员的日常维护工作量。

这种划分方法的缺点是网络中的所有主机必须被明确的分配到一个 VLAN 中。这样，在一个大规模网络中，配置工作量会相当大；另外，任何时候增加主机或者更换网卡，都需要调整 VLAN 的配置；而且，这种划分方法也会降低交换机的工作效率，因为在交换机的每一个端口上都有可能挂着很多个属于不同 VLAN 的成员，VLAN 内主机间的通信会受到影响，同时在这种情况下，无法限制 VLAN 之间的广播包。

(3) 基于 IP 地址划分

这种划分方法是人为地将属于不同 IP 地址范围的主机划分为不同 VLAN。

这种划分方法的优点是当某一主机的 IP 地址发生改变时，交换机能够自动识别，并重新定义 VLAN，而不需要网络管理员干预。这种划分方法的缺点是由于主机的 IP 地址可以人为的、不受约束的自由设置，因此这种 VLAN 划分方法会带来安全上的隐患。另外，该 VLAN 划分方法需要检查每一个数据包的网络层地址，因此增加了处理时间，造成效率低下。

(4) 基于网络层协议划分

VLAN 按网络层协议来划分，可分为多个具有不同网络层协议的 VLAN，具有相同协议的主机划分为一个 VLAN。在具体操作中，交换机会检查数据帧的帧头，帧头中包含网络层协议的类型。如果该协议的 VLAN 已经存在，那么就将该源端口加入到该 VLAN 中，否则，就创建一个与该协议相对应的新 VLAN。

基于网络层协议组成 VLAN 的方法的优点如下：

- 大大减少了 VLAN 配置的工作量；
- 不同网段上的主机可以属于同一个 VLAN，而不同 VLAN 上的主机也可以位于同一物理网段上；
- 可以使广播域跨越多个交换机；
- 非常适用于针对具体应用和服务来组织用户的场景；
- 主机在网络内的物理位置发生了改变不会影响其所在 VLAN 的成员身份，主机可以自由地增加、移动和修改，而不需要重新配置其所属的 VLAN。

3.5.3 VLAN 遵循的技术标准

目前业界普遍遵循的 VLAN 技术规范是 IEEE 提出的 VLAN 国际标准 IEEE 802.1Q，这个标准规定了 VLAN 的实现方法，它主要定义了在数据链路层的数据帧上添加带有 VLAN 成员信息的方法，也规定了 VLAN 定义、VLAN 运行以及管理 VLAN 拓扑结构等的操作，此外 IEEE 802.1Q 标准还提供更高的网络段间安全性。

在数据帧中增加 VLAN 标签是实现 VLAN 的关键，一个包含 VLAN 信息的标签字段可以插入到数据帧中。可以配置支持 IEEE 802.1Q 的交换机端口是传输标签帧还是传输无标签帧。如果支持 IEEE 802.1Q 的设备(比如，交换机)通过端口相连，那么 VLAN 标签帧就可以在交换机之间传送 VLAN 成员信息，这样的话，VLAN 就可以跨越多台交换机。但是，如果在某个支持 IEEE 802.1Q 的交换机端口上连接的设备不支持 IEEE 802.1Q，就必须确保该端口可以传输无标签帧。否则，如果不支持 IEEE 802.1Q 的设备收到含有 VLAN 标签的数据帧，就会由于不能识别 VLAN 标签而丢弃整个数据帧。

VLAN 的体系结构表明，IEEE 802.1Q 标准是为不同设备厂商所生产的不同设备使用 VLAN 而制定的数据帧方面的标准。IEEE 802.1Q 标准完善了 VLAN 的体系结构，统一了 VLAN 帧格式。IEEE 802.1Q 标准的出现打破了 VLAN 技术依赖于单一厂商的局面，确保了不同厂商产品的互通，该标准在业界获得了广泛的推广，也推动了 VLAN 技术的迅速发展。

3.5.4 VLAN 的优点

VLAN 技术的出现使网络结构变得灵活，广播风暴得到了控制，网络安全性得到了提高，并且提高了网络管理效率、网络连接的灵活性以及网络性能。

1. 控制了广播风暴

VLAN 技术实际上是一种网络分段技术，一个以太网可以基于不同的方式划分为多个 VLAN 子网，一个 VLAN 就是一个逻辑广播域，整个网络被逻辑地分割成多个广播域，通过对 VLAN 的创建，隔离了广播，缩小了广播范围。在一个 VLAN 子网中，由 VLAN 成员所发送的信息帧或数据包仅在 VLAN 内的成员之间传送，而不是向网上的所有主机发送。在一个 VLAN 子网中，由一个主机发出的广播信息只能发送到具有相同 VLAN ID 号的其他主机，其他 VLAN 的成员收不到这些信息的广播，在一个 VLAN 中的广播不会发送到 VLAN 之外，它可以将广播风暴限制在一个 VLAN 内部，使得一个 VLAN 的广播风暴不会影响其他 VLAN 的性能。

VLAN 的子网划分有效地控制了网络上的广播风暴，VLAN 能够更加有效地利用带宽。这样可减少主干网的流量，提高网络速度。

2. 提高了网络安全性

由于工作或业务原因，局域网用户会在网上传送一些关键性的、保密的数据，由于 LAN 上主机属于一个共享域，因此，LAN 上的所有用户都能监测到流经的数据，这必然会产生安全性问题。

要解决 LAN 数据传输的安全问题，可以采用多种方法，其中一种方法是可以对保密数据的访问进行控制，另一个有效的、方便的方法是将原来的局域网分段从而形成多个 VLAN。由于一个 VLAN 就是一个单独的广播域，从而将原来的单一广播域划分成多个小广播域。VLAN 的特性是 VLAN 之间相互隔离广播，可以将敏感数据的传播限制在安全的范围之内。另外，可以根据工作或业务的需要，限制不同 VLAN 中用户的数量、控制某个广播域的大小，从而将对 VLAN 中数据或应用的访问限制在一定的范围之内。这样，通过采用 VLAN 提供的安全机制，大大提高了网络的安全性。

3. 增强了网络管理

VLAN 是基于逻辑连接而不是物理连接，这样，子网的划分就不再局限于各个主机的物理连接，构成 VLAN 的主机的地理位置也可以不相邻，VLAN 的定义和划分与主机的物理位置和物理连接没有任何必然联系，但是，VLAN 内部主机之间可以像在同一个本地局域网上那样进行通信。

采用 VLAN 技术，网络管理员可以根据不同的需求，灵活地建立和配置 VLAN，能够借助于 VLAN 技术更方便地实现网络的管理。

传统局域网中的各个主机一般具有相近的地理位置和物理连接，当基于工作或业务的需要，在局域网中增加、删除和移动网络主机的时候，往往需要重新布线，需要采用一条新的物理链路把该主机连到原来的局域网中。这样，当网络达到一定的规模时，因为网络成员的变化所带来的开销往往会成为网络管理员的沉重负担。而 VLAN 技术的出现减少了由于网络成员变化所带来的开销,可以非常轻松自如地增加、删除和移动主机,使得主机可以非常方便地在网络中改变自己的位置,而不必从物理上进行调整。在一个交换网络中,VLAN 提供了网段和机构的弹性组合机制。

还可以为每个 VLAN 分配它所需要的带宽,当链路拥挤时,能够重新分配业务,从而可以迅速、有效地平衡负载流量。

利用 VLAN 技术,大大减轻了网络管理和维护工作的负担,降低了网络维护费用,增强了网络管理能力。

4. 增加了网络连接的灵活性

VLAN 技术的初衷和目标之一是组建虚拟组织,特别是虚拟工作组。

借助 VLAN 技术,能够将位于不同地点或不同网络的主机组合成一个虚拟的网络环境,VLAN 内的主机就像在本地 LAN 一样可以方便、灵活、高效地互通。在实际应用中,经常需要组建具有短期工作性质的工作组。采用了 VLAN 技术以后,在工作组建立前后,都不需要搬移工作组中主机的地理位置,也不需要改变各个主机的设置,只需修改 VLAN 的配置就可以了。这样,采用 VLAN 技术就可以降低改变主机的地理位置所需要的费用。

利用 VLAN 技术,大大增加了网络连接的灵活性。

5. 提高了网络性能

利用 VLAN 技术提高网络性能的原因如下。

(1) 利用 VLAN 技术,可以将交换机上的端口逻辑上分成多组,分组后,VLAN 内的数据流只能在属于该 VLAN 的端口之间传送,VLAN 内的广播数据也只能限制在各个 VLAN 之内,VLAN 内的主机不会收到来自 VLAN 之外的广播数据,就不会受到其他 VLAN 内部的广播数据的影响,从而大大减少了 VLAN 之间的信息干扰,同时也减少了不必要的信息流量和网络上无用的信息流量,提高了网络的带宽利用率,从而提高了网络性能。

(2) 采用了 VLAN 技术以后,可以使用交换机代替路由器来分隔广播域。由于路由器在处理数据时要比交换机慢,而减少路由器的使用,会相应地提高网络的性能。

本章小结

本章介绍了交换机工作原理、交换机的分类、二层交换原理、三层交换原理、虚拟局域网原理等五个部分,交换机是计算机网络中最重要的网络设备之一,了解交换机的工作原理是学习网络管理工作原理的重要基础之一。

在教学上,本章的教学目的是让学生掌握交换机的交换原理、二层交换原理,了解三层交换以及 VLAN,本章重点是二层交换原理、三层交换原理以及 VLAN 工作原理,本章难点是二层交换原理和三层交换原理。

习　　题

1. 简答题

(1) 数据交换功能中的地址学习功能的主要内容是什么?

(2) 数据交换功能中的数据包转发功能的主要内容是什么?

(3) 简述二层交换的工作原理。

(4) 简述三层交换的工作原理。

(5) 简述 VLAN 的优点。

2. 填空题

(1) 数据交换功能的实现涉及两个子功能,分别是(　　)和(　　)。

(2) 第三层交换技术是将(　　)与(　　)合二为一的技术。

(3) VLAN 的划分方法有基于(　　)划分、基于(　　)划分、基于(　　)划分等。

第4章 路由器基础

路由器属于OSI参考模型中第三层的网络互连设备，它具备路由功能，可以连接多个同构或异构的网络。在TCP/IP网络中，路由器是最主要的网络互连设备。

4.1 路由器的功能

在介绍路由器的功能之前，首先需要了解什么是路由。路由就是根据一定的规则选择数据分组转发的路径，并将数据分组沿着所选择的路径进行分组转发的过程。路由器就是完成路由功能的一种网络设备。

路由器是Internet上的主要通信设备，它工作在网络层，负责连接不同网络，在各个网络之间建立通信通道，它从输入链路接收到数据分组，经过链路选择计算后，将数据分组转发到经计算得到的输出链路上。

这样，路由器从功能上可以划分为两大部分，分别是路由选择部分和分组转发部分。

(1) 路由选择部分

路由选择部分的任务是根据路由选择协议构造路由表，并定期更新和维护路由表。

(2) 分组转发部分

分组转发部分由三部分组成：交换机构、输入端口和输出端口，各部分功能如图4-1所示。

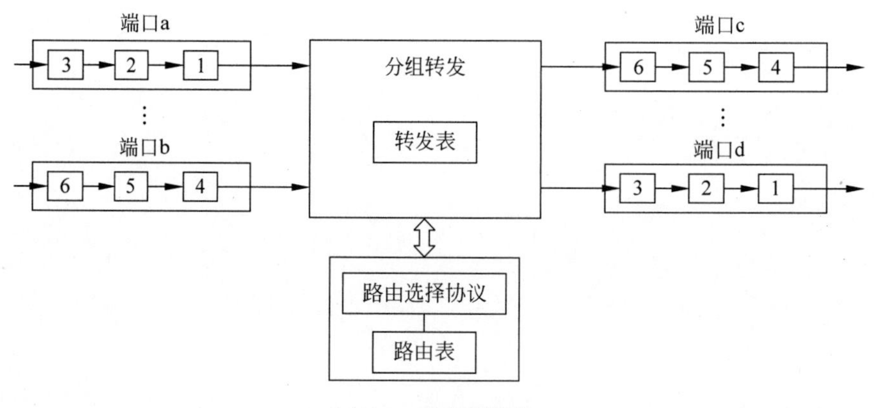

图4-1 路由器结构

下面将分别介绍这两个部分的工作原理。

4.2 路由器工作原理

路由器是一个十分重要的网络通信设备，与集线器和交换机不同的是，路由器不是应用在同一网络或同一网段的通信设备，而是应用在不同网络或不同网段之间的通信设备，也就是路由器属于网际互通设备。在多个计算机网络为了实现资源共享以及相互通信的目的而互联起来的场景下，需要使用路由器来建立不同网络之间的通信通道。也就是说，路由器在多个网络或多个网段之间提供连接功能，并且能够在不同网络或不同网段之间转换彼此的数据信息，使得位于不同网络或不同网段的主机能够相互理解对方的数据信息，从而构成一个规模更大的共享网络和通信网络。

为了实现不同网络或不同网段之间的互通，路由器将是一个由丰富的软件和硬件构成的通信设备，软件当中有相当部分是协议栈，硬件包括处理器、内存、多个连接端口等，可以这样说，路由器就是一种完成网际通信专用功能的专用计算机。如图 4-1 所示。

4.2.1 路由选择部分

1. 路由表

在由多个网络连接在一起而形成的互联网络中，网络之间数据分组的传输路径（也就是路由）有可能存在多条，随着互联的网络的数量的增多，网络间传输路径的数量也会随之增多，就好像走路一样，经常会出现到某个地方的路有好几条路可达的情况。路由器的主要功能就是为网际之间传输的每个数据分组寻找一条能够到达目的地的最佳传输路径，然后将该数据分组向目的地传送。

因此，路由算法，即选择最佳路径的策略，成为路由器的主要功能之一。为了完成路由选择的功能，需要建立一个相当重要的数据结构——路由表。该表中保存着路由器所能识别的各种传输路径的相关数据，列出了路由器中的每个端口可以到达的地方，要么是该端口所连接的其他路由器，要么是该端口所连接的子网。路由表中所包含的路径信息决定了数据分组转发的策略，路由器中的路由选择功能的完成主要依赖于路由表中提供的数据。路由表中的数据可以由网络管理员设置成固定不变的，也可以由路由器中的软件根据网络情况动态调整。

知道了路由表的作用以后，再来看看在路由表中保存的数据的结构，也就是通过保存什么样的数据可以实现标识路由的目的。

目前，没有人能够说清楚挂在 Internet 上的网络数量到底有多少，而且 Internet 具有动态变化的特点，每时每刻连接到 Internet 上的主机数量、网络数量都在变化，Internet 上每条路由上的数据分组传输质量也在不断变化，面对如此超级规模的、如此动态的互联网络，如何标识任意两个网络之间的所有路由是一个难题。而每台路由器的运算能力、存储能力都是有限的，为了便于路由器的处理与存储，路由表的规模不能过于庞大。综合上述分析，路由表中采用下一跳的方法来表示路由。所谓下一跳就是如果路由器没有直接连接到目的网络，就会将路由中下一个邻居路由器作为它能够到达目的网络的下一个点。如果在通往目的网络的路由上的所有路由器的路由表都保存着下一跳数据，数据分组就可以逐跳地从源网络传送到目的网络，就好像在给别人指路时，只告诉他在当前的路口应该走哪一个方向可以到达下一个路口，路人在到达下一个路口后，又会被指引到它的下一个路口，这样一个路口一个路口地走下去，就会到达目的地。

比如，路由器 A 收到需要传送到某个目的网络的数据分组，中间需要经过三个网络转发，也就是数据分组需要经过三台路由器（依次是路由器 B、路由器 C、路由器 D）的转发，这样每台路由器中的路由表保存的数据分别是：

- 路由器 A：下一跳是路由器 B；
- 路由器 B：下一跳是路由器 C；
- 路由器 C：下一跳是路由器 D；
- 路由器 D 到达目的网络。

上面只是一个简单的例子，事实上，从路由表保存的信息来看，会存在多条可达目的网络的路由，不同路由具有不同的特征，这就需要依据一定的规则从众多的路由中选择一个出来，比如费用最小规则或距离最近规则等。另外，可以根据路由的不同来源，比如，直连路由（该网络与路由器的某个端口直接相连而获得的路由）、静态路由（人工设定的路由）、动态路由（路由协议自动生成的路由）等，来确定不同路由的优先级（可以设置直连路由的优先级最高）。所有需要考虑的因素都要在路由表中用相应的参数体现出来。

思科路由器中的路由表的表项主要包含了以下五个字段。

第一个字段是路由的属性，该字段用于说明路由的种类，比如，属性值为 C 表示直连路由，属性值为 O 表示 OSPF 动态路由。

第二个字段是路由的目的地址，即经过本路由可以到达的地址。

第三个字段包括两个数，分别表示管理距离和路由费用。管理距离用来指定优先使用的路由种类。在相同的管理距离下还要靠路由费用来决定使用哪一条路由。管理距离和路由费用相结合成为路由算法确定最优路由的依据。

第四个字段是文字说明，指出路由器的输出端口和下一跳 IP 地址。

第五个字段是路由的当前状态，指出当前该路由是否可用。

下面举一个路由的例子来说明这五个字段：

```
C 1.2.3.0/8[0/1] is directly connected Ethernet 2/1 Active
```

- C 表示直连路由；
- 1.2.3.0/8 表示目的网络地址；
- [0/1]表示管理距离是 0（直连路由），路由费用是 1；
- is directly connected Ethernet 2/1 表明是直连路由，经过端口 Ethernet 2/1 转发；
- Active 表示路由状态是可用的。

2. 路由选择

路由器在选择数据分组的传输路径时，会首先按照数据分组包含的目的网络地址来选择路由。如果存在多条路由，就会按照一定的规则（比如，按照费用或距离等）从这些路由中进行选择；如果选择结果仍出现多个路由，就不再选择，而是按照一定的算法（比如选择第一条或最后一条或轮流使用等)从中选出一条作为最终的选择结果。下面是路由器执行路由选择算法的过程描述,如图 4-2 所示。

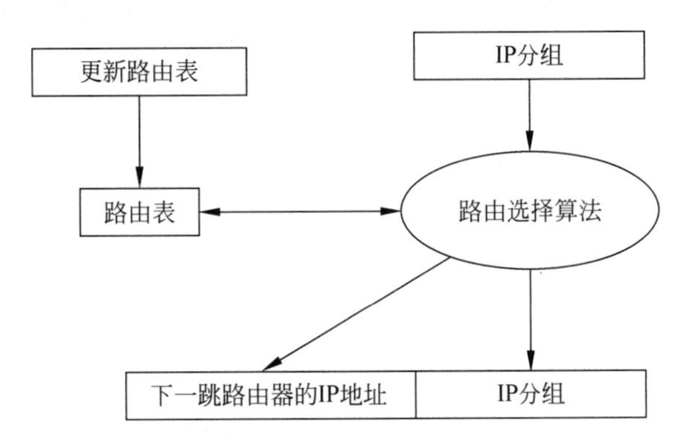

图 4-2 路由选择算法的过程

(1) 从数据分组的首部提取目的主机的 IP 地址。

(2) 如果目的 IP 位于与该路由器直接相连的某个网络之中,那么该分组就不再需要经过其他路由器的转发,直接将该分组通过路由器的端口传给目的主机,当然,在将数据分组封装成数据链路帧的时候,会将目的主机 IP 对应的 MAC 地址放在帧头中;否则,执行(3)。

(3) 如果路由器的路由表中含有到达目的 IP 的路由数据,那么就将数据分组传送给路由表中所指明的下一跳路由器;否则,执行(4)。

(4) 报告路由选择出错,并丢弃数据分组。

在通过路由选择算法从路由表中得出下一跳路由器的 IP 地址以后,不是将此 IP 地址填入 IP 数据分组中,而是根据该 IP 地址获取下一跳路由器的物理地址,并将该物理地址放在数据链路层的帧的首部,然后通过该物理地址找到下一跳路由器,并将数据帧发给对方。

4.2.2 分组转发部分

通过路由选择部分,获得了通往目的网络的路由,也就获取了从路由器发出数据分组的端口号。下面介绍数据分组是如何在路由器的端口之间进行分组转发的。

从结构上,路由器的分组转发部分由三部分组成,分别是交换机构、接收端口和发送端口,如图 4-3 所示。

路由器数据分组转发的主要功能是根据转发表对分组进行处理,将某个端口接收到的分组从另一个端口转发出去,交换机构只处理数据分组中的目的主机 IP 地址的网络地址部分,而并不处理目的主机的 IP 地址。

数据分组转发技术的不同是决定路由器处理数据分组速度的主要因素,因此可以根据数据通道转发引擎实现机理的不同来区分不同的路由器结构体系。路由器的数据分组转发功能可以由软件来完成,也可以由硬件来完成,因此路由器可以分为软件转发路由器和硬件转发路由器两种。其中,软件转发路由器使用软件转发技术来实现数据分组转发,根据所使用的 CPU 数目的不同,可以进一步分为单 CPU 集中式和多 CPU 分布式。

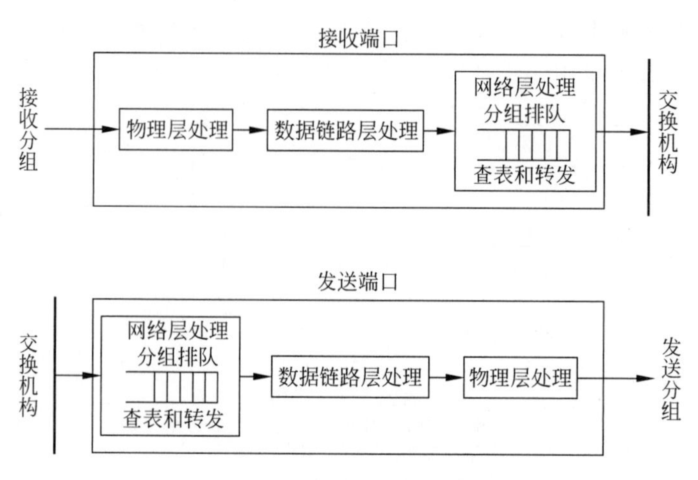

图 4-3　路由器端口

在软件转发路由器中，CPU 不仅要处理繁重的路由表查找工作，还要处理数据分组转发工作，从而成为路由器处理的性能瓶颈，于是就出现了硬件转发路由器。硬件转发路由器使用 FPGA（Field Programmable Gate Array，现场可编程门阵列）/ASIC（Application Specific Integrated Circuit，专用集成电路）器件或者网络处理器硬件技术实现数据分组转发任务，专门处理相对单一的数据分组转发工作，并且可以使用硬件查找路由表技术来进一步提高系统处理能力，而 CPU 则只是用来处理相对复杂的路由计算工作，从而实现了任务上的分工。

数据转发专用硬件能够保证所有线路接口达到最小包线速。根据专用 FPGA/ASIC 器件或者网络处理器在设备中的位置的不同以及使用专用 FPGA/ASIC 器件或者网络处理器的数目的不同，可以进一步分为单处理的集中式、多处理的负荷分担并行式和中心交换分布式。在交换带宽方面，在网络处理器内部使用了独立分组存储系统，这样，交换带宽主要由内存的读写速度来决定，因此，可以通过增加内存位宽或提高内存时钟来增加交换带宽。

路由器的端口由物理层、数据链路层和网络层三个处理模块组成，这三个处理模块的工作流程如图 4-3 所示。

接收端口的物理层在接收到比特流后，数据链路层将按照数据链路层协议接收传送分组的帧，在数据链路层除去了帧的首部和尾部后，就会将分组传送到网络层。如果该分组的目的网络与本路由器直接相连，则将分组交给路由器相应的模块进行处理；如果收到的分组不是到本路由器的数据分组，那么就需要根据分组中包含的目的 IP 地址来查找转发表，根据查出的结果，选择相应端口将分组转发出去。路由器在同一时刻会收到多个数据分组，这些数据分组在交换的队列中排队等待处理，这样就会产生一定的通信时延。接收端口中查找功能和转发功能是路由交换功能中最为重要的两个功能。

在确定了由哪个端口发送数据分组以后，交换机构会向发送端口传送数据分组，发送端口会首先将交换机构传送过来的数据分组缓存起来，然后数据链路层处理模块在数据分组上加上帧的首部和尾部，再交给物理层，由物理层发送到外部线路。

4.3 路由协议

路由器的路由选择功能和数据分组转发功能全部都依赖于路由器中的路由表，因此，在路由器发挥这两个功能之前，需要首先构建路由表。路由表内数据的建立可以采用两种方式，分别是手动建立和自动建立。手动建立路由表数据是在路由器开始工作前根据网络情况人为地将路由数据写入路由表中，但在网络互联数量大的情况下，人工方式的工作量会很大，并且，由于手动写入的数据是静止数据，无法及时反映网络情况的变化，因此，手动方式只能用在规模较小的、相对稳定的网络中，而大规模网络或动态网络的路由表数据一般是由各种路由协议算法自动获得的。这两种路由表数据建立方式分别对应静态路由和动态路由。

4.3.1 静态路由和动态路由

手动建立路由表和自动建立路由表分别对应静态路由和动态路由。

1. 静态路由

静态路由是最简单的路由形式。静态路由是在路由器中设置数据固定的路由表，只要网络管理员不修改路由表中的数据，路由表中的数据就不会发生改变。网络管理员在将目的网络地址和路由器端口之间的对应关系写入路由表之后，就不再需要路由器来试图发现路由，甚至和其他的路由器来交换通向目的网络的路由信息。

由于基于静态路由的路由器不存在与其他路由器交换路由信息的机制，发现和通过网络传播路由的任务由网络管理员来完成，这样，静态路由就不能对网络的变化自动作出反应。基于静态路由的路由器只能使用网络管理员定义的路由来转发数据分组。因此，静态路由一般应用于网络规模不大、网络拓扑结构相对固定的网络环境之中。下面分析静态路由的优缺点。

(1) 静态路由的优点

静态路由的优点是简单。

对于小规模网络，并且网络中到达任一目的地只有一条路径的情况，静态路由是最高效的路由机制。其原因就在于静态路由机制不会消耗任何网络带宽来发现路由或与其他路由器交换路由信息，路由器也不需要消耗资源来运行与路由相关的计算。

(2) 静态路由的缺点

在网络发生问题或拓扑结构发生变化时，需要网络管理员能够及时发现并进行手动修改路由表来适应这些变化。这样，路由表数据的实时性就得不到保证。

另外，随着网络规模不断增大，到达目的地的冗余路径数量也会增加，造成路由表数据维护工作量变大。同时，试图在复杂的、具有多路径的网络中使用静态路由会使得路由冗余的目的遭到破坏。

2. 动态路由

动态路由就是网络中的各个路由器自动相互传递路由信息，并且利用接收到的路由信息来自动更新路由表中的路由数据。

通过动态路由实现过程技术的描述，动态路由机制能够使得路由数据实时地反映网络拓扑结构发生的改变。当路由器接收到的路由更新信息表明网络发生了变化时，路由器就会自动重新计算路由，并向别的路由器发出新的路由更新信息。这些路由更新信息通过网络传向附近的路由器，从而引起各个路由器重新启动其路由算法，并更新各自的路由表数据来动态地反映网络拓扑的变化。这种自动适应性，使得动态路由机制适用于规模大、网络拓扑结构复杂的网络。

各个路由器之间相互发送路由更新信息的动作离不开动态路由协议。可以这样说，动态路由就是通过使用动态路由协议来动态地计算路由。路由器在使用动态路由协议发现路由之后，就可以通过这些路由来转发数据分组了。当然，相对于不使用动态路由协议的静态路由，动态路由的各种动态路由协议会不同程度地占用网络带宽和路由器的 CPU、存储器等资源。

在所有的路由中，静态路由的优先级最高。当静态路由与动态路由发生冲突时，以静态路由为准。

4.3.2 路由协议的分类

路由器的功能主要包括两个，一个是路由选择，另一个是数据分组转发。在这两个主要功能当中，数据分组转发的处理逻辑相对于路由选择而言要简单一些，复杂的是如何判断到达目的网络的最佳路由，路由选择成为路由器最重要的功能。静态路由和动态路由是两种路由选择方式，动态路由的实现需要路由协议的支撑，路由器利用路由协议和其他路由器互通路由信息来同步路由表，这样，当某个路由器所连接的路径发生改变时，与它相连的其他路由器才能知道，从而使路由表能够实时反映网络的变化。本节主要介绍路由协议的分类。

首先了解一下什么是自治域。

为了能够有效地、方便地管理大规模的网络，人们将整个互联网络划分成多个管理区域，并且由网络管理中心统一命名这些管理区域，每个管理区域就叫作自治域。每个自治域将会分配一个全局唯一的号码，有时把这个号码叫作自治域号，同一个自治域内具有统一的管理机构和统一的路由策略。每个自治域由处于同一个管理机构控制之下的路由器和网络群构成，它是一个单独的可管理的网络单元（比如，一个公司、一个企业或者一所大学），一个自治域有时也被称为路由选择域。

根据动态路由协议是否在同一个自治域内部使用，即根据路由协议的作用范围，动态路由协议可以分成两类，分别是内部网关协议（Interior Gateway Protocol，IGP）和外部网关协议（Exterior Gateway Protocol，EGP）。一个自治域内可以使用一个或多个 IGP 用来控制域内路由，但只能使用一个 EGP 来控制域间路由。即使在一个自治域内同一时刻运行着多个 IGP，在其他自治域看来，该自治域仍然具有一致的内部路由策略。也就是说，IGP 与 EGP 可以这样来区分，内部网关协议通常是应用于自治域内部的路由协议，常用的内部网关协议有 RIP（Routing Information Protocol，路由信息协议）协议、OSPF（Open Shortest Path First，开放式最短路径优先）协议等，而外部网关协议主要用于多个自治域之间的路由选择，常用的外部网关协议有 BGP（Border Gateway Protocol，边界网关协议）。自治域示意图见图 4-4。

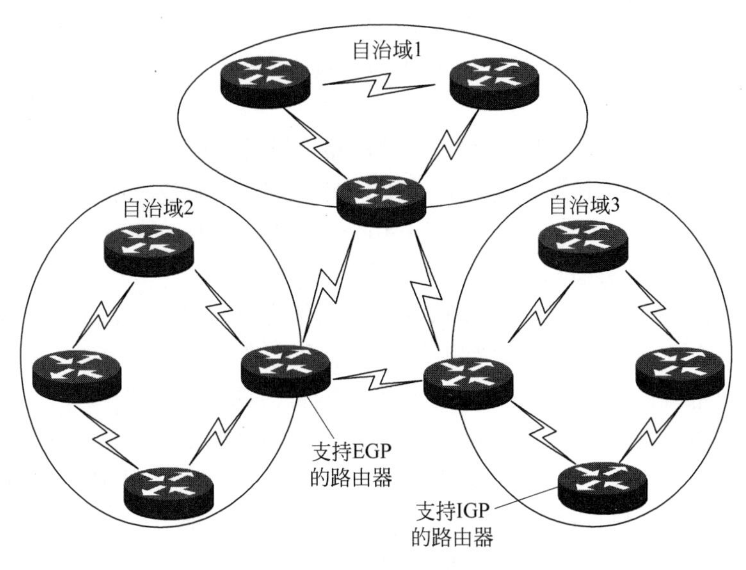

图 4-4　自治域示意图

还有另一种路由协议分类方法，也就是根据所执行的算法，存在两种路由协议类型，分别是：

◆ 距离向量(Distance Vector)路由协议，比如，RIP 协议；

◆ 链路状态(Link State)路由协议，比如，OSPF 协议。

其中，距离向量路由协议是最早的一种路由算法，这两种动态路由协议类型的基本区别在于二者发现和计算新路由的方式不同。RIP 和 OSPF 是两个最常用的内部网关协议。RIP 协议计算到目的地的距离，路由器间传送的路由消息中包括设备标识和到该设备的距离。采用 RIP 协议的路由器会根据从其他路由器获得的路由信息来建立自己的路由表，这样做的缺点是每一个路由器都要将整个路由表的信息和其他路由器同步。大规模网络中的路由器的路由表包含的数据量很大，因此，传送整个路由表不仅会花费较长时间，也会占用大量的网络带宽。OSPF 协议是由 IETF(Internet Engineering Task Force，互联网工程任务组)开发的路由协议，属于内部网关协议，它用来计算到达目的地的最佳路由。OSPF 是距离向量协议的一种改进，它不用每次都向其他路由器传送整个路由表，而只需向其他路由器传送发生了更新或改变的路由信息，因此，路由信息的传送时间要短很多，也不会占用大量的网络带宽。这是这两种协议的最主要的区别。

BGP 是一种外部网关协议，它在多个自治域之间执行路由，并且与其他 BGP 交换路由信息和可达性信息。BGP 的路由算法比较复杂，它的路由开销不仅需要考虑网络延迟、网络拥塞等技术因素，还需要考虑政治、经济、安全等非技术因素。

BGP 采用 TCP(Transmission Control Protocol，传输控制协议)协议传输路由信息，BGP 使用 TCP 的端口号 179 建立连接。TCP 是工作在网络协议第四层的可靠传输协议，TCP 决定了 BGP 的传输类型。这样，BGP 就不需要进行分组组装、重传、确认和排序等操作了，这些都由 TCP 来完成。

BGP 基本上属于距离向量路由协议，但是，BGP 又与 RIP 这样的距离向量路由协议显著不同。采用 BGP 协议的路由器不仅要保存到达每个目标的开销值，还要记录到达该目标的路径，这样做的好处就是可以避免路径中出现的循环，解决了距离向量路由协议的循环路径问题。正是由于BGP存储了路径信息，BGP有时也被称为路径向量协议。下面解释一些BGP常用术语。

- BGP发言人：任何运行BGP路由协议的路由设备都被称为BGP发言人。
- 对等体：当两个BGP发言人建立了TCP连接时，就称它们为对等体。
- EBGP(External Border Gateway Protocol，外部边界网关协议)：该协议是用于在不同自治域之间交换路由信息的路由协议。
- IBGP(Internal Border Gateway Protocol，内部边界网关协议)：该协议是用于在同一个自治域内的BGP对等体之间交换路由信息的路由协议。
- 自治域间路由：自治域间路由是发生在不同自治域之间的路由。
- 自治域内路由：自治域内路由是发生在同一自治域内部的路由。

面对众多的路由协议，不能简单地说哪个路由协议好、哪个路由协议不好，需要依据使用环境来判断这些路由协议的优劣。

下面分别介绍距离向量路由协议和链路状态路由协议。

4.3.3 距离向量路由协议

距离向量路由协议使用度量来记录路由器与网络中其他设备之间的距离。网络中的每台路由器都维护着一张路由表，该路由表以网络中的各个子网为索引，记录到达该目的地的距离信息以及对应的首选输出线路。

所有采用距离向量路由算法的路由器会周期性地把自己的路由表的内容向外广播给与其直接相连的路由器。每一个接收者给路由表加上一个距离向量，即它自己的距离值，然后把改变了的表转发给它的直接相邻路由器，再接着就这样转发下去，这样一个过程无方向地发生在直接相连的路由器之间。这样一步一步转发过程的结果是网络中每一个路由器都会得到其他路由器的信息，从而最终形成一个网络距离的积累视图。积累表用来更新路由器的路由表。当这个过程完成后，网络中的每一个路由器就都学习到了到达网络目的地的距离信息。路由表中的距离信息使得路由器能够识别出到达网络中某个目的地的最有效的下一跳是哪个。

RIP(Routing Information Protocol，路由信息协议)是一种距离向量路由选择协议，它是一个简单的、基于距离向量路由算法的路由协议，也是目前使用最广泛的一种距离向量路由协议，是专门为小规模的、拓扑简单的网络而设计的内部网关协议。下面将介绍RIP协议的工作原理。

1. RIP工作原理

RIP协议最早是在20世纪70年代由施乐公司(Xerox)开发的，当时的RIP是XNS(Xerox Network Service，施乐网络服务)协议簇的一部分。而TCP/IP版本的RIP是施乐RIP协议的改进版本。1988年6月，IETF发布了RIP协议文档RFC 1058。RIP协议是基于距离向量算法的内部动态路由协议。目前，RIP协议已成为路由器、主机传递路由信息的主要标准之一，大多数路由器产品都支持RIP协议。

RIP协议主要包括以下五个方面的内容。

(1) 计算距离向量

距离向量路由协议利用度量来描述路由器和所有已知目的地之间的距离。RIP是一个距离向量路由选择协议,在RFC 1058中,有一个唯一的距离向量单位,即跳数。也就是说,RIP选择跳数作为路由选择的唯一衡量标准。那什么是跳数呢?在路由中,数据从路由一端传向另一端所经过的路由器个数就是该路由的跳数。这种距离信息使得路由器可以找出到达目的地最有效的下一跳。具体而言,路由表指明了一个数据分组以最小跳数到达目的地的下一跳。RIP认为跳数最小的路径是最佳路径,因此,当存在多条路径可以到达目的地时,RIP会选择具有最小跳数的路径作为路由选择结果。

RIP默认的跳数度量为1。因此,数据分组每次被路由器接收和转发,数据分组中的跳数递增1。RIP中的路由跳数是有限制的,RIP跳数允许的最大值是15。如果采用RIP协议,网络中的任一条路由最多只能包含15个路由器,超过15个,发送消息的主机就会接收到目标不可达的信息。默认情况下,采用RIP的路由器会每30s广播一次它所知道的所有的路由信息,也就是说,每30s路由器都会将整个路由表发送给其他路由器。另外,可以通过设置来修改这个发送间隔的默认值。

(2) 更新路由表

由于RIP在路由表中为每个目的地只保留一条路由记录,这样的话,就需要RIP能够经常保持其路由表的完整性。为了尽可能地保持路由数据的实时性和完整性,通常要求所有活跃的RIP路由器在固定时间间隔内周期性地向与其相邻的RIP路由器广播它的路由表内容。这样的话,路由器收到的路由更新数据会自动代替已经存储在路由表中的路由数据。

RIP通常依赖三个计时器来维护路由表:

① 更新计时器,每个RIP路由器只有一个更新计时器,更新计时器用来激发路由器路由表的更新。

② 路由超时计时器,每条路由都对应一个路由超时计时器,每个路由表条目中都存在一个路由超时计时器。

③ 路由清除计时器,每条路由都对应一个路由清除计时器,每个路由表条目中都存在一个路由清除计时器。

这样,不同的路由超时计时器和路由清除计时器可以在每个路由表项中结合使用。这些计时器工作在一起使RIP路由器能维护路由表中路由的完整性。

(3) 激活路由更新

RIP路由器每隔30s触发一次路由表更新。更新计时器用于跟踪这个时间量,当这个时间量结束时,RIP路由器就会向它的邻接路由器广播发送一系列包含自身全部路由表的报文。因此,每一个RIP路由器大约每隔30s就要收到来自相邻RIP路由器发来的路由更新数据。

RIP路由器之间会每隔30s交换网络的路由信息,并且只是相邻路由器之间进行交换,也就是说,路由器只和相邻路由器共享网络路由信息。路由器一旦从相邻路由器获取了新的路由信息,就将其追加到自己的路由表中,并将该路由信息传递给所有的相邻路由器。相邻路由器也做同样的操作,这样经过若干次传递,最终,自治网络内的所有路由器都将获得完整的路由信息。

在基于 RIP 的自治网络中，这些周期性的路由更新数据在网络上的传送会产生大量的网络流量。如果采用一个路由器的时间交错发送路由更新数据的方法，将会减轻在同一时刻网络流量的压力。为此，在每次 RIP 完成路由数据更新操作后，更新计时器会被复位。这时，在更新计时器的时钟上加上一个任意的、小时间值，从而达到将各个路由器发送路由更新数据的时间交错开的目的。

如果在更新的时刻没有出现更新操作，这表明网络中的某个地方发生了故障，有可能是简单故障，比如，包含更新内容的报文丢失，也有可能是严重故障，又比如，路由器发生故障，也有可能介于简单故障与严重故障之间。RIP 更新报文使用的是不可靠传输协议，并不能保证每次 RIP 更新报文都能顺利到达目的地，因此，不能因为更新报文的丢失而作废相应的路由。

为了帮助区别故障和错误的重要程度，RIP 使用多个计时器来标识无效路由。

(4) 识别无效路由

下面是使路由变成无效的两种情况：

① 路由到期；

② 接到其他路由器发来的某条路由不可用的消息。

在上述两种情况下，RIP 路由器都需要修改它的路由表以反映给定路由已不可达。

第一种情况是，在发生路由激活或者更新时，路由超时定时器初始化，该定时器一般设成 180s。如果 180s 过去了，路由器还没有接到更新该路由的信息，RIP 路由器就认为该目的地不再可达。假设每隔 30s 发送一次路由更新信息的话，180s 的时间足以令一台路由器从它的相邻路由器处收到六个路由表更新报文，该路由可能到期。这样，路由器就把路由表中该条路由标成无效，通过设置它的路由度量值为 16 来实现，并且设置路由变化标志。

第二种情况是，收到路由无效信息的邻近路由器会利用该信息来更新它们的路由表，这是路由表中路由变成无效的第二种情况。

变成无效状态的路由表项不会自动的从路由表中清除，那条无效路由表项会继续在路由表中保留很短一段时间，由路由器来决定是否应该删除它，下面将讨论无效路由真正从路由表中清除的过程。

(5) 清除无效路由

当路由器认识到某条路由无效时，就会初始化路由清除计时器，负责路由清除倒计时，这个计时器通常设为 90s。当路由清除计时器结束时(也就是路由更新数据在 270s 之后仍未收到，180s 路由超时时间加上 90s 路由清除时间)，路由更新数据仍未收到，就将该路由从路由表中清除。

这些计时器对于 RIP 从网络故障中恢复的能力是非常重要的。

RIP 工作在 UDP 上的端口是 520，虽然 RIP 可以以不同的 UDP 端口来发送请求报文，但是接收端的 UDP 端口通常都是 520，同时，这也是 RIP 产生广播报文的源端口。

RIP 协议的最大特点是原理以及配置方法都非常简单。RIP 协议有两个版本，分别是 RIP v1 和 RIP v2。其中，RIP v1 不支持无类别域间路由选择(Classless Inter-Domain Routing，CIDR)(CIDR 是一种为解决 IP v4 地址耗尽而提出的一种措施，它将好几个 IP 网络结合在一起，使用一种无类别的域际路由选择算法，将路由集中起来，使用一个 IP 地址代表几千个 IP 地址，从而减轻路由器选择路由的负担)地址解析，因此，RIP v1 只是一个有类域协议，它不支持将C类地址的24位掩码网络分得更小。另外，RIP v1 使用广播发送信息，这意味着网络中的所有通信设备都要接收并处理 RIP 广播，当支持 RIP v1 的路由器每次发出广播时，广播域中的每台通信设备都会收到该广播包，并且必须处理这个广播包以确定该广播包是不是包含它所关心的数据。与 RIP v1 相对应的是，RIP v2 使用多播技术。

下面介绍 RIP v1 和 RIP v2 的报文格式。

2. RIP 报文格式

（1）RIP v1 报文格式

RIP v1 的报文格式如图 4-5 所示，报文中各个字段含义如下所示。

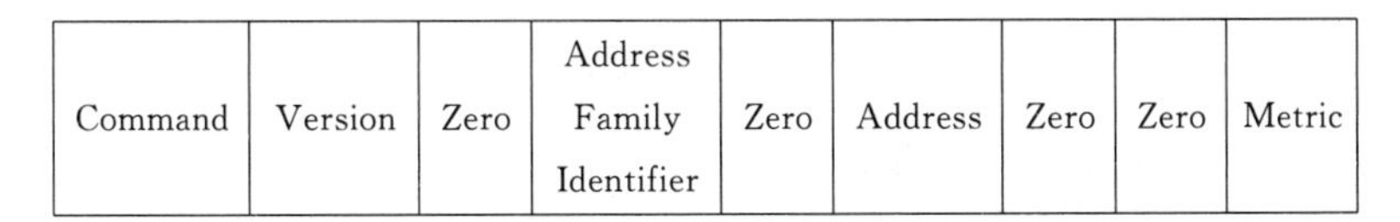

Command	Version	Zero	Address Family Identifier	Zero	Address	Zero	Zero	Metric

图 4-5　RIP v1 报文格式

- Command：指出该报文是请求报文还是对请求的响应报文，请求报文要求对方路由器返回路由表的全部内容或部分内容，响应报文可以是主动提供周期性路由更新的报文，也可以是应对请求报文的响应报文。可以使用多个 RIP 报文来传送路由表中的路由信息。
- Version：RIP 版本号。
- Zero：未使用的字段。
- AFI(Address Family Identifier)：RIP 报文使用的地址族。由于 RIP 报文可以携带多种协议的路由信息，通过 AFI 来表明所使用的地址类型，比如，IP 对应的 AFI 是 2。
- Address：IP 地址。
- Metric：到目的地的路径中已经过的跳数（也就是经过的路由器的个数）。跳数的有效值为 1～15，16 表示不可达路径。

（2）RIP v2 报文格式

RIP v2 的报文格式如图 4-6 所示，报文中的各个字段含义如下所示。

Command	Version	Unused	Address Format Identifier	Route Tag	IP Address	Subnet Mask	Next Hop	Metric

图 4-6　RIP v2 报文格式

- Command：指出该报文是请求报文还是对请求的响应报文，请求报文要求对方路由器返回路由表的全部内容或部分内容，响应报文可以是主动提供周期性路由更新的报文，也可以是应对请求报文的响应报文。可以使用多个 RIP 报文来传送路由表中的路由信息。
- Version：RIP 版本号，此值为 2。
- Unused：未使用的字段。

- AFI(Address Family Identifier)：由于 RIP 报文可以携带多种协议的路由信息，通过 AFI 来表明所使用的地址类型，比如，IP 对应的 AFI 是 2。
- Route Tag：提供区分内部路由(由 RIP 学得)和外部路由(由其他协议学得)的方法。
- IP Address：IP 地址。
- Subnet Mask：子网掩码。如果为 0，表示不指定子网掩码。
- Next Hop：下一跳 IP 地址。
- Metric：到目的地的路径中已经过的跳数(经过的路由器的个数)。跳数的有效值为 1～15，16 表示不可达路径。

3. RIP 的缺陷

虽然 RIP 协议具有简单的优点，但也存在不少缺点。

(1) RIP 的可靠性和安全性无法得到保证。原因在于网络中的任意一个支持 RIP 的通信设备都可以发送路由更新信息。

(2) 会产生循环路由并导致无穷计算问题。原因在于距离向量算法只以到达目标的距离作为衡量标准，而不关心网络的拓扑结构。这样的话，网络中采用距离向量算法的所有路由器生成的路由都有可能会形成循环路由。路由循环出现后，数据分组会在循环路由上不断地循环转发，从而无法到达目的地；同时，路由循环也会引起无穷计算的问题。

(3) 不适合于高度动态的网络。原因在于 RIP 依赖于手动设定的、固定的跳数度量来计算路由。当网络发生变化时，必须由网络管理员感知发生了变化并进行手动修改，跳数度量值才会发生改变。RIP 不能实时地更新它们以适应网络中发生的变化，这意味着 RIP 不适用于高度动态的网络。

(4) 选出的路由并不一定是最佳路由。原因在于 RIP 使用的距离向量算法只考虑了通信路径中的跳数，而未考虑在实际应用中影响网络传输质量的包括网络时延、网络可靠性等在内的一些重要指标。由于跳数值无法全面反映网络的真实情况，路由器选择出的路由并不一定是最佳路由。

(5) 网络负担较重。原因在于支持 RIP 的路由器会定期地(一般为 30s)向外广播它的整个路由表，达到对网络拓扑的聚合。在大规模网络中，大量的路由器向网络发送的路由表信息会消耗掉相当数量的网络带宽，而且还容易引起广播风暴、累加到无穷等问题。

(6) 相对慢的收敛。RIP 的路由收敛速度比较慢，使得已经成为无效的路由仍被错误地作为有效路由来使用，这样会降低网络的性能。

(7) 不支持动态均衡。RIP 缺乏负载均衡的能力使其只能在小规模网络中使用，这是由于小规模网络往往没有冗余路由，负载均衡在这样的网络里不作为设计要求，可以不支持。

(8) 网络规模受限。其原因在于为了防止过期的数据分组一直在网络中转发而造成浪费网络资源的情况，同时也为了解决无穷计算问题，RIP 的所有路由都由所经过的跳数来描述，并且规定了到达目的地的路由最大跳数不超过 16 跳。RIP 网络强制设定了跳数的上限，跳数值超过上限的分组会被丢弃。这样一来，RIP 的服务半径受到限制，网络的规模也就受到限制，也就是说，RIP 只适用于小型简单网络，而不适用于大规模网络。因为，每经过一个路由器转发，数据分组中的跳数值就会加一。如果网络规模过大，数据分组中的跳数值很容易超过预定的跳数上限；如果跳数值在超过跳数上限后，数据分组仍没有到达它的目的地，那个目的地就被认为是不可达的，数据分组无法继续向下传送，并被丢弃，结果造成网络无法正常工作的现象。

(9) 路由信息的传送占用了很多网络带宽。原因在于支持 RIP 的路由器在更新了路由表信息后，会向其他路由器发送它的整个路由表信息。这样的话，网络中路由表数据的传输会占用很多的网络资源，占用了许多网络带宽，增加了网络开销。

4. 路由器设置

路由器中的 RIP 协议设置方法如下：

```
R1(config)# router RIP//启动 RIP 协议
R1(config-router)#Network 192.168.10.0//通告直连网段
R1(config-router)#Network 192.168.20.0//通告直连网段
```

默认情况下，Cisco 的路由器可以接收 RIP v1 和 RIP v2 报文，但只能发送 RIP v1 报文；可以设置为只接收和发送 RIP v1 报文，也可以设置为只接收和发送 RIP v2 报文。除了基本的路由器配置之外，还可以在不同设置模式下执行表 4-1 的 version 命令。

表 4-1 version 命令

命　令	功　能
version {1|2}	设置只接收或发送 RIP v1 或 RIP v2

version 命令决定了 RIP 的默认状态。若要与默认状态不同，可以将特定接口设置为不同的状态。要调节接口发送的 RIP 版本，在接口设置模式下执行表 4-2 的 IPrIPsend 命令。

表 4-2 IPrIPsend 命令

命　令	功　能
IPrIPsend version1	设置接口只发送 RIP v1
IPrIPsend version2	设置接口只发送 RIP v2
IPrIPsend version12	设置接口发送 RIP v1 和 RIP v2

同样要调节从接口接收的报文的版本，在接口设置模式下执行表 4-3 的 IPrIPreceive 命令。

表 4-3 IPrIPreceive 命令

命　令	功　能
IPrIPreceive versioN1	设置接口只接收 RIP v1
IPrIPreceive versioN2	设置接口只接收 RIP v2
IPrIPreceive versioN12	设置接口接收 RIP v1 和 RIP v2

4.3.4 链路状态路由协议

与距离向量路由协议不同，采用链路状态路由协议的路由器通过与网络中的其他路由器交换链路状态通告(Link State Advertisement,LSA)来描述链路状态更新信息,交换了LSA的每一个路由器会使用收到的LSA信息构建和维护网络中路由器的全部信息以及网络设备拓扑结构信息。

OSPF(Open Shortest Path First,开放式最短路径优先)是内部网关协议中使用最为广泛、性能最优的协议之一。OSPF的开放性表明它是一个由国际标准组织制定的公开协议,各个生产厂商都可以得到OSPF协议的细节,而最短路径优先是该协议在进行路由计算时执行的算法。最短路径优先算法用于计算目的地的可达性,计算的信息用于更新路由表,这个过程能够发现由于各种原因而导致的网络拓扑变化。

开发OSPF协议的国际标准组织是IETF,该组织于20世纪80年代末期开发了OSPF协议,最初的OSPF规范体现在RFC 1131中,它就是第1版(OSPF v1)。不过,第1版很快被RFC 1247文档的第2版(OSPF v2)所代替。相比于OSPF v1,OSPF v2在稳定性和功能性方面有了实质性改进。

OSPF是专门用于自治网络内的路由协议。OSPF对网络拓扑的变化十分敏感,在发现网络拓扑变化之后会自动收敛到新的拓扑,因此,OSPF也常常被用于快速检测自治系统内的网络拓扑变化。OSPF以自治网络内互联路由器之间的链路状态作为选择路由的基础。路由器各自都维护着一个相同的数据库,数据库中记录了网络中各链路状态信息、路由器可用的接口和可以到达的相邻路由器。

1. OSPF工作原理

OSPF是一个基于链路状态算法的路由协议。OSPF使用的链路状态路由与RIP所使用的距离向量路由的本质区别在于,采用链路状态路由的每一个路由器所获得的路由信息不仅仅局限于来自邻居路由器的路由表信息,而且还完整地记录了整个网络的拓扑结构。路由器收集其所在网络区域上各个路由器的连接状态信息,即链路状态信息,并生成链路状态数据库。该数据库用于跟踪网络链路状态,链路状态数据库构成了对域内网络拓扑和链路状态的映射。路由器掌握了该区域上所有路由器的链路状态信息,也就是等于了解了整个网络的拓扑状况。采用OSPF的路由器就是基于链路状态进行路由选择的,它利用了最短路径优先算法来独立地计算出到达任意目的地的路由。

OSPF由相互关联的两个主要部分组成,分别是Hello协议和可靠泛洪机制。其中,Hello协议用于检测邻居并维护邻接关系,而可靠泛洪机制可以确保同一域中的所有的OSPF路由器始终具有一致的链路状态数据库。链路状态数据库中每个条目称为LSA(链路状态通告),LSA用于在路由器之间进行交换。

OSPF引入了分层路由的概念,它的层次中最高的实体是AS(Autonomous System,自治系统),也就是遵循相同路由策略管理下的一部分网络实体。在每个自治系统中,网络划分为不同的区域,也就是将网络分割成一个主干连接的一组相互独立的部分。其中,主干部分称为主干区域,主干区域负责在各个区域之间分发链路状态信息,相互独立的部分称为区域,每个区域就如同一个独立的网络,每个区域都有自己特定的标识号。这种分层次的网络结构是根据OSPF的实际需求而提出来的。

当网络中自治系统的规模非常大时,路由器中链路状态数据的数量就非常大。如果不分层次,一方面,路由器需要保存的大量链路状态数据,这对存储资源提出了较高的要求;

另一方面，当网络中某个链路状态发生改变时，网络中的所有路由器都要重新计算一遍自己的路由表数据，这样的话，不仅造成资源浪费与时间占用，而且还会对聚合速度、稳定性和灵活性等路由协议性能造成影响。因此，需要把规模大的自治系统划分成多个规模较小的域，每个域内的设备只需要维持本域的链路状态数据就可以了。这样，每个路由器的链路状态数据库都可以保持合理的大小。各域内路由器只需根据所在域的链路状态数据来计算各自的路由，而域边界路由器在把各个域的内部路由总结计算后再在域间扩散。这样的话，当网络中某条链路的状态发生变化的时候，该链路所在域中的每一个路由器需要重新计算本域的路由表，而其他域内的路由器只需修改其路由表中的相应条目就可以了，而无需重新计算整个路由表，从而节省了计算路由的时间。最后再通过计算域间路由、自治系统外部路由来确定完整的路由表。与此同时，OSPF 动态监测网络状态，一旦发生状态变化，则迅速扩散，达到对网络拓扑的快速聚合，从而确定出新的网络路由表。

OSPF 有五种报文。

(1) Hello 报文：周期性的发送给本路由器的邻居。

(2) 链路状态数据库描述报文：相邻路由器互发该报文，向对方报告自己所拥有的路由信息，信息内容包括链路状态数据库中的每一条 LSA 的摘要(这里的摘要是指 LSA 的 HEAD，通过该 HEAD 可以唯一标识 LSA)。由于 LSA 的 HEAD 只占 LSA 整个数据量的一小部分，只传送 HEAD 就可以减少路由器之间传递路由信息的数据量。而且对端路由器根据 HEAD，就可以快速地判断出数据库中是否已经有了这条 LSA。

(3) 链路状态请求报文：两台路由器之间相互交换链路状态数据库描述报文之后，如果接收方发现发送方含有一些本地链路状态数据库所没有的 LSA 或者对方的 LSA 是更新 LSA，这时就需要向对方发送链路状态请求报文来请求所需要的 LSA，报文内容包括所需要的 LSA 摘要。

(4) 链路状态更新报文：用来向对端路由器发送所需要的 LSA，内容是多条 LSA 的集合。

(5) 链路状态确认报文：链路状态确认报文用来对接收到的链路状态更新报文进行确认，内容是需要确认的 LSA 的 HEAD。

2. OSPF 与 RIP 的区别

RIP 和 OSPF 是目前应用较多的路由协议，它们都属于内部网关协议，但 RIP 是基于距离向量算法，而 OSPF 是基于链路状态的最短路径优先算法。

与 RIP 相比，OSPF 克服了 RIP 的许多缺陷。

(1) 适应大规模网络

OSPF 没有采用跳数来描述路由，而是根据路由器接口的吞吐率、链路拥塞状况、信息往返时间、链路可靠性等链路的实际负载能力来选择路由，并没有对网络的规模进行限制，可以支持大规模的网络。

(2) 支持等值路由

OSPF 可以同时选择两条及以上的到达同一目的地址的等值路由，并同时将这些等值路由添加到路由表中。这样的话，在进行数据分组转发时可以实现多条路由的负载分担或负载均衡，从而实现网络负荷的平衡。

(3) 支持区域划分和路由分级管理

OSPF 引入了分层路由的概念,支持区域划分和路由分级管理,这使得 OSPF 能够应用在大规模网络中。

(4) 支持以组播地址发送协议报文

OSPF 使用组播地址发送协议报文,与广播方式相比,可以节省网络带宽的资源。

(5) 支持 QoS

OSPF 支持不同服务类型的、具有不同 QoS 的路由服务。

(6) 路由变化收敛速度快

路由变化收敛速度是衡量路由协议好坏的关键因素之一。当网络拓扑发生改变时,如果网络中的路由器能够在较短的时间内相互通告所产生的变化,并重新计算路由,那么该网络就具有很强的可用性。OSPF 路由器之间不需要定期地交换整个路由表数据,只是当链路状态发生变化时,路由器才会通过组播相互通知这个变化,来同步各路由器对网络状态的最新认识,这样做不仅不会造成网络带宽的大量浪费,而且还达到了对网络拓扑快速聚合的目的。

(7) 支持可变长子网掩码(Variable Length Subnet Mask,VLSM)

VLSM 是为了有效地使用无类别域间路由(CIDR)和路由汇总来控制路由表的大小而使用的一种先进的 IP 寻址技术。这种高级的 IP 寻址技术允许网络管理员对已有子网进行划分并进行层次化编址,以便最有效地利用现有地址空间。

在 IP v4 地址日益缺乏的今天,能否支持 VLSM 来节省 IP 地址资源,对于路由协议来说是非常重要的,OSPF 支持 VLSM 可以达到节省 IP 地址资源的目的。

(8) 同一区域内无路由自环

路由自环是指到某一目的地的路由在网络中形成了环路。路由自环具有极大的网络危害,不仅可以导致路由不可达,还浪费了大量网络带宽。所有路由协议必须解决路由自环问题,该问题能否很好解决是衡量路由协议好坏的重要标志之一。

OSPF 采用最短路径优先算法、邻接关系等技术手段避免了路由自环的产生。

当网络的拓扑结构或链路状态发生变化时,会有一台或多台路由器感知到这些变化,重新在路由器的链路状态数据库中描述了这些变化后,这些变化了的数据只能由感知了这些变化的路由器在链路状态数据库描述报文的向外发送以通知其他路由器,并且在报文中要写入这些发送路由器的标识符,收到该报文的路由器收到更新信息后,就会立即运行最短路径优先算法,通过计算得到新路由。由于路由计算采用的是最短路径优先算法,该算法的计算结果是一棵树,记录了到达每个目的地的最短路径,而在该树中,从根节点到叶子节点是单向的、没有回路的路径。

收到链路状态数据库描述报文的路由器只是在网络中传输这些链路状态变化信息,而不做任何修改。这一点保证了对于网络拓扑结构的任何变化,无论路由器位于网络中的什么位置,都可以准确无误地接收到全网的最新拓扑结构图。

本章小结

本章介绍了路由器的概念、路由器的工作原理以及路由协议等内容,路由器是计算机网络中最重要的网络设备之一,是非常重要的网络互联设备。了解路由器的工作原理对于学习网络管理原理以及开展网络管理工作具有十分重要的帮助。

在教学上，本章的教学目的是让学生掌握路由器的工作原理、静态路由与动态路由的区别，了解不同路由协议的工作原理。本章重点是学习路由器的路由选择原理以及分组转发原理、静态路由和动态路由、距离向量路由协议以及链路状态路由协议。本章难点是静态路由、距离向量路由协议以及链路状态路由协议。

习　　题

1. 简答题

(1) 简述路由器的功能。

(2) 路由表的表项一般包括哪几个字段？

(3) 简述路由选择算法的执行过程。

(4) 什么是静态路由？

(5) 什么是自治域？

2. 填空题

(1) 路由器属于 OSI 参考模型中第(　　)层的网络互连设备。

(2) 路由器从功能上可以划分为两大部分，分别是(　　)部分和(　　)部分。

(3) 动态路由协议可以分成两类，分别是(　　)和(　　)。

(4) 根据所执行的算法，常见的两种路由协议类型分别是(　　)和(　　)。

第5章 路由器与交换机模拟器

5.1 模拟软件简介

Dynamips 是一款专业的基于虚拟化技术的 Cisco 7200/3600 路由器模拟器，原始名称为 Cisco 7200Simulator，其作者是法国 UTC 大学(University of Technology of Compiegne, France)的 Christophe Fillot，源于 Christophe Fillot 在 2005 年 8 月开始的一个项目，其目的是在传统的 PC 上模拟 Cisco 的 7200 路由器。该模拟器也支持 Cisco 的 3600 系列、3700 系列和 2600 系列等路由器平台。用户可以在 Dynamips 虚拟出的环境中直接运行 Cisco 系统的二进制镜像 IOS 软件。

Dynamips 模拟器使用真实的 Cisco IOS 操作系统构建了一个学习和培训平台，使得人们可以方便地熟悉路由器、交换机等通信设备的功能、配置命令及配置流程。

Dynagen 是 Dynamips 的一个基于文本的前端控制系统，它采用超级监控模式和 Dynamips 进行通信，Dynagen 简化了虚拟网络的创建和操作。

5.2 模拟软件使用方法

1. 下载与安装

Dynamips 原版程序可以从 http://www.ipflow.utc.fr/blog/网站下载，下载完成后，将下载获得的 Dynamips 模拟器压缩包解压缩。

2. Dynamips 压缩包内的目录说明

```
├─top 保存着拓扑图片
├─tmp 保存着临时文件，目录中存有 idlepc 数据库
├─net 保存着网络拓扑配置文件，存放着实验环境的拓扑配置
├─ios 保存着通信设备操作系统二进制镜像文件
├─bin 保存着程序子目录
│  ├─winpcap 低层驱动，用于捕获数据包和绕过协议栈方式来进行数据传输
│  ├─script 辅助脚本程序
│  ├─putty 一个较好用的 Telnet 客户端
│  ├─Dynagen 虚拟机的扩展平台，可以方便地管理和使用 Dynamips 虚拟机
```

```
|   |   └──sample_labs Dynagen 自带的一些拓扑配置示例文件
|   |   ├──ethernet_switch
|   |   ├──multiserver
|   |   ├──simple2
|   |   ├──simple1
|   |   └──frame_relay
|   ├──Dynamips 虚拟机主程序
|   └──php php 脚本解释程序
└──setup 环境安装设置目录
```

3. 安装 Dynamips 模拟器

Dynamips 模拟器压缩包解压缩完成后，依次做如下两项操作：

(1) 进入 setup 子目录，双击"1. 安装 Win_Pcap. cmd"文件安装 winpcap 程序；

(2) 当安装完 winpcap 后，继续在 setup 目录下，双击"2. 修改网卡参数. cmd"文件。

完成如上两个步骤后，就完成了基本的设置工作。

4. 启动虚拟服务

接下来就是如何启动虚拟服务了。

在 Dynamips 模拟器压缩包解压缩后的根目录下，根据 Dynamips 模拟器运行的主机的操作系统，从两个 Dynamips 虚拟服务启动文件中选择一个并双击运行：

(1) "0. 虚拟服务 Win2000. bat"针对 Windows 2000 Server 环境；

(2) "0. 虚拟服务 XP&2003. bat"针对 Windows XP 和 Windows Server 2003 环境。

Dynamips 虚拟服务启动后，不要关闭该启动窗口，可以将其最小化。

5. 启动虚拟实验环境

在 Dynamips 模拟器压缩包解压缩后的根目录下，选择需要启动的虚拟实验环境，Dynamips 模拟器本身提供了以下几个实验环境启动文件：

"1. 控制台 CCNA 路由版. cmd"，该启动文件提供路由器实验环境；

"2. 控制台 CCNA 标准版. cmd"，该启动文件提供帧中继实验环境；

"3. 控制台 CCNA 交换版. cmd"，该启动文件提供交换机实验环境。

也可以不启动 Dynamips 模拟器本身提供的上述文件，而启动事先自己写好并放到根目录下的实验环境启动文件。

比如，用户生成一个 cmd 文件"bupt_sw. cmd"，该文件的内容如下所示。

```
@echo off
call bin/script/copyright.cmd
title 控制台,请不要关闭本窗口!
echo * BUPT 交换版控制台 *
echo * ================= *
cd tmp
"../bin/Dynagen/Dynagen.exe" ..\net\bupt_sw.net
```

该 cmd 文件的最后一行是使用 Dynagen 程序调用. net 文件来运行 Dynamips。其中 bupt_sw. net 文档描述了网络拓扑以及通信设备情况，例子如下。

```
autostart = False
[localhost]
    port = 7200
    udp = 10000
    workingdir = ..\tmp\
    [[router SW]]
        image = ..\ios\unzip - c3640 - js - mz.124 - 10.bin
        model = 3640
        console = 3003
        ram = 128
        confreg = 0x2142
        exec_area = 64
        mmap = False
        slot1 = NM - 16ESW
        f1/1 = PC1 f0/0
        f1/2 = PC2 f0/0
    [[router PC1]]
        model = 2621
        ram = 20
        image = ..\ios\unzip - c2600 - i - mz.121 - 3.T.bin
        mmap = False
        confreg = 0x2142
        console = 3006
    [[router PC2]]
        model = 2621
        ram = 20
        image = ..\ios\unzip - c2600 - i - mz.121 - 3.T.bin
        mmap = False
        confreg = 0x2142
        console = 3007
```

下面介绍各个参数的含义。

- Autostart：是否开启自动运行，如果该值为 true，那么运行程序后，所有的设备都会自动启动，建议设置为 false，以后用哪个就开哪个。
- model：路由器型号。
- image：使用的路由 IOS 文件，要写出 IOS 文件所在的绝对路径。
- ram：虚拟设备运行时所需内存大小，可以根据 IOS 版本不同自行调整。
- mmap：内存小于 512M 时，选 true。
- slot：以太网模块名。
- confreg：路由器的寄存器状态。
- f1/1 = PC1 f0/0：表示本机的 f1/1 端口连接到了名称为 PC1 设备的 f0/0 端口上。
- console：指定登录端口号，用 telnet 登录该设备时，就要用到这个端口号，需要保证每台设备的端口号不同。

该 net 文档描述了一个网络拓扑图如图 5-1 所示。

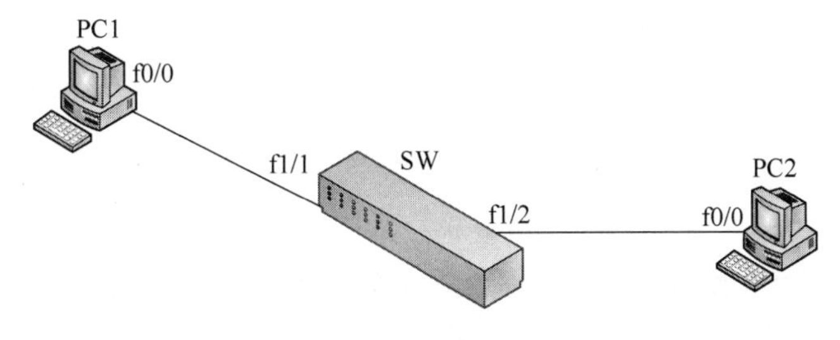

图 5-1 网络拓扑示例

bupt_sw.net 文档描述的网络由一个交换机和两个 PC 构成。其中,交换机的端口 f1/1 与 PC1 的 f0/0 相连,交换机的端口 f1/2 与 PC2 的 f0/0 相连。在这里,用 3640 路由器模拟了交换机 SW,用 2621 路由器模拟了 PC。

6. 设置 idlepc

在 Dynamips 模拟器运行时,必须让 Dynamips 知道虚拟路由器什么时候处于空闲状态,什么时候处于使用状态,否则 Dynamips 的 CPU 占用率会很高,甚至达到 100%。

每个设备的 idlepc 值标识了该设备的 CPU 占用率,为每个设备设定了 idlepc 值以后,就可以降低主机的 CPU 占用率。只有在启动每一类设备的第一个设备时需要设置 idlepc 值,以后再次启动或者启动同类其他设备时就不再需要设置了,下面介绍计算 idlepc 值的方法,以路由器 R1 为例。

(1) 建立保存 idlepc 值的数据库。打开 Dynamips 模拟器压缩包解压缩后的根目录下的 bin/danagen/danagen.ini 文档,将文档中 idledb 前的"#"号去掉,并配置数据库所在路径,然后自主命名数据库文档名,但是文档名的后缀必须是".ini",这个 ini 文档就是保存 idlepc 的数据库。如果设置的数据库文档不存在,在启动 Dynagen 时,该文档则会自动生成。

(2) 只启动虚拟路由器 R1,其他路由器全部关闭,如果 Dynagen 没有检测到 idlepc 值,就会提示"Starting R1 with no dlepc value"的警告,并且 CPU 占用率高达 100%(在没有确定正确的 idlepc 值的时候,不要在网络拓扑".net"文件中加入 idlepc 的值)。

(3) telnet 路由器 R1。如果出现 IOS 自动配置的提示,输入"no"并回车。

(4) 等 R1 所有的接口都初始化以后,再等一会儿确保路由器不再运行并处于空闲状态。

(5) 切换到 Dynagen 管理控制台,输入命令"idlepc get R1",会看到该设备的 idlepc 值统计列表,选择并输入具有"*"号并且方括号中数值是最大值的序号(如果没带星号就需要打开操作系统的任务管理器,观察 CPU 的占用率后再选择),然后输入回车。

(6) 可以看到 CPU 的使用率降了下来。

(7) 如果要更换其他 idlepc 值,需要输入命令"idlepc show R1"来列出刚才的 idlepc 值列表,重新选择即可。

(8) 把 idlepc 值写入 idlepc 数据库中,需输入命令"idlepc save R1 db",这样,以后启动具有相同 IOS 的路由器时,就不需要再计算 idlepc 值了。

(9) 可以将选定的 idlepc 值写入到“. net”网络拓扑文件中，这样，每次启动路由器 R1 时，会自动调用这个值。

7. Dynagen 的一些命令

Dynagen 的命令都要区分大小写。

- “list”：可以查看当前环境的通信设备列表。从 list 命令列出的设备状态列表中，可以看到设备名称、设备型号、当前状态、服务器端口号和远程登录控制端口号。
- start：可以打开路由器，例如“start R1”“start /all”。当在控制台输入 start 命令后，服务器会接收到从控制台发出的启动命令，虚拟服务器会启动相应设备，也就是从镜像文件 IOS 中加载数据库文件。
- “telnet”：可以登录到路由器的 console 接口，例如“telnet R1”。或者也可以在 windows 开始菜单中单击“运行-CMD”，输入 telnet 127. 0. 0. 1 3001 即可登录到 R1。
- “stop”：可以关闭路由器，例如“stop R1”“stop /all”。
- “reload”：可以关闭路由器，例如“reload R1”“reload /all”。
- “exit”：退出 Dynagen。

下面分别以路由器模拟和交换机模拟两个例子来说明 Dynamips 的使用方法。

5.3 路由器模拟实验

5.3.1 实验目的

掌握配置路由器的方式和方法，了解静态路由与动态路由 RIP 协议的区别。

5.3.2 实验原理

1. 路由器工作原理

在一个局域网中，如果不需要与外界网络进行通信的话，网络内的各个主机能够相互识别，就可以通过交换机实现相互通信。如果不同网段或网络之间进行通信，就需要使用路由器了，也就是说，路由器是用来连接不同网段或网络的。路由器识别网络的方法是通过识别网络 ID 号来进行的，为了保证路由成功，每个网络都必须有唯一的网络编号。

当子网中的一台主机向同一子网内的另一台主机发送数据分组时，就直接向该子网发送数据分组，目的主机收到发送到子网上的数据分组后发现分组的目的 IP 地址与它的 IP 地址相同，就会进行下一步的处理。然而，当数据分组中的目的 IP 地址属于另一个子网时，主机就会把数据分组发送给一个称为默认网关(Default Gateway)的路由器，默认网关是主机上的 TCP/IP 协议配置参数，它是与发送数据分组的主机位于同一子网的路由器端口的 IP 地址。路由器上位于发送子网的端口在收到数据分组后，通过数据分组的目的网络号来查找路由表，根据数据分组目的 IP 地址的网络号部分来选择路由器的转发端口。如果路由器的转发端口所在的网络号与目的网络号相同，就直接将分组从转发端口发送到转发端口所在的网络上；如果路由器的转发端口所在的网络号与目的网络号不相同，就直接将数据分组发送到能到达目的子网的下一跳路由器，然后把数据分组发送给该路由器。下一跳路由器收到数据分组后，也会做相似的处理。如果在路由表中没有找到可到达目的子网的下一跳路由器，就需要使用默认路由，默认路由是一种特殊的静态路由，它是由网络管理员配置的。当路由表中不存在与数据分组的目的 IP 地址相匹配的路由表项时，路由器要将数据分组转发给的路由。如果没有设置默认路由的话，目的地址在路由表中没有匹配表项的数据分组将被路由器丢弃。数据分组就这样一跳一跳地在网络之间传送，送不到目的地的数据分组会被丢弃。

路由器的其他原理请见“路由器基础”一章。

2. DTE 与 DCE

DTE(Data Terminal Equipment，数据终端设备)是具有一定的数据处理能力和数据收发能力的设备，它提供数据或接收数据，它是用户-网络接口的用户端设备，可作为数据源、目的地或两者兼而有之，比如，连接到调制解调器的计算机或终端设备就是一种 DTE。

DCE(Data Communications Equipment，数据通信设备)在 DTE 和传输线路之间提供信号变换和编码功能，并且负责建立、保持和释放链路的连接，是网络端的连接设备，比如，Modem。

在广域网中，数据通常从 DTE 发送，经过 DCE 连接到数据网络，最终到达 DTE。DTE 与 DCE 在一起工作时，由 DCE 来提供时钟，而 DTE 不提供时钟，DTE 需要依靠 DCE 提供的时钟来工作，比如，PC 和 MODEM 之间就是这样。

谈到 DTE 与 DCE，离不开 V. 24 接口。事实上，V. 24 接口标准是广域网物理层规定的接口标准，它是由 ITU-T 定义的 DCE 设备和 DTE 设备之间的物理层接口标准。V. 24 接口标准规定 DTE 的第二根针脚作为 TXD(发送数据线)线、第三根针脚作为 RXD(接收数据线)线，第四根针脚作为 DTS，第五根针脚作为 RTS(请求发送线)，第六根针脚作为 DTR，第七根针脚作为信号地线，第八根针脚作为 DCD。DCE 通常与 DTE 对接，因此它们的针脚分配是相反的。通常从外观就可以区别 DTE 与 DCE，其中，DTE 是针头(也称为公头)，而 DCE 是孔头(也称为母头)，这样两种接口才能接在一起。

3. RIP 路由协议

RIP 简单、便于配置。它是使用非常广泛的一种路由协议，RIP 采用距离向量算法，也就是路由器根据距离选择路由，所以也被称为距离向量协议。

采用 RIP 的路由器会收集所有能够到达目的地的不同路径信息，但是只保存到达目的地的具有最少跳数的最佳路径信息，而其他路径信息均予以丢弃。RIP 允许的最大跳数为 15，任何超过 15 跳的目的地均被标为不可达，因此，RIP 只适用于小规模网络。同时，路由器会把所收集的最佳路由信息用 RIP 协议每隔 30s 将整个路由表信息通知相邻的其他路由器。网络中每一个路由器都采用相同的操作。这样的话，最佳的路由信息会逐渐扩散到全网。但是，路由器每隔 30s 一次的整个路由表信息的广播是造成网络广播风暴的重要原因之一。

更多的与 RIP 相关的内容请见“路由器基础”一章。

5.3.3 实验要求

(1) 实现在静态路由下两台主机 PC1 和 PC2 之间能够相互 ping 通。

(2) 实现在动态路由 RIP 协议下两台主机 PC1 和 PC2 之间能够相互 ping 通。

5.3.4 网络拓扑结构

网络拓扑图如图 5-2 所示,其对应的".net"文件如下所述。

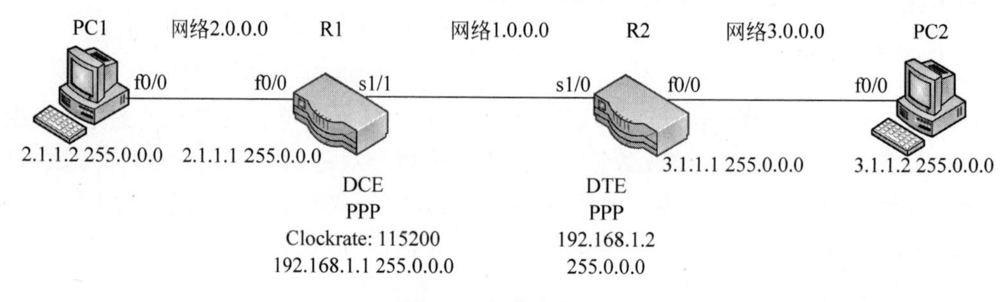

图 5-2 网络拓扑图

```
autostart = false
[localhost]
port = 7200
udp = 10000
workingdir = ..\tmp\
    [[router R1]]
        image = ..\ios\unzip-c7200-is-mz.122-37.bin
        model = 7200
        console = 3001
        npe = npe-400
        ram = 64
        confreg = 0x2142
        exec_area = 64
        mmap = false
        slot0 = PA-C7200-IO-FE
        slot1 = PA-4T
        f0/0 = PC1 f0/0
        s1/1 = R2 s1/0
    [[router R2]]
        image = ..\ios\unzip-c7200-is-mz.122-37.bin
        model = 7200
        console = 3002
        npe = npe-400
        ram = 64
        confreg = 0x2142
        exec_area = 64
        mmap = false
        slot0 = PA-C7200-IO-FE
        slot1 = PA-4T
        f0/0 = PC2 f0/0
```

```
[[router PC1]]
    model = 2621
    ram = 20
    image = ..\ios\unzip - c2600 - i - mz.121 - 3.T.bin
    mmap = False
    confreg = 0x2142
    console = 3003
[[router PC2]]
    model = 2621
    ram = 20
    image = ..\ios\unzip - c2600 - i - mz.121 - 3.T.bin
    mmap = False
    confreg = 0x2142
    console = 3004
```

5.3.5 实验步骤介绍

在虚拟环境下依次实现以下功能。

(1) 静态路由实验;

(2) 动态路由实验。

5.3.6 实验过程及分析

1. 开启服务器和控制台部分

首先启动虚拟服务器,如图 5-3 所示。

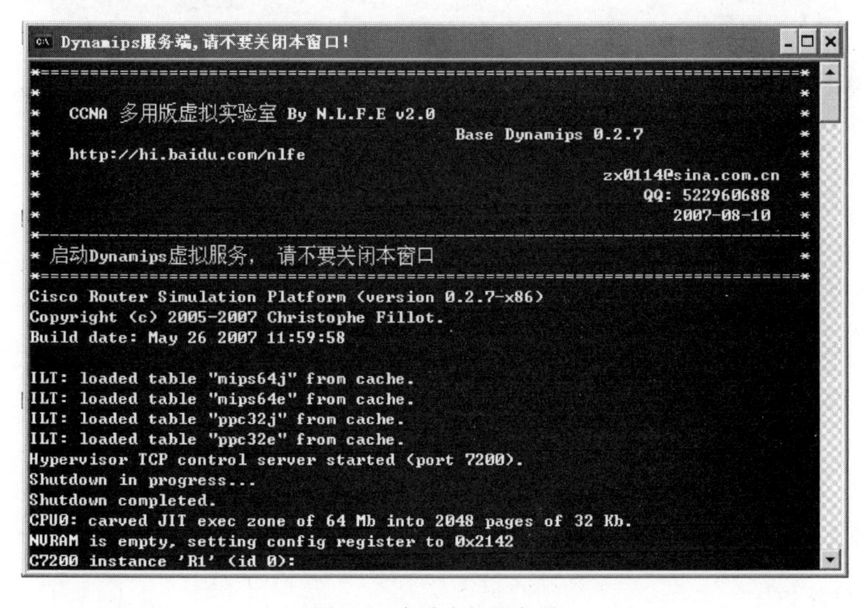

图 5-3 启动虚拟服务器

当在控制台输入 start /all 命令后,虚拟服务器开始加载所有 IOS 镜像中的数据库文件,如图 5-4 所示。

图 5-4　服务器加载设备镜像中的数据库文件

在控制台输入 list 命令，能够看到设备名称、型号、当前状态、服务端口和远程控制号，如图 5-5 所示。

图 5-5　list 命令

2. 静态路由实验

(1) 配置 PC1

① 配置 PC1 f0/0 端口 IP 地址

步骤 1：登录 PC1：telnet PC1 或 telnet 127.0.0.1:3003

步骤 2：进入特权模式：en

步骤 3：进入全局配置模式：conf terminal

步骤 4：进入端口配置：interface f0/0

步骤 5：设置 IP 地址：IP address 2.1.1.2 255.0.0.0

步骤 6：加电开启端口：no shutdown

② 配置 PC1 静态路由

步骤 1：登录 PC1：telnet PC1 或 telnet 127.0.0.1:3003

步骤 2：进入特权模式：en

步骤 3：进入全局配置模式：conf terminal

步骤 4：PC1 的静态路由对应的是 PC2 的网段号：IP route 3.0.0.0 255.0.0.0 fastEthernet 0/0

(2) 配置 PC2

① 配置 PC2 f0/0 端口 IP 地址

步骤 1：登录 PC2：telnet PC2 或 telnet 127.0.0.1:3004

步骤 2：进入特权模式：en

步骤 3：进入全局配置模式：conf terminal

步骤 4：进入端口配置：interface f0/0

步骤 5：设置 IP 地址：IP Address 3.1.1.2 255.0.0.0

步骤 6：加电开启端口：no shutdown

② 配置 PC2 静态路由

步骤 1：登录 PC2：telnet PC2 或 telnet 127.0.0.1:3004

步骤 2：进入特权模式：en

步骤 3：进入全局配置模式：conf terminal

步骤 4：PC2 的静态路由对应的是 PC1 的网段号：IP route 2.0.0.0 255.0.0.0 fastEthernet 0/0

(3) 配置路由器 R1

设置路由器 R1 的 S1/1 端口的 IP 地址、时钟响应时间间隔、数据链路层的 PPP(点对点)协议和连接主机 PC1 的 F0/0 端口的 IP 地址。

① 设置路由器 R1 连接路由器 R2 的端口 s1/1

步骤 1：登录 R1：telnet R1 或 telnet 127.0.0.1:3001

步骤 2：进入用户模式：en

步骤 3：进入特权模式：conf terminal

步骤 4：进入全局配置模式：interface s1/1

步骤 5：配置 S1/1 的 IP 地址：IP address 192.168.1.1 255.0.0.0

步骤 6：R1 为 DCE,所以设置时钟响应时间间隔：clock rate 115200

步骤 7：设置数据链路层 PPP 协议：encapsulation ppp

步骤 8：加电开启端口：no shutdown

② 设置路由器 R1 连接子网的端口 f0/0

步骤 1：登录 R1：telnet R1 或 telnet 127.0.0.1:3001

步骤 2：进入用户模式：en

步骤 3：进入特权模式：conf terminal

步骤 4：进入全局配置模式：interface f0/0

步骤 5：配置 f0/0 的 IP 地址：IP address 2.1.1.1 255.0.0.0

步骤 6：加电开启端口：no shutdown

③ 配置静态路由

步骤 1：登录 R1：telnet R1 或 telnet 127.0.0.1:3001

步骤 2：进入用户模式：en

步骤 3：进入特权模式：conf terminal

步骤 4：R1 的静态路由对应的是 PC2 的网段号：IP route 3.0.0.0 255.0.0.0 serial1/1

(4) 配置路由器 R2

设置路由器 R2 的 S1/0 端口的 IP 地址、数据链路层的 PPP(点对点)协议和连接主机 PC2 的 F0/0 的 IP 地址。由于 R2 是 DTE，所以不需要设置时钟响应时间间隔，只需要接收由 DCE 传过来的时间响应信号。

① 设置路由器 R2 连接路由器 R1 的端口 s1/0

步骤 1：登录 R2：telnet R2 或 telnet 127.0.0.1:3002

步骤 2：进入用户模式：en

步骤 3：进入特权模式：conf terminal

步骤 4：进入全局配置模式：interface s1/0

步骤 5：配置 S1/0 的 IP 地址：IP address 192.168.1.2 255.0.0.0

步骤 6：设置数据链路层 PPP 协议：encapsulation ppp

步骤 7：加电开启端口：no shutdown

② 设置路由器 R2 连接子网的端口 f0/0

步骤 1：登录 R2：telnet R2 或 telnet 127.0.0.1:3002

步骤 2：进入用户模式：en

步骤 3：进入特权模式：conf terminal

步骤 4：进入全局配置模式：interface f0/0

步骤 5：配置 f0/0 的 IP 地址：IP address 3.1.1.1 255.0.0.0

步骤 6：加电开启端口：no shutdown

③ 配置静态路由

步骤 1：登录 R2：telnet R2 或 telnet 127.0.0.1:3002

步骤 2：进入用户模式：en

步骤 3：进入特权模式：conf terminal

步骤 4：R2 的静态路由对应的是 PC1 的网段号：IP route 2.0.0.0 255.0.0.0 serial1/0

3. 配置动态路由 RIP 协议

(1) 配置路由器 R1

① 撤销 R1 的静态路由

步骤 1：登录 R1：telnet R1 或 telnet 127.0.0.1:3001

步骤 2：进入用户模式：en

步骤 3：进入特权模式：conf terminal
步骤 4：撤销静态路由协议：no IP route 3.0.0.0 255.0.0.0 serial1/1
② 配置动态路由协议 RIP
步骤 1：network 192.168.1.0
步骤 2：network 2.0.0.0
步骤 3：neighbor 192.168.1.2
步骤 4：exit
(2) 配置路由器 R2
① 撤销 R2 的静态路由协议
步骤 1：登录 R2：telnet R2 或 telnet 127.0.0.1:3002
步骤 2：进入用户模式：en
步骤 3：进入特权模式：conf terminal
步骤 4：撤销静态路由协议：no IP route 2.0.0.0 255.0.0.0 serial1/0
② 配置动态路由协议 RIP
步骤 1：network 192.168.1.0
步骤 2：network 3.0.0.0
步骤 3：neighbor 192.168.1.1
步骤 4：exit

5.4 交换机模拟实验

5.4.1 实验目的

掌握配置交换机的方法，了解 VLAN 的作用。

5.4.2 实验原理

二层交换机和三层交换机的区别之一是二层交换机必须连接一个三层路由设备才能实现 VLAN 之间的数据交换，而三层交换机本身就具有路由的功能，可以直接实现 VLAN 之间的数据交换。

更多的交换机原理见第 3 章的交换机基础。

5.4.3 实验要求

(1) 配置两台主机 PC1 和 PC2，并使得它们之间能够相互 ping 通。
(2) 划分 VLAN2 和 VLAN3，并测试 VLAN。
(3) 合并 VLAN 后，两台主机之间能够 ping 通。

5.4.4 网络拓扑结构

网络拓扑图如图 5-6 所示，其对应的“.net”文件如下所述。

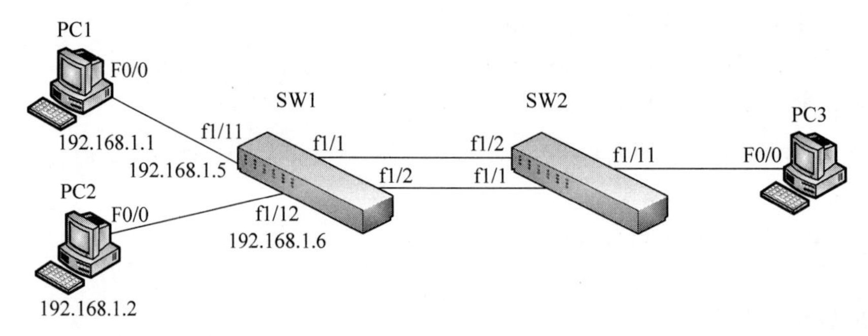

图 5-6　网络拓扑图

```
autostart = False
[localhost]
    port = 7200
    udp = 10000
    workingdir = ..\tmp\
    [[router SW1]]
        image = ..\ios\unzip-c3640-js-mz.124-10.bin
        model = 3640
        console = 3003
        ram = 128
        confreg = 0x2142
        exec_area = 64
        mmap = False
        slot1 = NM-16ESW
        f1/1 = SW2 f1/2
        f1/2 = SW2 f1/1
        f1/11 = PC1 f0/0
        f1/12 = PC2 f0/0
    [[router SW2]]
        image = ..\ios\unzip-c3640-js-mz.124-10.bin
        model = 3640
        console = 3004
        ram = 128
        confreg = 0x2142
        exec_area = 64
        mmap = False
        slot1 = NM-16ESW
        f1/11 = PC3 f0/0
    [[router PC1]]
    model = 2621
    ram = 20
    image = ..\ios\unzip-c2600-i-mz.121-3.T.bin
    mmap = False
    confreg = 0x2142
    console = 3006
    [[router PC2]]
    model = 2621
    ram = 20
```

```
image = ..\ios\unzip-c2600-i-mz.121-3.T.bin
mmap = False
confreg = 0x2142
console = 3007
[[router PC3]]
model = 2621
ram = 20
image = ..\ios\unzip-c2600-i-mz.121-3.T.bin
mmap = False
confreg = 0x2142
console = 3008
```

5.4.5 实验步骤介绍

- 分别启动 SW1、PC1、PC2。
- 分别 telnet 到 SW1、PC1、PC2 上进行配置。
- 设置 PC1 的 F0/0 接口 IP 地址为 192.168.1.1。
- 设置 PC2 的 F0/0 接口 IP 地址为 192.168.1.2。
- 将 SW1 的端口 f1/11 设置成 VLAN2。
- 将 SW1 的端口 f1/12 设置成 VLAN3。
- 查看 PC1 与 PC2 是否能相互 ping 通。
- 将 SW1 的端口 f1/12 设置成 VLAN2。
- 查看 PC1 与 PC2 是否能相互 ping 通。

5.4.6 实验过程及分析

1. 开启服务器和控制台部分

首先启动虚拟服务器，如图 5-7 所示。

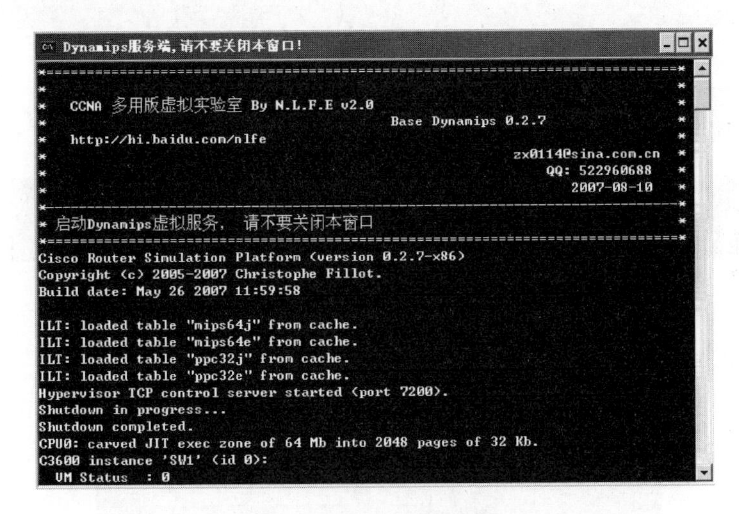

图 5-7 启动虚拟服务器

在启动各个设备之前，使用 list 命令查看各设备的状态，如图 5-8 所示。

```
=> list
Name        Type        State       Server          Console
SW1         3640        stopped     localhost:7200  3003
SW2         3640        stopped     localhost:7200  3004
PC1         c2600       stopped     localhost:7200  3006
PC2         c2600       stopped     localhost:7200  3007
PC3         c2600       stopped     localhost:7200  3008
=> _
```

图 5-8　启动设备前，list 命令显示结果

2. 启动 PC1、PC2、SW1

(1) 启动 PC1：start PC1。

(2) 启动 PC2：start PC2。

(3) 启动 SW1 设备：Start SW1，然后输入"idlepc get SW1"命令来获取 SW1 的 idlepc 值，接着输入"idlepc save SW1 db"进行保存，如图 5-9 所示。

```
Dynagen management console for Dynamips

=> start SW1
Warining: Starting SW1 with no idle-pc value
100-C3600 'SW1' started
=> idlepc get SW1
Please wait while gathering statistics...
   1: 0x604f1484 [45]
   2: 0x604b99ec [29]
   3: 0x604eaf94 [42]
   4: 0x604eafc4 [22]
   5: 0x604eb174 [36]
   6: 0x604eb190 [38]
   7: 0x604eb200 [71]
   8: 0x60423b48 [50]
   9: 0x604ebc1c [32]
  10: 0x604ebc58 [29]
Potentially better idlepc values marked with "*"
Enter the number of the idlepc value to apply [1-10] or ENTER for no change: 1
Applied idlepc value 0x604f1484 to SW1

=> idlepc save SW1 db
idlepc value for image "unzip-c3640-js-mz.124-10.bin" written to the database
=> _
```

图 5-9　启动 SW1 并获取 idlepc 值

图 5-10 说明不需要再设置 SW1 的 idlepc 值，原因是之前已经分配好了 idlepc 值。

```
=> idlepc get SW1
SW1 already has an idlepc value applied.
=> _
```

图 5-10　SW1 已设置 idlepc 值的情况

输入 list 命令查看设备是否已经启动，如图 5-11 所示。

```
=> list
Name        Type        State       Server          Console
SW1         3640        running     localhost:7200  3003
SW2         3640        stopped     localhost:7200  3004
PC1         c2600       running     localhost:7200  3006
PC2         c2600       running     localhost:7200  3007
PC3         c2600       stopped     localhost:7200  3008
```

图 5-11　启动设备后，list 命令显示结果

3. 配置 PC1

(1) 进入 PC1 配置界面：telnet PC1。
(2) 配置过程如下所示：
① 进入特权模式：en；
② 进入全局配置模式：conf terminal；
③ 进入端口配置：interface f0/0；
④ 设置 IP 地址：IP address 192.168.1.1 255.255.255.0；
⑤ 启动 PC1 端口 F0/0：no shutdown，如图 5-12 所示。

```
Router(config-if)#no shutdown
Router(config-if)#
00:20:07: %LINK-3-UPDOWN: Interface FastEthernet0/0, changed state to up
00:20:08: %LINEPROTO-5-UPDOWN: Line protocol on Interface FastEthernet0/0, chang
ed state to up
```

图 5-12 启动端口 f0/0

(3) 查看配置是否正确。
方法一：在 Router＃下用 Show running-config 命令查看配置是否正确。
方法二：在 Router＃下 Ping 192.168.1.1，如果 ping 通，说明配置成功。

4. 配置 PC2

(1) 进入 PC2 配置界面：telnet PC2。
(2) 配置过程如下：
① 进入特权模式：en；
② 进入全局配置模式：conf terminal；
③ 进入端口配置：interface f0/0；
④ 设置 IP 地址：IP address 192.168.1.2 255.255.255.0；
⑤ 启动 PC2 端口 F0/0：no shutdown。

5. PC1 和 PC2 相互 ping

在配置完 PC1 和 PC2 以后，并且还没有配置 SW1 时，PC1 和 PC2 互 ping 操作。
(1) 互 ping 操作结果
在这种情况下，发现 PC1 与 PC2 不能相互 ping 通，如图 5-13 所示。

```
Router#ping 192.168.1.2

Type escape sequence to abort.
Sending 5, 100-byte ICMP Echos to 192.168.1.2, timeout is 2 seconds:
.....
Success rate is 0 percent (0/5)
Router#
```

图 5-13 PC1 ping PC2 结果

(2) 互 ping 操作结果分析
在还没有配置 SW1 时，PC1 与 PC2 不能相互 ping 通，说明本次实验使用的交换机不是二层交换机，因为二层交换机只需要两台主机直接与交换机端口相连接就可以直接相互

ping 通了，因此本次试验使用的交换机应当是三层交换机。

二层交换机只有一个默认 VLAN，也就是 VLAN1，该 VLAN 是在默认情况下负责管理二层交换机各个交换端口（默认的情况下，所有的端口都属于 VLAN1）。

6. 配置 SW1

（1）进入 SW1 配置界面：在控制台输入"telnet SW1"命令。

（2）配置过程如下：

① 配置 SW1 端口 F1/11 的 IP 地址为 192.168.1.5。

◆ 进入特权模式：en

◆ 进入全局配置模式：conf terminal

◆ 进入端口配置：interface f1/11

◆ no switchport

◆ 设置 IP 地址：IP address 192.168.1.5 255.255.255.0

◆ switchport

◆ 启动 SW1 端口 F1/11：no shutdown

◆ exit

◆ 在全局配置模式下，输入"no cdp run"

② 配置 SW1 端口 F1/12 的 IP 地址为 192.168.1.6，方法同端口 F1/11 配置过程。

（3）配置说明和分析。

使用 no switchport 命令的目的是为了配置交换机端口的 IP 地址，因为交换机每个端口的初始状态都是开启着交换功能的状态，在这种状态下是不能配置端口 IP 地址的。尽管端口电源开关处于 shutdown 状态，如果不使用该命令停止交换功能，是不能设置端口 IP 地址的。

使用完该命令后还需要进行反向操作，使用 switchport 或者 switch 命令将交换能启动，并且使用 no shutdown 命令将端口的电源打开，才能真正地起到交换机的作用，与此同时还需要使用 no cdp run 命令，防止各个端口产生无用的广播包，产生广播风暴，从而影响交换机的广播域。

7. PC1 与 PC2 相互 ping

（1）互 ping 操作结果

SW1 配置完后，PC1 与 PC2 相互 ping 操作，结果发现 PC1 与 PC2 能够相互 ping 通。

（2）互 ping 操作结果分析

由于三层交换机同时具有交换和路由的功能，三层交换机的每个端口都是一个网关。在还没有配置网关的情况下是 ping 不通的，只有把端口 IP 地址与两个主机 IP 地址设置在相同网段上，两个主机才能够相互 ping 通。

8. VLAN 配置

这里需要注意的是三层交换机存在划分 VLAN 的功能，而二层交换机不能进行 VLAN 的划分，三层的交换机的每个端口的 IP 地址是负责管理其他交换机，并且与路由器进行通信的,而二层交换机不能进行划分功能,只有一个 VLAN——VLAN1,该 VLAN 是用来负责对各个端口进行管理的,也可以对其进行 IP 地址的分配。

(1) SW1 划分 VLAN2 和 VLAN3

① 进入 SW1 配置界面:在控制台输入“telnet SW1”命令。

② 创建 VLAN2,如图 5-14 所示。

```
Router#vlan database
Router(vlan)#vlan 2
VLAN 2 modified:
```

图 5-14　创建 VLAN2

③ 创建 VLAN3,如图 5-15 所示。

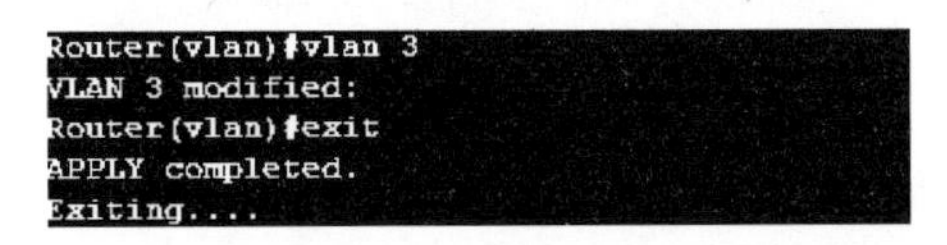

```
Router(vlan)#vlan 3
VLAN 3 modified:
Router(vlan)#exit
APPLY completed.
Exiting....
```

图 5-15　创建 VLAN3

④ 激活 VLAN2,如图 5-16 所示。

```
Router#conf
Configuring from terminal, memory, or network [terminal]?
Enter configuration commands, one per line.  End with CNTL/Z.
Router(config)#int vlan 2
Router(config-if)#exit
```

图 5-16　激活 VLAN2

⑤ 激活 VLAN3,如图 5-17 所示。

```
Router(config)#int vlan 3
Router(config-if)#exit
```

图 5-17　激活 VLAN3

⑥ 进入接口 f1/11,设置 F1/11 到 VLAN2,如图 5-18 所示。

```
Router(config)#int f1/11
Router(config-if)#switchport access vlan 2
```

图 5-18　设置 F1/11 到 VLAN2

⑦ 进入接口 f1/12,设置 F1/12 到 VLAN3,如图 5-19 所示。

```
Router(config-if)#int f1/12
Router(config-if)#switchport access vlan 3
```

图 5-19　设置 F1/12 到 VLAN3

⑧ 查看配置是否成功

配置完成后,使用 Show running-config 命令查看配置是否成功,如图 5-20 所示。

```
interface FastEthernet1/11
 switchport access vlan 2
!
interface FastEthernet1/12
 switchport access vlan 3
```

图 5-20　查看配置情况

(2) 设置 VLAN2 和 VLAN3 后的互 ping

① 互 ping 结果：PC1 与 PC2 相互没有 ping 通，如图 5-21 所示。

```
Router#ping 192.168.1.2

Type escape sequence to abort.
Sending 5, 100-byte ICMP Echos to 192.168.1.2, timeout is 2 seconds:
.....
Success rate is 0 percent (0/5)
Router#ping 192.168.1.2

Type escape sequence to abort.
Sending 5, 100-byte ICMP Echos to 192.168.1.2, timeout is 2 seconds:
.....
Success rate is 0 percent (0/5)
Router#ping 192.168.1.2
```

图 5-21　PC1 ping PC2 结果

② 分析

PC1 ping PC2 没有通说明 VLAN2G 与 VLAN3 的设置是成功的，说明当配置完 VLAN2 和 VLAN3 以后，相比未划分 VLAN 之前，用主机 PC1 去 ping 主机 PC2 是不能 ping 通的，PC2 去 ping 主机 PC1 也是不能 ping 通的。

(3) 都设置成 VLAN2 的互 ping

① 重新配置 SW1 的 f1/12 端口，如图 5-22 所示。

```
Router(config-if)#switchport access vlan 2
Router(config-if)#
*Mar  1 00:56:32.343: %LINEPROTO-5-UPDOWN: Line protocol on Interface Vlan3, cha
nged state to down
Router(config-if)#no shutdown
Router(config-if)#exit
```

图 5-22　把 F1/12 改到 VLAN2

② 输入“Show running-config”命令查看配置是否成功，如图 5-23 所示。

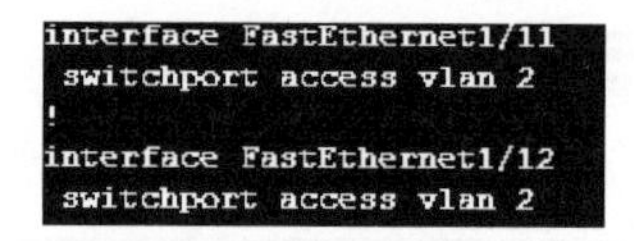

```
interface FastEthernet1/11
 switchport access vlan 2
!
interface FastEthernet1/12
 switchport access vlan 2
```

图 5-23　查看配置情况

③ 互 ping 结果：PC1 与 PC2 相互能够 ping 通，如图 5-24 所示。

```
Type escape sequence to abort.
Sending 5, 100-byte ICMP Echos to 192.168.1.2, timeout is 2 seconds:
!!!!!
Success rate is 100 percent (5/5), round-trip min/avg/max = 28/56/68 ms
Router#ping 192.168.1.2

Type escape sequence to abort.
Sending 5, 100-byte ICMP Echos to 192.168.1.2, timeout is 2 seconds:
!!!!!
Success rate is 100 percent (5/5), round-trip min/avg/max = 16/51/68 ms
Router#
```

图 5-24　PC1 ping PC2 结果

④ 分析。

当把 F1/12 的 VLAN3 改成 VLAN2 之后，PC2 可以 ping 通 PC1，明显看出了划分 VLAN 的作用。

本章小结

本章介绍了模拟路由器与交换机工作的模拟器 Dynamips，内容包括 Dynamips 的使用方法、利用 Dynamips 的路由器模拟实验以及交换机模拟实验。通过模拟软件的使用，能够加深对路由器与交换机工作原理的理解，也能加深对网络拓扑结构的理解。

在教学上，本章的教学目的是让学生掌握如何使用 Dynamips 模拟器来模拟路由器与交换机。本章的重点与难点是通过两个模拟实验来学习 Dynamips 模拟器的启动方法和配置方法。

习　题

1. Dynamips 工作原理是什么？
2. 启动设备的命令是什么？
3. 查看设备名称、型号、当前状态、服务端口等信息的控制台命令是哪一个？
4. no shutdown 命令的作用是什么？
5. 每个设备的 idlepc 值的含义是什么？

第6章 局域网技术

6.1 局域网标准

6.1.1 IEEE 802局域网标准概述

IEEE(Institute of Electrical and Electronics Engineers,电气和电子工程师协会)协会的总部设在美国,主要开发数据通信标准及其他标准。IEEE的标准草案制定完成后,会将草案送交美国国家标准协会(American National Standards Institute,ANSI)批准和在美国国内标准化,IEEE还会把草案送交国际标准化组织(International Standards Organization,ISO),因此,许多IEEE标准也是ISO标准。

IEEE有许多标准委员会,其中的IEEE 802委员会负责起草局域网草案,IEEE 802委员会成立于1980年初,专门从事局域网标准的制定工作,ISO把IEEE 802规范称为ISO 802标准,比如,IEEE 802.3标准就是ISO 802.3标准。

IEEE 802委员会分成三个分会。

(1) 传输介质分会:研究局域网物理层协议。

(2) 信号访问控制分会:研究数据链路层协议。

(3) 高层接口分会:研究从网络层到应用层的有关协议。

IEEE 802规范定义了网卡访问传输介质(如光缆、双绞线、无线等)的方法,以及在传输介质上传输数据的方法,它还定义了在网络设备之间建立、维护和拆除连接的流程。网卡、交换机、路由器以及其他一些局域网设备都要遵循IEEE 802规范。IEEE 802规范中包括采用CSMA/CD技术的以太网标准IEEE 802.3、采用令牌总线技术的IEEE 802.4和采用令牌环的IEEE 802.5等。

IEEE 802是一个局域网系列标准,包括如下内容。

- IEEE 802.1A:局域网体系结构。
- IEEE 802.1B:寻址、网络互连与网络管理。
- IEEE 802.2:逻辑链路控制(Logical Link Control,LLC)。
- IEEE 802.3:CSMA/CD访问控制方法与物理层规范。
- IEEE 802.3i:10Base-T访问控制方法与物理层规范。
- IEEE 802.3u:100Base-T访问控制方法与物理层规范。
- IEEE 802.3ab:1000Base-T访问控制方法与物理层规范。

- IEEE 802.3z：1000Base-SX 和 1000Base-LX 访问控制方法与物理层规范。
- IEEE 802.4：Token Bus 访问控制方法与物理层规范。
- IEEE 802.5：Token Ring 访问控制方法。
- IEEE 802.6：城域网访问控制方法与物理层规范。
- IEEE 802.7：宽带局域网访问控制方法与物理层规范。
- IEEE 802.8：FDDI 访问控制方法与物理层规范。
- IEEE 802.9：综合数据话音网络。
- IEEE 802.10：网络安全与保密。
- IEEE 802.11：无线局域网访问控制方法与物理层规范。
- IEEE 802.12：100VG-AnyLAN 访问控制方法与物理层规范。
- IEEE 802.14：协调混合光纤同轴(Hybrid Fiber Coaxial,HFC)网络的前端和用户节点间数据通信的协议。
- IEEE 802.15：无线个人网技术标准,其代表技术是蓝牙(Bluetooth)。
- IEEE 802.16：宽带无线城域网标准,即 WiMAX。

6.1.2 IEEE 802 局域网模型

IEEE 802 标准对应于 OSI 七层参考模型的最下两层：物理层和数据链路层。为了使数据链路层能更好地适应多种局域网标准,IEEE 802 委员会将局域网的数据链路层拆成两个子层,也就是数据链路层又划分为逻辑链路控制子层(Logical Link Control,LLC)和介质访问控制子层(Media Access Control,MAC)。

(1) 物理层

物理层包括物理介质、物理介质连接设备、连接单元接口(Attachment Unit Interface,AUI)和物理收发信号格式。物理层的主要功能包括提供编码、解码、时钟提取与同步、发送、接收和载波检测等。物理层为它的上一层数据链路层提供服务。

(2) 数据链路层

数据链路层包括逻辑链路控制(LLC)子层和介质访问控制(MAC)子层。其中,LLC 子层的主要功能是控制对传输介质的访问,常用的 LLC 协议包括 CSMA/CD、Token Bus、Token Ring 和 FDDI(Fiber Distributed Data Interface,光纤分布式数据接口)；而 MAC 子层的主要功能是提供连接服务类型,其中面向连接的服务可以提供可靠的通信。

与传输媒体有关的内容都放在 MAC 子层,而与传输媒体无关的内容则放在 LLC 子层,这样,不管采用何种协议的局域网,对于 LLC 子层来说都是透明的。

6.2 以 太 网

6.2.1 以太网概述

以太网是一种技术最成熟、应用最广泛的局域网技术。平常用到的局域网一般都是以太网(Ethernet),局域网中使用的网卡都是以太网卡,各种集线器、交换机、路由器也都配置了以太网接口。以太网具有性价比高、相对简单、易于实现、高度灵活等特点，因此以太网技术成为当今最重要的一种局域网技术。在全球的网络中，以太网在数量上占有绝对性优势。

以太网(Ethernet)技术是于20世纪70年代由Xerox公司创建，并由在1979年成立的DIX联盟，即数字设备公司DEC，Intel和Xerox，提出并联合开发的一种基带局域网技术。该联盟于1980年出版了第一个以太网蓝皮书，后提交给当时新成立的IEEE 802委员会，该委员会于当年基于该以太网技术制定了IEEE 802.3规范。

从以太网技术的发展过程来看，可将以太网技术的发展分成如下五个阶段。

(1) 1973—1982年：以太网的产生及DIX联盟。

(2) 1982—1990年：10Mbps以太网技术发展成熟。

(3) 1993—1997年：LAN桥接与交换技术。

(4) 1992—1997年：快速以太网技术。

(5) 1996至今：千兆以太网以及万兆以太网技术。

以太网是在ALOHA网络(它是20世纪70年代初研制成功一种使用无线广播技术的分组交换计算机网络)的基础上发明的，一开始采用同轴电缆作为网络传输媒质，并使用载波监听多路访问和冲突检测算法作为媒体访问控制技术，并以10Mbps的速率运行在多种类型的电缆上。随着迅速增长的带宽需求和低成本芯片的出现，20世纪90年代，以太网由最初的共享式拓扑结构转换为交换型网络拓扑结构，并先后推出了100Mbps的快速以太网、1000Mbps的千兆位以太网和10Gbps(IEEE 802.3ae)的万兆位以太网技术。随着千兆以大网的成熟和万兆以太网的出现，加上在光纤上直接架构GbE和l0GbE的低成本技术的成熟(Optical Ethernet)以及一些相关标准及协议，比如，快速生成树(IEEE 802.lw)等的出现，以太网的带宽、数据传输速率、吞吐量和连接距离已经完全满足了MAN(Metropolitan Area Network，城域网)和WAN(Wide Area Network，广域网)的网络需求，以太网已开始进入城域网MAN和广域网WAN的领域。如果LAN、MAN和WAN统一都采用以太网技术的话，不但网络升级方便，而且避免了在不同网络之间传输数据而必须执行的协议转换，从而简化了网络，这样一来就可以实现各网之间的无缝连接。

6.2.2 以太网标准

IEEE 802.3标准定义了在同轴电缆、双绞线以及光纤等传输介质上的CDMA/CD工作原理，该标准还在同轴电缆、双绞线及光纤等传输介质上定义了联网方法。

按照IEEE 802.3协议规定的传输速率的不同，可将IEEE 802.3协议分为早期以太网标准、快速以太网标准、千兆位以太网标准和万兆位以太网标准。IEEE 802.3标准的命名组成内容概括了协议的主要特性，从标准名字的最左边算起，分别由数据传输速率、信号方式、最大传输距离或介质类型三部分组成。例如10Base-5和100Base-TX，这两个例子的最左面数字部分代表传输速率，其中，10代表10Mbps，100代表100Mbps，从左起的第二个部分Base指基带传输，第三个部分如果是数字，就表示最大的传输距离，例如数字5指最大传输距离为500m，如果第三个部分是字母，那么第三部分的第一个字母表示介质类型，例如字线T表示双绞线，字线F表示光纤，第三部分的第二个字母表示工作方式，比如X表示全双工方式。

1983年，IEEE发布了IEEE 802.3标准，这个就是10Mbps以太网标准，它包括以下四个子标准，分别是：

（1）10Base-2：传输速率为10Mbps的细缆网络，最大传输距离是185m；

（2）10Base-5：传输速率为10Mbps的粗缆网络，最大传输距离是500m；

（3）10Base-T：传输速率为10Mbps的双绞线网络，从主机到集线器的最大传输距离是100m，使用三类以上屏蔽或非屏蔽双绞线；

（4）10Base-F：传输速率为10Mbps的光缆网络主干，光端口间的最大传输距离是4km，使用一对多模光纤传输。

IEEE 802.3所提供的传输速率太低，无法满足网络用户传输多媒体等大数据流量的需求，因此，目前已经淘汰了基于IEEE 820.3标准的产品。

1995年，IEEE发布了IEEE 802.3u标准，该标准将以太网带宽扩大到100Mbps，相应的网络也被称为快速以太网。快速以太网包括以下三个子标准，分别是：

（1）100Base-TX：传输速率为100Mbps的双绞线网络，从主机到集线器的最大距离是100m，采用5类及以上屏蔽或非屏蔽双绞线，只使用其中的2对线（也就是1线与2线、3线与6线）进行数据传输；

（2）100Base-FX：传输速率为100Mbps的光缆网络主干，从主机到集线器或集线器之间的最大距离是2km，采用一对多模光纤进行数据传输；

（3）100Base-T4：传输速率为100Mbps的双绞线网络，从主机到集线器的最大距离是100m，采用三类及以上非屏蔽双绞线或电话线，使用4对线进行数据传输。

1996年，IEEE委员会成立了IEEE 802.3z千兆位以太网特别工作组，这里的z表示该工作组是IEEE 802.3的第26个特别工作组，该工作组主要负责千兆位以太网标准的制定。千兆位以太网标准的主要内容是10Base-T和100Base-T向下兼容技术以及在1000Mbps通信速率下的半双工和全双工操作、IEEE 802.3以太网帧格式、CSMA/CD技术等。千兆位以太网具有以太网的易管理、易移植的特性，是IEEE 802.3以太网标准的扩展。千兆位以太网标准包括以下两个子标准：

（1）IEEE 802.3z：定义了1000Base-LX、1000Base-SX、1000Base-LH、1000Base-ZX和1000Base-CX；

（2）IEEE 802.3ab：定义了1000Base-T。

这两种标准分别用于在光纤和非屏蔽双绞线上传输千兆位信号，下面介绍1000Base-T。

1000Base-T为以太网和快速以太网向高速网络的移植提供了一种廉价的、简单的方案，1000Base-T的传输距离是100m，既可以应用于高速工作站和服务器的网络接入场景，又可以作为建筑物内的千兆位骨干连接。1000Base-T用到双绞线的全部4对线，每对线的传输速率是250Mbps，并且工作在全双工模式。1000Base-T具有以下两个特点。

（1）1000Base-T具有良好的兼容性。1000Base-T完全兼容前面的以太网和快速以太网，并且实现了10/100/1000Mbps的自适应连接，使得现有的以100Mbps为基础的网络可以平滑过渡到高速网络。

（2）1000Base-T具有更高的性价比。当传输距离小于100m时，1000Base-T显然比1000Base-SX更具有价格优势，也就是1000Base-T不需要敷设昂贵的光纤，也不需要购置昂贵的光纤模块。

2002年,IEEE正式通过了万兆位以太网标准IEEE 802.3ae。万兆位以太网(10GbE,10Gigabit Ethernet)就是10Gbps以太网。IEEE 802.3ae主要包括以下内容:

(1) 仅支持全双工方式;

(2) 不用CSMA/CD机制;

(3) 支持IEEE 802.3ad链路汇聚层协议;

(4) 在MAC/PLS服务接口上实现10Gbps速率;

(5) 兼容了IEEE 802.3标准中所定义的最小和最大以太网帧长度;

(6) 定义了将MAC/PLS的数据传输速率对应到广域网PHY数据传输速率的适配机制;

(7) 定义了支持特定物理介质相关子层的物理层规范,包括多模光纤和单模光纤以及相应的传送距离。

IEEE 802.3ae标准包括了10GBase-X、10GBase-R和10GBase-W三个子标准,分别是:

(1) 10GBase-X包含一个波分复用器件、四个接收器和四个在1300nm波长附近以大约25nm为间隔工作的激光器,每一对发送器/接收器在3.125Gbps速度(数据流速度为2.5Gbps)下工作,并且以8B/10B作为编码方案;

(2) 10GBase-R是一种使用64B/66B编码的串行接口,数据流为10.000Gbps,产生的时钟速率为10.3Gbps;

(3) 10GBase-W是广域网接口,它的时钟是9.953Gbps,数据流是9.585Gbps,采用了64B/66B编码方案。

6.2.3 媒体访问控制技术

IEEE的局域网标准对OSI七层模型中的第一层物理层以及第二层数据链路层进行了规定。简单来讲,就是对物理层的不同类型的媒介以及不同传输速率所对应的编码和解码等内容进行了规范,对数据链路层规范了对MAC地址的控制以及对物理层的不同类型传输媒介的匹配。

按照IEEE 802系列标准的约定,数据链路层分为两个子层。

(1) LLC(Logical Link Control,逻辑链路控制)子层:该子层直接与网络层通信,同一层的LLC子层可以对应多个不同的以太网传输介质。

(2) MAC(Media Access Control,媒介访问控制)子层:该子层对应于不同的以太网传输介质,不同的以太网传输介质,MAC子层也不同。

IEEE 802.3标准规定了CSMA/CD访问控制方法,CSMA/CD应用在OSI七层模型的第二层数据链路层,其主要目的是提供第二层寻址和媒介访问控制方式,使得网络中的不同设备可以在不相互冲突的情况下相互通信。在以太网中,数据是被封装成帧在不同类型的媒介中进行传输的。

对于采用总线型拓扑结构的局域网而言,总线结构的以太网如图6-1所示,该类型局域网是广播型网络,信道是网络的共享信道。网络中某一台网络设备发送数据的话,其他的网络设备都能收到。就如同在公共场所一个人大声讲话,在场的所有人都能听见一样。由于广播型网络是一种基于竞争机制的网络环境,网络中的数据信道属于公共的稀缺资源,网络允许任何一台网络设备在网络空闲时发送信息。由于没有任何集中式的管理措施,就有可能出现多台网络设备同时检测到网络处于空闲状态,进而同时向网络发送数据的情况。这时,同时出现在公共信道上的信息会因相互干扰、碰撞而损坏。因此,广播型网络需要解决的重要技术问题就包括传输信道的竞争使用问题、数据碰撞检测问题以及冲突处理问题。网络中的每一台网络设备都可以使用公共信道,但是为了避免干扰,在同一时刻信道只能由一台网络设备来发送数据。当有很多节点同时申请信道的使用时,就必须采用 CSMA/CD 技术来解决公共信道的占用冲突问题。

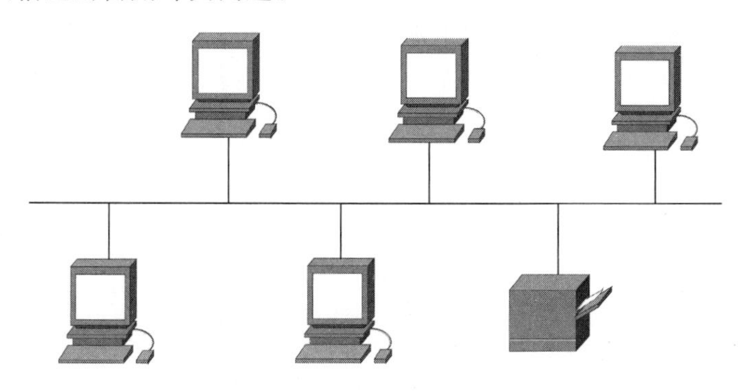

图 6-1　总线结构的以太网

CSMA/CD 是一种争用型的媒介访问控制协议。它起源于美国夏威夷大学开发的 ALOHA 网所采用的争用型协议,在对其进行了改进之后,CSMA/CD 具有了比 ALOHA 协议更高的媒介利用率。

它的基本工作原理是在发送方发送数据之前,首先侦听一下传输信道是否空闲,如果空闲,那么就发送数据,并且在发送数据的同时,一边发送一边继续侦听信道状态;如果侦听到发生了冲突,那么就立即停止发送数据,并等待一段随机时间,之后再次尝试。过程总结如下:先听后发,边发边听,冲突停发,随即延迟后重发。

CSMA/CD 控制规程的核心问题是解决在公共信道上以广播方式传送数据过程中出现的数据碰撞问题,控制过程包含侦听、发送、检测、冲突处理等四个处理内容,下面介绍 CSMA/CD 的控制规程。

(1) 发送前侦听

在发送方准备发送数据之前,需要首先通过专门的检测机构,来侦听一下公共信道上是否有数据正在传送,也就是线路的忙闲状态,并根据忙闲状态分别进行处理。

如果是"忙"状态,发送方就进行下面所描述的"退避"处理,并且再次进行侦听工作。

如果是"闲"状态,发送方就按照一定算法来决定如何发送数据。

(2) 数据发送

当确定要发送的数据以后,发送方就可以通过发送机构,向公共信道发送数据。

(3) 发送时检测冲突

有可能有多个发送方在发现线路空闲时同时开始发送数据,这样也会发生数据碰撞,因此发送方要在发送数据的同时,检测线路的状态,以判断是否发生了冲突。

(4) 冲突处理

当确认发生冲突后,就进行冲突处理,存在以下两种冲突情况。

① 侦听中发现线路忙：如果在侦听中发现线路忙，就需要等待一个延时以后，发送方再次侦听线路状态；如果仍然处于忙状态，就继续延迟等待，一直到线路空闲可以发送为止。每次延时的时间值都不相同，具体延时数值由退避算法来确定。

② 发送过程中发现数据碰撞：如果在发送过程中发现数据碰撞的情况（通过检测到冲突信号的方式来发现线路上出现了数据碰撞的情况，因为这时线路上的电压超出了标准电压），就首先发送阻塞信息，强化冲突，并停止继续发送数据，也就是放弃当前的发送任务；然后，再次侦听，等待下次重新发送（方法同①）。也就是说在 CSMA/CD 方式下，在一个时间段，只有一个发送方能够在公共信道上发送数据。

CSMA/CD 控制方式的优点如下：

（1）原理比较简单；

（2）技术上容易实现；

（3）网络中各个网络设备处于平等地位；

（4）不需要集中控制。

CSMA/CD 控制方式也存在一些缺点：

（1）不提供优先级控制；

（2）在网络负载增大时，冲突出现的概率增大，导致发送时间增长，发送效率急剧下降。

总线结构的以太网如图 6-1 所示，总线型以太网上所有网络设备都共享一条公共信道，该公共信道具有单点失效性。一旦总线上的任何一台网络设备出现故障，那么整个网络就无法工作。解决该问题的一个办法是使用集线器（HUB），图 6-2 展示了使用 HUB 的以太网。这样，网络的拓扑结构就由总线型变成星型，网络中网络设备的故障被隔离，不会相互影响，只要集线器不出现故障，网络就可以正常工作。

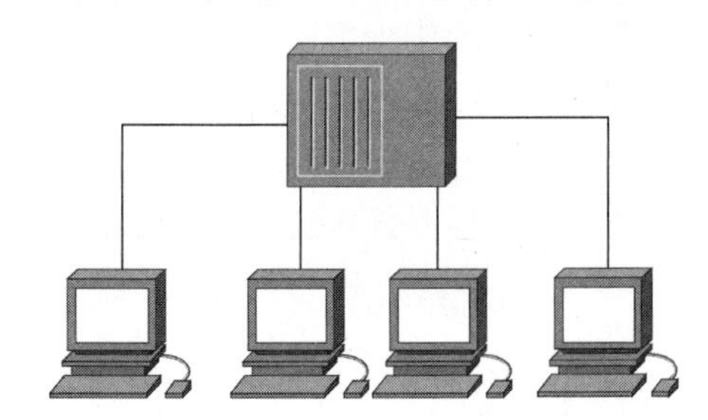

图 6-2 使用 HUB 的以太网

但是，该类型的网络依然采用 CSMA/CD 的方式进行媒介访问控制，只是公共资源不是连接每台网络设备的线路，而是集线器内的电路。也就是说，数据发送的碰撞不是发生在线路上，而是发生在集线器的电路中。从而形成形式上是星型，而实际上是总线型的拓扑结构。这种拓扑结构虽然解决了总线的单点失效问题，但是集线器又成为新的单点失效点，并且网络的吞吐量也没有增加。

网络中公共信道上产生的数据发送冲突会降低以太网的带宽和吞吐量，而且，随着网络中的网络设备数量越来越多，发生冲突的次数也将越来越多。为了提高网络带宽和吞吐量，必须限制公共信道上的网络设备数量，可以采用物理分段的方法将网络分成多个网段，每个网段具有一个公共信道，而不同网段之间不共享信道。

将网络进行物理分段的网络设备应用到了交换机，也可以说，通过交换机将多个网段连接了起来。如果某个网段中的网络设备发送的数据只发往本地的物理网段，那么交换机上就没有数据通过，该数据就不会发往其他网段。只有当某网段发送的数据的目的地是其他网段时，该数据才通过交换机发向目的网段。这样，交换机隔离了不同网段内的数据通信，也就隔离了不同网段的广播信息，有效地减少了网络上的冲突。

交换式以太网的出现，以太网的吞吐量才出现了突飞猛进的发展。这方面内容详见第3章“交换机基础”。

交换机是根据所发送数据中的目标MAC地址做出是否在网段间转发数据的决定的，它们是二层设备，下面介绍MAC地址。

6.2.4 MAC地址

网络中的每一台网络设备都有一个全球唯一的物理地址(Physical Address)，也称为硬件地址或MAC地址。OSI七层模型中的第二层数据链路层的MAC子层决定了网络设备的硬件地址，这个地址和该设备所在的网络无关。也就是说，无论将该设备放到哪一个网络之中或放到网络的任何一个地方，该设备都具有不变的、相同的MAC地址。其原因就在于每一台网络设备的MAC地址是全球唯一的，该地址不随所在网络的改变而改变。网络设备生产商在生产设备时需要保证所生产的设备的物理地址与其他设备不存在冲突，一个物理地址只能出现在一个设备中，否则，通信时就无法区分各个设备了。一般而言，MAC地址存在于网卡或网络接口硬件当中。

在某些情况下，用户可以通过开关或软件来设置设备的物理地址，但在一般情况下，由于生产商在制造时，已经将一个唯一的编号编码到设备的网络接口卡的可编程只读存储器(Programmable Read-Only Memory，PROM)中。因此，用户是无法修改设备的物理地址的。

MAC地址的长度依赖于网络系统，比如，以太网就使用48位的MAC地址。以太网MAC地址通常表示为12个十六进制数，每两个十六进制数之间用分隔符隔开，比如，00-6A-3B-28-DB-8B就是一个48位的以太网MAC地址。

48位的以太网MAC地址组成结构如下：

(1) 前24位代表网络硬件制造商的编号(Organization Unique Identifier，OUI)，由IEEE分配，实际上24位OUI中的前2位是控制位，因此只有22位标识网络硬件制造商；

(2) 后24位由硬件制造商定义，代表该制造商所制造的网络产品编号。

以太网MAC地址可以分为单播地址、多播地址和广播地址。

(1) 单播地址：第一个字节最低位为0，比如，00-6A-3B-28-DB-8B。

(2) 组播地址：第一个字节最低位为1，表示该帧可以被局域网上一组节点同时接收，当目的地址是组播地址时，称为组播(Multicast)，比如，01-6A-3B-28-DB-06。

(3) 广播地址：48位全为1，表示该帧可以被局域网上所有节点同时接收，当目的地址是广播地址时，称为广播(Broadcast)，比如，FF-FF-FF-FF-FF-FF。

一般而言，网络设备网卡或者路由器接口的MAC地址一定是单播地址，原因就在于只有单播MAC地址才能保证与其他设备的互通。

MAC地址是以太网设备在网络中通信的基础，也是第二层数据链路层功能实现的立足点。以太网中的设备通信需要通过硬件地址才能进行，通信双方发送的是第二层数据链路层的数据帧，在每一个数据帧中，需要包含发送方的MAC地址和接收方的MAC地址。下面将介绍数据帧结构。

6.2.5 数据帧结构

数据帧封装如图 6-3 所示，第三层网络层的 IP 分组封装了 TCP 报文，并在 IP 分组首部添加了发送方与接收方的 IP 地址，第二层数据链路层的数据帧又封装了 IP 分组，并在帧首部添加了发送方与接收方的 MAC 地址，也就是双方的硬件地址。这两种地址分别在不同层次工作，IP 地址用于网络间通信寻址，而 MAC 地址用于同一局域网内的通信寻址。

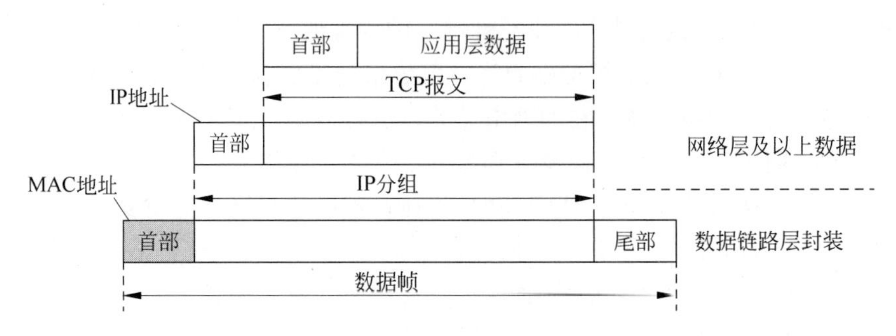

图 6-3 数据帧封装

第二层数据链路层分为逻辑链路控制 LLC 和媒介访问控制 MAC 两个子层，其中，MAC 子层通常又分为数据帧的封装/解封和媒体访问控制两个功能。在以太网中，媒体访问控制子层是以太网运行的核心，它决定了以太网的主要网络性能。MAC 层的数据帧结构如表 6-1 所示。

表 6-1 数据帧结构

前导码	帧首定界符(SFD)	目的地址(DA)	源地址(SA)	长度(L)	逻辑链接层协议数据单元(LLC PDU)	帧检验序列(FCS)
7	1	6	6	2	46-1500	4

(1) 前导码：前导码由 7 字节的二进制 1、0 间隔的代码组成，也就是 1010…10，总共 56 位。当在媒介上传输数据帧时，在使用曼彻斯特编码的情况下，由于这种 1、0 间隔的传输波形是一个周期性方波，这样，接收方就能够根据每个数据帧首部的前导码来建立同步。

(2) 帧首定界符(SFD)：帧首定界符是长度为 1 字节的 10101011 二进制序列，它表示一个数据帧的开始，这样接收方就可以方便地定位帧的后续部分。

(3) 目的地址(DA)：目的地址是数据帧要发往的目的地的物理地址(MAC 地址)，可以是单播地址、组播地址或广播地址，占 6 字节。

(4) 源地址(SA)：源地址是发送数据帧的设备的物理地址(MAC 地址)，与 DA 一样占 6 字节。

(5) 长度(L)：共占 2 字节，是 LLC PDU 所占的字节数。

(6) 逻辑链路层协议数据单元(LLC PDU)：长度范围在 46 字节至 1500 字节。规定 LLC PDU 最小长度的目的是要保证冲突检测正常工作，如果 LLC PDU 小于 46 字节，那么发送站的 MAC 子层会自动填充 0 补齐 46 字节。

(7) 帧检验序列(FCS)：帧检验序列位于数据帧尾，共占 4 字节，是 32 位冗余检验码(CRC)，用于检验除前导码、SFD 和 FCS 以外的内容，也就是从 DA 开始至 LLC PDU 结束的 CRC 检验结果都要反映在 FCS 中。

6.2.6 以太网技术的局限性

基于 CSMA/CD 方式的以太网的通信机制采用的是发送数据遵循停止/等待的原则，使得数据的传输时间有可能被任意推迟，因此即使以太网技术拥有很高的传输速率，也无法保证实现数据的实时传输。

6.3 无线局域网

6.3.1 无线局域网概述

无线局域网(Wireless LAN，WLAN)是无线通信技术与计算机网络技术相结合的产物，它是在有线局域网的基础上发展起来的。相对于传统意义上的有线局域网而言，WLAN 不采用传统缆线，而是利用空气中的电磁波发送和接收数据，来实现传统有线局域网的功能。也就是 WLAN 采用无线传输介质来实现主机或通信设备互联，网络中的无线设备是通过无线信道来实现资源共享和信息交换的目的。无线局域网的地理覆盖范围通常涵盖数十米到数百米之间，可以应用在咖啡厅、图书馆、商务中心、机场候车厅等地方。

从广义上讲，凡是在一个区域范围内通过无线介质连接设备所构成的网络，都可以被称为无线局域网。从狭义上讲，无线局域网 IEEE 802.11 系列标准是影响范围最广、使用者最多的无线局域网标准，因此，无线局域网一般指的是遵循 IEEE 802.11 系列标准的网络。

由于无线传输介质具有有线介质所没有的物理特性，无线网络的适用范围比有线网络更广泛，它不但能够替代传统的物理布线，而且在传统布线无法实施的环境中，都能够十分方便地组建无线网络，从而为通信的移动化和个性化提供了良好的支撑。

为了任何人在任何时间、任何地点都能实现数据通信的目的，要求计算机网络由传统的有线网络向无线网络发展，终端由固定式向功能强大的便携式或移动式发展，业务由单一业务向多媒体发展，这些都推动了 WLAN 标准和技术的向前发展。近年来，随着无线局域网标准和技术不断向前发展，无线局域网产品在逐渐趋于成熟，无线局域网也得到了业界以及公众的极大关注，无线局域网的应用范围也越来越广。

6.3.2 IEEE 802.11 系列协议

IEEE 802.11 系列协议是由 IEEE 制定的目前居于主导地位的无线局域网标准协议。1990 年，IEEE 成立了 IEEE 802.11 委员会，启动了 802.11 项目，正式开始了无线局域网的标准化工作，开始制定无线局域网标准。1997 年 IEEE 802.11 标准制定完成，它是无线局域网领域第一个在国际上被认可的协议，因此成为无线局域网技术发展的一个里程碑。1999 年，IEEE 802.11 工作组又批准了 IEEE 802.11 的两个分支，即 IEEE 802.11a 和 IEEE 802.11b。历经十几年的发展，IEEE 802.11 家族已经从最初的 IEEE 802.11 发展到了 IEEE 802.11a、IEE 802.11b，……随着 IEEE 802.11 系列协议标准的发展，无线局域网快速地发展起来。无线局域网在技术上已经日渐成熟,应用范围也日趋广泛。目前,无线局域网已经从小范围应用进入主流应用。

IEEE 802.11 是第一代无线局域网标准,也是 IEEE 发布的第一个无线局域网标准,是其他 IEEE 802.11 系列标准的基础。IEEE 802.11 主要用来解决办公、校园等环境中的用户终端无线接入问题,它的业务主要限于数据存取,速率最高只能达到 2Mbps,工作在 2.4GHz 频段。IEEE 802.11 规范了无线局域网的媒体访问控制层(Medium Access Control Layer,MAC)及物理层(Physical Layer,PHY)。由于属于物理层范围的无线传输技术有多种不同类型,IEEE 802.11 在统一的 MAC 层下面规范了多种不同的实体层,来适应当前的物理层技术以及未来出现的无线传输技术。IEEE 802.11 标准规定了三种物理层传输介质工作方式,其中跳频序列扩频传输技术和直接序列扩频传输技术两种物理层传输介质工作方式采用扩频传输技术进行数据传输,第三种物理层传输介质工作方式利用红外线光波来传输数据流。IEEE 802.11 标准使得各种不同厂商的无线产品得以互联,同时还使得无线设备制造商生产的网络设备能够互相通信。

由于 IEEE 802.11 在速率以及传输距离上都不能满足人们的需求,IEEE 在 1999 年又批准 802.l1b 和 802.1la 两个新标准。

IEEE 802.11a 标准采用了与 IEEE 802.11 标准相同的核心协议,它扩充了 802.11 标准的物理层,规定物理层工作在 5GHz 频段,支持的物理层传输速率范围为 6～54Mbps,也就是 IEEE 802.11a 物理层的最高速率可以达到 54Mbps。这样的速率既能满足室内的应用,也能满足室外的应用,传输层可达 25Mbps,采用多载波调制技术之一的正交频分复用技术(Orthogonal Frequency Division Multiplexing,OFDM)来调制数据。OFDM 技术将无线信道分成以低的数据速率并行传输的分频率,然后再将这些频率一起放回到接收端,可提供 25Mbps 的无线 ATM(Asynchronous Transfer Mode,异步传输模式)接口和 10Mbps 的以太网无线帧结构接口,以及 TDD(Time Division Duplexing,时分复用)/TDMA(Time Division Multiple Access,时分多址)的空中接口。IEEE 802.11a 拥有 12 条不相互重叠的频道,8 条用于室内,4 条用于点对点传输。其优势是可以在很大程度上提高传输速度,改进信号质量以及克服干扰。一个扇区可接入多个用户,每个用户可带多个用户终端,支持语音、数据、图像业务。

1999 年正式通过的 IEEE 802.11b 标准是 IEEE 802.11 标准的扩展,IEEE 802.11b 也被称为 Wi-Fi 技术,它采用补码键控(Complementary Code Keying,CCK)调制方式,能够有效地对抗多径干扰和频率选择性衰落,它运行在 2.4GHz 频段上,是为了支持更高的数据传输速率。IEEE 802.11b 在 IEEE 802.11 标准的基础上增加了两个更高的通信速率,即 5.5Mbps 和 11Mbps,也就是支持最高 11Mbps 的数据速率。多速率的介质访问控制机制可以实现动态速率漂移,可因环境变化而改变速率,当工作站之间距离过长或干扰太大而使得信噪比低于某个门限值时,传输速率能够从 11Mbps 自动降到 5.5Mbps,或根据直接序列扩频技术调整到 2Mbps 和 1Mbps,且在 2Mbps、1MbPs 时速率与 802.11 兼容。Wi-Fi 认证保证了不同厂家产品之间的兼容性,IEEE 802.11b 也能完全兼容原来的 802.11 标准,并且 IEEE 802.11b 工作的 2.4GHz 频带在全球基本上是免费的,因此,它一经推出便得到了用户的认可。目前多数的无线局域网都是基于 IEEE 802.11b 技术的,成为当今最流行的无线局域网标准。

IEEE 802.11a 和 IEEE 802.11b 两个标准都存在着优缺点，IEEE 802.11a 的优势在于传输速率快(最高可达 54Mbps)，但是设备价格较高；而 IEEE 802.11b 的优势在于设备价格低廉，但是速率较低(最高才 11Mbps)。另外，IEEE 802.11a 与 IEEE 802.11b 工作在两个完全不同的频带，采用完全不同的调制技术，因此两者是完全不兼容的。但两者可以共存于同一区域当中而互不干扰。

由于 802.11a 和 802.11b 标准互不兼容，2003 年 IEEE 提出了 802.11g 标准。IEEE 802.11g 具有两个主要特征，也就是高速率和兼容 802.11b。802.11g 运行于 2.4GHz，它采用了正交频分复用 OFDM 调制技术可得到高达 54Mbps 的数据通信带宽，并仍然工作在 2.4GHz，同时保留了 IEEE 802.11b 所采用的补码键控 CCK 技术，因此可向下兼容原来的 IEEE 802.11b 标准。IEEE 802.11g 标准提供了高速的数据通信带宽，并以较经济的成本提供了对原有主流无线局域网 IEEE 802.11b 标准的兼容，延长了 802.11b 产品的使用寿命，保护了用户的投资。

IEEE 802.11f 是接入点之间漫游协议(Inter-Access Point Protocol)，是为解决漫游问题而制定的接入点之间的协议。该标准改善了 IEEE 802.11 的切换机制，使得用户能够在不同无线信道之间或者接入设备之间漫游。这使得无线局域网能够提供与移动通信相同的移动性。在接入点中加入 802.11f 就能消除产品选择的限制，确保了不同设备制造商产品的互操作性。

2009 年 IEEE 批准了 802.11n 高速无线局域网标准。IEEE 802.11n 标准的核心是 MIMO(Multiple Input Multiple Output，多入多出)和 OFDM 技术，使传输速率成倍提高，传输速度 300Mbps，最高可达 600Mbps，较之前的 802.11a/g 产品的 54Mbps 有极大提升，IEEE 802.11n 为双频工作模式(使用 2.4GHz 频段和 5GHz 频段)，可向下兼容 802.11b、802.11g。IEEE 802.11n 全面改进了 IEEE 802.11 标准，不仅涉及物理层标准，同时也采用新的高性能无线传输技术来提升 MAC 层的性能，优化数据帧结构，提高网络吞吐量，成为无线局域网标准上的又一重大进展。

IEEE 802.11 系列主要无线局域网标准之间的对比见表 6-2。

表 6-2　IEEE 802.11 系列主要无线局域网标准对比表

标准名称	工作频带/GHz	编码方式	最高速率/Mbps	最大传输距离	兼容性	业务
802.11	2.4		2	100m	无	数据
802.11a	5	OFDM	54	50m	无	语音、数据、图像
802.11b	2.4	DSSS、CCK	11	400m	无	语音、数据、图像
802.11g	2.4	CCK+OFDM、PBCC	54	400m	兼容 802.11b	语音、数据、图像
802.11n	2.4、5	MIMO+OFDM	600	几公里	兼容 802.11a、b、g	语音、数据、图像

6.3.3　IEEE 802.11 协议参考模型

IEEE 802.11 协议参考模型由数据链路层的 MAC 子层和物理层组成，其中，物理层分为物理层汇聚(Physical Layer Convergence Procedure，PLCP)子层和物理层媒质依赖(Physical Media Dependent，PMD)子层。IEEE 802.11 协议参考模型中各层之间、实体之间以及层与实体之间主要通过服务访问点利用服务原语建立相互之间的联系。LLC(Logical Link Control,逻辑链路控制)子层通过 MAC 服务访问点与对等 LLC 实体交换数据,也就是说,本地 MAC 层利用下层服务将一个 MAC 服务数据单元(MAC Service Data Unit,MSDU)发送给对等 MAC 实体,然后再由对等 MAC 实体将数据发送给对等 LLC 实体。

6.3.4 媒体访问控制

IEEE 802.11 在 MAC 控制方面采用了与 IEEE 802.3 标准相同的载波侦听多路访问(Carrier Sense Multiple Access,CSMA)方式。CSMA 的基本思路是发送方在发送数据前需要检测信道中是否存在载波(信号)来判断信道的忙闲状态,也就是其他终端是否正在该信道上发送数据,如果信道忙,就需等待信道空闲才能再次发送数据。

由于无线传输与有线传输的物理层特性存在显著的不同,目前尚未找到在无线传输媒体上实现碰撞检测的简单且有效的方法,因此,IEEE 802.11 没有采用 IEEE 802.3 的 CSMA/CD(Carrier Sense Multiple Access/Collision Detect,带有冲突检测的载波监听多路访问)机制,而是采用了适合无线信道特性的 CSMA/CA(Carrier Sense Multiple Access with Collision Avoidance,带有冲突避免的载波侦听多路访问)机制。这样做的直接原因就在于无线设备无法侦听到碰撞发生的情况,只能采用碰撞避免的措施。具体说来,CSMA/CA 利用 ACK 响应来避免冲突的发生,也就是说,只有当发送方收到返回的 ACK 响应后才能确认发送的数据是否已经正确到达目的地。然而,这又存在一个问题,即无论何种原因所造成的发送端没有收到 ACK 响应的情况都会导致数据包的重发,从而导致 CSMA/CA 帧效率低于 CSMA/CD。

ACK 响应机制虽然保证了数据的接收,但是数据帧的重发会导致时间及带宽的浪费,由此出现了改进机制。在发送方向接收方发送数据之前,会先向接收方发送一个请求发送帧(Request to Send,RTS),并在 RTS 帧中写上将要发送的数据帧长度,接收方收到 RTS 帧后就会向发送方返回一个允许发送帧 CTS(Clear to Send)。在 CTS 帧中也附上发送方欲发送的数据帧长度(通过从 RTS 帧中复制),发送方收到 CTS 帧后就可以发送数据帧了。使用 RTS 和 CTS 会使整个网络的效率有所下降,但是这两种控制帧都很短,它们的长度分别是 20 字节和 14 字节,它们与数据帧(最长可达 2346)相比开销不算大。反之,如果不使用这两个控制帧,一旦发生冲突而导致数据帧重发,那么浪费的时间将会更多。

6.3.5 主要组件

无线设备是组建无线局域网的重要硬件基础。要构建一个简单的无线局域网,需要的无线设备一般包括无线局域网客户端和无线局域网基站设备。下面分别进行介绍。

1. 无线局域网客户端

无线局域网客户端通过与无线局域网基站进行关联管理,使得无线设备具有无线接入的功能并接入到无线局域网中进行数据通信。

无线局域网客户端的类型很多,最常见的是无线网卡。与有线网卡一样,无线网卡也用来创建透明的网络连接，并且也提供了丰富的系统接口。有线网卡是操作系统与各种类型网线之间的接口，而无线网卡是操作系统与天线之间的接口。

无线网卡具有多种接口类型，这些接口类型包括 PCMCIA、CardBUS、PCI 和 USB 等，PCMCIA 接口的网卡通常称为 PC 卡，是无线局域网中最常用的无线网卡，通常用于笔记本计算机的无线网络连接。随着无线局域网标准的更新以及数据传输速率的提高，原来速率较慢的 PCMCIA 无线网卡已不能满足高速传输的需要和宽带应用的要求，逐渐被运行速率更高的 CardBUS 无线网卡所取代。

2. 无线局域网基站设备

无线局域网基站设备通常位于无线网络拓扑的中心位置，按照逻辑功能通常可以将基站设备划分为无线局域网接入点（Access Point，AP）、无线局域网桥、无线局域网路由器等。有时同一个基站设备上可能实现上述的多种功能。

无线接入点一般在一侧通过标准以太网线连接到有线网络，而在另一侧通过天线与无线局域网客户端设备进行通信。它是协调无线局域网与有线网络之间通信的关键部件，在无线局域网和有线网络之间接收、缓存和传输数据，可以支持一组无线客户端设备。一般而言，一个无线接入点可以支持 15～250 个无线用户。无线接入点的有效工作范围是 20～500m，可以根据使用情况来添加更多的无线接入点，从而可以扩充无线局域网的覆盖范围，减少网络拥塞。在有多个无线接入点的无线网络中，无线用户可以在接入点之间漫游切换。

6.3.6 网络拓扑

有多种 WLAN 拓扑结构的分类方式，分别如下：

（1）根据覆盖区域数量来划分，可分为单区网（Single Cell Network，SCN）和多区网（Multiple Cell Networks，MCN）；

（2）根据逻辑架构来划分，可分为对等式、基础结构式；

（3）根据拓扑形状来划分，可分为线型、星型、环型等；

（4）根据控制方式来划分，可分为无中心分布式、有中心集中控制式；

（5）根据是否与外网连接来划分，可分为独立 WLAN 和非独立 WLAN；

（6）根据无线接入点的功能来划分，可分为 Ad hoc 模式、基础架构模式、多接入点模式、无线网桥模式和无线中继器模式等，下面介绍一下这五种模式。

① Ad hoc 模式

Ad hoc 模式就是没有无线接入点的点对点连接方式，相当于有线网络的对等连接（Peer to Peer，P2P）。采用该模式的网络中的所有无线客户端的地位都平等，网络中的任意两个无线客户端均可直接通信，不需要设置任何中心控制节点。由于不存在无线接入点，该网络只能独立使用而无法接入到有线网络中。

Ad hoc 网络中的每一个无线客户端都配有无线网卡，不是用于连接到接入点和有线网络，而是通过无线网卡相互之间进行通信。Ad hoc 模式中的每一个无线客户端必须能同时感知到网络中的其他无线客户端，否则就认为网络中断，因此，Ad hoc 网络只能用于具有少数用户的组网环境，它主要用来在没有网络基础设施的地方快速构建无线局域网。

② 基础架构模式

基础架构模式是目前最常见的一种架构，采用基础架构模式的无线网络由多个无线终端、一个无线接入点以及分布式系统构成，无线网络所覆盖的区域被称为基本服务区(Basic Service Set，BSS)。无线接入点也被称为无线 hub，它一方面通过电缆与有线网络建立连接，另一方面通过无线电波与无线终端连接，实现了无线终端之间的通信，以及无线终端与有线网络之间的通信，用于在无线终端和有线网络之间接收、缓存和转发数据，从而实现无线网络和有线网络的互联。无线接入点通常可以覆盖几十至几百用户，覆盖半径达上百米。

③ 多无线接入点模式

采用多无线接入点模式的无线网络是由多个无线接入点以及连接它们的分布式系统构成的。无线网络内的每一个无线接入点所覆盖的区域都是一个独立的无线网络基本服务区(BSS)，而整个无线网络所覆盖的区域称为扩展服务区(Extended Service Set，ESS)，扩展服务区所有 BSS 都共享同一个扩展服务区标示符(ESS ID)，分布式系统目前大都是指以太网。无线终端在同一 ESS ID 无线网络内可以漫游。

④ 无线网桥模式

无线网桥模式就是利用一对无线接入点来连接两个有线局域网网段或者无线局域网网段。

⑤ 无线中继器模式

无线中继器模式就是利用无线中继器在通信路径的中间转发数据，从而可以延伸网络的覆盖范围。

6.3.7 传输技术

IEEE 802.11 提供了三种不同形式的物理层传输介质工作方式，分别是直接序列扩频(Direct Sequence Spread Spectrum，DSSS)、跳频扩频(Frequency Hopped Spread Spectrum，FHSS)和红外线(Infrared，IR)。

在这三种物理层传输介质工作方式中，DSSS 和 FHSS 这两种方式符合 FCC(Federal Communications Commission，美国联邦通讯委员会)关于使用 ISM(Industrial Scientific Medical，工业、科学、医学)频段的有关规定，而且 DSSS 和 FHSS 这两种方式工作在 2.4GHz 频段，在频率上满足大多数国家关于 2.4GHz 免许可频段的分配要求。

DSSS 和 FHSS 在符合 FCC 关于 ISM 频段规定的前提下，分别采用 PSK(Phase Shift Keying，相移键控)调制和 GFSK(Gauss Frequency Shift Keying，高斯频移键控)调制，可以达到 1Mbps 和 2Mbps 的数据传输速率，而且 DSSS 采用更新的调制方式，可以支持更高的数据速率(11Mbps)。

6.3.8 无线局域网的优点

无线局域网利用电磁波代替线缆来传输数据，与有线局域网相比，无线局域网具有以下优点。

(1) 移动性

无线局域网的一个最大优点在于它的移动性，连接到无线局域网的用户可以在移动的同时，保持与网络的连接和数据通信。无线局域网能够提供漫游等有线网络无法提供的特性。

(2) 安装便捷、灵活

无线局域网可以用于物理布线困难或不适合进行物理布线的地方，无线局域网可以将网络延伸到线缆无法连接的地方，并可以十分方便地增加、减少和移动设备。无线设备安装容易，在有线网络中，网络设备的安放位置受到所安装地理位置的限制，而在无线局域网中，无线设备可随意移动，不受地理位置的限制，可以放在无线信号覆盖区域内的任何一个位置。而且，无线局域网的建设可以免去或省去大量网络布线的工作量，只需安装一个或多个无线接入点设备就可以建立覆盖整个区域的无线局域网。

(3) 易于扩展

每个无线接入点均可支持多个无线终端接入有线网络，因此，当需要扩展无线局域网规模时，只需在原有无线局域网的基础上增加一定数量的无线接入点，就可以将原来小型的无线局域网扩展为规模更大的网络，使网络非常易于扩展。

(4) 易于进行网络规划和调整

对于有线网络而言，在搬迁网络设备或改变网络拓扑场景下都需要重新建网，而重新布线就是一个昂贵、费时的过程；相反，对于无线局域网而言，在需要频繁重新布线或更换地方的场景下，可以快速地、低成本地完成。

(5) 故障定位容易

对于有线网络而言，在线路连接不良或线路质量问题而造成的网络故障中，往往很难定位故障点，需付出很大的代价来检测各段有线线路。而对于无线网络而言，由于不存在覆盖面很广的有线线路，只存在无线设备，因此较容易定位故障点，确定以后，只需更换故障设备就可以恢复网络连接了。

6.3.9 无线局域网的局限性

与有线局域网相比，无线局域网具有以下局限。

(1) 性能

无线局域网所采用的无线信道是一个不可靠信道，其原因就在于无线信道所在的环境中存在许多干扰。无线信道是建立在电磁波之上的，电磁波在传输过程中，建筑物、车辆、树木和其他障碍物都有可能阻碍电磁波的传输，空气中存在的其他电磁波也会对传送数据的电磁波产生干扰，不仅无线局域网系统内部会形成自干扰，无线局域网系统之间也会相互干扰。这些干扰会引起无线信号衰落，也会导致误码的出现，还会对网络的吞吐率造成影响。

(2) 安全性

无线局域网的无线电波信号会发散于广泛的空间之中，并且无线电波的发送并不能局限于网络设计的范围之内。因此，无线电波很容易会被监听到，无线电波所携带的数据信息就存在被非法接收和恶意干扰的可能，从而对数据传输的安全性、保密性造成威胁。

(3) 带宽

由于无线频率的资源是有限的，无线局域网的无线信道带宽要远小于有线网络的线缆带宽。

(4) 系统容量

由于无线信道是有限的,即使采用无线信道复用技术,无线局域网的系统容量也要小于有线网络的容量。

6.3.10 无线局域网的管理

无线局域网络管理系统是无线局域网系统中不可缺少的重要组成部分,它提供了无线局域网系统运行时所需要的各种维护和管理功能,具体主要包括接入点设备的设置、无线网络状况的监控、用户信息的管理,具体内容如下所述。

(1) 配置接入点设备

在包含多个接入点设备的无线网络中,如果采用分别登入每一个接入点设备来逐个进行配置,会给管理工作造成不便。如果通过无线局域网络管理系统对全网接入点设备集中进行配置,不仅会提高设备配置的工作效率,而且还会实现许多在没有管理系统情况下所无法实现的管理功能,进而可以增加管理的深度。

(2) 监控无线网络状况

无线网络的无线信道传输的稳定性容易受到外界干扰,无线局域网络管理理系统可以实时监控无线网络的工作状况,包括监测接入点设备的状态变化、通过接入点传输的业务类型以及接入点设备的负载情况。

(3) 平衡无线设备负载

在包含多个无线接入点设备的无线网络中,每个无线接入点设备负责接入的用户数量有可能不同,每个无线接入点设备负责接入的用户业务量也有可能不同,这样,就有可能出现有的无线接入点设备工作负载重而有的工作负载轻的状况。负载重的无线接入点设备会引起通过它的数据传输速率下降,用户访问速度变慢的情况;而负载轻的会造成设备资源的浪费。无线局域网络管理系统可以通过配置来平衡各个设备之间的负载,以达到提高设备利用率的目的。

本章小结

本章介绍了局域网技术,内容包括局域网标准、以太网技术、无线局域网技术等。局域网是一种最普遍的网络类型,也是实施网络管理功能的重点。

在教学上,本章的教学目的是让学生了解局域网标准和无线局域网技术,掌握以太网技术。本章重点是局域网模型、以太网技术,本章难点是以太网技术。

习　　题

1. 简答题

(1) 简述数据链路层的主要功能。

(2) 简述 CSMA/CD 的工作原理。

(3) 简述 CSMA/CA 的工作原理。

(4) WLAN 拓扑结构存在哪几种分类方式?

2. 填空题

(1) IEEE 802 标准对应于 OSI 七层参考模型的(　　)层和(　　)层。

(2) 数据链路层又划分为(　　)子层和(　　)子层。

(3) 以太网 MAC 地址可以分为(　　)地址、(　　)地址和(　　)地址。

(4) 要构建一个简单的无线局域网,需要的无线设备一般包括(　　)和(　　)。

第 7 章 TCP/IP

7.1 TCP/IP 模型各层协议

TCP/IP 模型实现了异构网络互联或跨平台互联，该模型由四层组成，它与 OSI 七层模型不同，TCP/IP 模型的具体内容见“计算机网络体系结构”。下面介绍各层对应的协议。

1. 应用层

应用层协议提供远程访问和资源共享，属于该层的协议主要包括如下：

(1) 域名系统(Domain Name System，DNS)，用于实现互联网设备名字到 IP 地址映射的网络服务；

(2) 文件传输协议(File Transfer Protocol，FTP)，用于实现互联网中交互式文件传输功能；

(3) 超文本传输协议(HyperText Transfer Protocol，HTTP)，用于目前广泛使用的 Web 服务；

(4) 邮局协议的第 3 个版本(Post Office Protocol 3，POP3)，用于个人计算机连接到互联网上的邮件服务器进行邮件收发；

(5) 简单邮件传输协议(Simple Mail Transfer Protocol，SMTP)，用于实现互联网中邮件传送功能；

(6) 简单网络管理协议(Simple Network File System，SNMP)，用于管理和监测网络设备；

(7) 远程登录协议(Telnet)，用于实现互联网中远程登录功能；

(8) 简单文件传输协议(Trivial File Transfer Protocol，TFTP)，用于在客户机与服务器之间进行简单文件传输。

2. 传输层

属于传输层的协议主要包括如下：

(1) 传输控制协议(Transmission Control Protocol，TCP)，TCP 是一种面向连接的、可靠的、基于字节流的传输层通信协议；

(2) 用户数据包协议(User Datagram Protocol，UDP)，UDPJ 是一种无连接的传输层协议，提供面向事务的简单不可靠信息传送服务。

3. 网际层

网际层处理报文的路由管理，需要根据报文内的信息来决定报文的传送方向，属于网络层的协议主要包括如下。

(1) 地址解析协议(Address Resolution Protocol，ARP)，用于通过 IP 地址获得对应的物理地址。

(2) 边界网关协议(Border Gateway Protocol，BGP)，用来连接 Internet 上独立系统的路由选择协议。

(3) Internet 控制报文协议(Internet Control Message Protocol，ICMP)，用于在 IP 主机、路由器之间传递控制消息。

(4) Internet 组管理协议(Internet Group Management Protocol，IGMP)，用于 IP 主机向任一个直接相邻的路由器报告它们的组成员情况。

(5) 网络互连协议(Internet Protocol，IP)，用于计算机网络相互连接。

(6) 开放式最短路径优先协议(Open Shortest Path First，OSPF)，用于在单一自治系统内决策路由。

(7) 反向地址转换协议(Reverse Address Resolution Protocol，RARP)，用于通过物理地址获取其对应的 IP 地址。

(8) 路由信息协议(Routing Information Protocol，RIP)，用于在网关与主机之间交换路由选择信息。

4. 链路层

属于链路层的协议主要包括如下三个。

(1) 高级数据链路控制(High-Level Data Link Control，HDLC)，它是一个在同步网上传输数据、面向比特的数据链路层协议。

(2) 点对点协议(Point to Point Protocol，PPP)，它是在点对点连接上传输多协议数据包的一个标准方法。

(3) 串行线路网际协议(Serial Line Internet Protocol，SLIP)，该协议是 Windows 远程访问的一种旧工业标准，主要用在 UNIX 远程访问服务器中，现今仍然用于连接某些 ISP (Internet Service Provider，互联网服务提供商，即向广大用户综合提供互联网接入业务、信息业务和增值业务的电信运营商)。

7.2 IPv4

IP 协议是 Internet 的运行基础，已经成为世界上最重要的网际协议。

IP 协议使用 IP 地址在主机之间传递信息，1981 年实现了 IPv4 地址标准化。IPv4 地址是分成 8 位一个单元(或称为 8 位位组)的 32 位二进制数。Internet 上的每一台主机都必须有一个唯一的 IP 地址。

7.2.1 IPv4的主要功能

1. 寻址和路由

IP分组中包括发送方的源IP地址和接收方的目的IP地址，连接发送方与接收方的路由器和交换机等网络设备会使用IP分组中的目的IP地址来识别目的网络以及目的主机，并能够确定位于发送方和接收方之间的最优分组发送路径。

2. 分段和重组

在有些情况下，发送方发送给接收方的全部数据不能完全放到同一个IP分组中，就需要将数据封装到多个IP分组分别发送，接收方在收到这些IP分组后，应该能够按照正确顺序重新组装成完整的数据。

3. 损坏分组检测

IP分组在网络中传送时，由于受外界干扰等原因，分组有可能会遭到破坏或丢失，针对这些情况，IP协议应该能够检测到IP分组在传输过程中遭到破坏或丢失的情况，并且能够正确处理。

IPv4主要功能的实现离不开IPv4分组控制头的设置。

7.2.2 IPv4的基本首部格式

IPv4分组控制头包含以下各域。

(1) 版本号

IP分组控制头中前4位标识了IP分组所使用的IP协议的版本号，比如，IPv4版本号是4或IPv6版本号是6。

(2) 头长度

头长度域为4个字节，保存的是整个分组头的长度，接收方在收到IP分组后通过此域就可以知道分组头在何处结束以及从何处开始读数据。

(3) 服务类型

该域长1个字节，由多个标志位构成，这些标志位包括优先级、延时、吞吐量以及可靠性，其中，优先级标志3位长，延时、吞吐量以及可靠性标志每个1位长，1个字节的剩下2位保留为将来使用。

(4) 总长度

总长度域是16位，指出IP分组以字节为单位的总长度，IP分组总长度有效值范围最大至65535个字节，否则接收方会认为IP分组遭到破坏。

(5) 标识

标识域是16位，在数据分成多个IP分组进行传送时，需要使用“标识”域来唯一标识每一个IP数据分组。

(6) 分段标志

分段标志域是三个1位的标志位，标识IP数据分组是否允许被分段以及是否使用了这些域。第一位标志位保留并总是设置为 0；第二位标志位标识 IP 分组能否被分段，如果该位设置为 0，表示可以被分段，如果设置为 1，表示不能被分段；第三位标志位只是在第二位标志位设置为 0 时才有意义，在第二位设置为 0 的情况下，第三位标志位表示该 IP 分组是否是一系列分段的最后一个，设置为 0 表示该 IP 分组是最后一个。

（7）分段偏移

该域长 8 位，表示该 IP 分组在整个数据中的偏移量。

（8）生存时间

该域长 8 位，表示 IP 分组在网络中传输所经过的跳数，为了避免 IP 分组无限次地在网络中转发，需要对 IP 分组的转发次数进行限制，TTL 就表示所在 IP 分组在网络中的转发次数，也就是说，IP 分组每次经过网络中的路由器转发，TTL 值就加 1。

在到达 TTL 值的最大限制之后，路由器就不会转发该 IP 分组了，并且生成一个 ICMP 消息发回源 IP 地址所在主机，不可转发的 IP 分组就会被丢弃。

（9）协议

这个域指出处理此报文的上层协议号。

该域长 8 位，指出 IP 分组封装的上层协议，上层协议有 TCP、UDP 等。

（10）校验和

校验和域长 16 位，是 IP 分组控制头的校验和的结果，IP 分组到达路由器或目的主机时，都要重新计算 IP 分组控制头的校验和，并将该值与校验和域中保存的数值进行对比。如果两个值相等，则表示 IP 分组在网络传送过程中没有发生改变。

（11）源 IP 地址

该域是发送方的源 IP 地址。

（12）目的 IP 地址

该域是 IP 分组接收方的目的 IP 地址。

（13）选项和填充

该域是可选的，包含了一些选项。如果不使用选项，该域称为填充域，为了保证 IP 分组控制头长度是 32 位的整数倍，需要填充额外的 0。

根据 IP 分组控制头各域的功能定义，可以看出，每个 IP 分组从源主机传向目的主机的路径是不确定的，需要由网络中的转发设备来决定每个 IP 分组的最佳转发路径，这说明网际层提供的是无连接服务。

7.2.3 编址

在 Internet 中使用的公众 IP 地址的唯一性涉及 Internet 能否稳定运行的问题，因此需要国际机构来管理公众 IP 地址的唯一性。

成立于 1998 年的 ICANN（The Internet Corporation for Assigned Names and Numbers，互联网名称与数字地址分配机构）是一个集合了全球网络界商业、技术及学术各领域专家的非营利性国际组织，负责 IP 地址的空间分配、协议标识符的指派、通用顶级域名（Generic Top Level Domain，gTLD）（gTLD 是供一些特定组织使用的顶级域，比如“.com”代表商业机构）、国家和地区顶级域名（ccTLD）系统的管理以及根服务器系统的管理。之前这些方面的管理职责由互联网号码分配当局（Internet Assigned Numbers Authority，

IANA)行使,如今由 ICANN 行使 IANA 的职能。

1. IPv4 的地址空间及表示法

为了方便人们使用 IP 地址,需要将对机器友好的二进制表示的 IP 地址转变为人们更熟悉的十进制表示的 IP 地址,并且用十进制数字表示会比用二进制数更简洁。IPv4 地址采用的表示法称为点分四元十进制表示法。IPv4 地址的长度是 32 位,该表示法将整个 IP 地址分成 4 段,每段 8 位。这样,每段的数字范围是 0～255,段与段之间用点(.)分隔开,IP 地址点分四元十进制表示法如图 7-1 所示。

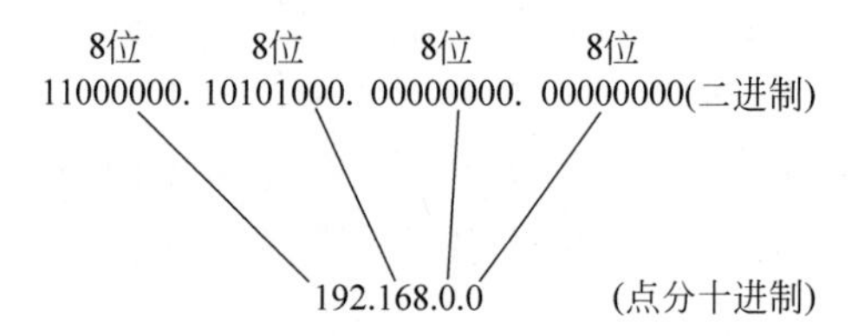

图 7-1　IP 地址点分四元十进制表示法

根据 IP 地址的点分四元十进制表示法,可以知道最小的 IPv4 地址值为 0.0.0.0,最大的地址值为 255.255.255.255。

2. IPv4 地址的分类特点

为了适应大型、中型、小型等不同规模网络的网络寻址以及主机寻址的需求,可以将 32 位 IP 地址分成网络寻址部分和主机寻址部分,也就是说,每一个 IP 地址由两部分组成,分别是网络地址和主机地址。从网络规划上讲,通过分配不同的网络地址的位数和主机地址的位数就可以配置不同规模的网络数量以及不同规模的主机数量。其中,网络地址的位数决定了可以分配的网络数,主机地址的位数则决定了网络中最大的主机数。

根据 IP 地址中网络位数与主机位数的不同,可以将点分四元十进制表示法表示的 IP 地址空间划分成 A 类、B 类、C 类、D 类和 E 类五类,IP 地址分类图如图 7-2 所示。

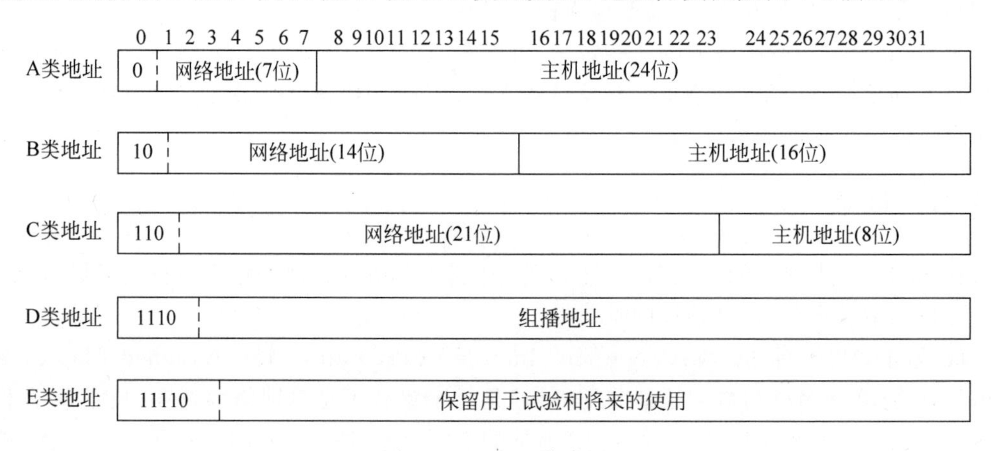

图 7-2　IP 地址分类图

从图 7-2 中,可以看出上面五类地址是所支持的网络数和主机数的不同组合。这五类地址通过 IP 地址的前几个位序列来标识,也就是说:

(1) IP 地址的第一位取值为 0 时，该 IP 地址表示 A 类网络的 IP 地址；

(2) IP 地址的前两位取值为 10 时，该 IP 地址表示 B 类网络的 IP 地址；

(3) IP 地址的前三位取值为 110 时，该 IP 地址表示 C 类网络的 IP 地址；

(4) IP 地址的前四位取值为 1110 时，该 IP 地址表示 D 类网络的 IP 地址；

(5) IP 地址的前五位取值为 11110 时，该 IP 地址表示 E 类网络的 IP 地址。

下面分别描述这五类地址。

(1) A 类地址

A 类地址的设计目的是支持巨型规模网络，这种结构的主机地址规模很大。

A 类 IP 地址使用第一个 8 位位组表示网络地址，剩余的三个 8 位位组用于表示第一个 8 位位组所表示网络的唯一的主机地址，并且当用于描述网络时，主机地址应该全部设置为 0。

A 类地址的第一位总是设置为 0，这样就限制了 A 类地址的网络数量范围为 64＋32＋16＋8＋4＋2＋1＝127 个，A 类地址后面的 24 位(即三段)表示网络中的主机地址，这样，A 类地址的范围是从 1. x. x. x 到 126. x. x. x(其中，x 表示 0～255 的任何数字)(127.0.0.0 至 127.255.255.255 是保留地址，用作循环测试)。

(2) B 类地址

B 类地址的设计目的是支持中型网络到大型网络。

B 类 IP 地址使用前两个 8 位位组表示网络地址，后两个 8 位位组表示主机地址。B 类地址的第一个 8 位位组的前两位总是设置为 10。这样，B 类网络地址范围从 128.0. x. x 到 191.255. x. x(其中，x 表示 0～255 的任何数字)。

(3) C 类地址

C 类地址的设计目的是支持大量的小型网络。该类地址与 A 类地址正好相反，也就是，C 类地址使用前三个 8 位位组表示网络，仅使用后一个 8 位位组表示主机，而 A 类地址使用第一个 8 位位组表示网络，后三个 8 位位组表示主机号。C 类地址的前三位数为 110，这样，C 类地址范围从 192.0.0. x 到 223.255.255. x(x 表示 0～255 的任何数字)。由于 C 类地址的最后一个 8 位位组用于主机寻址，每一个 C 类地址理论上可支持最大 256 个主机地址(0～255)，但是 0 和 255 不是有效的主机地址，因此只有 254 个可用。

(4) D 类地址

D 类地址的设计目的是用于在 IP 网络中的组播。一个组播地址是一个唯一的网络地址，它能引导 IP 分组到达预定义的 IP 地址组。

D 类地址的前四位设置为 1110，这样，D 类地址范围从 224. x. x. x 到 239. x. x. x(x 表示 0～255 的任何数字)。

利用组播技术，一台主机可以把数据流同时发送到多个接收方，这比为每一个接收方创建一个不同的流要高效得多，原因就在于它能有效地减少网络流量。

(5) E 类地址

E 类地址用于试验和将来使用，E 类地址的前四位设置为 1111，这样，E 类地址范围从 240. x. x. x 至 255. x. x. x(x 表示 0～255 的任何数字)。

3. IPv4 地址的几种特殊情况

(1) 全 0 地址和全 1 地址

主机地址全为 0 的 IP 地址用于标识网络地址部分所表示的网络,而主机地址部分全为 1 的 IP 地址用于表示在该网段中的广播地址。

(2) 私有地址

根据用途和安全性级别的不同,IP 地址分为公有地址(Public Address)和私有地址(Private Address)两类。

在 A、B、C 这三类 IP 地址中,专门保留了三个区段作为私有地址,它们的地址范围如下:

① A 类地址:10.0.0.0 至 10.255.255.255;

② B 类地址:172.16.0.0 至 172.131.255.255;

③ C 类地址:192.168.0.0 至 192.168.255.255。

(3) 循环测试地址

127.0.0.0 到 127.255.255.255 是保留地址,用作循环测试。

(4) 默认路由

0.0.0.0 用作默认路由。

7.2.4 子网划分

1. 子网划分的原因

将 IP 地址划分成 A、B、C、D、E 五类会造成很大的地址空间浪费。比如一个公司需要 400 个 IP 地址,如果采用 B 类地址的话,B 类地址的主机地址空间完全可以满足该公司 400 个主机地址的需求,但是这样一来就浪费了更多的主机地址,如果一个网络有多于 254 个主机时就提供一个 B 类地址的话,B 类地址就会非常容易耗尽;但是,如果采用 C 类地址,254 个主机地址空间是不够用的,而如果采用两个 C 类地址,两个 254 的主机地址空间又造成很大的地址浪费,并且这样一来,一个公司就会有两个网络,增加了路由表的尺寸。由此可以看出,这种 IP 地址分类方式所造成的 IP 地址分配的浪费,极大地减少了可用的 IP 地址范围。

另一种情况是,对于采用 A 类或 B 类 IP 地址类型的网络而言,即使网络的主机地址空间没有出现浪费的情况,也就是实际存在的需要分配 IP 地址的设备数量与主机地址空间比较接近,如此庞大的主机群(A 类主机地址空间是 2^{24},B 类主机地址空间是 2^{16})所构成的局域网的通信效率会很低,也无法解决根据专业的不同、工作内容的不同以及安全的需要将局域网内若干主机单独划分出来形成小型局域网的需求。

上述问题的根源是 IP 地址的两层结构,只有扩展这种相对比较简单的两层 IP 地址结构才能解决上述问题,于是就出现了一种子网划分技术,也就是将 IP 地址中的主机地址分成两个部分,其中一部分作为子网标识,另一部分作为子网内的主机标识。

下面将介绍这种子网划分技术。

2. 子网概念

针对由于相对比较简单的两层结构IP地址带来的日趋严峻的IP地址分配问题，在20世纪80年代，IETF(Internet Engineering Task Force，Internet工程任务组)发布了技术标准RFC 917和RFC 950。这两个文档提出了划分子网的解决方法，也就是在原有二层IP地址结构的基础上增加一个第三层。

划分子网的方法能使任何一类(A类、B类、C类)IP地址再细分出更小的网络号，也就是子网化的IP地址是一个三层结构，按照所涉及范围由大到小的次序，分别是：

(1) 网络地址；

(2) 子网地址；

(3) 主机地址。

原来两层IP地址结构的主机地址分割成三层结构的子网地址和主机地址两个部分。这样，划分子网的能力就依赖于被子网化的IP地址的类型。如果IP地址中的主机地址位数越多，就能划分出更多的子网。但是，子网地址空间侵占了原来两层IP地址结构的主机地址空间，把主机地址的一部分用于子网地址，相当于减少了能被寻址的主机数量。

下面介绍子网划分的步骤。

(1) 确定IP地址的类型(确定了IP地址的类型，也就知道了IP地址中所包含的主机地址的位数)。

(2) 确定需要划分的子网数量。

(3) 计算主机地址中需要转变为子网地址的位数：将子网数量对2取对数，得数再加1，就会得到子网地址的位数N。

(4) 获得子网掩码：将主机地址的高N位设置为1，剩余的主机地址位设置为0，再加上原有的网络地址位，就可以得到子网掩码。

(5) 计算子网中主机数量：在上面的第(4)步中剩余的主机地址位的数量为m，那么可用的主机地址数量就是2^m-2，这里减去"2"的原因就是要排除两个特殊的地址，一个是当主机地址位全为0时所表示的子网的网络地址，另一个是当主机地址位全为1时所表示的子网广播地址。

下面是子网划分时应该注意的一些方面：

(1) 在划分子网和地址分配时，一定要充分考虑将来的网络扩展或主机扩展需求；

(2) 子网划分要便于路由聚合。

如果IP地址结构要采用子网结构的话，就离不开"子网掩码"，下面将介绍"子网掩码"技术。

3. 子网掩码

对于采用原来的两层IP地址结构的网络设备的IP地址，通过IP地址的前几个位序列值就可以识别出该IP地址属于五类IP地址类型中哪一类，也就可以获知IP地址中的哪些位属于网络地址，同时也就知道了该网络设备属于哪一个网络了。但是，在采用三层IP地址结构以后，由于子网地址所占位数并不固定，需要采用一种技术来帮助确定子网地址，这种技术就是"子网掩码"技术。

(1) 子网掩码的地址结构：子网掩码是一类特殊的IP地址，子网掩码中与网络地址、子网地址对应的部分全部设置为1，而与主机地址对应的部分全部设置为0。

(2) 子网掩码的具体使用方法：将子网掩码的二进制值与IP地址的二进制值进行“与”运算，运算结果是主机地址位为0而保留了网络地址和主机地址，该结果表示了该网络设备所在的网络号和子网号。

也就是说，通过子网掩码可以划分出IP地址的网络部分、子网部分以及主机部分，在网络规划中，一旦设置好子网掩码，子网规模以及主机规模也就确定了。

比如，IP地址是192.168.0.6，它的子网掩码是255.255.255.0，这两个对应的二进制值以及“与”运算结果表示如下：

```
11000000.10101000.00000000.00000110 (IP 地址 192.168.0.6)
11111111.11111111.11111111.00000000 (子网掩码 255.255.255.0)
11000000.10101000.00000000.00000000 (IP 地址、子网掩码的"与"运算结果)
```

IP地址、子网掩码的“与”运算结果就是IP地址192.168.0.6所在的网络地址192.168.0.0。

从运算结果可以看出，网络部分为：11000000.10101000.00000000，即192.168.0，主机部分为：00000001，即1。这与C类地址是一样的，但是这种方法可以根据需要来调整子网掩码中1序列的长度，在网络规划中可以灵活地分配网络规模和主机规模。

7.2.5 域名解析

无论采用点分四元十进制表示法还是采用二进制表示法，IP地址都是一串没有任何含义的数字，使用时难以记忆并且容易写错。为了避免记忆和书写枯燥的IP地址，可以将无意义的IP地址与有意义的名称相对应，国际上采用了一种符号化的地址方案来代替数字型的IP地址。在这种字符型地址方案中，每一个符号化的地址都与特定的IP地址相对应，采用了这种地址方案后，人们访问网络上的资源就容易得多了。这种与网络上的数字型IP地址相对应的字符型地址称为域名(Domain Name)。域名具有一定的结构，域名是由一串用点分隔的名字组成的互联网上某台计算机或计算机组的名称，域名除了具有可以代替IP地址的功能以外，域名的层次结构组成也可以用来标识主机所属机构以及主机所在的地理位置。正是由于域名具有了一定的含义，记忆域名将比记忆数字式的IP地址要容易得多。目前，域名已经具有了经济价值，成为一种资源，同时也成为商品在网络上的品牌和商标。

为了实现域名的层次组成结构，需要从管理的角度出发，将整个互联网事先划分成多个域，而每一个域又细分为多个子域，这样细分下去，就可以将整个互联网划分成多个层次。

域名可分为多个层次或级别，分别是顶级域名、二级域名、三级域名等，各级域名之间用实点(.)连接，下面分别进行介绍。

(1) 顶级域名

顶级域名分为两类：

① 国家顶级域名(national top level domain names，nTLDs)，比如，中国是“cn”，美国是“us”，日本是“jp”等；

② 国际顶级域名(international top level domain names，iTLDs)，比如，工商企业是

"com",网络提供商是"net",非营利组织是"org"等。

(2) 二级域名

二级域名是在顶级域名之下的域名,分两种情况。

① 在国家顶级域名下,它是表示注册企业类别的符号,比如我国顶级域名 cn 之下的二级域名分为类别域名和行政区域名两类。其中,类别域名包括用于工商金融企业的 com、用于教育机构的 edu、用于政府部门的 gov、用于互联网络信息中心和运行中心的 net、用于非营利组织的 org 等;而行政区域名对应于我国各省、自治区和直辖市。

② 在国际顶级域名下,它是域名注册人的网上名称,比如,ibm、microsoft、yahoo 等。

(3) 三级域名

三级域名由数字(0~9)、字母(a~z 或 A~Z)和连接符(—)组成。三级域名名称建议采用英文名或者缩写、汉语拼音或者缩写,名字命名要遵守一定的名字分配规则,名字应该是比较短,要非常明确、独特,有一定的意义,在命名过程中避免使用不常见的字符,要保持域名的简洁性和清晰性。比如,域名 www.bupt.edu.cn。

域名地址方案与数字式地址方案必须一一对应,而且两种方案要能够相互转换,域名地址向 IP 地址转换的功能也就是域名解析功能。如果没有域名解析服务,人们在登录网站时只能输入 IP 地址,有了域名解析服务,人们只需输入好记不易错的域名就可以了。

域名是一级一级的层次结构,这样在解析域名时,也需要一级一级地去解析。DNS (Domain Name System,域名系统)就是完成逐级域名解析的系统,它是由众多的位于各个层次域中的完成各级域名解析的域名服务器组成,域名服务器中保存着 IP 地址与域名的匹配记录。

也就是说,DNS 系统中的不同域名服务器管理着网络的不同区域(如果网络规模较小,一个域名服务器就管理着整个网络)。一个区域内可以有多台域名服务器来完成域名解析功能,每一个区至少有一台域名服务器负责该区内每台设备的域名地址与 IP 地址的对应信息,该域名服务器称为主控域名服务器。除了主控域名服务器以外,一般还设有辅助或备份域名服务器,两个域名服务器(主控域名服务器和辅助域名服务器)通过传输协议不断地复制地址匹配信息。另外,一台域名服务器也可以管理多个区域。每一个域名服务器都需要知道至少一台其他域名服务器的地址,在域名解析过程中,还要与其他域名服务器通信。

网络中的路由选择、主机寻址都基于 IP 地址,而不是基于域名。因此,当某个网络应用获得用户输入的域名时,就需要向域名解析进程请求将域名解析为 IP 地址。如果本地缓存中没有该域名与 IP 地址的匹配记录,解析进程就会向指定的域名服务器发送查询信息,域名服务器会检查本地的域名与 IP 地址记录表;如果记录表中存在相应的匹配信息,就向请求方返回与域名对应的 IP 地址;如果记录表中没有相应的匹配信息,它就向指定的其他域名服务器发送该域名的解析请求消息,一直这样请求下去,直到获得域名对应的 IP 地址为止。每一个域名服务器在依次得到域名对应的 IP 地址后,一方面将域名与 IP 地址的匹配信息保存下来,一方面向请求方返回结果,最初的域名解析进程在获得了与域名相对应的 IP 地址后,就将该域名与相对应的 IP 地址记录到缓存中。这样当再次查询该域名对应的 IP 地址时,就不用再到域名服务器查询了。从缓存中找到相应记录后,直接返回就可以了,从而加速了域名的查询速度。

7.2.6 公有地址与私有地址

1. 公有地址与私有地址的划分

公有 IP 地址是由国际机构管理的、在 Internet 中具有唯一性的 IP 地址，使用公有 IP 地址的 IP 分组可以通过 Internet 路由到目的地，是可路由的地址。

然而，随着需要连入 Internet 的设备数量的大幅度增加，国际机构管理的有限的公有 IP 地址数量已无法满足每台设备只分配一个公有 IP 地址的需求，在这种情况下私有 IP 地址逐渐地被使用。

私有 IP 地址仅供私有网络使用，任何网络都可以使用私有 IP 地址，也就是说不同的私有网络可以使用相同的私有地址。为了保护公有 Internet 地址结构，ISP(Internet Service Provider，互联网服务提供商)将边界路由器配置成禁止将使用私有地址的 IP 分组发送到 Internet 上，使用私有地址的分组不能通过 Internet 路由，私有地址也就称为不可路由的地址。

私有地址赋予了私有网络设计相当大的灵活性，可以采用更易于管理的编址方案，网络也更容易扩展。然而，由于私有地址不能通过 Internet 路由，采用私有 IP 地址的设备就无法与 Internet 上的其他设备进行通信。

因此，需要在私有网络与公有网络的交接边缘，采用一种将私有地址和公有地址进行转换的机制。通过地址转换系统，将私有地址转换成公有地址。配置有私有地址的主机就能够通过 Internet 连接到其他主机，并且通过地址转换系统，将公有地址转换成私有地址。这样，Internet 上的其他主机就可以与私有网络中配有私有地址的主机进行通信。

2. 网络地址转换技术

网络地址转换(Network Address Translation，NAT)技术就是一种将私有地址与公有的、合法的 IP 地址相互转换的技术，该技术应用于 Internet 接入网中。

通过采用网络地址转换技术，NAT 将不可路由的私有内部地址转换为可路由的公有地址，私有网络的内部用户就能够访问 Internet 了。这样，使用 NAT 技术的用户只需要申请很少的公有 IP 地址就可以将较大规模的内部网络连接到 Internet。这种通过使用少量的公有 IP 地址来代表较多的私有 IP 地址的方式，将有助于减缓 IPv4 合法 IP 地址空间的枯竭速度。

可以采用专门的 NAT 服务器来实现 NAT，但是，更一般的情况是在路由器上实现 NAT 功能。具体而言，NAT 功能通常位于网络的边界路由器上。

NAT 的工作过程大致如下：

NAT 会分析进出边界路由器的所有 IP 数据包，如果是具有私有 IP 地址的主机要将 IP 分组发送给所在网络之外的主机，会首先将分组转发给边界路由器，由它将 IP 分组中的源地址(私有地址)转换为可路由的公有外部地址；如果 IP 数据包是由私有网络之外的主机发向私有网络内的，就会将 IP 数据包内的目的地址转换成私有 IP 地址。

下面介绍网络地址转换技术的实现方式。

3. 网络地址转换技术的实现方式

网络地址转换技术的实现方式有多种，其中包括静态转换(Static NAT)、动态转换(Dynamic NAT)和端口多路复用(Port Address Translation，PAT)，下面分别介绍。

(1) 静态转换

静态网络地址转换技术是指私有网络的每一个被授权访问 Internet 的私有 IP 地址都转换为一个公有 IP 地址，并且形成一一对应的关系，而且这种对应关系是固定不变的。

(2) 动态转换

动态网络地址转换技术是指将私有网络的被授权访问 Internet 的私有 IP 地址转换为公有 IP 地址时，这种转换对应关系是不确定的、随机的，也就是说，在同一个私有 IP 地址访问 Internet 的不同过程中，私有 IP 地址可随机转换为指定的公有 IP 地址中的任意一个。当 ISP 提供的公有 IP 地址数量少于私有网络的私有 IP 地址数量时，就可以采用这种动态转换方式。

(3) 端口多路复用

端口多路复用是指私有网络的所有被授权访问 Internet 的私有 IP 地址共享同一个公有 IP 地址。在地址转换的同时，通过将发往 Internet 的数据包中的源端口号转换成公有 IP 地址的某一个端口的方式来区分不同私有地址对 Internet 的访问。

这种方式的优点是可以最大限度地节约公有 IP 地址资源，同时又可以隐藏私有网络的主机，有效避免了来自 Internet 的攻击。这些优点的存在使得端口多路复用方式是使用较多的一种 NAT 实现方式。

4. 网络地址转换技术的优缺点

(1) NAT 的优点

① NAT 技术节省了公有 IP 地址资源，提高了公有 IP 地址的利用率，减缓了 IPv4 合法 IP 地址空间的枯竭。

② NAT 保护了网络内部已有的地址分配方案，减少地址维护工作。其原因就在于提供了一致的内部网络编址方案。在没有使用私有 IP 地址和 NAT 的网络中，要修改公有 IP 地址，就必须给网络中所有的主机重新编址，其成本可能非常高。

③ 在采用 NAT 技术以后，网络内部私有 IP 地址的分配方案与公有 IP 地址方案是分离的，只是存在静态的或动态的对应关系。当对公有 IP 地址方案进行调整时，不需要同时调整网络内部的私有 IP 地址，这就意味着当更换 ISP 时，无须对网络内部地址做任何修改。然而，当不采用 NAT 技术时，网络内部主机的 IP 地址既是内部的地址，也是该主机与外界通信的地址，因此在这种情况下，如果要调整地址，就会涉及网络内部地址的调整。

④ NAT 提高了网络安全性。由于采用 NAT 技术后，私有网络不需要向外界告知其内部 IP 地址以及内部拓扑就可以与外界进行通信，网络内部主机相对安全。但是，由于 NAT 的安全防护功能有限，NAT 并不能替代防火墙技术。

(2) NAT 的缺点

① NAT 增加了通信延迟。延迟是由于对 IP 分组的 NAT 处理而引起的，路由器必须

对每一个 IP 分组进行处理，以决定是否对 IP 控制头中的 IP 地址进行转换，如果需要转换的话，还要进行地址转换处理，从而增加了处理器的开销。

② 由于 NAT 转换了 IP 分组中的 IP 地址，对端到端 IP 流量的跟踪、统计功能造成障碍。暴露在外的公有 IP 地址并不能确定流量来自于哪些主机，增加了故障排除或追踪的难度。

7.2.7 动态 IP 地址分配

1. DHCP 简介

DHCP(Dynamic Host Configuration Protocol，动态主机分配协议)的前身是 BOOTP(Bootstrap，自举协议)。

在使用 BOOTP 协议时，一般包括 Bootstrap Protocol Server(自举协议服务端)和 Bootstrap Protocol Client(自举协议客户端)两部分。自举协议的作用是局域网中的无盘站事先无须设置静态 IP 地址，在需要 IP 地址的时候，无盘站会从中心服务器上获得分配下来的 IP 地址。但 BOOTP 存在一个不足，那就是 BOOTP 缺乏动态性。在给无盘站分配 IP 地址前，必须事先获得无盘站的硬件地址，并且分配的 IP 地址是静态的。这样的话，BOOTP 的 IP 地址与硬件地址的一一对应会对有限的 IP 地址资源造成非常大的浪费。

作为 BOOTP 增强版本的 DHCP 分为两部分，分别是服务器端和客户端，它们的功能划分如下，DHCP 服务器集中管理所有的可分配 IP 地址，并处理客户端的 DHCP 要求；而客户端会使用从服务器分配下来的 IP 地址。

2. DHCP 分配方式

下面介绍 DHCP 的分配方式。

网络上至少有一台 DHCP 服务器在工作，它会监听并接收网络上传来的 DHCP 请求，接收请求后，会与客户端协商 TCP/IP 的设定环境，DHCP 服务器会提供三种 IP 地址分配方式。

(1) 手动分配方式(Manual Allocation)

手动分配方式就是网络管理员给 DHCP 客户端(Host)分配固定的、不会过期的 IP 地址。

(2) 自动分配方式(Automatic Allocation)

在自动分配方式情况下，一旦 DHCP 客户端第一次成功地从 DHCP 服务器端租到 IP 地址后，它就会永远使用这个地址。

(3) 动态分配方式(Dynamic Allocation)

在动态分配方式情况下，当 DHCP 客户端第一次成功地从 DHCP 服务器端租到 IP 地址后，并不是永久地使用该地址，而是存在地址使用期限。当租约到期以后，客户端就必须在释放之前分配给它的 IP 地址，该 IP 地址就可以再次分配给别的 DHCP 客户端使用。这时，原来的客户端可以比其他客户端更优先地更新租约以再次租用原来的 IP 地址，或者租用其他 IP 地址。动态分配方式可以将有限数量的 IP 地址分配给数量远超过它的客户端，客户端轮流租用 IP 地址。这样，动态分配比自动分配会更加灵活，能够充分提高可分配 IP 地址资源的利用率。

DHCP 除了上述 IP 地址分配方式以外，还可以特定给一些客户端保留 IP 地址，也可以按照客户端的硬件地址来固定的分配 IP 地址，同时 DHCP 还可以帮客户端指定路由器、子网掩码、DNS 服务器等数据。如此一来，就可以给网络管理员以更大的设计空间。

针对 DHCP 技术，用户只需在客户端操作系统的相关设置页面上，将 DHCP 选项打钩就可以了。除此以外，几乎无须做更多的设定。

3. DHCP 工作流程

下面介绍 DHCP 的工作流程。

根据 DHCP 客户端是否第一次登录网络以及是否跨网络分配 IP 地址，DHCP 的工作流程有所不同。

(1) DHCP 客户端第一次登录网络的情况

① 寻找 DHCP 服务器。当 DHCP 客户端第一次登录网络的时候，会发现本机上没有设置 IP 地址，它就会向网络发送一个 DHCP Discover 数据包。该数据包的组成是，数据包源地址是 0.0.0.0，目的地址是 255.255.255.255，并附有 DHCP Discover 信息，由于没有源 IP 地址，为了能够正确地接收到响应消息，客户端会在 DHCP Discover 数据包内带上它的 MAC 地址以及一个 XID(交换识别)编号。该数据包的目的地址是广播地址，因此该数据包就向网络广播发送。Windows 预设 DHCP Discover 的等待时间是 1s，如果在第一个 DHCP Discover 数据包发送出去之后的 1s 之内没有收到响应消息的话，客户端就会发送第二次 DHCP Discover 广播。客户端总共有四次 DHCP Discover 广播，等待的时间分别是 1s、9s、13s、16s。四次广播后如果都没有得到 DHCP 服务器的响应，客户端就显示错误信息，宣告 DHCP Discover 失败。这样之后，基于使用者的选择，系统会在 5min 之后再次重复一次 DHCP Discover 过程。

② 提供 IP 地址。DHCP 服务器收到客户端发出的 DHCP Discover 广播消息后，会在还没有租出的 IP 地址之中，选择最前面的 IP 地址，并与其他的 TCP/IP 设置数据共同生成一个 DHCP Offer 数据包返回给客户端。为了让还没有 IP 地址的客户端能够接收到返回数据包，DHCP 服务器会将客户端的 MAC 地址和 XID 编号放到 DHCP Offer 数据包中。根据 DHCP 服务器端的设置，DHCP Offer 数据包会包含 IP 地址租约期限信息。

③ 接受 IP 租约。由于 DHCP 客户端发送的 DHCP Discover 包是个广播包，就有可能有多个 DHCP 服务器来响应。如果 DHCP 客户端收到网络上多台 DHCP 服务器的响应，通常只会挑选最先抵达的那个 DHCP Offer 包，然后，DHCP 客户端会向网络发送一个 DHCP Request 广播包，告诉所有的 DHCP 服务器它将接受哪一台 DHCP 服务器提供的 IP 地址。同时，DHCP 客户端还会向网络发送一个 ARP 数据包，目的是查询该 IP 地址是否在网络上已经使用。如果发现该 IP 地址已经被别的设备占用了，DHCP 客户端就会向 DHCP 服务器发送一个 DHCP Declient 数据包来拒绝接受其分配的 IP 地址，然后会重新发送 DHCP Discover 数据包来获取另一个 IP 地址。

在 DHCP 客户端与 DHCP 服务器端的关系中，DHCP 客户端拥有主动权，也就是说，DHCP 服务器分配给 DHCP 客户端的数据，DHCP 客户端可选择接受或不接受，并不是所有 DHCP 客户端都会无条件接受 DHCP 服务器的分配数据，尤其是那些安装有其他 TCP/IP 软件的客户端可以保留自己的一些 TCP/IP 设定。

④ 确认 IP 租约。当 DHCP 服务器端接收到来自 DHCP 客户端的 DHCP Request 数据包以后，会向 DHCP 客户端返回一个 DHCP ACK 响应包，来确认 IP 租约的正式生效，至此，一个完整的 DHCP 工作流程就结束了。

(2) DHCP 客户端已分配过 IP 地址的情况

DHCP 客户端从 DHCP 服务器端处获取了 DHCP 租约以后，就可以使用已经租到的 IP 地址了。

① 退租

DHCP 客户端如果想要退租，可以随时向 DHCP 服务器端发送 DHCP Release 消息来解约。

② 租约到期

在租约期到达一半的时候，DHCP 客户端会向之前的 DHCP 服务器端发送 DHCP Request 消息，但是，如果得不到 DHCP 服务器端的确认，DHCP 客户端也还会继续使用租来的 IP 地址。

在租约期过了 87.5%的时候，DHCP 客户端会再次向 DHCP 服务器端发送 DHCP Request 消息。如果 DHCP 客户端仍然无法与当初的 DHCP 服务器联系上，它就会与其他的 DHCP 服务器发送 DHCP Request 消息，如果还是没有收到来自任何一个 DHCP 服务器的响应，该 DHCP 客户端就得必须停止使用租来的 IP 地址。然后，从发送一个 DHCP Discover 数据包来“寻找 DHCP 服务器”的第一步开始，再一次重复“DHCP 客户端第一次登录网络的情况”的整个过程。

在前面的租约期不同时间点的 DHCP 客户端的操作中，DHCP 客户端都会向之前的 DHCP 服务器发出 DHCP Request 信息，DHCP 服务器会尽量让 DHCP 客户端使用原来的 IP 地址。如果没有问题的话，DHCP 服务器直接响应 DHCP ACK 来确认即可；如果该地址已经失效或者已经被其他主机使用了，DHCP 服务器就会向 DHCP 客户端响应一个 DHCP NACK 数据包，要求对方重新执行 DHCP Discover 过程。

(3) 跨网络的 DHCP 流程

如果 DHCP 服务器与 DHCP 客户端位于不同网络，那么该如何开展 DHCP Discover 过程呢？

在 DHCP 流程开始之前，由于 DHCP 客户端还没有设置包括 IP 地址在内的 IP 参数，因此它并不知道路由器的 IP 地址，而且 DHCP Discover 数据包是一个广播包，有些路由器也不会转发 DHCP 广播数据包。这样的话，DHCP Discover 的过程就会局限在一个网络之内。在这种情形下，DHCP Discover 数据包是没有办法到达位于另一个网络的 DHCP 服务器端的。

要解决上述问题，可以增加 DHCP Agent(或 DHCP Proxy)，它必须具有路由能力，能够转发位于不同网络的 DHCP 服务器与 DHCP 客户端之间的数据包。它的功能如下：

① 接收 DHCP 客户端的 DHCP 请求，然后再转发给 DHCP 服务器；

② 接收 DHCP 服务器的回复数据包，然后再转发给 DHCP 客户端。

7.3 IPv6

众所周知，IPv4 存在地址空间耗尽、安全问题、QoS 问题等不足，IETF(Internet Engineering Task Force，互联网工程任务组)提出用 IPv6 来代替现行的 IP 协议版本 IPv4，来弥补和克服 IPv4 存在的不足。

7.3.1 IPv6 编址

IPv6 的最大特点就是把 IP 地址范围从 32 位扩大到 128 位，这样多的地址资源足以让地球上的每一个人、每一台设备都拥有全球唯一的 IP 地址。很多由于 IPv4 地址资源限制问题而无法开展的应用也得以顺利实施。

IPv6 的 128 位地址通常由两个逻辑部分组成，一个是 64 位的网络前缀，另一个是 64 位的主机地址，其中，主机地址通常根据所在主机的物理地址自动生成。在表达方式上，通常将 128 位长的 IPv6 地址写作 8 组，并且每组是四个十六进制数的形式。下面举一个 IPv6 地址表示法的例子：2168:abc9:8562:68a6:5678:8a2d:1376:7288 就是一个合法的 IPv6 地址。

IPv6 支持三大类地址，分别是单播地址、组播地址和任播地址。

(1) 单播地址(Unicast Address)：用于标识单个接口，目的地址是此类型的地址的数据包将被发送给所标识的某个接口。

(2) 组播地址(Multicast Address)：用于标识一组接口，目的地址是此类型的地址的数据包将被发送给组中的所有接口。IPv6 的组的定义非常灵活，用户的某一个接口可以属于多个组播组。组播地址的地址高序位的前八个比特必须设置为 FF。

(3) 任播地址(Anycast Address)：用于标识一组接口(通常属于不同的节点)，发送到此地址的数据包仅被发送给该地址标识的唯一一个接口，该接口应该是按路由标准标识的一组接口中的最近的接口。

7.3.2 IPv6 分组的首部基本格式

IPv6 分组由三个部分组成，分别是 IPv6 控制头、扩展控制头和上层协议数据单元。其中，IPv6 分组控制头的长度固定为 40 字节，它去掉了 IPv4 控制头中的一切可选项，只包括了八个必要的字段。这样下来，尽管 IPv6 的地址长度是 IPv4 的四倍，但是，IPv6 的分组控制头长度才仅仅是 IPv4 分组控制头长度的两倍。

IPv6 分组控制头包括多个字段，其中有版本号、通信类别、流标记、负载长度、下一包头、跳数限制、源 IP 地址、目的 IP 地址等。

(1) 版本号(Version)：版本号的长度是 4 位，记录了 IP 的版本号，IPv6 分组中的该域的数值为 6。

(2) 通信类别(Traffic Class)：通信类别的长度是 8 位，该字段标志了 IPv6 数据流的通信类别或优先级，它在功能上与 IPv4 的服务类型(TOS)字段类似。

(3) 流标记(Flow Label)：流标记的长度是 20 位，相对于 IPv4，它是 IPv6 的新增字段，该字段用于标记诸如音频或视频等对数据流的服务质量有特殊要求的通信。在 IPv6 的同一信源和信宿之间可能存在多种不同的数据流。如果不要求 IPv6 路由器做特殊处理，则设置该字段的数值为 0，否则，则需要通过设置非 0 值的流标记来区分不同的数据流。

(4) 负载长度(Payload Length)：负载长度的长度是 16 位，用来标识除 IP 控制头以外的 IP 数据报的长度，也就是负载长度是扩展控制头和上层协议数据单元的长度，以字节为单位，最多可以表示 65535 字节的负载长度，超过这一字节数的负载长度，需要设置该字段值为 0，而使用扩展控制头的逐个跳段(Hop-by-Hop)选项中的巨量负载(Jumbo Payload)选项来表示长度。

(5) 下一包头(Next Header)：下一包头的长度是 8 位，用来标识紧跟在 IPv6 控制头后面的内容的类型，比如，跟在控制头后面的有可能是扩展控制头或者是 TCP/UDP 头等。

(6) 跳数限制(Hop Limit)：跳数限制的长度是 8 位，与 IPv4 控制头的 TTL(生命期)字段类似，用分组经过路由器的转发次数来限定分组的生命期，也决定了分组在网络中转发所经过的路由器的最大跳数。IP 分组每在一台网络设备中转发一次，该数值就减 1，一直到数值减少到 0 为止，此时该数据报就会被丢弃。

(7) 源 IP 地址(Source Address)和目的 IP 地址(Destination Address)：这两个地址的长度都是 128 位。

7.3.3 IPv6 的优势

与 IPv4 相比，IPv6 具有以下优势。

(1) IPv6 具有更大的地址空间。IPv6 地址长度为 128 比特，地址空间远大于地址长度为 32 位的 IPv4 的地址空间。

(2) IPv6 简化了 IP 分组控制头的格式，只有 8 个字段，从而加快了 IP 分组的转发速度，提高了吞吐量。

(3) IPv6 具有更高的安全性。IPv6 中的用户可以对网络层的数据进行加密并对 IP 报文进行校验，极大地增强了安全性。

(4) IPv6 使用更小的路由表。IPv6 的地址分配遵循聚类的原则，这样的话，在路由器的路由表中就可以用一条记录来表示一片子网，从而大大减小了路由器中路由表的长度，提高了路由器转发数据包的速度。

(5) IPv6 增加了对组播的支持以及对流的支持，为控制通信的服务质量控制提供了良好的网络平台，促进了网络上多媒体应用的发展。

7.4 地址解析协议

在广域网上，当 IP 分组从源 IP 地址处向位于另一个网络的目的 IP 地址处发送的时候，发送方只知道目的主机的目的 IP 地址，而并不知道目的主机的 MAC 地址，当 IP 分组到达目的主机所在的网络时，也就是 IP 分组的传输从广域网的路由转发转变为网络内部传输时，就必须知道目的主机的 MAC 地址才能完成最后一段的通信路程。其原因就在于，局域网内的数据通信采用的是 OSI 七层模型的第二层数据链路层协议，因此，数据包按帧的格式进行封装，通信的发送方与接收方都按照 MAC 地址进行寻址。也就是说，局域网内的一个主机要和另一个主机通信，就得必须知道目标主机的 MAC 地址，并放到发送的帧里。事实上，IP 分组在广域网中从路由器的入接口转发到出接口并向下继续发送到下一跳路由器时，前面的路由器的出接口与下一跳路由器的入接口同属于一个局域网，前面的路由器也必须知道下一跳路由器入接口的 MAC 地址才能成功地将数据发送到下一跳路由器的入接口。

那么，如何获得目的主机的 MAC 地址呢？需要采用一些方法将与目的主机相关的目的 IP 地址解析为目的主机的硬件物理地址。对于如今应用十分广泛的以太网而言，也就是想办法将 32 位的 IP 地址转换成 48 位的以太网硬件地址。

一种方法是在每台主机上建立一个用于把 IP 地址转换成物理地址的转换表，通过查询这个转换表就可以根据 IP 地址获得对应的物理地址。转换表是静态表，无法实现实时、动态的反映 IP 地址与物理地址的对应关系。

为了实现实时、动态的 IP 地址与物理地址的映射，IETF 提出了地址解析协议(Address Resolution Protocol，ARP)规范。所谓“地址解析”就是主机在发送帧前要将 32 位的目标 IP 地址转换成 48 位的目标 MAC 地址的过程，以保证通信的顺利进行。所有支持广播的网络都可以使用 ARP 协议完成 IP 地址到网络内部物理地址的转换。当然，点对点的连接是不需要 ARP 协议的。

ARP 解决了同一个局域网内的主机或路由器的 IP 地址和硬件地址的映射问题。只要主机或路由器要和同一个网络内的另一个已知 IP 地址的主机或路由器进行通信，ARP 协议就会将该 IP 地址解析为数据链路层所需要的硬件地址。由于 ARP 的存在，上层应用程序并不需要知道目标的物理地址。从 IP 地址到硬件地址的解析过程是自动进行的，对用户和上层应用是透明的，而用户和上层应用并不知道地址解析过程的发生。

为了提高 ARP 转换系统地的工作效率，每个主机和路由器中都维护着一张 ARP cache 表，用来存储已经知道的 IP 地址与 MAC 地址的映射记录。在设备刚开始启动的时候，该表是空的。

下面举例来描述一下 ARP 的工作过程。

假设主机或路由器 A 与主机或路由器 B 位于同一个局域网内，当 A 要向 B 发送 IP 报文时，就根据 B 的 IP 地址到它的 ARP 表中查看有无相应的映射记录，如果存在与 B 的 IP 地址相对应的映射记录，就要将获得的 B 的 MAC 地址作为目的 MAC 地址写入到 A 发向 B 的以太网帧中，之后再将该以太网帧发送到网络上。反之，如果在 ARP 表中没有找到与 B 的 IP 地址相对应的映射记录，就需要启动 ARP 协议，进行动态获取，图 7-3 是 A 广播发送 ARP 请求分组的示意图，图 7-4 是 B 向 A 返回 ARP 响应分组的示意图，下面描述了这个过程。

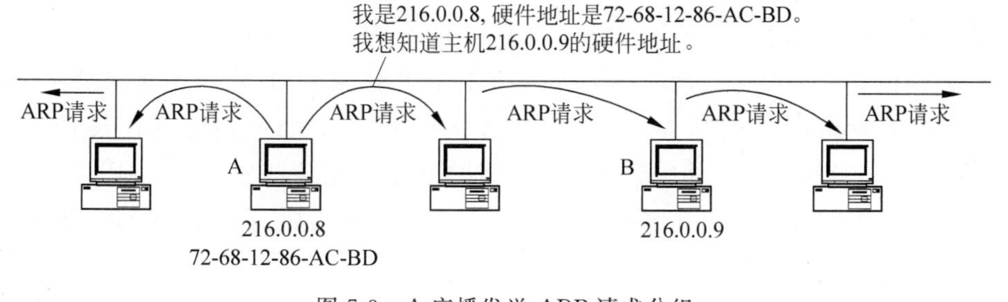

图 7-3　A 广播发送 ARP 请求分组

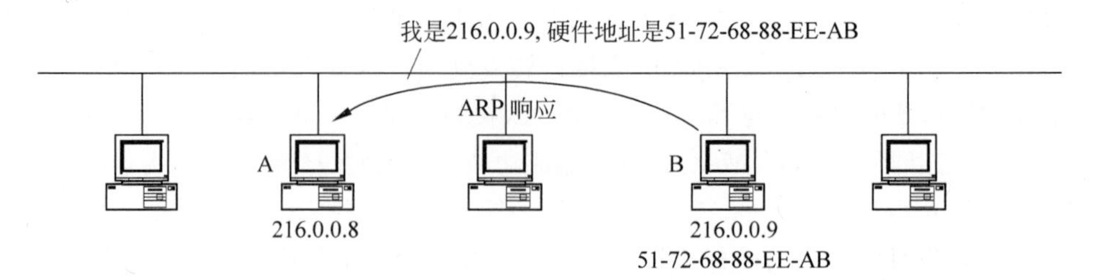

图 7-4　B 向 A 返回 ARP 响应分组

(1) A 向局域网上广播一个 ARP 请求分组，来询问哪一个主机具有 ARP 请求分组中填写的 IP 地址，局域网上的所有主机都会收到此 ARP 请求分组。

A 在发送它的 ARP 请求分组时，会将自己的 IP 地址和硬件地址同时写到 ARP 请求分组中。这样的话，局域网中的其他所有主机在收到该广播分组后，都会在各自的 ARP 表中记录下 A 的 IP 地址与 A 的物理地址之间的映射关系，在以后它们与 A 的通信过程中，就不需要发送 ARP 请求分组了，这种做法不仅提高了将来与 A 通信的其他的所有主机的通信效率（原因在于避免了 ARP 请求及 ARP 应答的过程），而且会减少网络上的通信量（原因在于避免了向网络发送 ARP 分组），提高网络的通信效率。

(2) B 发现在 ARP 请求分组的 IP 地址与自己的 IP 地址相同，就发送 ARP 响应分组给产生 ARP 请求的 A，并且在响应分组中写上自己的 IP 地址和硬件地址。而局域网中的其他主机发现 ARP 请求分组的 IP 地址与自己的 IP 地址不相同，除了在各自的 ARP 表中记录下 A 的 IP 地址与 A 的物理地址之间的映射关系以外，并不会对这个 ARP 请求分组做进一步的处理，而是丢弃。

(3) A 收到来自 B 的 ARP 响应分组以后，就将 B 的 MAC 地址写入到要发送的以太网帧中。

(4) A 将 B 的 IP 地址与 B 的 MAC 地址的映射关系写入到它的 ARP 表中，以备将来使用。

ARP 解决了网络设备通过自己所知道的目的 IP 地址来获取自己所不知道的目的物理地址的问题。网络通信中，还存在相反的场景，也就是网络设备可以根据自己的物理地址，来获取 IP 地址，网络上的每台设备都具有由网络设备生产厂家配置的唯一的硬件地址，如何根据自己的物理地址来获取自己的 IP 地址呢？

IETF 提出的 RARP(Reverse Address Resolution Protocol，反向地址解析协议)规范可以解决这个反向的解析问题。

RARP 以与 ARP 相反的方式工作。RARP 向 RARP 服务器请求与所在主机的物理地址相关的 IP 地址，RARP 的工作过程如下所述。

(1) 网络设备向所在局域网广播发送一个 RARP 请求分组，在这个请求分组中，填写着自己的 MAC 地址，虽然发送方发出的是广播分组，但是，RARP 规定只有 RARP 服务器能够产生响应，该分组请求任何收到该请求分组的 RARP 服务器分配一个 IP 地址。

(2) 局域网中的 RARP 服务器收到这个 PRAP 请求分组后，在它的 RARP 表中查找指定 MAC 地址对应的 IP 地址。

(3) 如果在 RARP 表中存在与指定 MAC 地址相对应的 IP 地址，RARP 服务器就向源主机返回一个响应数据分组，并将查找到的 IP 地址放到响应分组中；如果不存在与指定 MAC 地址相对应的 IP 地址，RARP 服务器就不做任何响应。

(4) 源主机收到来自 RARP 服务器的响应分组后，就利用获得的 IP 地址进行通信；如果一直没有收到来自 RARP 服务器的响应分组，那么 RARP 过程失败。

7.5 互联网控制报文协议

7.5.1 ICMP 简介

Internet 控制报文协议(Internet Control Message Protocol，ICMP)是 TCP/IP 协议簇的一个子协议，属于网络层协议，是一种面向无连接的协议。

由于 IP 协议存在没有差错控制、没有查询机制这两个缺陷，ICMP 可以用来弥补这些不足。ICMP 用来在主机之间或路由器之间传送控制消息。控制消息的内容包括网络通断状态、主机是否可达状态、路由是否可用状态等，这些均与网络本身运行状态相关。从某种角度上讲，ICMP 就是一个错误侦测与回报协议，其目的就是让网络用户能够检测到网络通路的连接情况，确保连线的准确性，从而提高了 IP 数据分组成功地在网络中传输的机会。但是，ICMP 唯一的功能是报告问题而不是纠正错误，纠正错误的任务由发送方来完成。

虽然 ICMP 并不实际地传送用户数据，但它是一个非常重要的协议。发送方对网络本身运行状态的了解会对用户数据的传送起到重要的保证作用，它对于网络正常运行具有重要的意义。

当遇到 IP 数据分组无法访问目标、路由器无法按当前的传输速率转发数据包等情况时，可以发送 ICMP 消息。ICMP 会提供出错报告信息，ICMP 出错报文返回 ICMP 发送源设备后，发送设备会根据 ICMP 报文中的内容来确定发生错误的类型，并确定如何才能更好地重发失败的数据包。

7.5.2 ICMP 报文类型

1. 询问报文

(1) 回声请求或应答(用来测试连通性)；
(2) 地址掩码请求或应答(用来得到掩码信息)；
(3) 路由询问或通告(用来获得网络上的路由信息)；
(4) 时间戳请求或应答(用来计算往返时间或同步两者时间)。

2. 差错报告报文

(1) 超时(环路或生存时间为 0)；
(2) 改变路由(路由错误或不是最佳)；
(3) 参数问题(IP 数据报首部参数有二义性)；
(4) 源站抑制(发生拥塞，平衡 IP 协议没有流量控制的缺陷)；
(5) 终点不可达(对于由于硬件故障、协议不可达、端口不可达等原因所导致的不可达情况，路由器或目的主机将向源主机发送终点不可达报文）。

7.5.3 ICMP 的安全性

ICMP 协议在方便用户了解网络运行情况的同时，也会被人利用，进而对网络的安全构成威胁。其原因在于 ICMP 协议本身的特点决定了它可以非常容易被用来攻击网络上的路由器、主机等设备。其中，向目标主机大量地、连续地、长时间地发送 ICMP 数据包，大量的 ICMP 数据包形成“ICMP 风暴”，使得目标主机耗费大量的 CPU 资源来处理，并最终导致目标系统的瘫痪。

7.5.4 ICMP 协议应用举例

在 Linux 和 Windows 操作系统中经常使用的查看目标是否可达、网络是否通畅以及网络连接速度的 ping（Packet InterNet Groper，因特网包探索器）命令就是基本 ICMP 协议的，另外，跟踪路由的 Tracert（trace router，跟踪路由）命令也是基于 ICMP 协议的。

ping 会向目的 IP 发送多个 ICMP 回声请求报文，并对返回的 ICMP 回声应答报文的情况进行统计，以此来报告目的 IP 所在主机与源主机之间的网络连通情况以及时延情况。因此，ping 使用了 ICMP 的回声请求与回声应答报文，属于 ICMP 询问报文，它是应用层直接使用网络层 ICMP 的一个特例，由 IP 分组首部的协议字段指出了 IP 的协议数据单元里的数据是 ICMP 报文，以便使目的主机的网络层能够知道将数据上交到哪一个处理进程。

Tracert 是路由跟踪程序，Tracer 使用 IP 控制头中的生存时间（TTL）字段和 ICMP 回声请求与回声应答报文来确定 IP 分组从源主机到网络上其他主机的路由。Tracert 向目的 IP 首先发送生存时间（TTL）为 1 的 ICMP 回声请求报文，并在随后的每次发送时将 ICMP 回声请求报文中 TTL 递增 1，直到收到返回的响应报文（路径上的每一个路由器在转发该报文之前会将报文上的 TTL 递减 1。当报文上的 TTL 减为 0 时，路由器应该将 ICMP 的超时报文返回源主机）或 TTL 递增到最大值为止。Tracert 通过检查各个路由器返回的 ICMP 超时报文来确定路由。不过，某些路由器也有可能直接丢弃 TTL 过期的 ICMP 回声请求报文而不返回 ICMP 超时报文，Tracert 并不会察觉到这种情况的存在。

7.6 互联网组管理协议

7.6.1 IGMP 简介

Internet 组管理协议（Internet Group Management Protocol，IGMP）是 Internet 协议族中的一个组播协议，IGMP 信息封装在 IP 分组中，用于 IP 主机向任意一个直接相邻的路由器报告他的组成员情况。

所有参与组播的主机必须支持 IGMP。参与 IP 组播的主机可以在任意时间、任意位置、组成员总数不受限制地加入或退出组播组，因此，组播路由器会周期性地发送 IGMP 组播组成员查询报文。通过 IGMP 了解它的每一个接口所连接的网段上是否存在某个组播组的组成员。网段上的主机收到来自组播路由器的 IGMP 查询报文以后，会返回 IGMP 成员关系报告报文(IGMP Membership Report Message)进行响应。

组播路由器根据收到的响应报文来确定某个组播组在某个网段上是否有主机加入,并且当收到主机的退出组播组的报告时,会发出特定组播组的查询报文(IGMPv2 中的功能),来确定该组播组是否还有组成员存在。

7.6.2 IGMP 版本

IGMP 有三个版本,分别是 IGMPv1、IGMPv2 和 IGMPv3,下面分别介绍。

1. IGMPv1 的工作机制

IGMPv1 主要基于查询和响应机制来完成对组播组成员的管理。

当一个网段中存在多台组播路由器时,只需要其中一台路由器发送 IGMP 成员资格查询报文即可,其原因在于所有的组播路由器都能收到从主机返回的 IGMP 成员关系报告报文(IGMP Membership Report Message)。那么应该由多台组播路由器中的哪一台组播路由器来发送 IGMP 成员资格查询报文呢?这就需要有一个查询器选举机制来确定应该由哪一台组播路由器作为 IGMP 查询器。对于 IGMPv1 来说,由组播路由协议选举出唯一的组播信息转发者作为 IGMP 查询器。

IGMPv1 没有专门定义离开组播组的 IGMP 报文。当运行 IGMPv1 的主机离开某组播组时,不会给任何组播路由器发出任何通知。那么组播路由器是如何知道组播组成员离开了呢?组播路由器采用了十分被动的方式,当网段中不再存在该组播组的任何组成员时,IGMP 组播路由器就收不到任何发往该组播组的报告报文了,经过这样的一段时间之后,IGMP 组播路由器就会基于超时机制来删除该组播组所对应的组播转发项。

2. IGMPv2 的改进

与 IGMPv1 相比,IGMPv2 修改了查询器选举机制,增加了离开组机制、特定组查询功能和最大响应时间字段。

(1) 离开组机制

IGMPv1 中的主机离开组播组后,并不会向任何组播路由器发出离开通知,造成组播路由器只能依靠组播组响应超时来确定组播组成员的离开。而在 IGMPv2 中,当某个主机决定离开组播组时,如果它对最近的 IGMP 成员资格查询报文作出过响应,那么它就会发送一条离开组的消息。

(2) 特定组查询

IGMPv1 中的组播路由器发出的查询是普遍组查询,它是针对网段中的所有组播组的。IGMPv2 在普遍组查询之外增加了特定组查询,特定组查询报文中的目的 IP 地址是某个组播组的 IP 地址,报文中的组地址域部分也是该组播组的 IP 地址,这样一来就可以避免属于其他组播组成员的主机返回响应报文的情况。

(3) 组播路由器选举机制

当一个网段上存在多个组播路由器的时候,只需要一个组播路由器发送 IGMP 成员资格查询报文即可,原因在于网段上运行 IGMP 的组播路由器都可以收到主机返回的成员关系报告报文。因此,这就需要一个组播路由器选举机制来确定哪一个路由器作为查询器。

IGMPv1 是由组播路由协议来选择查询器的,而 IGMPv2 选举具有最小 IP 地址的组播路由器作为查询器。

(4) 增加了最大响应时间字段

IGMPv2 增加了最大响应时间字段,可以动态地调整主机对 IGMP 成员资格查询报文的响应时间。

3. IGMPv3 的改进

与以上两个版本相比,IGMPv3 在兼容和继承 IGMPv1 和 IGMPv2 的基础上,进一步增强了主机的控制能力,允许主机指定要接收通信流量的主机对象,并增强了查询报文和报告报文的功能。

7.7 TCP

TCP(Transmission Control Protocol,传输控制协议)在通信双方建立了面向连接的通信,并且提供了数据流控制和错误控制,还可以对乱序到达的报文进行重新排序,能够按需重传报文。也就是说,TCP 提供了可靠的、面向连接的数据传输服务。

7.7.1 TCP 主要功能

(1) 多路复用。TCP 通过"IP 地址+端口号"这个套接字实现了区分 IP 地址所在设备上的不同网络应用的目的,从而实现了 TCP 同时对多个应用的支持。

(2) 重传机制。对于没被应答的报文以及在网络传输过程中遭到损坏或丢失的报文,发送方都会重传。

(3) 报文应答。当报文控制头中的 ACK 被置位时,对方必须对收到的报文进行应答,这种方式保证了 TCP 通信属于可靠通信。

(4) 校验数据。封装在 TCP 段中的数据在发送前需要计算校验和的值,并放到 TCP 报文头中,一旦数据到达目的地,接收方会重新计算校验和的值,并与发送方发送的放到 TCP 报文头中的校验和的值进行比较。如果二者相等,说明数据在网络传输中没有改变过;如果不相等,接收方就向发送方发送请求,要求发送方重新发送。

(5) 乱序重排。到达接收方的报文经常是乱序的。主要的原因在于,网络中的路由协议可能对不同的报文选择网络中的不同路径,不同路径的长度有可能不同,这样会导致报文有可能不会按发送时的顺序到达接收方。接收方的 TCP 会缓冲接收到的各个报文,并通过报头中的序列号来把各个报文重新正确地排序。

(6) 流量控制。通信双方可以通过 TCP 报文控制头中的窗口大小字段来进行流量控制。当通信一方的接收数据缓冲区快满时,会向对方通知新的变小的窗口大小,对方收到后,就会按新的窗口大小值发送数据。当一方的接收缓冲完全被填满时,它就会发送最后收到数据的应答报文,并将其中的窗口大小置为 0,这样对方就会停止发送数据报,直到接收缓冲有空闲空间时,就会通过发送包含设置值大于 0 的窗口大小的应答报文,发送收到后,就会重新按新的窗口大小发送。

(7) 计时机制。TCP 在每次传输报文时,都会设置一个计时器。如果计时器在停止时,还没有收到应答报文,发送方就认为该数据报文已丢失,发送方会重传。计时器的另一个作用是可以间接地管理网络拥塞,当超时出现时(也就是说,计时器在停止时也没有收到应答报文),发送方会认为发生了网络拥塞,就会降低发送速率,这在一定程度上可以管理网络拥塞。只有在超时出现时才会减小发送速率,因此,TCP 只会减小自身对拥塞的影响,但不能很好地管理网络拥塞。

7.7.2 TCP 报文格式

TCP 数据报控制头的最小长度是 20 字节,包括如下字段。

(1) 源端口号:TCP 源端口号的长度是 16 位,它是初始化通信的端口号,源端口和源 IP 地址的作用是用来标识该报文的返回地址。

(2) 目的端口号:TCP 目的端口号的长度是 16 位,它用来定义数据报文传输的目的端口,它标识了接收该数据报文的应用程序的接口。

(3) 序列号:TCP 序列号的长度是 32 位,它指出了该数据报中的数据在所传输的所有数据序列中的位置。序列号的一个作用是数据报文的接收端会依据收到的各个报文的序列号将乱序到达的报文重组成有序的形式。报文乱序到达的原因是发送端在发送数据前会将数据分成多个数据报文,并给每一个数据报文分配一个连续的 TCP 序列号,然后依次发送到具有动态路由特征的网络中,不同的报文所经过的路由很可能不同,这样就会造成后面发送的报文比前面发送的报文早到目的地的情况,乱序的报文必须整理成原来的有序情况,TCP 序列号就起这个作用。序列号的另一作用是,由于 TCP 存在重发机制,接收方需要判断收到的报文是新发的报文还是重新发送的报文,这样,发送方就要为每一个报文加一个序列号,通过序列号就可以区分新发的报文和重新发送的报文。

(4) 确认号:TCP 确认号的长度是 32 位,它表示该数据报的接收方希望发送方发送的下一个数据报的序号(也就是序号小于确认号的数据报都已正确地被接收)。

(5) 首部长度:该字段的长度是 4 位,它指定了 TCP 数据报控制头的长度,长度以 32 比特为单位来计算。首部可能含有选项内容,因此 TCP 数据报控制头的长度是不确定的。另外,首部长度实际上也指示了数据域在整个 TCP 数据报中的起始偏移值。

(6) 保留:保留字段的长度是 6 位,并且恒置 0,它是为将来定义新的用途而保留的。

(7) 控制位:控制位字段的长度是 6 位,每 1 位都可以打开一个控制功能,这六个控制位以出现的先后顺序排列依次是:URG 置位表示"紧急指针"字段有效;ACK 置位表示"确认号"字段有效;PSH 置位表示当前报文需要请求者推(push)操作;RST 置位表示复位 TCP 连接;SYN 置位表示在建立 TCP 连接时要同步序号;FIN 置位用于释放 TCP 连接时标识发送方比特流结束。

(8) 窗口大小:窗口大小字段的长度是 16 位,接收方使用该字段来告诉发送方所能接收的数据域大小,发送方根据接收方发来的报文中的该字段的值来调整窗口大小。

(9) 校验和:校验和字段的长度是 16 位,该字段是必须字段。在发送报文前,发送方会将报文头和内容按 1 的补码和计算得到校验和。如果报文头和内容的字节数为奇数,那么就需要在最后补足一个全 0 字节。不过,补足的字节并不在网络上传送。接收方在收到报文后,也要进行相同的计算,如果计算的结果与报文中的校验和的值相同,则说明收到的内容在网络传输时没有被改变过，从而证明了数据传送的可靠性。

(10) 紧急指针：紧急指针字段的长度是16位，是一个可选字段，表示报文中包含紧急信息并指出紧急信息在报文中的位置。这个字段只有当URG置1时才有效，如果URG没被置1，那么紧急指针字段只作为填充。如果在TCP通信中，通信中的一方有紧急数据（比如中断或退出命令）需要尽快发送给双方，并且让接收方的TCP尽快通知相应的应用程序时，就需要使用该字段。在发送方与接收方之间网络中的设备要加快处理标识为紧急的数据段。

(11) 选项：选项的长度不固定，但是长度必须是8位的倍数。通过选项使TCP可以提供一些额外的功能，选项有两种情况，一种是选项是一个单一的选项类型字节，另一种是每个选项由一个选项类型字节、一个选项长度字节和实际的选项数据组成。选项长度包括选项类型的长度、选项长度的长度以及选项数据的长度。

(12) 填充：为了使选项字段对齐32比特，可以采用若干位0作为填充数据。

7.7.3 TCP的连接管理

TCP的连接管理主要包括连接建立和连接释放，其中连接建立需要三次握手。下面以客户端A与服务器端B建立TCP连接以及释放TCP连接为例，来介绍TCP的连接管理过程。

(1) 为了建立连接，作为服务器端的B，会执行LISTEN和ACCEPT原语来被动地等待一个到达的连接请求。

(2) 作为客户端的A会执行CONNECT原语，指明想要连接到的IP地址和端口号，设置它能够接收的TCP数据报的最大值以及一些可选数据。CONNECT原语向B发送一个特殊的TCP报文，这个报文不包含任何应用层数据，但是报文控制头中的控制位SYN＝1（因此，这个报文也叫SYN报文）、ACK＝0，并将序列号置为随机选择的起始序号，然后等待B的响应。

(3) B收到该报文后，首先察看是否有进程在侦听所接收的报文中的目的端口。如果没有，B将发送一个RST＝1的应答，拒绝建立该连接。如果某个进程正在侦听该端口，便将收到的TCP报文交给该进程，该进程会为该TCP连接分配TCP缓存和变量，并向A发送允许连接的报文（该报文也不包含应用层数据），该报文中填有对A报文的确认号（该报文就是确认报文），并在报文中填上希望的初始序号。

(4) A收到来自B的确认报文，也要给该TCP连接分配缓存和变量，A还会向B发送一个置SYN为O的报文，并且填有相应的确认号。

(5) 为了释放连接，A和B都要向对方发送终止连接的请求。提出终止的一方，向另一方发送一个FIN＝1的TCP报文，表明本方已无数据发送。当FIN报文被确认后，那个方向的连接即告关闭。当两个方向上的连接均关闭后，该连接就被完全释放。一般情况下，释放一个连接需要四个TCP报文，即每一个方向均有一个FIN报文和一个ACK报文。

7.7.4 TCP差错控制机制

TCP差错控制机制包括的内容有，检测报文失序、报文丢失、报文重复和报文受损，以及检测出错后的纠错机制。

TCP 通过三种方式来完成差错检测功能，它们是校验和、确认、超时重传。

(1) 校验和

每一个报文都包括校验和字段，该字段用来检测报文受损。详见“TCP 报文格式”一节中的“校验和”解释。

(2) 确认

TCP 使用确认的方式来告诉发送方已正确无误地接收了该报文。

(3) 超时重传

如果一个报文在超时之前没有被确认，发送方就会认为该报文受损或已丢失。

7.7.5 TCP 流量控制机制

如果发送方发送数据过快，超过接收方的接收能力，会使接收方接收缓冲区溢出，接收方可能来不及接收后面的数据，从而造成了数据丢失。流量控制就是点对点通信量的控制，这是端到端的问题。流量控制所要做的就是让发送方发送速率与接收方接收速率相匹配，使得发送方的发送速率不过快，能让接收方来得及接收的一种机制。TCP 具有流量控制的能力，分别采用了滑动窗口机制与控制 TCP 报文发送时机的办法，下面分别介绍。

1. 滑动窗口机制

利用滑动窗口机制可以在 TCP 连接上实现对发送方的流量控制。

滑动窗口机制的基本原理：在任意时刻，发送方都维持一个连续的允许发送的报文序列号，这些序列号形成发送窗口，发送窗口内的序列号代表了那些已经被发送，但还没有被确认的报文，或者那些可以被发送的报文；同时，接收方也维持一个连续的允许接收的报文序列号，这些序列号形成接收窗口。发送窗口和接收窗口的大小以及它们的序列号上下边界都不要求相等。

在 TCP 连接建立时，接收方会告诉发送方它的接收窗口的大小，发送方的发送窗口就不能超过接收方给出的接收窗口的数值。

TCP 会为每一个连接设有一个持续计时器，平时该计时器处于未启动状态下，只有当 TCP 连接的一方收到来自对方的零窗口通知时，就会启动持续计时器。如果持续计时器超时，就会发送一个零窗口控测报文(带有 1 字节的数据)，那么收到这个报文的一方就会重新设置持续计时器。

不同的滑动窗口机制的窗口大小一般不同。若从滑动窗口的观点来统一看待 1 比特滑动窗口协议、后退 n 协议以及选择重发协议三种协议，它们的差别仅在于各自窗口大小的尺寸不同。

(1) 1 比特滑动窗口协议

1 比特滑动窗口协议中的发送窗口大小固定为 1，并且接收窗口大小固定为 1。

当发送窗口和接收窗口的大小固定为 1 的时候，滑动窗口协议就退化为停等协议。该协议规定发送方每发送一个报文就要停下来，在等待接收方已正确接收的确认报文返回以后才能继续发送下一个报文。停等协议规定只有在一个报文完全发送成功的情况下才能发送下一个报文，因此 TCP 报文控制头中的序列号只需要一个比特就足够了。

(2) 后退 n 协议

后退 n 协议中的发送窗口大小要大于 1,并且接收窗口大小固定为 1。

由于停等协议要在每一个报文确认后才能发送下一个报文,这样就大大地降低了通信信道的利用率,基于此,提出了后退 n 协议。在后退 n 协议中,发送方在发送完一个报文以后,不用停下来等待接收方的确认报文,而是继续连续发送后面的若干个报文,并且发送方每发送一个报文都要设置一个超时计时器。如果超时仍未收到确认报文,就需要重发该报文以及它之后的所有报文。比如,在发送方发送完 N 个报文以后,如果发现第 M 个报文($M<N$)在计时器超时后仍未收到确认报文,就会认为该报文出错或丢失,发送方就需要重新发送第 M 个报文以及后面的所有报文。

后退 n 协议一方面由于连续发送报文而提高了通信效率,但另一方面,在超时重传时,又会因为一个报文的缘故而必须重传已正确传送过的报文,降低了通信效率。因此,在网络传输通道的传输质量很差而导致误码率较大的场景下,不适合使用后退 n 协议。

(3) 选择重发协议

选择重发协议的发送窗口大小要大于 1,并且接收窗口大小也要大于 1。

在选择重发协议中,发送方在发送完一个报文以后,不用停下来等待接收方的确认报文,而是继续连续发送后面的若干个报文。在接收方发现某个报文出错以后,虽然这个时候不能把在出错报文之后连续收到的正确报文交给应用,但是接收方会把这些正确的报文存放到一个缓冲区中,并且会要求发送方重新发送出错报文。在收到重新发送过来的报文以后,就可以将它与之前存放到缓冲区中的报文一起交给应用。这种方法被称为选择重发,显然,它减少了浪费,因而它的效率更高。不过,该方法要求接收方要有足够大的缓存来存储报文。

2. 控制 TCP 报文的发送时机

(1) 推送(push)操作:发送方的应用进程要求发送报文。

(2) 超时发送:发送方的计时器超时,把缓存中的已有数据封装成报文(不过,报文长度不能超过 MSS)并发送出去。

(3) MSS 发送:TCP 维持一个等于最大报文段长度(Maximum Segment Size,MSS)的变量,一旦缓存中存放的数据达到 MSS 字节,就封装成一个 TCP 报文并发送出去。

7.7.6 TCP 拥塞控制机制

拥塞是指发送到网络中的报文数量过多,使得网络来不及处理,从而造成网络带宽下降、QoS 无法保证的现象。

拥塞控制是在网络能够承受现有网络负荷的情况下,阻止过多的数据发送到网络中,使得网络不致过载的一种机制。事实上,拥塞控制涉及网络中与降低网络性能有关的所有因素,它是一个网络全局性的控制机制。

TCP 的拥塞控制方法包括慢启动(slow start)和拥塞避免(congestion avoidance)、快速重传(fast retransmit)和快速恢复(fast recovery),下面分别介绍。

1. 慢启动和拥塞避免

慢启动和拥塞避免是发送方必须实现的方法，发送方采用慢启动和拥塞避免方法来避免向网络发送大量的突发数据而造成网络拥塞。

（1）参数

慢启动和拥塞避免方法中采用了一些参数，这些参数需要通信双方来考虑，但它们并不在 TCP 报文中出现。

① 拥塞窗口（congestion window，cwnd）是指发送方在收到对方的 ACK 确认报文前允许发送的数据量，拥塞窗口的大小取决于网络的拥塞程度，并随着网络的拥塞程度而动态变化。

发送方控制拥塞窗口的原则是，只要网络没有出现拥塞，就增大拥塞窗口，以便发送更多报文。一旦网络出现拥塞，就减小拥塞窗口，以减少发送到网络中的报文数量。

慢启动和拥塞避免算法都是描述如何扩大该值的。

② 通告窗口（advertised window，rwnd）是指接收方接收了但还没来得及发送 ACK 确认报文的数据量。

③ 慢启动阈值（slow start threshold，ssthresh）是为了防止 cwnd 增长过大而引起网络拥塞的一个参数，用来判断是否使用慢启动或拥塞避免来控制流量，是一个动态变化量。

（2）算法

① 慢启动算法

慢启动算法的思路是，开始发送报文之初，由于不清楚网络的负荷情况，不能立即将大量数据发送到网络，否则就有可能引起网络拥塞，而是通过探测的手段，也就是由小到大地逐渐增大发送窗口（即拥塞窗口），具体如下。

发送方在刚开始发送报文时，拥塞窗口 cwnd 初始化成 1 个最大报文段（MSS）的大小，发送方开始按照拥塞窗口大小发送数据，每经过一个传输轮次（即，把 cwnd 所允许发送的报文数量都连续发送出去，并且收到了对已发送的最后一个报文的确认），就把拥塞窗口增加一倍，这样 cwnd 的值就随着网络往返时间（Round Trip Time，RTT）呈指数级增长。用这样的方法逐步增大发送方的拥塞窗口 cwnd，可以使分组注入网络的速率更加合理。事实上，慢启动的速度一点也不慢，只是它的起点比较低一点而已。

当拥塞窗口 cwnd 超过慢启动阈值 ssthresh 以后或观察到出现拥塞现象时，就停止慢启动算法而使用拥塞避免算法。

② 拥塞避免算法

拥塞避免就是让拥塞窗口 cwnd 缓慢地增大，也就是每经过一个网络往返时间 RTT，就把发送方的拥塞窗口 cwnd 增加 1 个最大报文段（MSS）的大小，而不是加倍增加，这样拥塞窗口 cwnd 就会按线性规律缓慢增长，会比慢启动算法中的拥塞窗口大小呈指数级增长速率要缓慢得多。

由于拥塞避免算法控制拥塞窗口大小按线性规律增长，只是使网络不容易出现拥塞，而利用拥塞避免措施要完全避免网络拥塞是不可能的。

③ 慢启动门限 ssthresh 的使用方法

- 当 cwnd < ssthresh 时，使用慢启动算法，拥塞窗口 cwnd 随着传输轮次按指数规律

增长。

- 当 cwnd > ssthresh 时，停止使用慢启动算法而改用拥塞避免算法，拥塞窗口 cwnd 随着传输轮次按线性规律增长。
- 当 cwnd = ssthresh 时，既可以使用慢启动算法，也可以使用拥塞避免算法。
- 无论是在慢启动阶段还是在拥塞避免阶段，只要发送方发现网络出现拥塞（如果发送方设置的超时计时器超时但还没有收到确认报文，网络就有可能出现了拥塞），就把慢启动门限 ssthresh 减半（但不能小于 2），并且拥塞窗口 cwnd 重新设置为 1，执行慢启动算法。目的就是迅速减少发送到网络中的报文数量，使得网络有足够时间把之前发送到网络上的积压的报文处理完毕。

2. 快速重传和快速恢复

TCP 发送方应该实现但不是必须实现快速重传算法。与快速重传配合使用的是快速恢复算法，它们的执行过程要点如下所述。

（1）TCP 接收方收到错序的 TCP 报文时要返回重复的 ACK 确认报文，告诉发送方可能出现网络丢包的情况。当发送方连续收到三个重复确认报文以后，发送方就会认为确实发生了报文丢失或传输路径可能发生了拥塞，发送方就会启动快速重传算法，根据确认号快速重传那个可能丢失的报文而不必等重传定时器超时后再重传（而普通的重传必须等到重传定时器超时还没收到 ACK 报文时才进行），发送方进行了快速重传后就进入快速恢复阶段，直到没有再收到重复的 ACK 确认报文为止。

（2）为了预防网络发生拥塞，发送方会同时将慢启动门限 ssthresh 减半（如果还发生丢包现象，会继续减半），由于发送方认为网络现在很可能还没有发生拥塞，因此，发送方此时并不执行慢启动算法（也就是不设置拥塞窗口 cwnd 为 1），而是把 cwnd 值设置为慢启动门限 ssthresh 减半后的数值，然后开始执行拥塞避免算法，使拥塞窗口缓慢地线性增大。

采用上述的拥塞控制方法使得 TCP 传送数据的性能有了明显的改进。

3. 发送窗口与接收窗口

接收方根据自己的接收能力设定了接收窗口（receive window，rwnd），并在发送给发送方的报文中将 rwnd 值写入到报文控制头窗口大小字段中，这样，接收窗口又称为通知窗口。

从接收方对发送方的流量控制的角度来看，发送方的发送窗口一定不能超过接收方给出的接收窗口 rwnd 的大小，也就是发送窗口的上限值为 Min[rwnd，cwnd]。

（1）在 rwnd < cwnd 的情况下，接收方的接收能力会限制发送方窗口的最大值。

（2）在 cwnd < rwnd 的情况下，网络的拥塞会限制发送方窗口的最大值。

7.8 UDP

UDP（User Datagram Protocol，用户数据报协议）与 TCP 一样都属于第四层传输层。

7.8.1 UDP的特点

UDP不存在计时机制、流量控制机制以及拥塞控制机制，也没有应答确认、紧急数据的加速传送等功能。UDP使用尽力的方式传送数据报，而且在由于某些原因所导致的传输失败、数据报被丢弃等情况下，UDP并不重传数据报。这样，UDP提供了无连接的、不可靠的数据报传输服务，这意味着UDP并不保证数据报能够到达目的地，也不保证所传送数据报的顺序是否正确。

UDP的简单性使UDP不适合某些应用，UDP的应用范围包括：

(1) 适合于自身提供面向连接功能的应用；

(2) 适合于不需要流量控制、应答、重新排序等功能的应用，比如，在路由器之间传输路由表更新数据、传输网络监控数据等。

7.8.2 UDP报文格式

UDP数据报控制头所包含的字段如下。

(1) 源端口号：UDP源端口号的长度是16位，作用与TCP数据报中的源端口号字段相同，是源端应用进程的网络连接号，源端口号和源IP地址一起用来标识和寻址源端应用进程。

(2) 目的端口号：UDP目的端口号的长度是16位，作用与TCP数据报中的目的端口号字段相同，是目的端应用进程的网络连接号，目的端口号和目的IP地址一起用来标识和寻址目的端应用进程。

(3) 校验和：校验和的长度是16位，该字段是可选项，用来对UDP数据报控制头和UDP数据域进行校验。发送端与接收端会执行相同的校验和计算操作，并通过比较两个计算值是否相同来确定数据报在网络传输过程中是否出现了错误。

(4) 数据报长度：数据报长度字段的长度是16位，以字节为单位，是UDP数据报控制头和UDP数据域的总长度。

7.8.3 UDP和TCP区别

TCP和UDP都是传输层协议，都采用IP协议作为它们的网络层协议，但是它们是被设计用来做不同事情的。

(1) TCP和UDP的主要差别在于可靠性。TCP高度可靠，而UDP不具有TCP所具有的可靠机制，它是一个尽力转发数据报的协议，它不保证数据不受损害地到达目的端。

(2) TCP比UDP更复杂，需要大量的资源开销，而UDP更简单，节约资源。

(3) 对于数据分成多个报文并且需要对数据流传输进行调节的场景，TCP更适合，而UDP更适于发送小的、单独的报文。

(4) UDP的操作执行比TCP快很多，UDP具有TCP所不及的速度优势，UDP比TCP更高效，因此UDP适于不断出现的、与时间相关的应用。比如，IP上传输的语音和实时的可视会议。

7.9 传输层端口

7.9.1 端口的作用

由于在一台主机上可能会有多个网络应用程序在同时运行，这些应用程序都通过主机的一个 IP 地址与外界通信，那么，当一个 IP 分组到达主机时，这个 IP 分组内的数据应该发送给哪一个应用呢？而且，不同的应用都采用同一个 IP 地址向外界发送消息，外界应用是如何来区分是哪一个应用发送来的消息呢？显然，只靠一个 IP 地址是无法区分位于相同主机上的不同应用的，主要是单独依靠 IP 地址无法区分该 IP 地址下的不同的通信流，原因在于 IP 地址与应用的对应关系是一对多的关系，必须采用某种机制来唯一标识同一 IP 地址下的不同的通信流。

TCP 协议和 UDP 协议都是位于 IP 层之上的传输层协议，在 TCP 数据分组或 UDP 数据分组的控制头部分，都有“源端口”和“目标端口”字段。那么“端口”的作用是什么呢？TCP 端口号和 UDP 端口号都用来标识运行在单个设备上的多个应用程序，也就是说，通过采用不同的传输层端口来分辨运行在同一台设备上的多个上层应用程序。事实上，套接字由应用的端口号和所在设备的 IP 地址联合构成，通过“IP 地址＋端口号”这个套接字实现了区分网络上的不同网络连接的目的。因此，套接字描述了唯一的主机上的应用，在表达上，使用“：”把 IP 地址和端口号分开，比如，套接字 168.1.2.6：888 标识了主机 168.1.2.6：888 上的应用，而应用的端口号为 888。

对于 TCP 而言，每个 TCP 连接由发送方端口和接收方端口两个端口来唯一识别。由于所有 TCP 连接由两对 IP 地址和 TCP 端口的组合来唯一识别(发送方或接收方都有一个 IP 地址与端口对)，这样的话，每个 TCP 端口能够同时提供对多个连接的共享访问。

通过上面的内容，可以了解端口的作用。曾经有人将 IP 地址与端口之间的关系做了如下的比喻：如果把 IP 地址比作一间房子，那么端口就是出入这间房子的门。

7.9.2 端口的分配

端口通过端口号来标记，传输层的端口号有一个范围，TCP 和 UDP 都采用 16 位的端口号来识别应用程序，因此它们的端口号的范围都是 0～65535。

面对 16 位的端口空间，每一个应用应该如何选择端口号呢？端口号分配的原则是必须保证在本机上是唯一的。

端口号的分配方法有静态和动态两种，可以由系统分配或由用户指定。对于标准应用，一般采用静态分配的方式，而对于由用户开发的应用，端口号则采用动态分配的方式，由用户指定。

一般将 16 位端口空间按端口号大小分成两大类，分别是公认端口、动态端口，下面分别介绍。

(1) 公认端口(Well Known Ports)：公认端口号的范围是 0～1023，它们与一些上层标准应用紧密绑定在一起，这些端口号一般固定分配给一些应用，IETF 的 IANA(Internet

Assigned Numbers Authority,Internet 号分配机构)负责管理公认端口号的分配。一些公认端口号已成为某些常用应用的代名词。比如:

- FTP(文件传输协议)服务器的端口号是 TCP 的 21;
- Telnet(远程登录)服务器的端口号是 TCP 的 23;
- SMTP(简单邮件传输协议)服务器的端口号是 TCP 的 25;
- HTTP(超文本传输协议)的端口号是 TCP 的 80;
- POP3(邮局协议的第 3 个版本)的端口号是 TCP 的 110;
- SNMP(简单网络管理协议)的端口号是 TCP 的 161;
- Snmp Trap(SNMP 自陷)的端口号是 TCP 的 162;
- DNS(域名系统)的端口号是 UDP 的 53;
- Tftp(简单文件传输协议)服务器的端口号是 UDP 的 69。

(2) 动态端口(Dynamic Ports)

动态端口号的范围为 1024～65535,比 1023 大的端口号通常被称为高端口号,这个范围内的端口号一般不固定分配给某个应用,也就是说,只要运行的应用向系统提出访问网络的申请,那么系统就会从这些端口号中分配一个供其使用。

本章小结

本章是全书理论部分的重点章节,掌握本章内容是掌握网络管理原理和正确开展网络管理实践的重要基础。

在教学上,本章的教学目的是让学生掌握 TCP/IP 模型中各层协议的主要功能以及涉及的具体技术,本章重点是学习 IPv4、IPv6、ARP、ICMP、TCP、UDP 等各个主要协议的工作原理,本章难点是 IPv4、TCP。

习　　题

1. 简答题

(1) 简述 TCP/IP 模型的四层组成,并列出各层对应的主要协议。

(2) 简述 IPv4 的主要功能。

(3) 简述 IPv4 地址的 A 类、B 类、C 类、D 类和 E 类等五类地址的特点。

(4) 什么是网络地址转换?

(5) 简述 DHCP 的分配方式。

(6) 与 IPv4 相比,IPv6 具有哪些优势?

(7) 简述 TCP 的主要功能。

(8) 简述 TCP 连接建立过程中所需要的三次握手过程。

(9) 简述 UDP 和 TCP 的区别。

2. 填空题

(1) 每一个 IP 地址由两部分组成,分别是(　　)地址和(　　)地址。

(2) 子网划分就是将 IP 地址中的主机地址分成两个部分，其中一部分作为(　　)，另一部分作为(　　)。

(3) 网络地址转换技术的实现方式有多种，其中包括(　　)、(　　)和(　　)。

(4) IPv6 支持三大类地址，分别是(　　)地址、(　　)地址和(　　)地址。

(5) 一般将传输层的端口空间分成两大类，分别是(　　)和(　　)。

第8章　网络管理系统

网络管理系统是计算机网络系统的重要组成部分，该系统直接影响了计算机网络系统运行的效率，只有功能强大的网络管理系统或应用，才能保证计算机网络能够高速而协调地运行。事实上，网络管理技术已经随着计算机网络的发展而迅速发展起来，成为一个独特的研究和开发领域。国际化标准组织(International Organization for Standardization，ISO)、IEEE和ITU-T等已推出了许多与网络管理系统相关的国际标准。下面将介绍网络管理的基本内容。

8.1　网络管理简介

如今，计算机网络的覆盖范围越来越大，网络中设备的数量越来越多，网络中设备的种类多种多样，计算机网络的规模越来越大(大到由多个网络互联所构成的极其庞大、极其复杂的互联网)，计算机网络用户数在不断增加，计算机网络中的共享数据量在不断剧增，计算机网络的通信量在不断剧增，计算机网络的应用软件类型在不断增加，网络的异构性越来越高(网络往往由若干个规模不等的子网组成，这些网络中包含了多种网络操作系统平台、多种不同厂家的设备以及不同类型的网络应用等)，并且各种先进的计算机技术和网络技术也层出不穷，使得计算机网络在人们生活中以及工作中所发挥的作用已经从以前的辅助角色转变成不可替代的角色。

在网络出现之初，人们就已经认识到了采用自动化的网络管理技术来替代人工管理网络的重要性。随着所管理的网络日益复杂和庞大，相对应的网络管理系统也越来越复杂和庞大。面对当前开放式的、异构的互联网环境，通用的网络管理系统或网络管理协议对于提高网络管理水平、提高网络管理效率是十分重要的。

计算机网络管理就是对网络资源进行规划、设计、配置、组织、监测、分析和控制，使网络资源能够得到最有效的利用，能及时地分析与排除在网络中遇到的故障或者潜在的问题，最大限度地提高计算机网络的服务质量、工作性能和运行效率，并确保计算机网络能够尽可能长时间的正常地、经济地、可靠地、安全地运行。计算机网络管理的各种功能和操作应该能够以文本、表格、图形等多种多样的可视化的方式呈现给网络管理人员，接受网络管理人员的命令并监测命令执行的结果，最终使得网络上承载的应用系统能够顺利地运行。

计算机网络管理过程通常包括数据收集、数据分析和数据处理。计算机网络管理系统的复杂性取决于所管理网络资源的数量和种类。计算机网络管理系统应该能够提供尽可能多的管理功能，并且保证尽可能小的系统资源开销，能够简化异构网络环境下的管理，通过提供集中的、统一的网络操作控制环境来管理所有的异构网络，能够容纳其他不同的网络管理系统，并将网络管理标准化。

因此，计算机网络管理系统对于保持计算机网络良好的运行状态显得越来越重要。如果没有一个高效的网络管理系统来管理网络，就很难保证为网络用户提供令人满意的网络服务。

目前，计算机网络管理已经成为整个计算机网络系统中不可缺少的重要组成部分，计算机网络管理技术也成为计算机网络技术发展中的一个重要的关键技术，它在很大程度上影响了计算机网络的发展。

8.2 网络管理基本功能

国际标准化组织(ISO)在ISO/IEC 7498-4文档中定义了网络管理的五大功能，分别是故障管理、计费管理、配置管理、性能管理和安全管理。这五项功能是网络管理的最基本功能。一般而言，一个网络管理系统应该同时具备这五项功能，但是，也可以根据实际网络情况以及用户的需求只实现其中的某些功能。下面分别介绍这五项网络管理功能。

8.2.1 故障管理

在网络十分普及的今天，人们的生活与工作对网络的依赖都很大，因此用户对网络的可靠运行要求很高。利用故障管理技术，可以大大提高网络的可靠性。

故障管理是网络管理的最基本功能之一，故障管理就是收集、过滤和归并网络事件，有效地发现、确认、记录和定位网络故障，分析故障原因并给出排错建议与排错工具，形成故障发现、故障告警、故障隔离、故障排除和故障预防的一整套机制。

从故障管理的定义来看，故障管理最主要的作用是通过提供快速地检查网络问题并且启动恢复过程的工具，从而增强网络的可靠性。解决已出现的问题是故障管理的主要任务之一，另一个比较关键的任务是根据当前和历史上出现的故障现象，统计分析故障原因并防止类似故障的再次发生，由于网络故障产生的原因往往相当复杂，特别是当故障是在由组成的多个网络共同引起故障的情况下，分析网络故障原因也就成为网络故障管理的核心内容之一。

故障管理的范围包括网络中的所有硬件和软件中的故障。由于网络故障会导致不可接受的网络性能下降甚至整个系统瘫痪，这就决定了网络故障管理必须是实时的。在对网络实时监控的基础上，即时发现问题并快速地、及时地解决出现的问题，避免故障扩大和漫延。

因此，故障管理是网络管理各功能中被广泛实现的一种功能。

故障管理的主要功能如下。

(1) 故障管理范围的确定

在故障管理中，并不是所有的故障事件都会对网络的正常运行产生影响，故障管理需要首先确定它的管理范围，才能在故障报告中反映出合适的、对网络管理员有意义的信息。

以下因素将影响故障管理功能来决定管理哪些故障事件。

① 对网络的控制范围：它将影响从网络设备上获得的信息的数量。

② 网络的大小：一般而言，在大型网络中，故障管理只会监测最重要的主机和网络设备的关键事件。

(2) 故障事件级别的确定

将检测的故障事件按重要性程度分成多个等级，不同等级的故障事件的处理方式也会不同。比如，不严重的简单故障通常被记录在错误日志中，并不作特别处理；而严重的故障则需要报警。

(3) 梯度告警设置

提供梯度告警管理功能，能够灵活的配置梯度告警策略，内容包括梯度范围以及门限。

(4) 故障实时监测

故障管理应该提供一套完整的故障监测功能，具有统一的故障接收和监测界面。通过主动探测以及被动接收网络上的各种事件信息的方式来实时监测网络中各种设备、通信链路、通信软件等运行状态，针对故障种类而生成不同级别的告警，对其中的关键部分保持跟踪，生成网络故障事件记录等各种相关日志文件和统计报表。

(5) 故障告警通知

故障告警通知的形式有多种，包括文字、图形、声音、电子邮件、短信等。其中，以故障日志的形式存在的文字信息能够持久保存，信息来源于各种网络事件的分析和记录；图形的报警方式十分形象，也是经常使用一种告警方式，比如在网络拓扑图上显示告警；声音告警可以快速地提示网络管理员发生了某种特定故障，声音告警方式一般应用在关键的、重要的故障场景中。声音告警的不足是，如果网络管理员不在告警现场，就起不到相应的作用了。因此，声音告警方式只能作为文字信息方式的补充；对于一些严重故障的告警，可以采用电子邮件或短信的方式通知决策管理人员。一般情况下，采用上述告警方式中的某几个组合在一起使用。

(6) 告警信息预处理

故障管理系统能够自动记录故障状态信息、自动更新故障状态信息，对于大量的、重复的故障事件信息，能够压缩和归并，从而避免了大量重复故障事件对网络管理员的分析、判断行为造成不必要的干扰。

(7) 故障信息管理

故障信息管理是依靠对故障事件的分析，来确定网络故障并记录故障排除的步骤，同时记录与故障相关的值班员日志，构造排错操作记录，依照"事件→故障→日志"的顺序构成逻辑上相互关联的故障处理记录，从而反映了故障产生、变化、消除的整个过程。不仅方便了网络管理，也方便了日后对相似故障的快速处理。

(8) 故障信息统计

在"故障信息管理"的基础上，可以依据时间、使用者、设备、故障等来统计分析故障地点、故障内容、故障次数、故障处理平均响应时间、故障平均修复时间和故障处理状态等，不仅可以评估网络中各个设备、各条链路、各个软件的工作可靠性，也能够依据多个关键词来查寻历史故障数据，也能为日后的故障预防提供依据。

(9) 故障诊断

执行故障诊断测试，来寻找故障发生的准确位置，根据故障现象以及历史故障情况，来寻找并确定故障发生的原因。

(10) 故障修复

根据故障诊断的结果，首先将故障点从正常系统中隔离出来，并根据故障原因和历史解决方法进行故障修复。

(11) 检测与排错支持工具

向网络管理员提供一系列实时检测工具和排错工具，检测工具用来检测被管网络对象的运行状况并记录检测结果，以供网络管理员分析；根据检测结果和网络管理员已有的排错经验，利用故障管理提供的排错支持工具进行故障排除。

8.2.2 计费管理

计费管理就是通过收集网络用户对网络资源和网络应用的使用情况信息，生成多种使用信息统计报告，并根据一定的计费规则(比如，根据用户使用的网络流量、用户的网络使用时间或用户使用的网络应用等)，采用一定的网络计费工具，生成计费单。

计费管理的主要作用是通过跟踪网络用户对网络资源的使用情况，计算网络用户使用网络资源所需要的费用，以及对网络用户收取合理的费用，增加了网络管理员对网络用户使用网络资源情况的认识，使得网络管理员可以控制和监测网络使用的费用和代价，也可以估算出网络用户使用网络资源可能需要的费用和代价，同时通过规定网络用户可以使用的最大费用，从而控制了网络用户过多地占用和使用网络资源，可以促使网络用户合理地使用网络资源，提高了网络资源的使用效率，维持了网络正常的运行和发展。另外，网络管理员也可以根据情况更好地为网络用户提供所需要的网络资源。

计费管理的主要功能如下。

(1) 统计资源利用率

统计网络以及所包含资源的利用率。

(2) 确定费率

确定不同时期、不同时间段、不同网络资源的费率。

(3) 计费数据管理与维护

建立和维护计费数据库，能对任何网络资源的使用情况进行计费，由于计费管理的人工交互性较强，虽然有很多数据维护系统可以自动完成，但是仍然需要人为管理，包括联网单位信息维护、交纳费用的输入以及账单样式决定等。

(4) 计费数据采集

计费数据采集是整个计费系统的基础，计费数据的采集一般会受到采集设备硬件与软件的制约，并且会与进行计费的网络资源有关。

(5) 计费政策制定

根据管理和市场的需求，计费政策会经常改变，因此，计费管理具有用户自由制定并输入计费政策的功能十分必要，也就是需要一个完善的实现计费政策的数据模型和制定计费政策的友好人机界面。

(6) 计费政策比较与决策支持

计费管理应该能够比较多套计费政策的数据，并为政策制订提供决策依据。

(7) 计费数据分析与费用计算

利用网络用户的详细信息、计费政策和采集的网络资源使用数据，来计算网络用户使用网络资源的情况，并计算出应交纳的费用。

(8) 计费数据查询

网络用户可以按照时间、地址等多种信息来查看网络资源的使用情况以及收费情况。

(9) 计费费用分摊

根据网络用户所使用的特定应用，在若干个用户之间分摊费用。

(10) 计费控制

计费管理能够对指定网络用户进行费用限量控制，当网络用户超过使用限额时，就可以采用相应的处理，比如，将该用户封锁。

8.2.3 配置管理

配置管理具有初始化网络和配置网络的功能，配置管理的目的就是为了实现网络中的某个特定功能或者使网络性能达到最优。配置管理通过对网络设备的配置数据提供快速的访问，它能使网络管理员可以将正在使用的配置数据与存储的数据进行比较，并且可以根据需要进行方便地修改配置，从而增强了网络管理员对网络配置的控制能力。设备配置数据包括各种详细信息，比如设备的软硬件厂家、设备名字以及设备的运行和管理状态等。由于网络设备的各种属性值是可配置的，这样网络管理系统就可以控制网络设备的运行状态。此外，随着网络的不断发展，网络设备的更新，网络设备及其功能、连接关系、工作参数等都会发生变化。网络管理系统必须对这些网络资源进行动态的、有效的管理。原因在于，网络设备的各种配置信息对于维持一个稳定运行的网络是十分重要的，尤其是一部分关键网络设备的配置决定了该计算机网络的表现。

从网络设备可以获取的配置信息大致可以分为三类。

- 第一类是在网络管理协议标准 SNMP(Simple Network Management Protocol，简单网络管理协议)或 CMIP(Common Management Information Protocol，通用管理信息协议)的 MIB(Management Information Base，管理信息库)中定义的配置信息。
- 第二类是网络管理协议标准中没有定义，但是对网络设备运行比较重要的配置信息。
- 第三类是用于网络管理的一些辅助信息。

网络设备中可以设置的配置信息大致可以分为三类。

- 第一类是可以通过网络管理协议标准 SNMP 或 CMIP 中定义的方法(比如 SNMP 中的 set 命令)进行设置的配置信息。
- 第二类是需自动登录到设备进行配置的信息。
- 第三类是需要修改的管理性配置信息。

配置管理的主要功能如下所述。

(1) 自动获取配置信息

网络管理系统应该提供方便的自动获取配置信息的功能。

一个大型网络中需要配置的网络设备非常多，如果完全依靠网络管理员手工输入来配置每台网络设备，工作量是相当大的，也存在出错的可能性。并且对于不熟悉网络结构的人员来言，这项工作几乎是无法完成的。因此，自动获取配置信息功能使得在管理人员在不是很熟悉网络结构和配置状况的情况下，也能快速、无误地完成对配置信息的获取工作。

不仅大型网络需要配置信息自动获取功能，该功能在小型网络中的应用也会提高配置工作效率。

(2) 写入配置信息

自动获取配置信息功能相当于从网络设备中读取配置信息，相应的，网络设备也有写入配置信息的需求。网络管理系统应该能够提供写入网络配置信息的功能，初始化或关闭被配置对象。

(3) 配置一致性检查

需要提供对整个网络的设备配置情况进行一致性检查的手段。

对网络中的多个网络设备进行配置，由于多种原因导致配置一致性问题，必须对整个网络的设备配置情况进行一致性检查。在网络配置中，需要进行一致性检查的两类主要信息即对网络正常运行影响最大的两类信息分别是路由器端口配置和路由信息配置。

(4) 用户操作记录功能

网络设备配置操作的安全性是整个网络管理系统的核心安全内容，必须记录网络管理员所做的每一个配置操作。将配置操作记录并保存下来以后，网络管理员可以随时查看特定用户在特定时间内所进行的特定配置操作。

8.2.4 性能管理

性能管理是采集、分析网络以及网络设备的性能数据，以便发现和矫正网络或网络设备的性能是否产生偏差或下降。同时，统计网络运行状态信息，对网络的服务质量作出评测、估计，为网络进一步规划与调整提供依据。性能管理包括两大类基本功能，分别是监测(监测功能主要是收集并分析性能数据)和调整(调整功能就是改变性能参数来改善网络的性能)。

性能管理使网络管理员能够监测网络运行的关键参数，性能分析的结果可能会触发诊断测试或重新配置网络以维持网络的性能，还指出了网络中哪些性能可以改善以及如何改善，性能管理的目的是维护网络服务质量和网络运营效率。

利用性能管理功能，网络管理员可以监控网络设备和网络连接的工作状况，并且可以利用收集到的性能数据来推测网络的工作状态趋势，分析出性能问题，从而实现在这些问题对网络性能产生不利影响之前就予以解决的目的。

(1) 性能管理的工作流程

① 为每一个重要的性能参数设置性能阈值，超过该阈值就意味着出现了性能问题。

② 收集性能数据。

③ 分析性能数据，并判断网络是否处于正常水平，并产生性能报告。

④ 根据性能统计数据，调整相应的配置参数，改善网络性能。

(2) 性能管理的主要功能

① 性能监测

网络管理系统应能通过标准的网络管理接口定期采集流量、负载、延迟、丢包率、CPU利用率、内存等网络设备或链路的性能数据，并可任意设置数据采集间隔。性能数据的采集一般是基于轮询的方式，用固定的时间间隔把不同时刻的性能参数以图形方式展示出来，以达到网络管理员对网络性能数据进行监控的目的。

② 性能数据保存

能够记录和维护当前的性能数据以及历史的性能数据。

③ 阈值控制

可对网元的每一个性能属性设置阈值，对于特定属性，可以针对不同时间段和性能指标进行阈值设置，也可以设置阈值检查开关来控制阈值检查操作和溢出告警操作。

④ 性能分析

对当前性能数据和历史性能数据进行分析、统计和整理，并对性能状况作出判断，计算性能指标，从而为网络规划提供参考。

⑤ 性能报告

根据性能数据采集或性能分析的结果，生成性能趋势曲线，以直观的报告形式来反映性能数据采集或性能分析的结果。也可以生成各种相关日志文件和统计报表，来评估网络运行的性能情况。

⑥ 性能告警

能够根据告警策略发出与性能数据相关的告警。

⑦ 性能数据查询

能够通过列表或按关键字检索的形式查询性能数据。

8.2.5 安全管理

安全管理就是约束和控制对网络资源以及重要信息的访问，按照一定的策略来控制对网络资源的访问，以保证网络资源不被非法访问，并确保未授权用户无法访问重要信息（包括验证用户的访问权限和优先级、检测和记录未授权用户企图进行的非法操作）。这样，安全管理就包括授权机制、访问机制和加密的管理，以及维护和检查安全日志。

安全管理与网络管理中的其他管理功能有着密切联系。

(1) 安全管理需要使用配置管理中的功能，来控制和维护网络中的安全设施。

(2) 当出现安全故障时，要向故障管理通报安全故障事件，并进行故障诊断和故障恢复。

(3) 接收计费管理发来的与访问权限有关的计费数据。

安全管理的功能分为两部分，首先是网络管理本身的安全，其次是被管网络对象的安全。安全管理的主要功能如下。

(1) 管理员身份认证

为了提高系统运行效率，对于信任域内（比如，局域网）的用户，可以采用简单口令认证的方式，而对于信任域外的用户，需要采用基于公开密钥的证书认证机制。

(2) 网络管理员分组管理与访问控制

按任务的不同将网络管理员分成若干个管理员组，不同管理员组拥有不同的权限范围，对管理员的操作进行访问控制检查，保证了管理员不会越权使用网络管理系统。

(3) 管理信息存储和传输的加密与完整性

内部存储的保密信息（比如，登录口令等）应该经过加密处理；浏览器和网络管理服务器之间采用 SSL(Secure Sockets Layer，安全套接层)协议，为网络通信提供了安全并保证了数据的完整性。

(4) 系统日志分析

采用日志记录所有网络管理员的所有操作,也有助于故障的跟踪与恢复,同时使系统的操作和修改有据可查。

(5) 主机系统安全漏洞检测

通过安全监测应用,实时监测主机系统所提供服务(比如,WWW 服务、DNS 服务等)的状态,搜索系统中可能存在的安全隐患或安全漏洞,并且给出弥补措施。

(6) 告警事件分析

接收告警事件,分析其中与安全相关的信息(比如,登录信息、认证失败信息等),并实时向网络管理员告警;还提供历史安全事件的检索与分析功能,从而可以及时地发现可疑的攻击迹象或正在进行的攻击。

(7) 网络资源的访问控制

① 通过设置路由器的访问控制链表来实现防火墙的管理功能,也就是控制外界对内部网络资源的访问,保护网络的内部设备和应用,防止外来攻击。

② 对重要的网络资源进行标识,确定重要的网络资源与用户集之间的映射关系,监测对重要网络资源的访问,记录对重要网络资源的非法访问。

8.3 网络管理模型

8.3.1 CMIP 与 SNMP

国际标准化组织 ISO 于 1979 年开始网络管理的标准化工作,主要针对 OSI(开放系统互连)七层协议环境,它的成果是 CMIS(Common Management Information Service,通用管理信息服务)和 CMIP(Common Management Information Protocol,通用管理信息协议)。其中,CMIS 支持管理进程和管理代理之间的通信,CMIP 则提供管理信息传输服务的应用层协议,二者规定了 OSI 系统的网络管理标准。

CMIP 不采用轮询机制,而是采用报告机制。通过事件报告进行工作,也就是由网络中的各个设备监测设施在发现被检测设备的状态和参数发生改变后,会及时向管理进程报告事件,网络管理进程很快就会收到事件报告,因而具有及时性的特点。另外,网络管理进程一般会根据事件对网络影响的大小来划分事件的轻重等级。

IETF(Internet 工程任务组)首先采用 CMIP 协议作为 Internet 的管理协议,并对它进行了修改,修改后的协议称为 CMOT(CMIS/CMIP Over TCP/IP,基于 TCP/IP 的通用管理信息服务与协议)。后来,IETF 又对 SGMP(Simple Getway Monitoring Protocol,简单网关监控协议)进行了很大的修改,特别是加入了符合 Internet 定义的 SMI(Structure of Management Information,管理信息结构)和 MIB(Management Information Base,管理信息库)体系结构,这个在 SGMP 基础上开发的 Internet 网络管理协议就是著名的 SNMP(Simple Network Management Protocol,简单网络管理协议),也称为 SNMPv1。

SNMP 具有以下大致的特点。

(1) 最大的特点就是简单、容易实现并且成本低。

(2) 可伸缩性,即 SNMP 可以管理绝大部分 Internet 设备。

(3) 可扩展性，即通过定义新的被管理对象，就可以非常方便地扩展管理能力和范围。

(4) 健壮性，即在被管设备发生严重错误时，也不会影响管理者的正常工作。

CMIP 与 SNMP 相比各有所长。

(1) SNMP 发展很快，已经超越传统的 TCP/IP 环境，受到广泛的支持，已经成为网络管理方面的事实标准。

(2) CMIP 是由 ISO 指定的网络管理方面的国际标准。

(3) SNMP 的实现、理解和排错都非常简单。

(4) CMIP 实施起来比较复杂并且花费较高。

(5) SNMP 的安全性较差。

(6) CMIP 建立了安全管理机制，提供授权、访问控制、安全日志等安全功能。

8.3.2 网络管理系统的组成

网络管理系统为监控、协调物理上分散的网络资源的使用与运行提供手段，它的最终目的是能够最有效地利用网络资源。当网络出现故障时能够及时报告和处理，尽可能地确保网络能够长时间地、正常地、经济地、可靠地和安全地运行。

网络管理系统一般采用集中式管理，也就是管理者——被管代理的一对多通信模型。计算机网络管理系统主要由五个部分组成，见图 8-1。

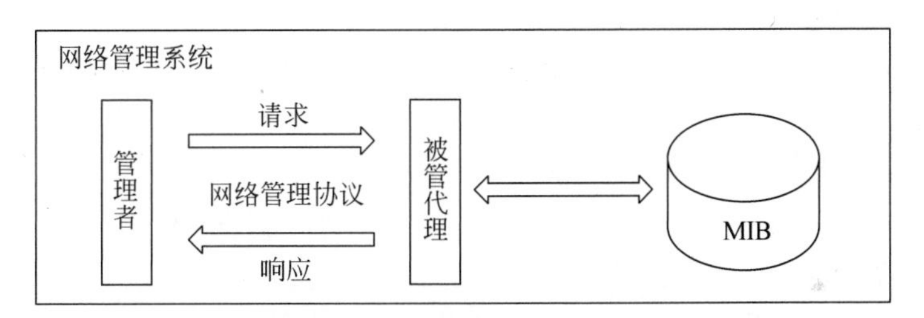

图 8-1　网络管理系统通信模型

(1) 至少一个管理者，用于执行具体的管理操作。

(2) 一个或多个被管代理。

(3) 一个通用的网络管理协议。

(4) 多种被管对象及一个或多个管理信息库：被管对象是在其上进行管理操作的网络资源特性的抽象表示，被管对象的集合构成了被管资源的管理信息库，网络管理的所有工作就是对被管对象的属性值进行读写操作。其中，读操作对应于监测，写操作对应于控制。

(5) 多个被管资源。

由以上五个部分组成最基本的网络管理系统，它们是一切网络管理系统的组成基础。这五个部分之间的关系是，管理者利用网络管理协议，将管理命令发送给被管代理，从而实现对被管对象的访问。被管代理通过网络管理协议向管理者返回被管对象信息，管理者收到并进行处理以获取有价值的管理信息，以达到管理的目的。

在网络管理过程中，网络信息的交换是不可缺少的一部分。网络管理体系结构的通信模型定义了在管理者和被管代理之间交换管理信息的机制，通信内容涉及交换被管资源信息和对被管对象进行操作的控制信息、查询被管对象的状态以及异步事件消息通告等。

下面分别介绍网络管理系统的管理者、被管代理、网络管理协议、管理信息库以及被管资源五个组成部分。

(1) 管理者

网络中至少存在一个管理者,它或它们是实施网络管理的处理实体,完成网络管理的各项具体功能,是整个网络管理系统的核心,一般位于网络系统的主干或接近主干的位置。

管理者存在如下的工作方式。

① 管理者主动要求被管代理返回信息

管理者要求被管代理定期收集设备的被管对象信息,并通过定期向被管代理发送管理操作命令,来查询被管代理收集到的被管对象信息,包括主机运行状态、配置数据以及性能数据等。被管代理监听和响应是来自管理者的网络管理查询和命令,管理者将使用这些信息来确定独立的网络设备、部分网络或整个网络的运行状态是否正常。

也就是说,管理者和被管代理需要经常交换管理信息,这些管理信息分别驻留在被管代理所在设备的管理信息库和管理者所在设备的管理信息库之中。

管理者和被管代理之间的这种管理信息交换是通过网络管理协议来实现的,管理信息的数据就包含在协议数据单元(Protocol Data Unit,PDU)的参数之中。具体而言,就是管理者向被管代理发送请求 PDU,被管代理返回相应的 PDU。

② 被管代理主动向管理者发送通知

管理者负责接收来自被管代理的主动通知,也就是中断信息,并根据中断信息的内容来决定是否返回应答,同时向网络管理员显示或报告。

③ 网络管理员向管理者发布管理命令

管理者接收网络管理员的管理命令,并把命令转发给各个被管代理。

(2) 被管代理

在网络管理系统中,通常将主机(比如,工作站、文件服务器、打印服务器、终端服务器等)、网络互连设备(比如,路由器、交换器)等所有被管理的网络设备统一称为被管设备,一般有多个被管代理分别位于网络中的被管设备上。具体而言,被管代理是配合网络管理的处理实体,它会以软件的形式或软件固化为硬件的形式驻留在被管设备之上。被管代理的功能是用来监测所在被管设备的工作状况,收集被管设备的信息并存入管理信息库中,同时负责监听、接收和响应来自管理者的网络管理查询或控制命令,它会把来自管理者的管理命令或管理信息请求转换为所在被管设备特有的指令,处理由管理者转发的管理任务,或返回它所在被管设备的管理信息。也可能由于某种原因被管代理会拒绝管理者的管理命令。

另外,被管代理也会在特定的情况下,主动向管理者发送消息,将在被管设备中发生的事件主动通知给管理者。比如下面的一种情况,被管代理会根据用户所定义的被管对象的阈值来确定被管设备是否出现问题。在被管设备出现问题的情况下,主动向管理者发出告警。告警使用的策略是根据变量的值是否超过用户所定义的阈值。

在网络管理系统中,一个管理者通常会和多个被管代理进行信息交换,而一个被管代理也可以接受来自多个管理者的管理操作,但在这种情况下,被管代理需要处理来自多个管理者的多个管理操作之间的协调问题。

(3) 网络管理协议

网络管理协议是网络应用层协议，它建立在物理网络以及一些通信协议的基础之上，它为网络管理平台服务。网络管理协议位于管理者和被管代理之间，描述了管理者与被管代理之间的统一的数据通信机制，统一规定了管理者和被管代理之间的命令和响应信息，定义了二者之间的信息交互流程（管理者通过网络管理协议从被管代理那里获取管理信息或向被管代理发送命令，被管代理也可以通过网络管理协议主动报告紧急信息），定义了管理者和被管代理之间协议数据单元（PDU）的种类和格式，网络管理协议简化了网络管理的过程。

在管理者——被管代理模式的网络管理系统的体系结构中，如果各个厂商所提供的管理者和被管代理之间的通信方式互不相同，就会大大影响网络管理系统的通用性和不同厂商所生产的网络互联设备之间的互连实施。为了有效管理由不同厂商所生产的网络互联设备连接而成的异构计算机网络，网络管理必须实现标准化。网络管理标准制定的主要内容就是网络管理协议（网络管理协议就是用于在管理者和被管代理之间传递信息，并完成信息交换安全控制的通信规约），也就是网络管理协议的标准化。标准化的网络管理协议制定了管理者和被管代理之间通信的标准，它提供了一种访问任何厂商生产的任何网络设备、并获得一系列标准值的一致性方式，相应地也决定了网络管理系统的主要功能。

当前，有两种网络管理协议在计算机网络管理中占据了主导地位，一种是国际标准化组织 ISO 提出的通用管理信息协议（CMIP），另一种是 Internet 工程任务组提出的简单网络管理协议（SNMP）。SNMP 和 CMIP 都是在基于 TCP/IP 的网络中所使用的网络管理协议标准，二者都提供了向被管设备发送管理命令的方法以及从被管设备获取信息的手段。其中，SNMP 的应用范围最为广泛。

(4) 管理信息库

被管对象是网络资源的抽象表示，一个资源可以表示为一个或多个被管对象。管理信息库（Management Information Base，MIB）就是一个存储被管对象信息的数据库。MIB 位于被管设备的存储器中，它是一个具有动态刷新特点的数据库，内容包括设备的配置信息、数据通信的统计信息、安全性信息和设备特有的信息。也就是说，被管对象的所有信息都存在 MIB 之中，MIB 中保存了管理者通过网络管理协议可以访问到的管理信息。这些信息被动态送往管理者，形成网络管理的数据来源。

MIB 数据库的描述采用了称为管理信息结构（Structure of Management Information，SMI）的结构化管理信息定义，SMI 规定了识别被管对象的方法以及组织被管对象的信息结构的方法。MIB 数据库按层次分类被管对象和命名被管对象，MIB 从整体上可以表示为树型结构，树的叶子节点对应的是被管对象。

(5) 被管资源

被管对象的集合构成被管资源。

8.4 网络管理体系结构

网络管理系统可以采用的主要体系结构有三种，分别是集中式体系结构、分层式体系结构和分布式体系结构。

8.4.1 集中式体系结构

集中式体系结构是最常见的一种网络管理模式，一般由一个管理者和若干个被管设备组成。其中，管理者管理整个网络，管理者是整个网络管理系统的核心，它负责完成网络管理的各项功能，一般位于网络中的一个主机节点上。该管理者处理与被管代理之间的通信，提供集中式的决策支持和控制。管理者会定期轮询各个被管代理以获取网络信息，然后分析并采取措施。被管代理一般有多个，分别位于网络中的各个被管设备上，被管代理负责监测所在被管网络部件的工作状况以及该部件周围的局部网络状况，收集有关网络管理信息。MIB 通常位于相应的被管代理上。

下面介绍集中式管理体系结构的优缺点。

(1) 集中式管理体系结构的优点

① 集中管理

集中管理使得网络管理员在一个位置就可以查看到所有的网络报警和事件，有利于从整个网络系统的角度对网络实施有效管理，同时，也有助于发现并修理故障及确定问题的关联性，给网络管理员带来了方便、易操作的好处。

② 简单，易于实现。

与其他几种管理模式相比，简单表现在这种管理模式中的通信和交互行为是主要发生在管理者与管理代理之间。由于不涉及多个管理者相互之间的交互问题，管理系统在实现上相对容易一些。

(2) 集中式管理体系结构的缺点

① 管理者配置要求高

一个管理者要负责全网的管理工作，包括信息处理、通信交互等，因此，对管理者所在的硬件、软件提出了很高的配置要求。

② 管理流量不均衡

由于全网络的管理信息交互都由一个管理者来操作，因此，全网络的管理流量都集中在管理者所在的网络位置，造成网络中管理流量不均衡的情况。

③ 性能不高

管理者是整个网络管理系统的中心，网络的所有管理工作仅由一个管理者来完成，容易成为整个管理系统的性能瓶颈，带来了信息处理效率、响应速度低、管理效率低等性能问题。

④ 单点失效

整个网络管理系统中仅有一个管理者，如果管理者失效，整个网络就失去了管理控制，即使管理者本身不失效，也有可能发生由于网络故障而将管理者与部分被管网络分隔开的情况，造成了管理者失去对该部分网络的管理能力。

⑤ 扩展性不好

由于管理者采用轮询方式从被管代理处获取管理信息，当网络规模增大、组成结构变复杂时，管理者需要分时采集大量的管理信息，容易导致网络拥塞，从而对网络管理的实时性造成影响。因此，集中式管理体系结构不宜扩展，只适合规模和复杂程度较小的网络。

8.4.2 分层式体系结构

为了解决集中式管理体系结构存在的问题，出现了分层式体系结构。

采用分层式体系结构的被管网络划分为多个管理域，管理域一般根据被管设备的分布情况或功能性质进行划分，一个管理域包含若干个被管设备。每一个管理域都有一个管理者，称为域管理者，负责管理所划定的管理域中的所有被管设备，并且各个域管理者之间一般没有直接的通信。在各个域管理者之上，有一个总管理者，称为域管理者的管理者，它是从每个域管理者处获取管理信息，某些网络管理功能在这个总管理者上。

网络管理的分层式体系结构具有以下主要特点。

(1) 整个网络管理工作不依赖于单一的网络管理者。

(2) 网络管理任务按域分布、不集中，可以在网络各处实施网络监控工作。

下面介绍一下分层式体系结构的优缺点。

(1) 分层式体系结构的优点

将管理任务分散于网络各域的方法缓解了集中式体系结构中存在的问题。

① 具有较强的可扩展性

可以根据被管网络的规模情况，对管理层次进行扩充或者减少，既可以根据域中的管理工作量来增加域管理者，也可以根据整个网络的管理工作量来增加管理的层次结构，即增加总管理者，在总管理者之上建立新的总管理者，形成多级分层结构。

② 管理流量负载分担

网络管理系统产生的管理流量负载得到了一定程度的分担，不用将所有的管理信息都直接传送给某一个管理者，而是由各个域管理者进行管理处理，降低了网络负载，从而克服了集中式体系结构中存在的管理流量不均衡问题。

③ 提高了网络管理系统的可靠性

如果某个域管理者出现了问题，只会影响所在域的管理工作，而不会影响其他域管理者和总管理者的管理工作。如果总管理者出现了问题，由于每个管理域还有自己的域管理者，此时域管理者仍然可以独立进行一定的管理工作，这样就避免了集中式体系结构中存在的单点失效问题。

(2) 分层式体系结构的缺点

① 数据采集困难

由于使用了多个域管理者来管理整个网络，可能会对被管设备的管理数据采集工作造成困难。

② 前期需要配置轮询范围

由于不同的域管理者所管理的网络范围不同，在网络管理操作开始之前，需要为每一个域管理者配置它所管理的被管设备列表，否则会造成多个管理者轮询管理相同设备的情况，从而造成资源浪费。

8.4.3 分布式体系结构

分布式网络管理体系结构结合了集中式网络管理体系结构和分层式网络管理体系结构

这两种体系结构的特点。与集中体系结构的单一管理者或分层式体系结构的总管理者/域管理者的做法不同，分布式网络管理体系结构的基本思想是将整个网络划分为若干个管理"域"，这个"域"可以有多种划分方式，比如根据地理划分、根据功能划分。几个对等的管理者同时运行于网络中，每个管理者负责管理一个特定"域"，并且每个管理者都有整个网络设备的完整数据库，管理者之间可以相互通讯或通过中心管理者进行协调。当一个管理者需要另一个"域"的管理信息时，就会与它的对等管理者通信。每一个管理者都可以执行多种管理任务并向中心管理者发送报告，中心管理者可以有选择地接收各个管理者的管理数据，或在需要的时候可以向管理者请求管理信息。

这种体系结构将网络管理功能分布到网络各处，为网络管理员提供了更加有效的、分布的网络管理方案。

分布式网络管理体系结构具有如下优点。

(1) 分布式管理提供网络管理信息的共享，减轻了各个网络管理者的工作量。

(2) 不依赖单一管理者，网络管理任务分散，网络监控功能分布于整个网络。

(3) 分布式管理极大地减少了网络管理流量开销，加快了网络管理的响应时间，从而可以获得更好的性能。

(4) 某一个管理域内出现的问题不会影响到其他管理域，可以避免问题的扩大，降低了网络管理的复杂度。

(5) 网络管理员通过网络中的任何一个管理者都能进行整个网络的监测和控制，可以获得网络的所有管理信息、警报和事件。

(6) 分布式网络管理体系结构能够随着网络规模的变化进行相应的扩展，网络管理功能可以根据需要在网络中分布开来，通过建立更多管理域以及增加相应数量的管理者就可以满足更多的性能要求和功能要求，具有良好的可扩展性。

本章小结

本章介绍了网络管理的基本功能、两个主要的网络管理模型、三种网络管理体系结构等内容。本章是学习网络管理系统、开发网络管理系统以及运行网络管理系统的关键章节。

在教学上，本章的教学目的是让学生了解网络需要网络管理系统做什么、网络管理系统能够做什么以及网络管理系统的搭建方式，掌握网络管理系统的组成部分都有哪些、网络管理系统的运行方式都有哪些内容。

本章重点是学习网络管理的基本功能、SNMP 网络管理模型、网络管理系统的组成、网络管理体系结构，本章难点是网络管理的基本功能、SNMP 网络管理模型。

习　　题

1. 简答题

(1) 简述故障管理的主要功能。

(2) 简述计费管理的主要功能。

(3) 简述配置管理的主要功能。

(4) 简述性能管理的主要功能。

(5) 简述安全管理的主要功能。

(6) 简述计算机网络管理系统的五个主要组成部分以及各个组成部分的主要功能。

2. 填空题

(1) 网络管理的五大功能分别是(　　)、(　　)、(　　)、(　　)和(　　)。

(2) 网络管理系统一般采用集中式管理,也就是(　　)的一对多通信模型。

(3) 网络管理系统可以采用的主要体系结构有三种,分别是(　　)、(　　)和(　　)。

第9章 简单网络管理协议

9.1 SNMP 简介

为了解决 Internet 上的路由器管理问题，IETF（Internet Engineering Task Force，Internet 工程任务组）的研究小组基于简单网关监控协议（Simple Getway Monitoring Protocol，SGMP），首先提出了简单网络管理协议（Simple Network Management Protocol，SNMP），并被 Internet 体系结构委员会（Internet Architecture Board，IAB）采纳为一种可提供网络管理功能的临时网络管理解决方案。

作为应用层协议的 SNMP 已经历了 SNMPv1、SNMPv2 和 SNMPv3 三个版本。通过 SNMP 管理网络，可以大大提高网络管理的效率，简化网络管理员的管理工作。由于 SNMP 实现起来比较简单，SNMP 得到了包括 IBM、HP 等大厂商在内的众多厂商的支持和迅速的发展，已经成为事实上的网络管理标准。

SNMP 的最重要指导思想就是尽可能简单，以便缩短基于 SNMP 的网络管理系统的研发周期。SNMP 定义了计算机网络中管理设备和被管设备之间的通信规则，包括一系列交互消息和方法，用来实现对被管设备的管理，使得网络管理员能够进行包括规划网络、发现并解决网络问题等在内的网络管理工作。

目前，SNMP 是在基于 TCP/IP 的计算机网络中应用最广泛的网络管理协议，大多数厂商生产的计算机网络产品，比如交换机、路由器等，都支持 SNMP。SNMP 被广泛用于监控和配置网络设备，它为需要管理的不同种类、不同厂家、不同型号的网络设备定义了一个统一的网络管理接口，SNMP 实现了对异构网络设备的自动化管理，它屏蔽了不同网络设备的物理差异。SNMP 只提供最基本的管理功能集，使得管理任务独立于被管设备的物理特性以及下层的网络技术，从而实现了对不同厂商网络设备的统一管理。并且，各厂商还可以根据 SNMP 制定的规则，来定制自己的 MIB，使用户很容易地满足特定的管理需求。

9.2 SNMP 管理模型

SNMP 网络管理模型遵循管理者-被管代理模式，基于 SNMP 的管理系统采用典型的客户/服务器体系结构。

一个完整的 SNMP 网络管理系统应该包括四个基本组成部分，分别是 SNMP 管理站、SNMP 代理、SNMP 和 SNMP 管理信息库（SNMP-MIB），如图 9-1 所示。

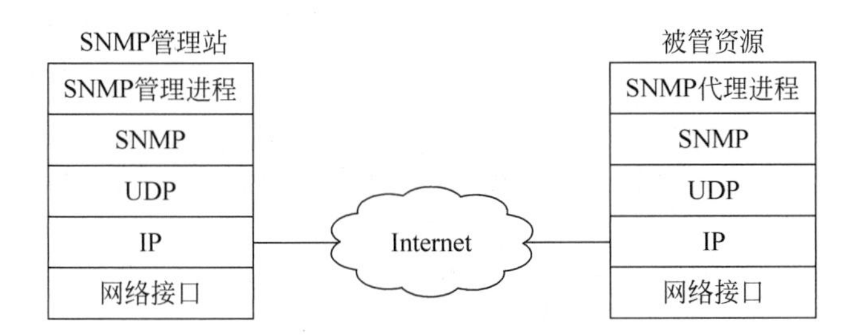

图 9-1 SNMP 网络管理系统组成

整个 SNMP 网络管理系统必须有一个 SNMP 管理站，它是 SNMP 网络管理系统的网络管理中心。SNMP 管理站运行 SNMP 管理软件的客户端，被管资源运行 SNMP 管理软件的服务器端，被管资源中的对象信息存储在 SNMP-MIB 中。SNMP 管理站启动管理进程，监控被管资源的运行，被管资源运行 SNMP 代理进程，对 SNMP 管理进程发出的各种管理请求返回响应。SNMP 管理进程和 SNMP 代理进程通过 SNMP 进行通信，SNMP 使用无连接的用户数据报协议(UDP)作为传输层协议，提供了五种通信原语。

SNMP 网络管理系统中的交互关系如下。

SNMP 管理站基于 MIB 视图向 SNMP 代理周期性地发送 SNMP 查询报文，并接收 SNMP 代理返回的响应报文，这样可以从各个被管资源处获取网络管理信息，或者监听并接收 SNMP 代理主动发送的陷阱(trap)报文。

SNMP 代理是驻留在被管资源上的代理进程，负责接收、处理来自 SNMP 管理站的 SNMP 请求报文。在取得管理变量的值后，形成响应报文，返回给 SNMP 管理站。在一些紧急情况下，比如，接口状态发生改变、超过设定的阈值等，SNMP 代理也会主动向 SNMP 管理站发送陷阱(trap)报文，向 SNMP 管理站报告这些突发事件。

下面分别介绍 SNMP 网络管理系统的四个基本组成部分：SNMP 管理站、SNMP 代理、SNMP 和 SNMP 管理信息库(SNMP-MIB)。

(1) SNMP 管理站

SNMP 管理站是网络管理员和网络管理系统之间的接口，它运行着一个或多个 SNMP 管理进程，通过向网络管理员提供方便、直观的网络管理的图形界面，SNMP 管理站接收网络管理员的管理命令并转换成对被管资源的监控命令，然后通过 SNMP 与 SNMP 代理通信，发送监控命令，从被管资源的 MIB 中提取相关信息，并接收 SNMP 代理返回的响应，然后进行数据分析等操作。

(2) SNMP 代理

SNMP 网络管理系统中的被管资源包括主机、路由器、交换机等任何可以与外界交流状态信息的网络硬件设备，这些被管资源中都配置了 SNMP 代理。SNMP 代理不仅能收集和处理被管资源中的信息，还能与 SNMP 管理站通信，以配合 SNMP 管理站的管理工作。SNMP 代理对来自 SNMP 管理站的信息查询和操作命令进行应答，并且，当被管资源出现某些重要的意外事件时，可以通过 Trap 命令异步地向 SNMP 管理站报告。

(3) SNMP 管理信息库(SNMP-MIB)

计算机网络中的网络设备往往来自于多个厂商，为了使 SNMP 管理站能够与众多异构的网络设备进行通信，就必须统一规定网络设备中的管理信息。SNMP 将需要管理的网络资源表示成对象的形式，每一个对象代表了被管资源某一个特性的数据变量(比如，网络资源的硬件及软件的运行状态和统计信息等能够真实反映网络资源情况的数据)，这些对象的集合就称为 SNMP 管理信息库(SNMP-MIB)，网络资源的所有对象一般都会在管理信息库中定义。SNMP 管理站通过获取 MIB 对象的值来实现监测功能，也可以通过修改 MIB 对象的值来实现控制功能。

为了有效管理众多对象并提供快速访问，MIB 被描述为一棵抽象树，提供了被管信息的分级组织模型。MIB 树中的节点(除根节点以外)都采用名字和对应的序列号加以标识，称之为对象标识符(Object Identifier，OID)。对象标识符是一个整数序列，反映了 MIB 中对象的层次型结构。根据 MIB 的树状结构，一个特定对象的对象标识符可以沿着从根到该对象的路径获得，对象标识符唯一标识了 MIB 树中的各个 MIB 对象。

下面举例说明对象标识符的命名规则，比如 MIB 对象 sysDescr，它的名字是 iso. org. dod. internet. mgmt. mib. system. sysDescr，对应的序列号是 1.3.6.1.2.1.1。

(4) SNMP

SNMP 是定义 SNMP 管理站与 SNMP 代理之间如何交换管理信息的协议，尽量简单和尽量少的网络管理流量是 SNMP 的设计原则。

SNMP 管理站通过 SNMP 与 SNMP 代理通信，这个协议使得 SNMP 管理站可以获取代理的信息。如果需要还可以改变部分信息，从而实现对被管网络设备的控制；如果网络发生某些事件，也是通过这个协议向 SNMP 管理站进行报告。

SNMP 定义了 GetRequest、GetNextRequest、SetRequest、Response 和 Trap 五种原语，其中，Get 原语用于 SNMP 管理站从 SNMP 代理读出被管理对象的信息，Set 原语则用于 SNMP 管理站设置或修改 SNMP 代理的被管理对象的信息。SNMP 管理站向 SNMP 代理发送的三种 SNMP 原语有 GetRequest、GetNextRequest 和 SetRequest，SNMP 代理收到并操作完成后，会使用 Response 原语回应这三种原语。SNMP 管理站可以通过 GetRequest 或 GetNextRequest 原语向 SNMP 代理请求 MIB 对象值，SNMP 代理会通过 Response 原语向 SNMP 管理站返回所请求的 MIB 对象值，SNMP 管理站也可以通过 SetRequest 原语来设置或修改 SNMP 代理的 MIB 对象值。此外，利用 Trap 原语，SNMP 代理可以异步地向 SNMP 管理站发送告警消息，来告诉 SNMP 管理站发生了某个满足预设条件的事件。

SNMP 属于应用层协议，由于 SNMP 报文的传送依赖于无连接协议 UDP，因此，需要由上层应用通过超时重传、多次发送、报文加序等方式来保证 SNMP 报文的传输可靠性。

9.3 SNMP 基本命令

SNMP 是一种 SNMP 管理站和 SNMP 代理之间简单的、异步的请求和响应协议。利用 SNMP，SNMP 管理站对网络设备的监控主要通过查询或设置 SNMP 代理中的 MIB 的相应对象的值来完成的，SNMP 代理也会向 SNMP 管理站发出陷阱信息来引导 SNMP 管理站的管理操作。

SNMP 以 GET-SET 方式替代了复杂的命令集，也就是，SNMP 只有两种命令，一种是管理系统读取一个数据项的命令，另一种是把值存到一个数据项的命令，这样使得 SNMP 网络管理系统具有了简单、稳定和灵活的特点。

具体而言，SNMP 规定了以下六个 SNMP 命令，用来完成 SNMP 网络管理系统的所有管理信息的交互。这六个 SNMP 命令分别是 GetRequest 命令、GetNextRequest 命令、GetBulkRequest 命令、SetRequest 命令、Response 命令和 Trap 命令。

1. GetRequest 命令

GetRequest 命令用于 SNMP 网络管理系统(客户端)向 SNMP 代理(服务器)请求指定的 MIB 对象值(比如，系统的名字、系统自启动后正常运行的时间，系统中的网络接口数等)，所请求的 MIB 变量的对象标识符作为该命令的参数。SNMP 代理会以 Response 响应 GetRequest。

SNMP 代理收到 GetRequest 命令后的处理有以下四种情况。

(1) 如果 GetRequest 命令中指定的 MIB 对象名在本地的 MIB 中不存在，则 SNMP 代理将向 SNMP 管理站返回一个 Response，将其中的 ERROR-STATUS 置为 noSuchName，并在 ERROR-INDEX 中指出该 MIB 对象名在变量 LIST 中的位置。

(2) 如果 SNMP 代理将要产生的 Response 的长度大于本地长度限制，将向 SNMP 管理站发送的 Response 中的 ERROR-STATUS 置为 tooBig、ERROR-INDEX 置为 0。

(3) 如果 SNMP 代理因为其他原因不能产生正确的 Response 命令，将向 SNMP 管理站返回的 Response 中的 ERROR-STATUS 置为 genErr、ERROR-INDEX 置为出错变量在变量 LIST 中的位置。

(4) 如果上面的情况都没有发生，则 SNMP 代理向 SNMP 管理站发送一个 Response，其中将包含变量名和相应值的对偶表，ERROR-STATUS 置为 noError，ERROR-INDEX 置为 0，request-id 域的值应与收到 GetRequest 中的 request-id 相同。

2. GetNextRequest 命令

GetNextRequest 命令使得 SNMP 代理查询并提取 MIB 中紧跟当前参数中的对象标识符的下一个对象的值。SNMP 代理会以 Response 响应 GetNextRequest。

GetRequest 与 GetNextRequest 相结合使用的场景：

(1) 适合于遍历被管资源 MIB 的各个表；

(2) 快速地查询连续对象；

(3) 对于不了解的对象，可以采用 GetRequest 获取其前一个对象，再采用 GetNextRequest。

3. GetBulkRequest 命令

SNMP 管理站采用 GetBulkRequest 命令可以查询并提取 SNMP 代理中的大量数据(比如，表格中的数据)。与 GetNextRequest 相比，GetBulkRequest 命令的效率更高，它通过网络发送的 SNMP 报文更少，基本重复操作仅局限于 SNMP 代理中。SNMP 代理会以 Response 响应 GetBulkRequest。

4. SetRequest 命令

SetRequest 命令使 SNMP 管理站可以初始化或重新设置 SNMP 代理上指定对象的值(比如，设置设备的名字、关掉一个端口或清除一个地址解析表中的项)，需要修改的对象的对象标识符作为参数发向 SNMP 代理。

如果 SNMP 代理修改成功，就向 SNMP 管理站返回确认操作有效的 Response；如果出错，就向 SNMP 管理站返回包含相关出错消息的 Response。

SNMP 代理收到 SetRequest 命令后的处理有以下五种情况。

(1) 如果 SetRequest 对 SNMP 代理的 MIB 中的只读变量提出设置请求，则 SNMP 代理返回一个 Response，并置 error status 为 noSuchName、error index 的值是错误变量在变量 list 中的位置。

(2) 如果 SNMP 代理收到的 SetRequest 中的变量对偶中的值、类型、长度不符合要求，则 SNMP 代理返回一个 Response，并置 error status 为 badValue、error index 的值是错误变量在变量 list 中的位置。

(3) 如果 SNMP 代理将要产生的 Response 长度超过了本地限制，则 SNMP 代理返回一个 Response，并置 error status 为 tooBig、error index 的值是 0。

(4) 如果是其他原因导致 SET 失败，则 SNMP 代理返回一个 Response，并置 error status 为 genErr、error index 的值是错误变量在变量 list 中的位置。

(5) 如果一切正常，则 SNMP 代理将按 SetRequest 命令设置 MIB 中相应对象的值，并在返回的 Response 中，置 error status 为 noError、error index 的值为 0。

5. Response 命令

SNMP 代理采用 Response 命令响应来自 SNMP 管理站的 GetRequest、GetNextRequest、SetRequest、GetBulkRequest 等命令，Response 中填写了被请求对象的值。

6. Trap 命令

Trap 即 SNMP 陷阱，它是由 SNMP 代理主动产生并发送给 SNMP 管理站的非请求消息，SNMP 代理使用 Trap 命令向 SNMP 管理站异步地通报所在的网络资源发生了特定事件(比如，端口失败、链路状态发生变化、热启动、掉电重新启动等)，SNMP 管理站收到后，可以做出相应的处理。

从上面的描述可知，SNMP 管理站能够发出四个 SNMP 命令，分别是 GetRequest 命令、GetNextRequest 命令、GetBulkRequest 命令和 SetRequest 命令，而 SNMP 代理只能发出两个 SNMP 命令，分别是 Response 命令和 Trap 命令。

通常 SNMP 代理进程默认的监听端口为 161，用来接收 SNMP 管理站发来的 GetRequest 命令、GetNextRequest 命令、GetBulkRequest 命令和 SetRequest 命令，而 SNMP 管理进程则用端口 162 接收来自 SNMP 代理的 Response 命令和 Trap 命令。

9.4 SNMP 工作机制

SNMP 的目标是保证网络管理信息可以在网络中任意两点之间传送，方便网络管理员可以在网络中的任何节点上执行管理信息检索、网络故障诊断、容量规划和报告生成等最基本的网络管理功能的操作。网络管理员通过使用 SNMP 可以获取实时的、有效的网络被管资源的通信数据，能够全面地了解网络被管资源的通信状况，比如，哪一个网段接近通信负载的最大能力、哪一个网络设备的通信出现了问题等。

SNMP 提供了两种从网络被管资源中收集网络管理信息的方法：一种是轮询方式，另一种是基于中断的方式(也就是 Trap)。轮询消息和 Trap 消息的发送和接收流程以及格式都是由 SNMP 定义的，其中，SNMP 采用轮询方式作为实施网络管理功能的主要方式。

1. 轮询方式

SNMP 管理站主要采用了轮询方式来向网络中各个 SNMP 代理发送 MIB 数据查询请求，SNMP 代理收到 SNMP 管理站的请求报文后，会根据请求的内容从本地 MIB 中提取所需信息，并以响应报文的方式将结果返回给 SNMP 管理站。

(1) 采用轮询方式的两个原因

① SNMP 使用嵌入到被管网络资源中的 SNMP 代理来收集网络的通信数据和与该被管网络资源相关的统计数据，SNMP 代理不断地收集统计数据，并把这些数据记录到被管网络资源的 MIB 中。在 SNMP 网络管理系统中，往往一个 SNMP 管理站会负责管理多个 SNMP 代理。SNMP 管理站为了能够获取实时的被管网络资源的管理数据，会按照一定的周期通过发送 MIB 对象查询命令来轮询各个 SNMP 代理，来获取各个 MIB 中的管理数据。

② SNMP 是应用层协议，它采用 UDP 作为传输层协议，由于 UDP 提供的是无连接服务，SNMP 无须在 SNMP 管理站和 SNMP 代理之间保持连接，因此，SNMP 并不要求消息的可靠性，也不保证 SNMP 报文能否正确到达。

(2) 轮询方式存在的不足

轮询方式的缺陷在于无法保证网络管理信息获取的实时性，尤其是无法保证获取错误信息的实时性。造成这样的原因就在于轮询方式涉及无法优化的轮询周期以及网络设备轮询顺序。对轮询周期而言，轮询的间隔太小，会产生过多的、不必要的网络管理流量；而间隔太大，又会影响实时管理信息的获取。对网络设备轮询顺序而言，当需要管理的网络设备较多时，如何编排设备之间的轮询顺序，确实是一个难题。

(3) 以轮询方式为主的 SNMP 的应用范围

由于 SNMP 采用了以轮询方式为主的网络管理信息获取方式，因此，SNMP 最适合在小型的、快速的、低价格的网络环境中使用。

2. 基于中断的方法

基于中断的方法也就是 SNMP 的 Trap 机制。当网络设备出现异常事件的时候，比如设备冷启动等，设备的 SNMP 代理主动向 SNMP 管理站发送陷阱消息，报告所发生的异常事件。这种中断方法的优势就在于实时性很强，它可以立即通知网络管理站。

Trap 方式也存在不足，主要是被管设备在产生错误或自陷时需要消耗本身的系统资源。如果自陷过程必须向 SNMP 管理站发送大量的信息，那么被管设备就不得不消耗更多的系统资源来产生自陷，这样不仅会对被管理设备的正常运行造成影响，也会影响到接收 Trap 消息的 SNMP 管理站的其他网络管理操作。

SNMP 采用 Trap 与轮询方式相结合的综合方法来进行网络管理，这种方式是一种比较有效的网络管理方法。在一般情况下，SNMP 管理站依靠轮询方式来收集被管设备中的管理数据，而被管资源中的 SNMP 代理并不需要等到 SNMP 管理站为获得所发生的错误情况而轮询到它的时候才报告，而是可以在任何时候依靠 Trap 机制向 SNMP 管理站报告错误情况。

具体而言，一方面，SNMP 代理在 UDP 的 161 端口上循环侦听 SNMP 管理站发来的 SNMP 请求报文，并作出相应的响应，根据所收到的 SNMP 报文的不同，读取或修改 MIB 中的变量值，并将处理结果通过响应报文返回给 SNMP 管理站。另一方面，SNMP 管理站在 UDP 的 162 端口上循环侦听 SNMP 代理发来的异常事件 Trap 消息。

9.5 SNMP 管理信息库

MIB 是一个数据库，它负责保存所在被管设备的参数和状态信息，SNMP 规定了 MIB 必须保存的对象类型、被管对象以及在每个被管对象上所允许的操作。在基于 SNMP 的网络管理系统中，每一个被管网络设备都维护着一个 MIB，MIB 中包含了所在设备的能够被 SNMP 管理站查询和设置的被管对象的集合。SNMP 管理站可以通过访问 SNMP 代理的 MIB 中保存的被管对象，获取被管设备的统计信息并进行综合分析或设置被管设备的参数，来实现基本的网络管理功能。因此，对 SNMP 代理的 MIB 的访问是实现 SNMP 网络管理系统的主要内容。

9.5.1 MIB 结构

MIB 库采用了类似于域名系统的按照层次结构组织的树状结构，它的根在最上面，并且根没有名字。

MIB 树按照模块的形式组织各类被管资源，每个节点的父节点表示该节点属于哪一个模块或哪一类，而 MIB 树中的叶子节点代表被管资源。IETF 制定了许多 MIB 模块，另外，各个设备厂商和大学研究结构制定了许多私有 MIB 模块放到了 MIB 树的 Private 节点之下。

面对这么多的 MIB 模块，在实现一个被管设备的 SNMP 代理时，并不需要实现所有的 MIB 模块，而是根据实际管理需要有选择地实现部分 MIB 模块。不过，在实现 SNMP 代理时要尽量支持 IETF 所建议的尽可能实现的 MIB-Ⅱ中的模块，这样可以保证设备在网络管理上的通用性。

SNMP 中的被管资源数据在 MIB 中以分层的树型结构组织，这种结构具有以下作用。

(1) 表示了资源管理信息的从属关系

将属于相同厂商或机构的管理信息都放到代表该厂商或机构的 MIB 树的中间节点之下，起到了表示资源管理信息的从属关系的作用。

(2) 信息组织结构化

属于同类的管理信息都放到相同的 MIB 树的中间节点之下，起到了信息组织结构化的作用。

(3) 规范了被管资源的命名

在 MIB 树中，通过给树中每一层的每一个节点有区别的编号，这样，就可以用从树根到树叶的串联编号来唯一表示树中的每一个树叶，而 MIB 树中的叶子节点表示了实际的被管资源，因此，每一个被管资源在 MIB 树中都具有了一个唯一的全局标识，可以用从 MIB 根开始的一条路径来无二义的识别。

MIB 树结构的优势如下。

(1) 方便管理

MIB 库的层次树型管理结构清晰地将不同厂商或机构的管理信息以及不同类的管理信息分别放到不同的子树下，不仅方便了管理，而且 SNMP 代理可以根据自身的管理需要方便地进行取舍。

(2) 可扩充性强

MIB 库的层次树型管理结构十分方便加入新的管理节点，并且新加入的节点不会影响 MIB 树中的原有节点，同时，SNMP 代理也可以方便地定义自己的管理子树。

9.5.2 MIB 对象

1. MIB 对象简介

在 SNMP 网络管理系统中，MIB 树中包含了 SNMP 代理中的各种被管信息，也就是说，MIB 树集中了 SNMP 代理中被监控的信息。

MIB 树的各层节点统称为对象，而 MIB 树的叶子节点就是被管对象，代表了 SNMP 代理中的各种被管信息，也就是将这些资源以被管对象的形式表现出来，每一个被管对象，从本质上讲，就是被管资源的某一特性的数据。

MIB 树中每一层的每一个节点都用唯一的数字来标识，并且每一层的数字标识都从 1 开始递增编号。这样的话，MIB 树中的每一个节点都可以用从根节点到该节点的路径上的所有节点的一连串数字来表示，也就是说，MIB 树中的每一个对象都可以用一串数字来唯一确定，这串数字就称为对象的对象标识符(Object IDentifier，OID)，通过对象标识符可以确定从根到该对象的一条路径。比如，1.3.6.1.2.1.1 表示了 MIB 树中的系统组节点，而 1.3.6.1.2.1.1.1.0 就表示系统组节点下的系统描述(system Description)节点或系统描述(system Description)对象。

MIB 对象与协议是分离的，它在被扩充和用户化的同时，并不会影响 SNMP 本身。SNMP 管理站通过获取 MIB 被管对象的值来实现监测功能，并且通过改变 MIB 被管对象的值来实现控制功能。

2. MIB 树的对象层次

下面从 MIB 树中的最高层开始，向下逐层介绍各层的主要节点(或对象)，各节点名后面的括号里的数字表示该节点在 MIB 树的所在层中的数字编号。

(1) 根节点：Root 为根节点。

(2) 第 1 层节点：Root 节点下有三个节点，分别是 ITU-T(0)、国际标准化组织 ISO(1)和这两个组织的联合体(2)。

(3) 第 2 层节点：与 SNMP 有关的管理信息都在 ISO 子树下面定义，ISO(1)节点下有为其他机构定义的子树 ORG(3)，ORG(3)的对象标识符是 1.3。

(4) 第 3 层节点：在 ORG 节点下的一个子树 DoD(6)是分配给美国国防部使用的，

DoD(6)的对象标识符是1.3.6。

(5) 第4层节点：在DoD(6)节点下的子树是Internet(1)，它由Internet体系结构委员会(IAB)统一管理，所有SNMP的MIB对象都位于该节点之下，它包含了与互联网有关的所有管理对象，Internet(1)的对象标识符是1.3.6.1。

(6) 第5层节点：在Internet(1)节点下定义的子树有Directory(1)子树、Mgmt(2)子树、Experimental(3)子树、Private(4)子树等。其中，Mgmt(2)下包含了IAB批准认可的管理对象，包括管理信息库，目前该子树包含的对象使用最为广泛；Experimental(3)子树下包含在Internet实验中使用的对象，处于试验阶段的协议和设备的管理信息通常先放到该子树下面，等待成熟之后再成为标准；Private(4)子树下的对象由个人或组织自行定义，该子树下包含Enterprises(1)子树，该子树为软硬件厂商提供了定义私有对象的能力，各厂商可以在该子树下为需要SNMP管理的私有对象，比如，Cisco、IBM、Novell在Enterprises(1)下分别定义了它们的管理子树，它们的对象标识符分别是，Cisco的是1.3.6.1.4.1.9、IBM的是1.3.6.1.4.1.2、Novell的是1.3.6.1.4.1.23。Mgmt(2)的对象标识符是1.3.6.1.2。

(7) 第6层节点：在Mgmt(2)下面是管理信息库，原先的节点名是Mib(1)，1991年定义了新版本Mib-Ⅱ后，将节点名改为Mib-Ⅱ(1)，它的对象标识符为{Internet(1).2.1}或1.3.6.1.2.1。

(8) 第7层节点：Mib-Ⅱ(1)节点下包含了多个对象组，下面介绍其中的一些对象组。

① System(1)组：描述被管设备的系统信息，包括设备名称、设备描述等，可用于配置管理和故障管理，它的对象标识符为1.3.6.1.2.1.1。

② Interface(2)组：提供被管设备上的物理层接口信息以及接口的通信信息，可用于性能管理、配置管理和故障管理，它的对象标识符为1.3.6.1.2.1.2。

③ At(3)组：AT是address translation的缩写，描述被管设备的地址转换表(比如ARP地址转换)，它的对象标识符为1.3.6.1.2.1.3。

④ IP(4)组：IP分组统计信息，提供的信息包括地址表、路由表、网络地址等，可以帮助发现网络拓扑，它的对象标识符为1.3.6.1.2.1.4。

⑤ ICMP(5)组：已收到ICMP消息的统计信息，包括ICMP的相关信息、各类ICMP信息接收和发送的统计结果，主要用于性能管理，它的对象标识符为1.3.6.1.2.1.5。

⑥ TCP(6)组：TCP通信量统计信息，跟踪TCP连接的相关信息，可用于流量控制、网络拥塞等问题的解决，主要用于配置管理，性能管理，它的对象标识符为1.3.6.1.2.1.6。

⑦ UDP(7)组：UDP通信量统计信息，跟踪UDP连接的相关信息，可用于性能管理，它的对象标识符为1.3.6.1.2.1.7。

⑧ EGP(8)组：外部网关协议通信量统计信息，跟踪EGP相关信息，可用于配置管理、性能管理，它的对象标识符为1.3.6.1.2.1.8。

⑨ Transmission(9)组：与传输介质相关的管理信息，它的对象标识符为1.3.6.1.2.1.9。

⑩ SNMP(10)组：关于SNMP的信息，可用于配置管理、性能管理、故障管理，它的对象标识符为1.3.6.1.2.1.10。

3. 各主要对象组介绍

下面介绍Mib-Ⅱ(1)节点下的几个主要对象组，包括System(1)组、Interface(2)组、At

(3)组、IP(4)组、ICMP(5)组、TCP(6)组和 UDP(7)组。下面各表中的访问方式有三个取值,分别是 RO(Read-Only,只读)、RW(Read-Write,可读写)、NA(Not-Accessible,不可访问)。

(1) System 组

System 组所包含的对象是用来描述被管设备的最高级特性和通用配置信息的(比如,系统名、对象 ID 等)。

System 节点的下一层节点(即 System 组所包含的对象)如表 9-1 所示。

表 9-1 System 组所包含的对象

对　　象	访问方式	功能描述
sysDescr(1)	RO	关于硬件和操作系统的信息
sysObjectID(2)	RO	系统制造商标识
sysUpTime(3)	RO	系统运行时间
sysContact(4)	RW	系统管理人员描述
sysName(5)	RW	系统名
sysLocation(6)	RW	系统的物理位置
sysServices(7)	RO	系统服务

(2) Interface 组

Interface 组所包含的对象用来描述被管设备的物理接口方面的配置信息和每一个接口的统计信息。

Interface 节点的下一层节点(即 Interface 组所包含的对象)如表 9-2 所示。

表 9-2 Interface 组所包含的对象

对　　象	访问方式	功能描述
ifNumber(1)	RO	接口数量
ifTable(2)	NA	接口表

ifTable 节点的下一层节点如表 9-3 所示。

表 9-3 ifTable 所包含的对象

对　　象	访问方式	功能描述
ifEntry(1)	NA	接口表项

ifEntry 节点的下一层节点如表 9-4 所示。

表 9-4 ifEntry 所包含的对象

对　　象	访问方式	功能描述
ifIndex(1)	RO	每个接口的唯一编号
ifDescr(2)	RO	接口的文本描述,包括产品名和版本
ifType (3)	RO	接口类型
ifMtu (4)	RO	接口的最大协议数据单元
ifSpeed (5)	RO	接口数据速率

续表

对　　象	访问方式	功能描述
ifPhysAddress(6)	RO	接口物理地址
ifAdminStatus (7)	RW	接口状态 up(1)/down(2)/testing(3)
ifOperStatus(8)	RO	操作状态 up(1)/down(2)/testing(3)
ifLastChange (9)	RO	在当前操作状态下 sysTime 的值
ifInOctets (10)	RO	接口收到的总字节数
ifInUcastPkts (11)	RO	发送给上层协议的子网单点通信的报文数
ifInNUcastPkts(12)	RO	发送给上层协议的子网多点通信的报文数
ifInDiscards (13)	RO	接收方已丢弃的分组数
ifInErrors (14)	RO	接收的错误分组数
ifInUndnownProtos (15)	RO	因协议不支持而丢弃的分组数
ifOutOctets (16)	RO	通过接口输出的分组数
ifOutUcastPkts (17)	RO	上层协议请求发向子网的单点通信的分组数
ifOutNUcastPkts (18)	RO	上层协议请求发向子网的多点通信的分组数
ifOutDiscards (19)	RO	要丢弃的输出分组数
ifOutErrors (20)	RO	因出错未发的输出分组数
ifOutQLen(21)	RO	输出报文队列长度
ifSpecific (22)	RO	用于实现接口特定介质的与 MIB 相关的定义

下面介绍 ifAdminStatus 与 ifOperStatus 的取值组合结果的意义。

ifAdminStatus：配置接口的状态。它是 Interface 中唯一的可写对象。取值是 Up(1)、Downd(2)、Testing(3)的可写枚举型。

ifOperStatus：接口的当前工作状态。取值是 Up(1)、Downd(2)、Testing(3)的只读枚举型，它描述了接口的当前工作状态。在网络管理中，此对象和 ifAdminStatus 结合在一起，可以确定接口的当前状态。ifOperStatus 与 ifAdminStatus 的取值组合结果的意义如表 9-5 所示。

表 9-5　ifOperStatus 与 ifAdminStatus 的取值组合结果

ifOperStatus	ifAdminStatus	含　　义
Up(1)	Up(1)	正常运行
Down(2)	Up(1)	失败
Down(2)	Down(2)	Down(关闭)
Testing(3)	Testing(3)	Testing(测试)

(3) At 组

At 组所包含的对象是用来描述网络地址和物理地址的映射关系。

At 节点的下一层节点(即 At 组所包含的对象)如表 9-6 所示。

表 9-6　At 组所包含的对象

对　　象	访问方式	功能描述
atTable(1)	NA	与物理地址和子网地址相对应的网络地址

atTable 节点的下一层节点如表 9-7 所示。

表 9-7　atTable 所包含的对象

对　　象	访 问 方 式	功 能 描 述
atEntry(1)	NA	网络地址向物理地址转换的信息

atEntry 节点的下一层节点如表 9-8 所示。

表 9-8　atEntry 所包含的对象

对　　象	访 问 方 式	功 能 描 述
atIfIndex(1)	RW	该转换条目对应的接口
atPhysAddress(2)	RW	与介质相关的物理地址
atNetAddress(3)	RW	与介质相关的物理地址对应的网络地址

(4) IP 组

IP 组所包含的对象用来描述与 IP 协议有关的信息。

IP 节点的下一层节点(即 IP 组所包含的对象)如表 9-9 所示。

表 9-9　IP 组所包含的对象

对　　象	访 问 方 式	功 能 描 述
ipForwarding(1)	RW	用作 IP 网关(1)、IP 主机(2)
ipDefaultTTL(2)	RW	IP 报头中的 Time-to-Live 字段中的默认值
ipInReceives(3)	RO	从接口收到的数据报总数
IpInHdrErrors(4)	RO	由于报头出错而丢弃的数据报数量
IpInAddrErrors(5)	RO	由于地址出错而丢弃的数据报数量
IpForwDatagrams(6)	RO	转发数据报的数量
ipInUnknownProtos(7)	RW	本地寻址成功但因不支持协议而丢弃的输入数据报数量
ipInDiscards(8)	RO	因缺乏缓冲资源而丢弃的数据报数量
IpInDelivers(9)	RO	成功递交到 IP 用户协议的输入数据报总数
IpOutRequests(10)	RO	本地 IP 用户协议提供给 IP 层的数据报总数
IpOutDiscards(11)	RO	因缺乏缓冲资源而被丢弃的无钳的数据报数量
ipOutNoRoutes(12)	RO	因没有路由而被丢弃的 IP 数据报数量
IpReasmTimeout(13)	RO	数据报等待重装配帧的最长时间(s)
IpReasmReqds(14)	RO	需要重新装配的数据报数量
IpReasmOKs(15)	RO	成功重装配的数据报数量
ipReasmFails(16)	RO	由 IP 重装配算法探测到的故障数量
ipFragOKs(17)	RO	成功分段的 IP 数据报数量
ipFragFails(18)	RO	因设置了不能分段而被丢弃的 IP 数据报数量
ipFragCreates(19)	RO	产生的 IP 数据报分段数量
ipAddrTable(20)	NA	IP 地址表
ipRouteTable(21)	NA	IP 路由表
ipNetToMediaTable(22)	NA	IP 地址转换表
ipRoutingDiscards(23)	RO	丢弃路由数

ipAddrTable 节点的下一层节点如表 9-10 所示。

表 9-10　ipAddrTable 所包含的对象

对　　象	访问方式	功能描述
ipAddrEntry(1)	NA	IP 地址表项

ipAddrEntry 节点的下一层节点如表 9-11 所示。

表 9-11　ipAddrEntry 所包含的对象

对　　象	访问方式	功能描述
ipAdEntAddr(1)	RO	本地主机 IP 地址
ipAdEntIfIndex(2)	RO	对应接口的索引值
ipAdEntNetMask(3)	RO	与 IP 地址对应的子网掩码
ipAdEntBcastAddr(4)	RO	广播地址最低位
ipAdEntReasmMaxSize(5)	RO	可重装配的最大数据报

ipRoutTable 节点的下一层节点如表 9-12 所示。

表 9-12　ipRoutTable 所包含的对象

对　　象	访问方式	功能描述
ipRouteEntry(1)	NA	特定目的地址的路由

ipRouteEntry 节点的下一层节点如表 9-13 所示。

表 9-13　ipRouteEntry 所包含的对象

对　　象	访问方式	功能描述
ipRouteDest(1)	RW	该路由的目的 IP 地址
ipRouteIfIndex(2)	RW	对应接口的索引值
IpRouteMetric1(3)	RW	该路由的基本路由距离
IpRouteMetric2(4)	RW	该路由的备用路由距离
IpRouteMetric3(5)	RW	该路由的备用路由距离
IpRouteMetric4(6)	RW	该路由的备用路由距离
IpRouteNextHop(7)	RW	下一跳 IP 地址
ipRouteType(8)	RW	路由类型
ipRouteProto(9)	RO	路由协议学习机制
ipRouteAge(10)	RW	自上次路由被更新的时间
IpRouteMask(11)	RW	与目标地址相关的子网掩码
ipRouteMetric5(12)	RW	该路由的备用路由距离
ipRouteInfo(13)	RO	指定路由协议

(5) ICMP 组

ICMP 组所包含的对象用来描述所发送或接收的各种 ICMP 统计信息。

ICMP 节点的下一层节点(即 ICMP 组所包含的对象)如表 9-14 所示。

表 9-14　ICMP 组所包含的对象

对　　象	访问方式	功能描述
icmpInMsgs(1)	RO	接收的 ICMP 报文数
icmpInErrors(2)	RO	出错的 ICMP 报文数
icmpInDestUnreachs(3)	RO	接收的不能到达目的地的 ICMP 报文数
icmpInTimeExcds(4)	RO	收到的超时的 ICMP 报文数
icmpInParmProbs(5)	RO	收到的有参数问题的 ICMP 报文数
icmpInSrcQuenches(6)	RO	收到的源终止 ICMP 报文数
IcmpInRedirects(7)	RO	收到的重定向型 ICMP 报文数
icmpInEchos(8)	RO	收到的 Echo 请求 ICMP 报文数
icmpInEchoReps(9)	RO	收到的 Echo 响应 ICMP 报文数
icmpInTimestamps(10)	RO	收到的时间戳请求 ICMP 报文数
icmpInTimestampReps(11)	RO	收到的时间戳响应 ICMP 报文数
icmpInAddrMddrMasks(12)	RO	收到的地址掩码请求 ICMP 报文数
icmpInAddrMaskReps(13)	RO	收到的地址掩码响应 ICMP 报文数
icmpInOutMsgs(14)	RO	输出的 ICMP 报文的总数
icmpInOutErrors(15)	RO	因 ICMP 内部出错而未发送的报文数
icmpInOutDestUnreachs(16)	RO	发送的不可到达目标的 ICMP 报文数
icmpInOutDestUnreachs(17)	RO	发送的超时的 ICMP 报文数
icmpInOutParmProbs(18)	RO	发送的有参数问题的 ICMP 报文数
icmpInOutSrcQuenchs(19)	RO	发送的源终止的 ICMP 报文数
icmpInOutRedirects(20)	RO	发送的重定向的 ICMP 报文数
icmpInOutEchos(21)	RO	发送的 Echo 请求 ICMP 报文数
icmpInOutEchoReps(22)	RO	发送的 Echo 响应 ICMP 报文数
icmpInOutTimestamps(23)	RO	发送的时间戳请求 ICMP 报文数
icmpInOutTimestampReps(24)	RO	发送的时间戳响应 ICMP 报文数
icmpInOutAddrMasks(25)	RO	发送的地址掩码请求 ICMP 报文数
icmpInOutAddrMaskReps(26)	RO	发送的地址掩码应答 ICMP 报文数

(6) TCP 组

TCP 组所包含的对象是用来描述与 TCP 的实现和操作相关的信息。

TCP 节点的下一层节点(即 TCP 组所包含的对象)如表 9-15 所示。

表 9-15　TCP 组所包含的对象

对　　象	访问方式	功能描述
tcpRtoAlgorithm(1)	RO	重传时间算法
tcpRtoMin(2)	RO	重传时间最小值
tcpRtoMax(3)	RO	重传时间最大值
tcpMaxConn(4)	RO	可建立的最大连接数
tcpActiveOpens(5)	RO	主动打开的连接数
tcpPassiveOpens(6)	RO	被动打开的连接数
tcpAttemptFails(7)	RO	连接建立失败数
tcpEstabResets(8)	RO	连接复位数
tcpCurrEstab(9)	RO	状态为 established 或 closeWait 的连接数

续表

对　　象	访问方式	功能描述
tcpInSegs(10)	RO	接收的 TCP 段总数
tcpOutSegs(11)	RO	发送的 TCP 段总数
tcpRetransSegs(12)	RO	重传的 TCP 段总数
tcpConnTable(13)	NA	连接表
tcpInErrors(14)	RO	接收的 TCP 出错段数
tcpOutRests(15)	RO	发出的含 RST 标志的 TCP 段数

tcpConnTable 节点的下一层节点如表 9-16 所示。

表 9-16　tcpConnTable 所包含的对象

对　　象	访问方式	功能描述
tcpConnEntry(1)	NA	与特定 TCP 相关的信息

tcpConnEntry 节点的下一层节点如表 9-17 所示。

表 9-17　tcpConnEntry 所包含的对象

对　　象	访问方式	功能描述
tcpConnState(1)	RW	TCP 连接状态
tcpConnLocalAddress(2)	RO	本地 IP 地址
tcpConnLocalPort(3)	RO	本地端口号
tcpConnRemoteAddress(4)	RO	远程 IP 地址
tcpConnRemotePort(5)	RO	远程端口号

(7) UDP 组

UDP 组所包含的对象是用来描述与 UDP 协议的实现和操作相关的信息。

UDP 节点的下一层节点(即 UDP 组所包含的对象)如表 9-18 所示。

表 9-18　UDP 组所包含的对象

对　　象	访问方式	功能描述
udpInDatagrams(1)	RO	传递给 UDP 用户的 UDP 数据报的总数
udpNoPorts(2)	RO	在目标端口没有应用程序而收到的 UDP 数据报的总数
udpInErrors(3)	RO	出错的 UDP 数据报的数量
udpOutDatagrams(4)	RO	发送的 UDP 数据报的数量
udpTable(5)	NA	含有 UDP 接收者信息的表

udpTable 节点的下一层节点如表 9-19 所示。

表 9-19　udpTable 所包含的对象

对　　象	访问方式	功能描述
udpEntry(1)	NA	当前特定 UDP 接收者的信息

udpEntry 节点的下一层节点如表 9-20 所示。

表 9-20　udpEntry 所包含的对象

对　　象	访问方式	功能描述
udpLocAddress(1)	RO	本地 IP 地址
udpLocalPort(2)	RO	本地端口编号

4. MIB 对象变量的表示方法

MIB 中定义的各个对象由唯一的对象标识符来识别,但是 SNMP 管理站发出的 SNMP 命令并不对位于 MIB 树中间层次的对象进行读取或修改操作,而是对位于 MIB 树叶子的被管对象进行操作。

可以将 MIB 中的被管对象分成两类,一类是非表项被管对象,也就是该被管对象不是位于表节点之下,该类对象的特点是在 MIB 树中唯一存在,比如,System 组节点下的 sysDescr 节点;另一类是表项被管对象,该类对象的特点是在 MIB 树中并不唯一存在,比如,TCP 组节点下的 tcpConnTable 表节点下的 tcpConnEntry 表项节点下的 tcpConnLocalPort 节点,由于被管设备有可能打开多个 TCP 端口,tcpConnLocalPort 节点在 MIB 树中有可能存在多个,而并不唯一存在。

为了实现 SNMP 管理站读取或设置 MIB 树中被管对象的目的,必须采用一定的表示方法来区分类似 tcpConnLocalPort 的表项被管对象。SNMP 采用了对象变量来表示被管对象的不同具体情况,对象变量也称为被管对象的实例。事实上,SNMP 命令操作的是对象变量或对象实例(即读取对象变量或修改对象变量)。

对象变量名的表示方法如下。

对象变量名的表示格式是 $x.y$,其中,x 是被管对象的对象标识符,y 是能够唯一确定对象变量的数字。对于非表项被管对象,该类对象的特点是在 MIB 树中唯一存在,因此,可以直接将 y 设置为 0 就可以了。而对于表项被管对象,该类对象的特点是在 MIB 树中并不唯一存在,因此,只能通过 y 取不同的值来相互区分,比如,在接口表中 y 是接口号,在路由表中 y 是目的网络地址等。以 MIB 中的管理对象 IPAdEntNetMask 为例,下面是采用 snmpwalk 从某网络设备中获取的部分 IP 地址表中的信息:

```
IP - MIB::ipAdEntAddr.126.88.1.2 = IpAddress:126.88.1.2
IP - MIB::ipAdEntIfIndex.126.88.1.2 = INTEGER:2
IP - MIB::ipAdEntNetMask.126.88.1.2 = IpAddress:255.255.0.0
IP - MIB::ipAdEntBcastAddr.126.88.1.2 = INTEGER:1
```

其中,IPAdEntNetMask 的对象标识符是 1.3.6.1.1.5.6.1.3,上例的目的 IP 地址为 126.88.1.2,那么这个被管对象的对象变量名就是 1.3.6.1.1.5.6.1.3.126.88.1.2 或 IPAdEntNetMask.126.88.1.2,该对象变量的取值是 255.255.0.0。在这个例子中,$x.y$ 中的 x 就是 IPAdEntNetMask 的对象标识符 1.3.6.1.1.5.6.1.3,y 就是 126.88.1.2。

9.5.3　MIB 浏览器

通过 MIB 浏览器可以打开被管设备的 MIB 树并进行快速解析。下面以某一个 MIB

浏览器软件为例,介绍 MIB 浏览器的功能以及使用方法。

下面的(1)~(3)步都如图 9-2 所示。

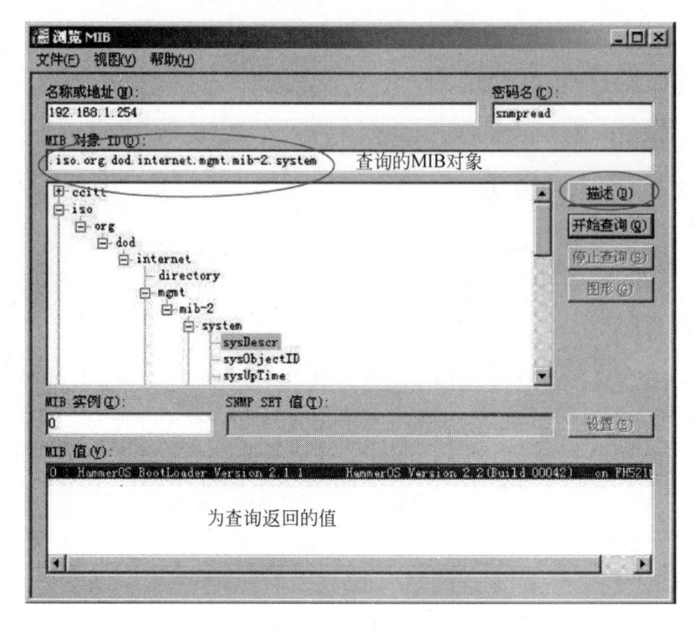

图 9-2　显示所要查询的 MIB 值

(1) 打开 SNMP MIB 浏览器,输入所要查询的被管设备的“名称或 IP 地址”,并且输入“密码名”。

(2) 单击“开始查询”按钮,如果查询成功的话,会打开 MIB 树。

(3) 在显示的 MIB 树中移动光标到想要查询的 MIB 对象或者直接在“MIB 对象 ID”框中输入想要查询的 MIB 对象 ID,在“MIB 值”框中会显示所获得的 MIB 值。

(4) 单击“描述”,可以查看指定 MIB 对象的描述信息,如图 9-3 所示。

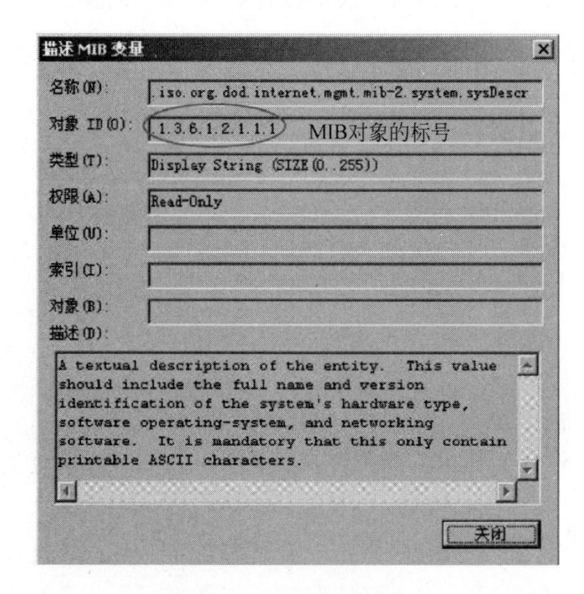

图 9-3　MIB 变量描述

（5）如图 9-4 所示显示了查询已使用内存操作的结果，在这个窗口中，“图形”按钮变为可用状态，说明可以实施对图形的实时监控。

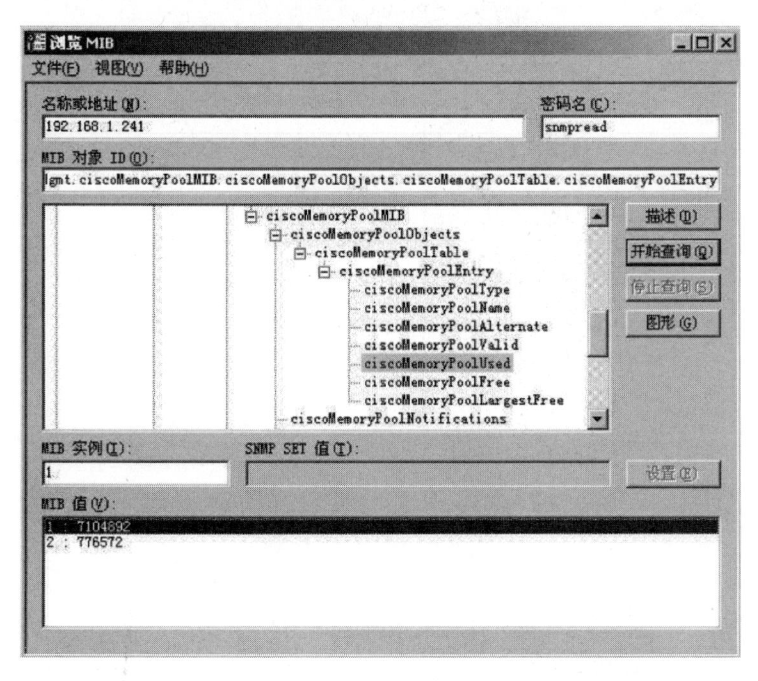

图 9-4　查询内存

（6）私有 MIB 的端口每秒流出的数据包数如图 9-5 所示，在这个窗口中，“图形”按钮也变为可用状态，说明可以实施图形的实时监控。

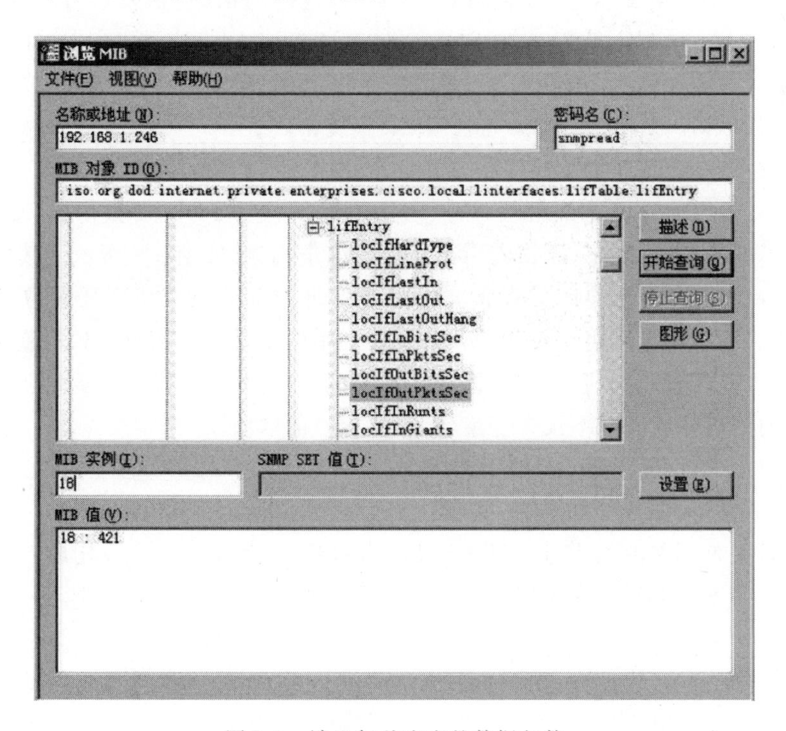

图 9-5　端口每秒流出的数据包数

(7) 单击图 9-5 中的"图形"按钮,可以进行图形实时监控,如图 9-6 所示。

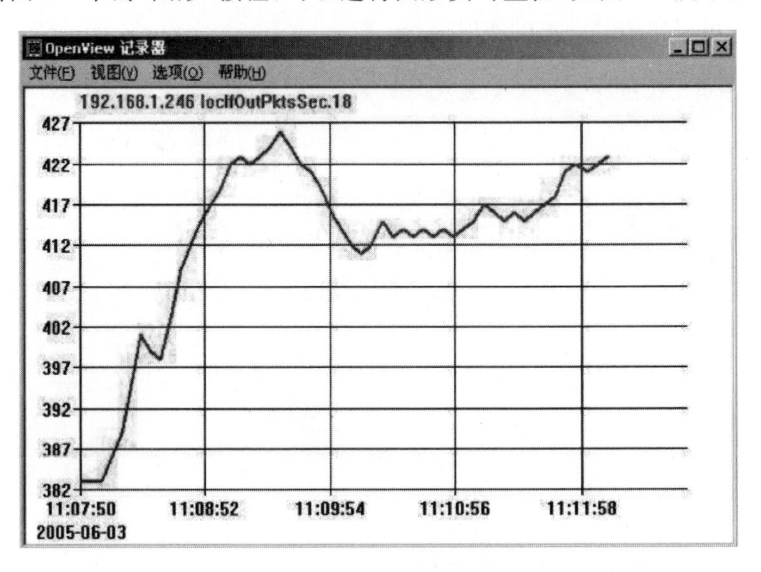

图 9-6 图形实时监控

9.6 SNMP 报文

9.6.1 SNMP 报文结构

SNMP 管理站采用 SNMP 通过网络与 SNMP 代理通信,包括发送管理命令和接收应答信息,也就是说,SNMP 管理站和 SNMP 代理之间的信息交换以 SNMP 报文的形式进行。

下面介绍 SNMPv1 和 SNMPv2 的 SNMP 报文格式。

SNMP 报文由 SNMP 报文首部和 SNMP 数据单元(Protocol Data Unit,PDU)两个部分组成。其中,SNMP 报文首部由版本号、SNMP 共同体和 PDU 类型构成,SNMP 数据单元则由请求标识符、差错状态、差错索引以及变量绑定构成,如图 9-7 所示。其中,SNMP 管理站发往 SNMP 代理的 SNMP Get 报文中的变量绑定部分只有所需要获取的变量名,而 SNMP 管理站发往 SNMP 代理的 SNMP Set 报文中的变量绑定部分不仅有变量名,也有相应的取值,SNMP 代理在响应 SNMP 管理站发来的 SNMP Get 报文的返回消息中,SNMP 响应报文中的变量绑定部分不仅有变量名,也有相应的取值。

下面分别介绍 SNMP 报文的各个组成部分。

(1) SNMP 报文首部

SNMP 报文首部是由版本号、SNMP 共同体和 PDU 类型三个字段构成。

① 版本号。将实际的 SNMP 版本号减 1,写入版本号字段,比如,对于 SNMPv1 应写入 0。

② 共同体(community)。共同体是 SNMP 管理站和 SNMP 代理之间的明文口令,起到一定程度的安全作用,它是一个字符串,常用的共同体是 public。

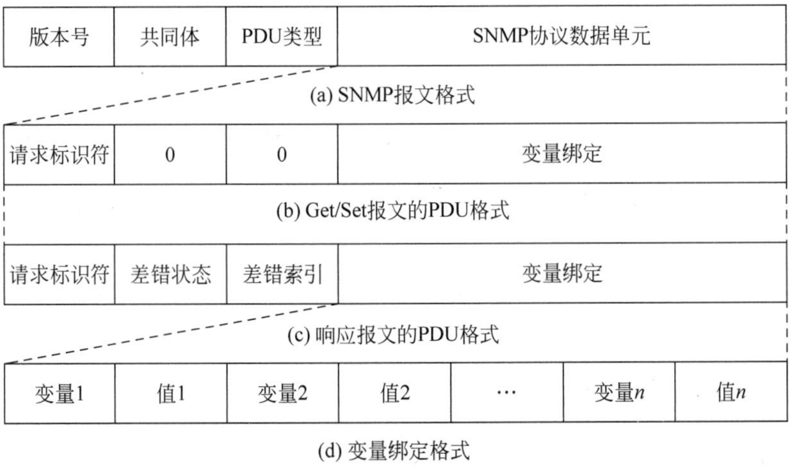

版本号	共同体	PDU类型	SNMP协议数据单元

(a) SNMP报文格式

请求标识符	0	0	变量绑定

(b) Get/Set报文的PDU格式

请求标识符	差错状态	差错索引	变量绑定

(c) 响应报文的PDU格式

变量1	值1	变量2	值2	…	变量n	值n

(d) 变量绑定格式

图 9-7　SNMP 报文格式

SNMP 代理设置 community 的值以及 MIB 对象的访问权限(比如,只读、读写),SNMP 管理站在发送 SNMP 报文时必须填写 community,SNMP 代理会查看收到的 SNMP 报文中的 community 是否与已设置的 community 值相同。只有在相同的情况下,SNMP 代理才会执行所收到的 SNMP 报文中所要求的管理操作。

③ PDU 类型。PDU 类型取值与 PDU 类型之间的对应关系如表 9-21 所示。

表 9-21　PDU 类型

PDU 类型取值	PDU 类型	PDU 类型取值	PDU 类型
0	GetRequest	3	SetRequest
1	GetNextRequest	4	Trap
2	Response		

(2) Get/Set/Response 报文的协议数据单元

Get/Set/Response 报文的协议数据单元由请求标识符、差错状态、差错索引以及变量绑定四个字段构成。

① 请求标识符。

请求标识符是一个整数值,它由 SNMP 管理站来设置。

SNMP 管理站会同时向许多 SNMP 代理发送 SNMP 报文,而 SNMP 报文使用 UDP 进行传送,导致返回的 SNMP 应答报文到达 SNMP 管理站的顺序有可能与发送的顺序不相同,因此,SNMP 管理站需要在发送的 SNMP 报文中设置请求标识符,SNMP 代理在处理完后,将该请求标识符放到返回 SNMP 管理站的响应报文中,这样的话,SNMP 管理站就能够识别返回的响应报文对应于哪一个之前发送的请求报文了。

② 差错状态。

差错状态取值与差错状态之间的对应关系如表 9-22 所示。

③ 差错索引。

差错索引是一个整数,当差错状态是 noSuchName、badValue 或 readOnly 时,由 SNMP 代理在响应报文中设置差错索引,它表示出现差错的变量在变量列表中的偏移量。

表 9-22 差错状态取值与差错状态之间的对应关系

差错状态取值	差错状态名	差错状态描述
0	noError	一切正常
1	tooBig	代理无法将回答装入到一个 SNMP 报文之中
2	noSuchName	操作指明了一个不存在的变量
3	badValue	一个 set 操作指明了一个无效值或无效语法
4	readOnly	管理进程试图修改一个只读变量
5	genErr	某些其他的差错

④ 变量绑定。

变量绑定包含了一个或多个变量和对应的值。

在 SNMP 管理系统中，SNMP 管理站可以发送一个 SNMP Get 报文或 SNMP Set 报文来同时对多个 MIB 对象进行存取，这种方式比每个报文只存取一个 MIB 对象的方式能够减少网络管理的通信负担。要实现一个 SNMP Get 报文或 SNMP Set 报文可以同时存取多个 MIB 对象的目的，SNMP Get 报文或 SNMP Set 报文的 PDU 都包含了一个变量绑定字段，这个字段由一系列对象名称或对象的值构成。

（3）Trap 报文的协议数据单元

Trap 报文的协议数据单元由 Enterprise、Agent-addr、Genetic-trap、Specific-trap、Time-stamp 和变量绑定六个字段构成，如图 9-8 所示。

Enterprise	Agent-addr	Genetic-trap	Specific-trap	Time-stamp	变量绑定

图 9-8 Trap 报文的 PDU 格式

① Enterprise。发送 Trap 报文的网络设备在 MIB 树中的 Enterprise 节点下一棵子树的对象标识符。

② Agent-addr。发送 Trap 报文的网络设备的 IP 地址。

③ Genetic-trap。Genetic-trap 就是 Trap 类型，Trap 类型如表 9-23 所示。

表 9-23 Trap 类型

类型取值	类型名	类型描述
0	coldStart	代理进行了初始化
1	warmStart	代理进行了重新初始化
2	linkDown	一个接口从工作状态变为故障状态
3	linkUp	一个接口从故障状态变为工作状态
4	authenticationFailure	从 SNMP 管理进程接收到具有一个无效共同体的报文
5	egpNeighborLoss	一个 EGP 相邻路由器变为故障状态
6	enterpriseSpecific	代理自定义的事件，需要用后面的特定代码来指明

当 Trap 类型为 2、3、5 时，SNMP 代理需要在 Trap 报文的变量绑定部分的第一个变量填入产生相应问题的接口号。

④ Specific-trap。特定的 Trap 代码。

⑤ Time-stamp。Time-stamp 表明自 SNMP 代理上次启动到本 trap 生成所经历的时间。

⑥ 变量绑定。变量绑定同上面的解释。

9.6.2 SNMP 报文的处理步骤

SNMP 管理站与 SNMP 代理对 SNMP 报文的处理步骤如下。

1. SNMP 管理站构造 SNMP 报文并向 SNMP 代理发送

(1) SNMP 管理站根据管理需求构造 SNMP 报文的 PDU。

(2) SNMP 管理站填写版本号、共同体名等信息,与 PDU 一起构成 SNMP 报文。

(3) 编码后发送给 SNMP 代理。

2. SNMP 代理收到 SNMP 报文后的处理

(1) 驻留在被管设备上的 SNMP 代理监听 UDP 端口 161,接收来自 SNMP 管理站的串行化报文。

(2) 收到报文后,根据 ASN.1 的基本编码规则,将 SNMP 报文解码成内部数据结构表示的报文,如果解码失败,则丢弃该报文,不做进一步处理。

(3) 取出报文中的版本号,检查是否与 SNMP 代理所支持的 SNMP 版本号一致,如果不一致,则丢弃该报文,不做进一步处理。

(4) 取出报文中 SNMP 管理站填写的共同体名,如果与 SNMP 代理所设置的共同体名不同,则丢弃该报文,不做进一步处理,同时向 SNMP 管理站返回 Trap 报文。另外,SNMP 的高版本还支持认证功能,如果认证不成功,则 SNMP 代理向 SNMP 管理站返回一个标有 Authentication Failure 信息的 Trap 报文,并丢弃该报文。

(5) 取出报文中的协议数据单元 PDU,如果提取失败,则丢弃该报文,不做进一步处理。如果提取成功,则分析 PDU 的基本语法,如果分析成功,则根据共同体名选择相应的 SNMP 访问策略,对 MIB 进行相应的存取操作,如果失败,则丢弃该报文。

(6) SNMP 代理分析 PDU 中的管理变量并定位在 MIB 树中对应的节点,从定位得到的模块中获取管理变量的值,然后形成 SNMP 响应报文,编码并返回 SNMP 管理站。

9.7 SNMP 版本

SNMP 就是用来规定 SNMP 网络管理系统中的 SNMP 管理站和 SNMP 代理之间的管理信息传递规则的应用层协议。该协议是一个请求-应答式的协议,它提供了在 SNMP 网络管理系统中的 SNMP 管理站和 SNMP 代理之间交换管理信息的简便方法。SNMP 从最初的 SNMPv1 开始,经历了 SNMPv1、SNMPv2 和 SNMPv3 等三个版本阶段,这三个版本都采用相同的网络管理体系结构。

下面分别介绍 SNMPv1、SNMPv2 和 SNMPv3。

9.7.1 SNMPv1

1990 年 IETF 提出了 SNMPv1,它提供了一种监控计算机网络的系统方法。目前

SNMPv1已经广泛应用，几乎所有的网络设备都支持SNMPv1，使得容易实现基于SNMP的网络管理系统。

在SNMPv1中，定义了描述和命名管理对象的基本体制（也就是管理信息结构）、SNMP本身。SNMPv1是SNMPv2和SNMPv3的基础，SNMPv1采用了管理者-代理结构，很多管理概念在SNMPv1中得到了定义。

1. SNMPv1的优点

（1）设计简单、容易实现

SNMPv1的主要优点是设计简单、容易实现。简单的直接好处就是容易实施网络管理操作，并且不会在网络上增加过多的管理流量负荷。

（2）可扩展性好

SNMPv1的另一个优点是它的可扩展性，由于SNMPv1设计简单、协议容易更新，SNMPv1可以扩展功能来满足新增的管理需求。

2. SNMPv1的缺点

由于SNMPv1在设计上比较简单，导致了SNMPv1存在功能上的局限性，主要表现在以下六个方面。

（1）SNMPv1的SNMP报文中的共同体采用了明文方式，使得非法用户可以获得在网络上传送的网络管理信息，非法用户可以对网络设备进行非法操作。

（2）SNMPv1没有提供身份验证和加密机制。

（3）SNMPv1只在IP协议上运行，不支持别的网络协议。

（4）SNMPv1没有提供一次性获取大量MIB数据的机制，它对大块数据获取操作的效率很低，一次操作只能获取一个MIB数据。

（5）MIB库只支持简单类型的管理对象，而不支持复杂类型的管理对象。

（6）SNMPv1不支持分布式网络管理体系结构，只能用于集中式管理，并且只能在SNMP管理站和SNMP代理之间通信，而不支持SNMP管理站之间的通信。

9.7.2 SNMPv2

90年代SNMPv1得到了迅猛发展，SNMPv1取得成功的主要原因是它的简单性。为了使协议简单易行，SNMP简化了不少功能，因此，简单性也是SNMPv1的缺陷所在。

针对SNMPv1存在的问题，1993年，IETF推出了SNMPv2。SNMPv2包含了之前对SNMPv1所做的各项改进内容，并在保持SNMPv1清晰性和易于实现的基础之上，增强了管理功能，提高了安全性。

SNMPv2与SNMPv1相比，SNMPv2具有以下特点。

（1）SNMPv2增加了一些安全机制，大大地提高了安全性。

① 访问控制。通过访问控制来限制SNMP管理站访问SNMP代理的特定变量，从而可以降低误操作引起网络故障的可能性。

② 设定操作权限。通过设定操作权限来防止用户越权操作。

③ 数据加密。通过数据加密来加强数据在网上传输的安全性，从而防止非法用户获取

在网上传输的网络管理信息。

(2) SNMPv2 支持 MIB 库的表数据结构，并且增加了 get-bulk 操作，实现了大量数据的同时传输，从而提高了 SNMP 的效率并且改进了 SNMP 的性能。

(3) SNMPv2 支持分布式网络管理体系结构，增加了 SNMP 管理站和 SNMP 管理站之间的信息交换机制，由中间 SNMP 管理站来分担主 SNMP 管理站的任务，并增加了远地 SNMP 管理站的局部自主性。一些 SNMP 管理站可以同时充当 manager 和 agent 的角色，作为 agent，SNMP 管理站可以接收更高一级 SNMP 管理站的请求命令，对于请求命令中与 agent 本地管理数据相关的部分，直接返回应答即可，而对于请求命令中与远地 agent 的管理数据相关的部分，agent 会以 manager 的身份向远地 agent 发送请求命令。

(4) SNMPv2 扩展了数据类型，支持 64 位计数器。

(5) SNMPv2 提供了包括 errors 和 exceptions 在内的更丰富的差错处理。

(6) SNMPv2 增加了 inforM 操作，使得一个 SNMP 管理站能够发送 TRAP 给另一个 SNMP 管理站，并能收到回复。

(7) SNMPv2 提供了更精确的数据定义语言。

(8) SNMPv2 可以在多种网络协议上运行，适用于多协议的网络环境。

9.7.3 SNMPv3

SNMPv1 和 SNMPv2 的安全设计存在不足，SNMPv2 也没有完全实现预期的安全性能目标。虽然 1996 年发布的 SNMPv2c 比 SNMPv2 功能增强了，但是 SNMPv2c 仍然使用 SNMPv1 采用的基于明文密钥的身份验证方式，因此，SNMPv2c 的安全性能仍然没有得到改善。

针对上述版本所缺乏的安全和管理方面的问题，1998 年 IETF 提出了 SNMPv3。

1. SNMPv3 的特点

(1) 具有强大的安全性

SNMPv3 在安全方面做了相当大的改进，在以前版本的基础上增加了安全和管理机制，规定了一套专门的网络安全和访问控制规则，具有多种安全处理模块。具体而言，SNMPv3 在 SNMPv1 和 SNMPv2 的基础上增加了三个安全机制，分别是身份验证、加密和访问控制。

(2) 具有良好的可扩展性

SNMPv3 的体系结构采用了模块化的设计思想，可以根据需要通过简单的方式来增加或修改功能。SNMPv3 将以前版本中的 SNMP 管理站和 SNMP 代理统一命名为 SNMP 实体，并且 SNMP 实体由一个 SNMP 引擎和一个或多个 SNMP 应用组成。

(3) 具有很强的适应性

SNMPv3 既可以管理简单网络，也可以满足复杂网络的管理需求；SNMPv3 既可以实现基本的网络管理功能又可以提供强大的网络管理功能。

2. SNMPv3 的组成模块

SNMPv3 主要包括三个模块，分别是用户安全模块、本地处理模块、信息处理和控制模块。

(1) 用户安全模块

用户安全模块(User Security Model)主要提供 SNMPv3 新增加的三个安全机制中的身份验证、数据加密。

① 身份验证指的是 SNMP 代理(SNMP 管理站)在收到 SNMP 报文的时候,首先确认 SNMP 报文是否来自于具有权限的 SNMP 管理站(SNMP 代理),同时还要确认 SNMP 报文在传输过程中没有发生改变。

身份验证的过程:SNMP 管理站和 SNMP 代理必须共享相同的密钥,SNMP 管理站在发送 SNMP 报文之前,会使用该密钥来计算验证码,接着将该验证码加到 SNMP 报文之中,然后再发送 SNMP 报文,SNMP 代理在收到该 SNMP 报文以后,会使用相同的密钥从 SNMP 报文中提取出验证码,从而得到 SNMP 报文。

② 加密的过程与身份验证的过程相似,SNMP 管理站和 SNMP 代理也需要共享相同的密钥来实现 SNMP 报文的加密和解密。

(2) 本地处理模块

本地处理模块(Local Processing Model)主要提供 SNMPv3 新增加的三个安全机制中的访问控制。

访问控制在 SNMP 报文的 PDU 这一级实施,它通过设置 SNMP 代理的相关信息,从而使不同的 SNMP 管理站在访问 SNMP 代理时具有不同的权限。

一般存在两种访问控制策略,一种是限定 SNMP 管理站能够向 SNMP 代理发送的命令,另一种是限定 SNMP 管理站能够访问 SNMP 代理的 MIB 的哪些部分。

(3) 信息处理和控制模块

信息处理和控制模块(Message Processing and Control Model)负责产生和分析 SNMP 报文,并且判断 SNMP 报文在网络传输过程中是否需要经过代理服务器。

① 在产生 SNMP 报文的过程当中,信息处理和控制模块接收来自调度器的 SNMP 报文的 PDU,然后由用户安全模块在 SNMP 报文头中加入安全参数。

② 在分析收到的 SNMP 报文时,首先由用户安全模块来处理 SNMP 报文头当中的安全参数,然后将解包后的 SNMP 报文的 PDU 发给调度器来处理。

9.8 启用 Windows 系统的 SNMP

在不同版本的 Windows 系统中,启用 SNMP 的窗口所在的位置有所不同,一般而言,在"控制面板"的"添加/删除程序"(或"程序和功能")中有启动 SNMP 功能的选项。

9.9 设置路由器的 SNMP

下面以 CISCO 路由器为例,来说明如何设置路由器的 SNMP 参数。

在 IOS 的 Enable 状态下,输入如下命令:

```
config terminal:进入全局配置状态。
Cdp run:启用 CDP。
```

snmp - server community my - community - string ro:配置本路由器的共同体串为只读 my - community - string。

snmp - server community my - community - string rw:配置本路由器的共同体串为读写 my - community - string。

snmp - server enable traps:允许路由器将所有类型的 Trap 消息发送出去。

snmp - server host IP - address - server - 1 traps my - trap - community:指定路由器的 Trap 消息的接收者的 IP 地址为 IP - address - server - 1,发送 Trap 时采用 my - trap - community 作为共同体串。

snmp - server trap - source loopback:将 loopback 接口的 IP 地址作为 trap 消息的发送源地址。

logging on:启动 log 机制。

logging IP - address - server - 2:将 log 记录发送到 IP 地址为 IP - address - server - 2 的 syslog server 上。

logging facility local7:将记录事件类型定义为 local7。

logging trap warning:将记录事件严重级别定义为从 warning 开始,一直到最紧急级别的事件全部记录到前边指定的 syslog server 上。

logging source - interface loopback:指定记录事件的发送源地址为 loopback 的 IP 地址。

service timestamps log datetime:发送记录事件的时候包含时间标记。

copy running start 或 write terminal:保存配置。

本章小结

本章介绍了 SNMP 管理模型、SNMP 基本命令、SNMP 工作机制、MIB 库、SNMP 报文组成、SNMP 版本以及 SNMP 的配置方法等内容。由于计算机网络管理系统一般都基于 SNMP,本章是学习 SNMP 网络管理系统、开发基于 SNMP 的网络管理系统以及运行基于 SNMP 网络管理系统的关键章节。

在教学上,本章的教学目的是让学生掌握基于 SNMPv1 或 SNMPv2 的网络管理系统的工作原理,了解 SNMPv3。

本章重点是学习 SNMP 管理模型、SNMP 基本命令、SNMP 工作机制、MIB 库、SNMP 报文组成以及 SNMP 的配置方法等内容,本章难点是 SNMP 管理模型、SNMP 基本命令、SNMP 工作机制、MIB 库和 SNMP 的配置方法。

习　　题

1. 简答题

(1) 简述 SNMP 网络管理系统的四个基本组成部分以及各部分的主要功能。

(2) 简述 SNMP 采用轮询方式的两个原因。

(3) 什么是 MIB 树的对象标识符?

2. 填空题

(1) SNMP 提供了两种从网络被管资源中收集网络管理信息的方法:一种是(　　),另一种是(　　)。

(2) 通常 SNMP 代理进程默认的监听端口为(　　),而 SNMP 管理进程则用端口(　　)接收来自 SNMP 代理的命令。

(3) SNMP 报文由(　　)和(　　)两个部分组成。

第10章 网络设备配置维护

Telnet 与 TFTP 分别是简便实用的网络设备远程登录与网络设备配置维护应用，本章将分别介绍。

10.1 Telnet

10.1.1 Telnet 工作原理

Telnet(TELecommunications NETwork)给用户提供了一种通过终端登录远端服务器的方式，它是一种终端仿真程序，可以是基于命令行的也可以是基于图形的，使用 Telnet 可以使本地用户通过网络登录到远端服务器上。Telnet 能够让用户在本地计算机上通过网络(任何采用了 TCP/IP 的网络，比如 LAN、WAN 或 Internet)登录远端服务器，把本地计算机当成远端服务器的一个仿真终端。

Telnet 协议是 TCP/IP 协议簇中的一员，用户只要安装了 TCP/IP 就可以直接运行 Telnet 了。Telnet 采用了客户机/服务器(client/server)模式，它简化了本地主机与远端服务器的连接。如果要在本地主机与远端服务器之间开始一个 Telnet 会话，用户只需在主机上启动 Telnet 程序。它作为用户与远端服务器连接的接口，用户通过该接口向远端服务器发送用来登录的用户 ID 和密码，在登录成功后，就可以通过该接口向远端服务器发送命令了。而远端服务器上需要运行 Telnet 服务器，该服务器驻留在远端服务器上，一直等待着来自远端主机的 Telnet 会话请求以及登录信息和命令，用户在本地 Telnet 程序中输入的命令会在远端服务器上运行，就像直接在远端服务器的控制台上输入命令一样，这样就可以在本地操作和控制远端服务器了。

Telnet 采用 TCP 来维护可靠的、稳定的连接，它使用了 TCP 的 23 端口。目前，Telnet 的工作方式主要有以下两种。

(1) 字符方式

目前不少的 Telnet 均采用这种方式来实现。在字符方式中，用户每敲入一个字符，该字符就立刻传送到远端服务器进行处理并将处理结果返回给用户。在传输速率较慢的网络中，这种方式的效率是十分低下的。

(2) 行方式

在行方式中，用户输入的内容在本地回显，在一行输入结束时，再将整行发送到远端服务器去处理。

下面介绍 Telnet 客户端与远端 Telnet 服务器端的处理步骤。

(1) 本地 Telnet 客户端需要完成的操作：

① 建立本地 Telnet 客户端与远端 Telnet 服务器端的 TCP 连接。

② 本地 Telnet 客户端接收本地键盘输入或鼠标单击的信息，并转换成标准格式发送给远端 Telnet 服务器端。

③ 本地 Telnet 客户端从远端 Telnet 服务器端接收返回的信息。

④ 本地 Telnet 客户端将信息显示在本地屏幕上。

(2) 远端 Telnet 服务器端需要完成的操作：

① 远端 Telnet 服务器端通知发送 Telnet 会话请求的 Telnet 客户端已经准备就绪，等待接收命令。

② 远端 Telnet 服务器端收到来自 Telnet 客户端的命令后，执行相应的命令处理。

③ 远端 Telnet 服务器端将执行命令的处理结果返回给 Telnet 客户端。

④ 远端 Telnet 服务器端等待接收新命令。

10.1.2 Telnet 实践

1. 启动 Telnet 服务

(1) 如图 10-1 所示，打开"管理工具"中的"服务"。

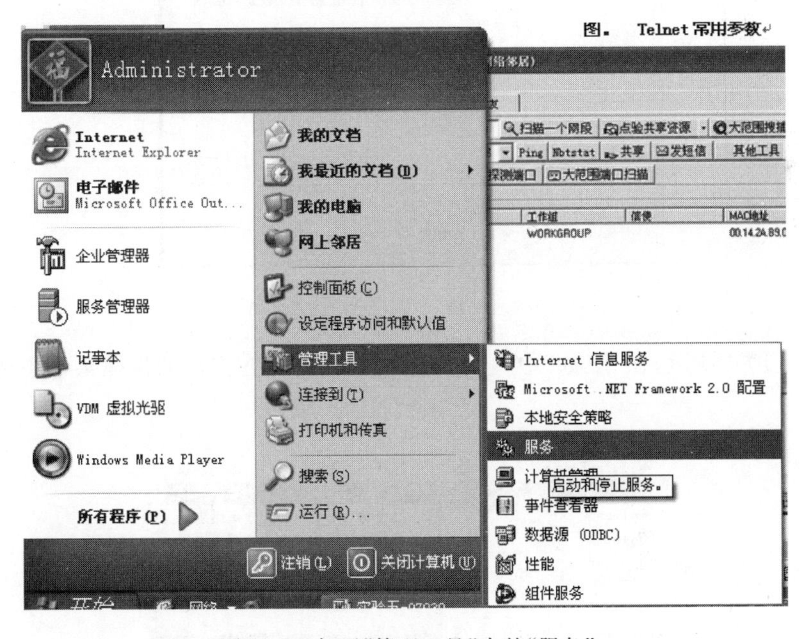

图 10-1　打开"管理工具"中的"服务"

(2) 如图 10-2 所示，在"服务"中找到 Telnet 项，右击，在弹出的快捷菜单中选择"属性"命令。

(3) 如图 10-3 所示，打开 Telnet 服务的"属性"页，设置"启动类型"为"自动"，并单击"确定"按钮退出。

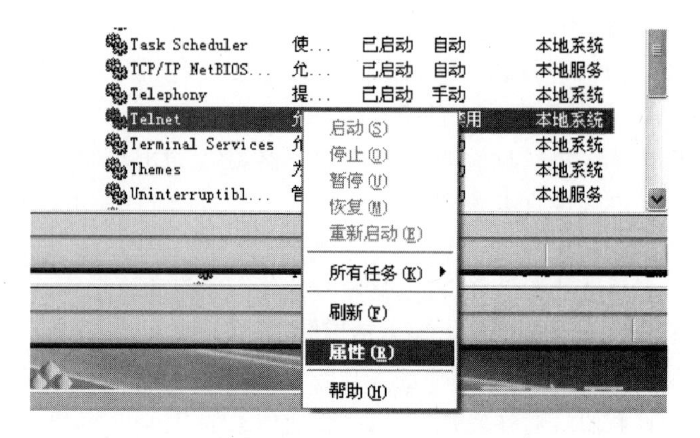

图 10-2 选择 Telnet 服务的属性项

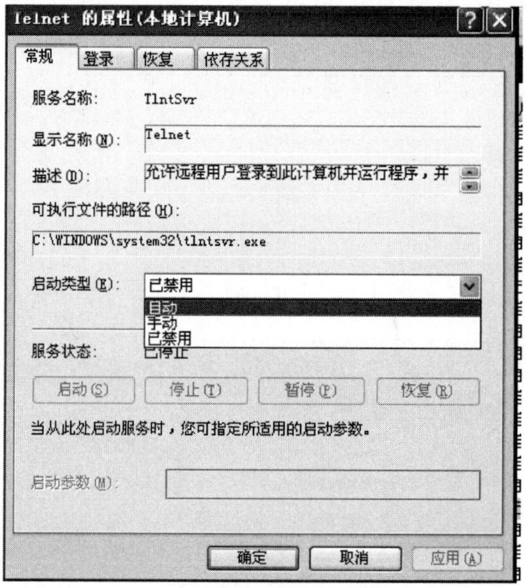

图 10-3 设置“启动类型”为“自动”

(4) 如图 10-4 所示,在“服务”中找到 Telnet 项,右击,在弹出的快捷菜单中选择“启动”命令。

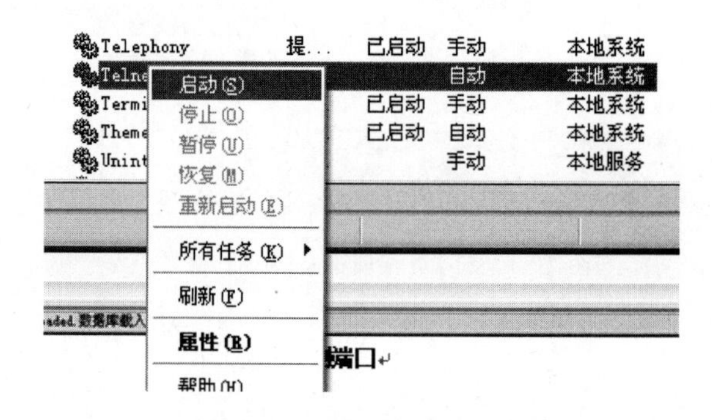

图 10-4 启动 Telnet 服务

2. 登录远端 Telnet 服务器端

(1) 如图 10-5 所示，打开 Windows 系统的“运行”窗口，输入命令“Telnet 192.168.120.89”。

图 10-5 在“运行”窗口中输入命令

(2) 如图 10-6 所示，进入 Telnet 客户端界面。

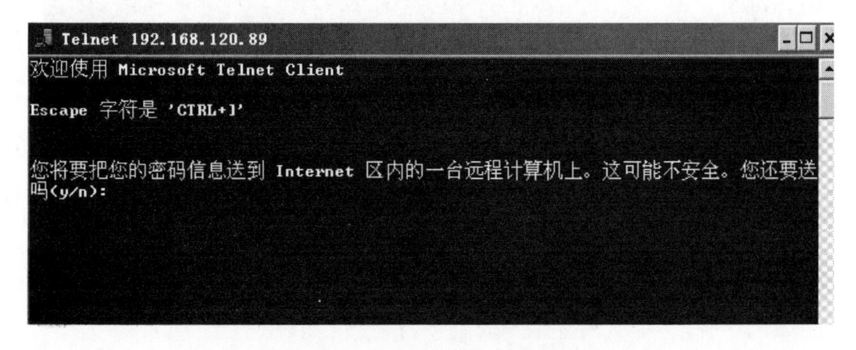

图 10-6 进入 Telnet 客户端

(3) 如图 10-7 所示，输入用户名与密码，来登录远端 Telnet 服务器端。

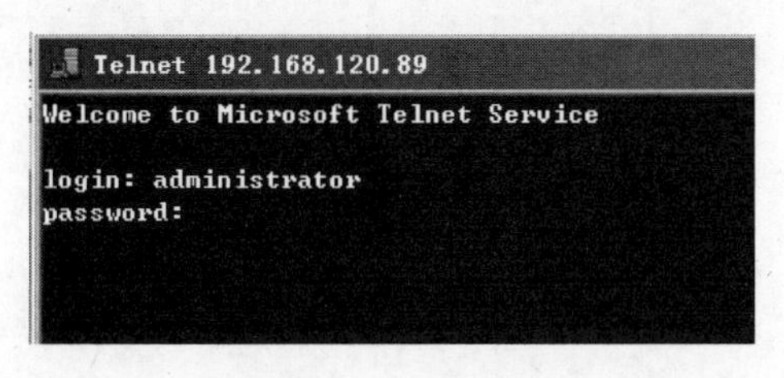

图 10-7 登录

(4) 如图 10-8 所示，显示成功登录远端 Telnet 服务器端。

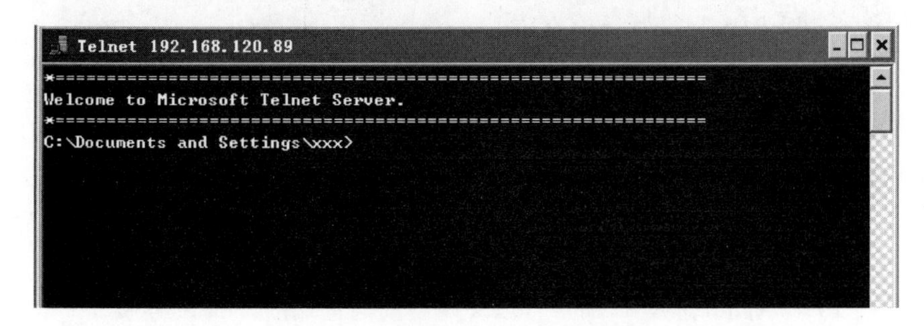

图 10-8 成功登录 Telnet 服务器端

3. Telnet 命令

(1) 如图 10-9 所示,打开 Windows 系统的“运行”窗口,输入命令“cmd”打开命令提示符窗口,输入“telnet /?”命令,显示 Telnet 命令的使用方法。

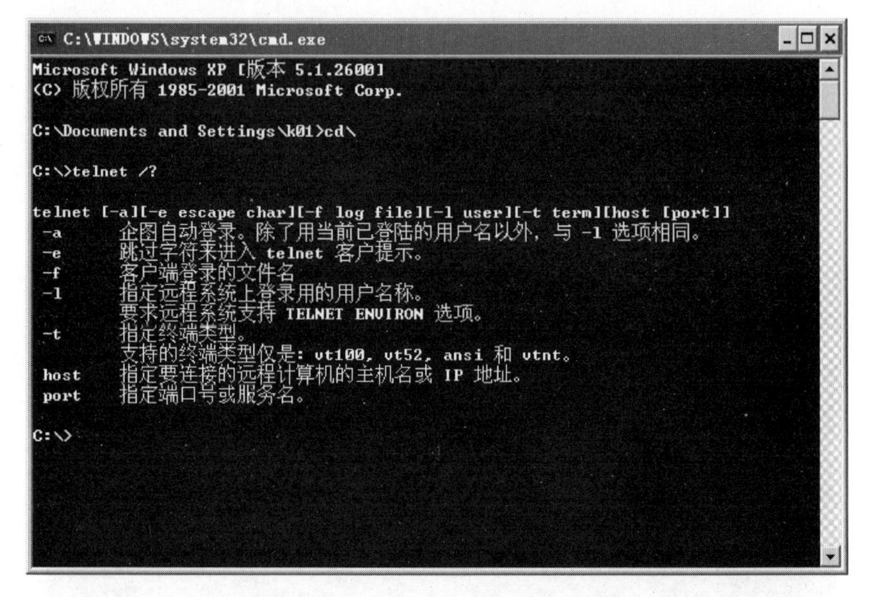

图 10-9 显示 Telnet 命令使用方法

(2) 如图 10-10 所示,输入“telnet -a”命令,请求自动登录。

图 10-10 telnet -a 自动登录命令

(3) 如图 10-11 所示,显示成功登录。

(4) 如图 10-12 所示,登录后,输入“? /help”命令来查看可以使用的命令,然后输入“d”命令来显示操作参数。

(5) 如图 10-13 所示,输入“c”命令可以关闭当前与远端的 Telnet 连接。

```
C:\WINDOWS\system32\cmd.exe - telnet -a
欢迎使用 Microsoft Telnet Client

Escape 字符是 'CTRL+]'

Microsoft Telnet>
```

图 10-11　成功登录

```
C:\WINDOWS\system32\cmd.exe - telnet -a

Escape 字符是 'CTRL+]'

Microsoft Telnet> ?/help

命令可以缩写。支持的命令为:

c    - close                    关闭当前连接
d    - display                  显示操作参数
o    - open hostname [port]     连接到主机名称(默认端口 23).
q    - quit                     退出 telnet
set  - set                      设置选项 (要列表, 请键入 'set ?')
sen  - send                     将字符串发送到服务器
st   - status                   打印状态信息
u    - unset                    解除设置选项 (要列表, 请键入 'unset ?')
?/h  - help                     打印帮助信息
Microsoft Telnet> d
Escape 字符是 'CTRL+]'
将验证身份(NTLM Authentication)
关闭本地回显
新行模式 - return 键发送 CR 和 LF
当前模式: 控制台
Will 终端类型
优选的终端类型为 ANSI
Microsoft Telnet> _
```

图 10-12　查看命令并显示操作参数

```
Telnet
欢迎使用 Microsoft Telnet Client

Escape 字符是 'CTRL+]'

Microsoft Telnet> ?/help

命令可以缩写。支持的命令为:

c    - close                    关闭当前连接
d    - display                  显示操作参数
o    - open hostname [port]     连接到主机名称(默认端口 23).
q    - quit                     退出 telnet
set  - set                      设置选项 (要列表, 请键入 'set ?')
sen  - send                     将字符串发送到服务器
st   - status                   打印状态信息
u    - unset                    解除设置选项 (要列表, 请键入 'unset ?')
?/h  - help                     打印帮助信息
Microsoft Telnet> c
Microsoft Telnet> _
```

图 10-13　关闭当前连接(输入 c 即可)

（6）如图 10-14 所示，输入“set term vt52”命令来设置 Telnet 终端类型。

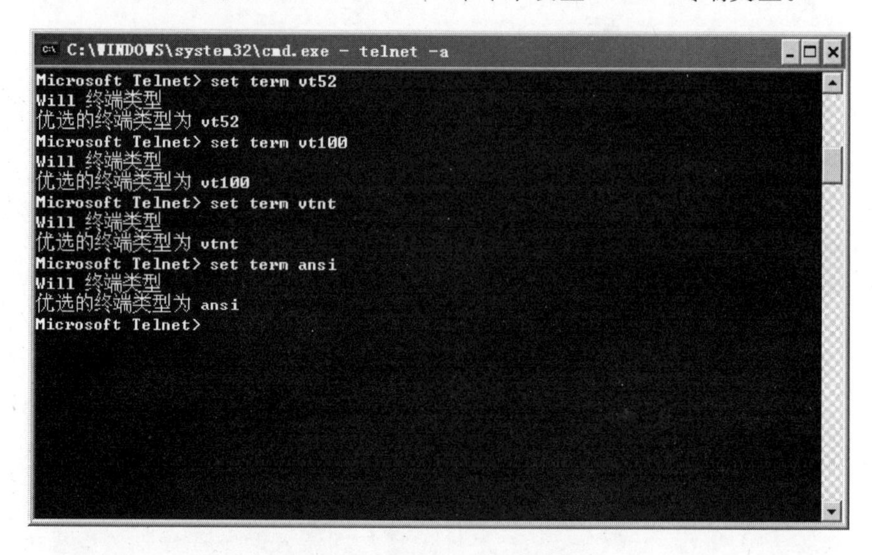

图 10-14　设置 Telnet 终端类型

（7）如图 10-15 所示，输入“q”命令可以退出 Telnet。

```
C:\WINDOWS\system32\cmd.exe
没有连接
Microsoft Telnet> unset
格式为 'unset Name <Value>'
要查看帮助请键入 'unset ?'。
Microsoft Telnet> unset ?
bsasdel         退格将被作为退格发送
crlf            换行模式 - 使回车键发送 CR
delasbs         删除将被作为删除发送
escape          不用 escape 字符
localecho       关闭 localecho
logging         关闭记录
ntlm            关闭 NTLM 身份验证
Microsoft Telnet>
Microsoft Telnet>
Microsoft Telnet>
Microsoft Telnet>
Microsoft Telnet>
Microsoft Telnet>
Microsoft Telnet>
Microsoft Telnet>
Microsoft Telnet>
Microsoft Telnet>
Microsoft Telnet> q

C:\>
```

图 10-15　退出 Telnet

10.2　TFTP

10.2.1　TFTP 工作原理

TFTP(Trivial File Transfer Protocol)是一个传输文件的简单协议，用于在网络节点之间传输文件。一般而言，TFTP 使用 UDP 协议来传输文件，默认端口采用 69。

TFTP 简单、紧凑，它只实现了 FTP(File Transfer Protocol)的一小部分功能，它只能从文件服务器上获取或写入文件，不能列出目录。正是出于简单的目的，TFTP 没有任何形式的用户登录认证操作，它也不具备报文监控能力和有效的错误处理能力，这样做的结果是减小了传输过程开销，同时，也带来了安全问题。不过，TFTP 一般用于嵌入式应用(比如，用于配置或升级路由器、交换机等网络设备)以及无盘工作站从远程服务器引导的启动中，在这些应用场景下，设备的物理空间是首要问题，安全问题可以用其他方式来解决。

在网络管理操作中，TFTP 使得对交换机、路由器等网络设备的管理工作变得简单、快捷，使用 TFTP 可以进行交换机、路由器等网络设备的软件系统的保存和升级、配置文件的保存和下载等管理操作。

TFTP 客户端与 TFTP 服务器端之间有五种交互报文，分别如下。

(1) RRQ 报文(Read Request，读请求)。

(2) WRQ 报文(Write Request，写请求)。

(3) DATA 报文(Data，数据分组)。

(4) ACK 报文(Acknowledgment，应答报文)。

(5) ERROR 报文(Error，差错报文)。

TFTP 客户端与 TFTP 服务器端之前的通信参数及操作如下。

(1) 在传输数据之前，TFTP 客户端需要向 TFTP 服务器端发送读请求或写请求，这个请求也是 TFTP 连接请求。如果 TFTP 服务器同意该请求，那么 TFTP 服务器会打开连接，然后 TFTP 客户端与 TFTP 服务器端之间会以 512 字节一个数据块的固定长度进行数据传输。

(2) 通信中的一方发出的每一个数据包仅包含一个数据块，并且发送方只有在收到另一方返回的对该数据包的确认报文之后，才接着发送下一个数据包。

(3) 当发送方发出的数据包大小不够 512 字节时，表明数据传输结束。

(4) 如果数据包在传输过程中发生丢失的情况，发送方会在超时后重新发送最后一个没有被确认的数据包。

(5) TFTP 客户端与 TFTP 服务器端双方在通信时都是报文的发送者与接收者。其中，一方发送应答报文、接收数据报文，另一方发送数据报文、接收应答报文。

10.2.2 TFTP 实践

下面以 TFTP Server 为例，来介绍一下 TFTP 应用的使用。

TFTP Server 软件可以从 Cisco 网站(http://www.cisco.com/)下载。TFTP Server 是一个多线程 TFTP 服务器软件，网络管理员能够使用 TFTP Server 同时传送和接收多个文件。TFTP Server 可以用于上传或下载网络设备的可执行文件，也可以配置路由器、交换机等网络设备。TFTP Server 还提供了 IP 地址过滤器表来增强通信安全性。

下面是 TFTP 客户端与 TFTP Server 之间的交互过程举例。

(1) 如图 10-16 所示，在 TFTP 客户端打开 Windows 系统的“运行”窗口，输入命令“cmd”打开命令提示符窗口，直接输入“tftp.exe”命令，来显示 TFTP 命令的使用方法。

(2) 如图 10-17 所示，在 TFTP 服务器端运行 TFTP Server 软件。

(3) 如图 10-18 所示，在 TFTP 服务器端设置 TFTP Server 选项。

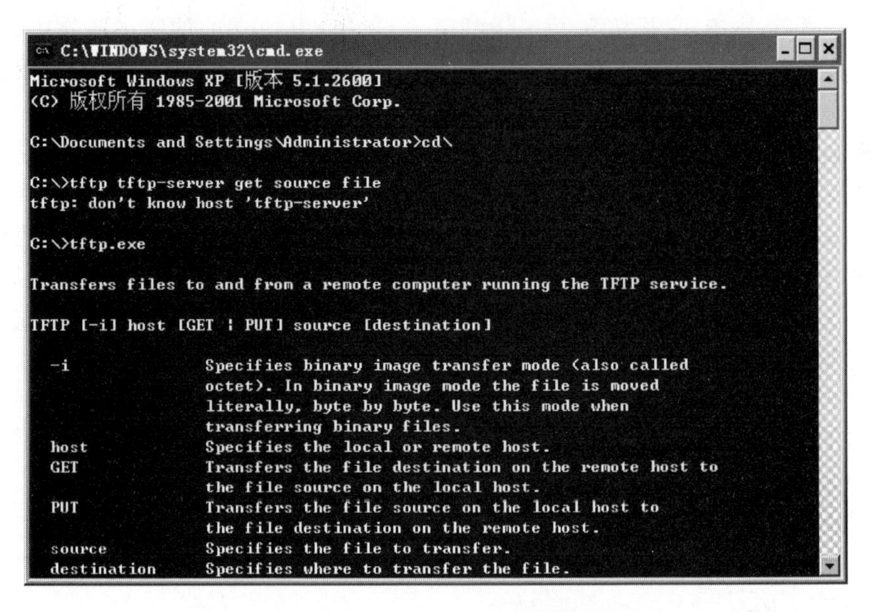

图 10-16　输入 tftp. exe 显示参数使用方法

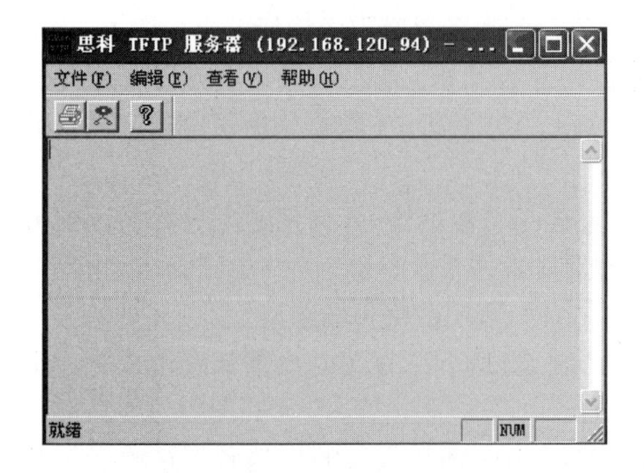

图 10-17　启动 TFTP Server

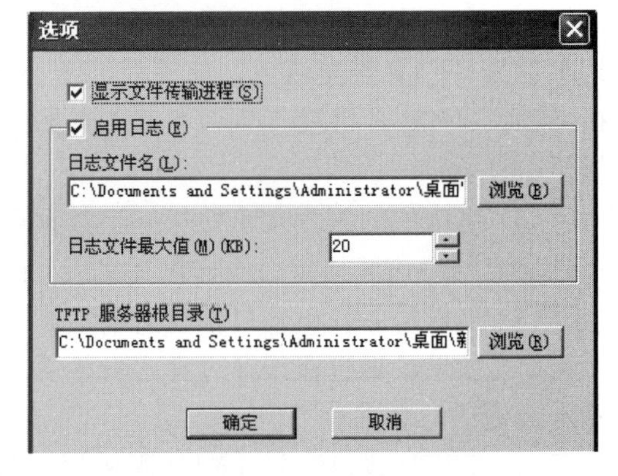

图 10-18　TFTP Server 选项设置

(4) 如图 10-19 所示,在 TFTP 服务器端显示 TFTP Server 日志。

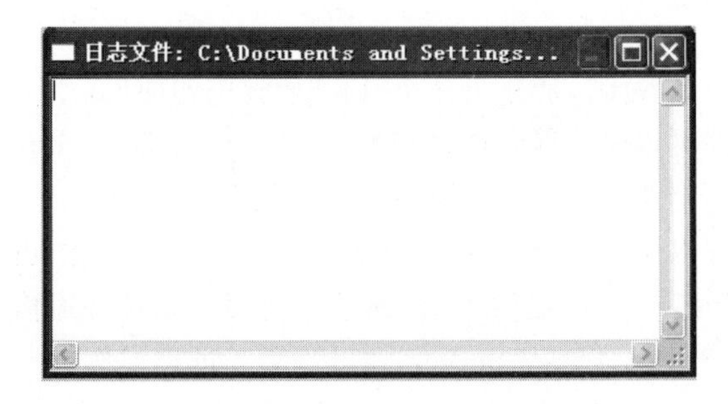

图 10-19　TFTP Server 日志文件

(5) 如图 10-20 所示,在 TFTP 客户端输入“tftp 192. 168. 120. 94 put 2. txt wo. txt”命令,表示 TFTP 客户端向 TFTP Server 发送当前目录下的 2. txt 文件,传到 TFTP 服务器

端后改名为“wo. txt”。

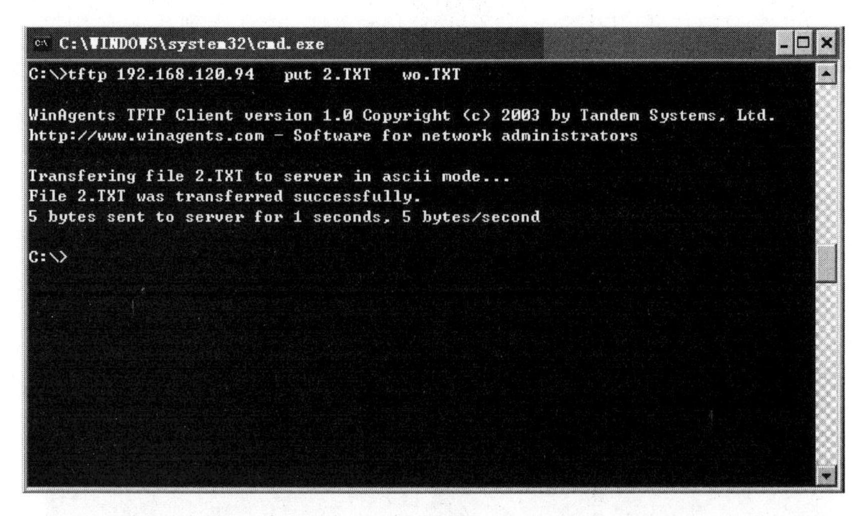

图 10-20 TFTP 客户端向 TFTP Server 发送文件并改名

(6) 如图 10-21 所示，在 TFTP Server 界面上显示接收 wo. txt 文件成功。

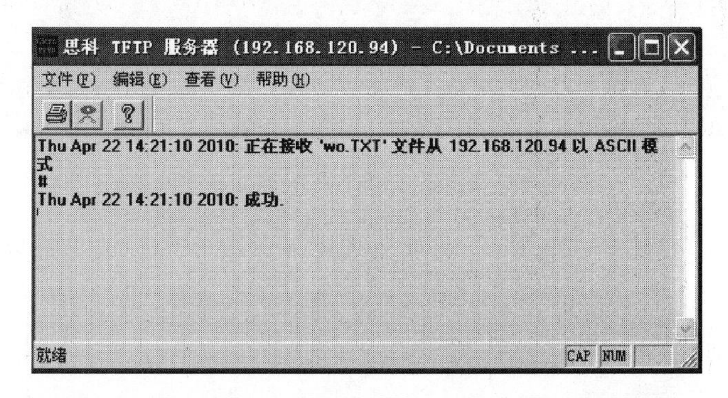

图 10-21 TFTP Server 界面显示接收 wo. txt 文件成功

(7) 如图 10-22 所示，在 TFTP 服务器端打开 TFTPServer. log 日志文件，显示 TFTP Server 记录的日志信息。

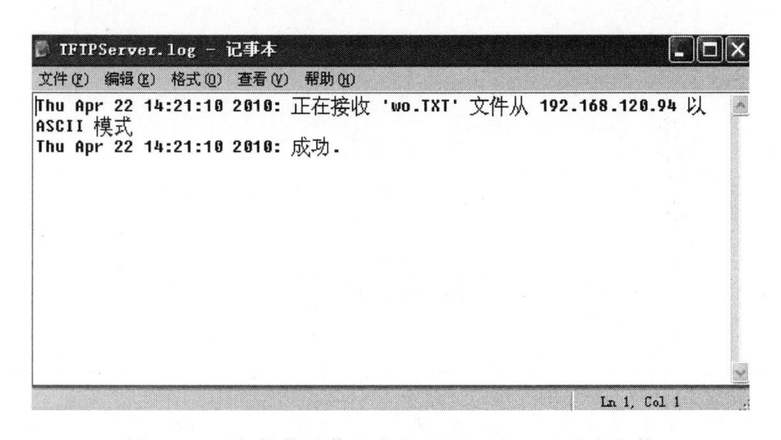

图 10-22 文件传送信息存入 TFTP Server 日志文件

(8) 如图 10-23 所示,在 TFTP 客户端输入"tftp 192.168.120.94 get 3.log 4.txt"命令,表示 TFTP 客户端从 TFTP Server 下载 3.log 文件,并且收到后改名为"4.txt",由于 TFTP Server 处并没有 3.log 文件,显示错误信息"File not found",然后再次输入"tftp 192.168.120.94 get wo.txt 4.txt"命令。由于 TFTP Server 存在 wo.txt 文件,获取文件操作成功,下载 wo.txt 后改名为"4.txt",并保存在当前目录下。

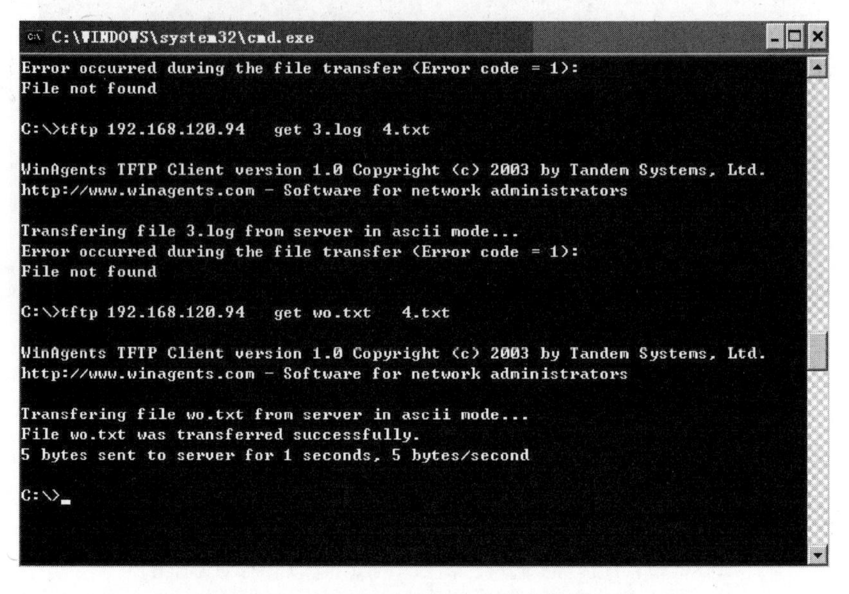

图 10-23　从 TFTP Server 获取文件并改名

(9) 如图 10-24 所示,在 TFTP Server 界面上显示发送 wo.txt 文件成功。

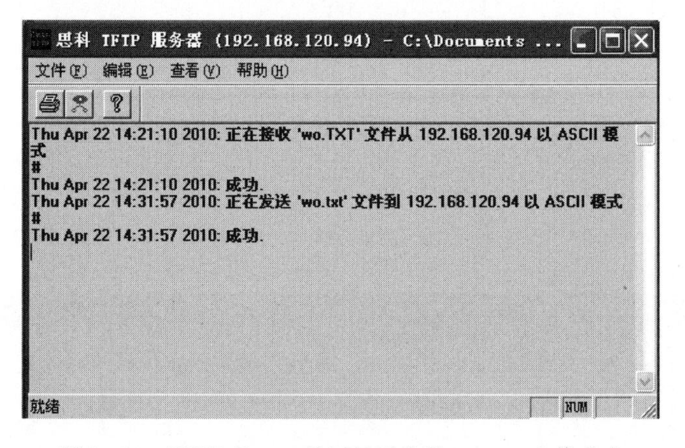

图 10-24　TFTP Server 界面显示发送 wo.txt 文件成功

本章小结

本章介绍了两个最常用的网络设备配置维护应用,分别是 Telnet 和 TFTP。通过了解和使用这两个应用,使得对交换机、路由器等网络设备的一些管理工作变得简单、高效。

在教学上,本章的教学目的是让学生掌握 Telnet 和 TFTP 两个管理应用的使用方法。

本章重点和难点是 Telnet 和 TFTP 两个管理应用的学习与使用。

习　　题

1. 简答题

(1) 简述 Telnet 客户端与远端 Telnet 服务器端的处理步骤。

(2) 列出 TFTP 客户端与 TFTP 服务器端之间的五种交互报文。

2. 填空题

(1) Telnet 采用了(　　)模式。

(2) Telnet 采用(　　)协议来维护可靠的、稳定的连接,它使用了该协议的(　　)端口。

(3) TFTP 使用(　　)协议来传输文件,默认端口采用(　　)。

第11章　MAC地址与IP地址维护

面对局域网中的众多主机与网络设备,如何在通信过程中进行准确识别呢?如何在网络管理操作中识别每一个需要管理的主机与网络设备呢?这些都需要寻址系统的帮助,并且都需要借助于MAC地址与IP地址。

计算机网络中的主机所配置的网络接口和网络设备接口都拥有一个世界上唯一的物理地址,即MAC地址。该地址具有世界唯一性,它保证了主机或网络设备的网络接口在通信中的唯一性。MAC地址极大地方便了局域网内寻址。IP地址是网络主机或网络设备在网络之间相互通信的、重要的、关键的寻址参数。IP地址是逻辑地址,有时可以根据管理需要更改主机或网络设备的IP地址。在同一个局域网内,IP地址应该是唯一的,在互联网内,公用IP地址也应该是唯一的。

IP地址和MAC地址都是网络管理工作中经常用到的参数。通过本章介绍的一些IP地址和MAC地址维护应用的学习与使用,可以更直观地了解IP地址和MAC地址的功能。

本章将分别介绍一些IP地址和MAC地址维护应用,包括ARP、IPMaster。

11.1　MAC地址维护

ARP(Address Resolution Protocol,地址转换协议)是TCP/IP协议簇中的一个重要协议。通过ARP命令,可以显示和修改"IP地址到物理地址"的地址转换表的内容。

11.1.1　ARP用法

如果运行不带任何参数的ARP命令,就会显示该命令的帮助信息。

ARP命令的基本格式如下:

```
ARP -s inet_addr eth_addr [if_addr]
ARP -d inet_addr [if_addr]
ARP -a [inet_addr] [-N if_addr] [-v]
```

下面介绍各个参数的含义。

(1) -a:通过询问当前协议数据,显示当前所有ARP表项。如果指定inet_addr,就只显示指定计算机的IP地址和物理地址。如果存在不止一个网络接口使用ARP的情况,则显示每个ARP表的表项。

(2) -v:在详细模式下显示当前ARP表项,所有无效项和环回接口上的项都将显示。

(3) inet_addr：指定 Internet 地址。

(4) -N if_addr：显示 if_addr 指定的网络接口的 ARP 表项。

(5) -d：删除 inet_addr 指定的主机。inet_addr 可以是通配符 *，这样可以删除所有主机。

(6) -s：添加主机并且将 Internet 地址 inet_addr 与物理地址 eth_addr 相关联。物理地址是用连字符分隔的 6 个十六进制字节。在 ARP 表中增加新的静态表项，该项是永久的。

(7) eth_addr：指定物理地址。

(8) if_addr：如果存在，此项指定地址转换表应修改的接口的 Internet 地址；如果不存在，则使用第一个适用的接口。

11.1.2 ARP 实践

ARP 命令可以用于分析 IP 地址与 MAC 地址的转换问题。一个问题场景如下。

有时会出现主机或网络设备间歇性通信正常的现象，如果这种错误仅仅与某个特定主机或网络设备相关，那么这个问题往往源于两个主机或网络设备采用了相同的 IP 地址，该问题的间歇性来源于主机或网络设备的 ARP 表中的地址表项出现了问题。

通过 ARP 命令，用户可以查看所怀疑主机或网络设备的 ARP 高速缓存表的内容。如果怀疑地址表中有不正确的项，可以删除有问题的 ARP 表项并添加正确的表项。在解决一些网络通信问题时删除与添加 ARP 表项操作是非常有帮助的。

(1) 如图 11-1 所示，打开另一台主机 Windows 系统的“运行”窗口，输入“cmd”命令，打开命令提示符窗口，输入“ipconfig /all”命令，查看主机的网络配置情况，并且获得该主机的 MAC 地址与 IP 地址。

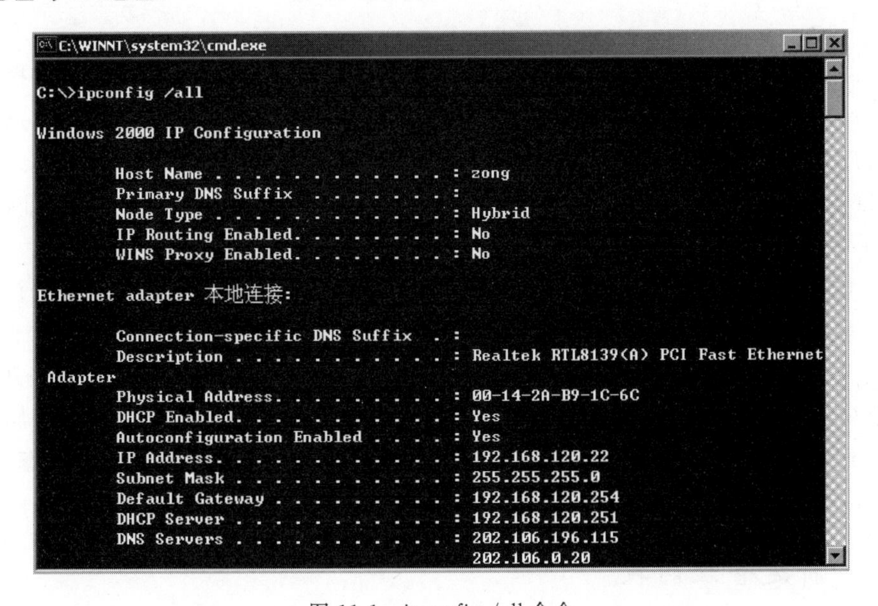

图 11-1 ipconfig /all 命令

(2) 如图 11-2 所示，在当前主机的命令提示符窗口，输入“arp -s 192.168.120.22 00-14-2A-B9-1C-6C”命令，在 ARP 表中设置 IP 地址与 MAC 地址的静态绑定。

(3) 如图 11-2 所示，输入“arp -a”命令来显示 ARP 表的所有表项，表项的类型分为两类：一类是静态表项；另一类是动态表项。

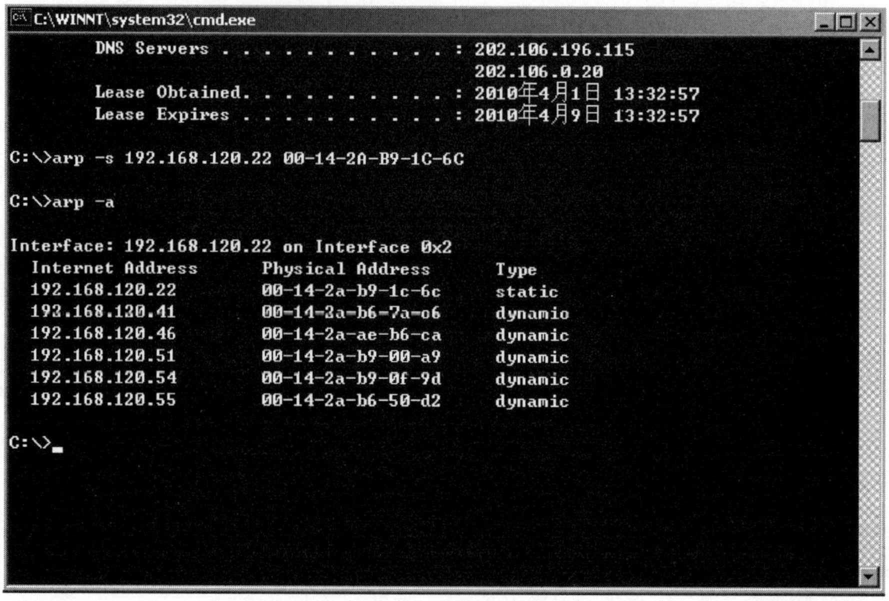

```
C:\WINNT\system32\cmd.exe
        DNS Servers . . . . . . . . . . . : 202.106.196.115
                                            202.106.0.20
        Lease Obtained. . . . . . . . . . : 2010年4月1日 13:32:57
        Lease Expires . . . . . . . . . . : 2010年4月9日 13:32:57

C:\>arp -s 192.168.120.22 00-14-2A-B9-1C-6C

C:\>arp -a

Interface: 192.168.120.22 on Interface 0x2
  Internet Address      Physical Address      Type
  192.168.120.22        00-14-2a-b9-1c-6c     static
  192.168.120.41        00-14-2a-b6-7a-c6     dynamic
  192.168.120.46        00-14-2a-ae-b6-ca     dynamic
  192.168.120.51        00-14-2a-b9-00-a9     dynamic
  192.168.120.54        00-14-2a-b9-0f-9d     dynamic
  192.168.120.55        00-14-2a-b6-50-d2     dynamic

C:\>_
```

图 11-2 ARP 表静态绑定设置

11.2 IP 地址维护

IPMaster 是一个能够可视化管理 IP 地址的管理软件。通过 IPMaster 可以提高网络管理员的管理工作效率，也可以高效地进行 IP 地址的管理。它是一个免费软件，从网上下载后可以直接使用。

IPMaster 提供的功能包括：监测网内 IP 地址分配情况，回收和分配 IP 地址，子网管理，对单个主机执行 ping、traceroute、telnet 或 net send 等操作。

如图 11-3 所示，运行 IPMaster 并显示 IPMaster 主界面。IPMaster 是一个典型的 Windows 系统的应用软件，主界面的左边是 IP 地址树，右边上半部分是主机或子网的属性，右边下半部分可显示两种内容。对于属于可再分类型的子网，该部分显示的是其下一层的所有子网，其内容包括子网标识、名称、类型、IP 范围、掩码二进制信息等；对于属于已分配类型的子网，该部分显示的是子网内的所有主机信息，其内容包括 IP 地址、状态、是否监控、主机名、MAC 地址、机器类型、使用人、上次扫描时间等。

11.2.1 新建管理网段

(1) 打开 IPMaster 菜单栏中的“文件”菜单，并选择该菜单中的“新建管理网段”，从而打开“新建管理网段”对话框，如图 11-4 所示。在该对话框中，输入该新建网段的参数，包括网段名称、网段地址、网络掩码，下面的“网段信息统计”框内的内容会自动计算出来并显示。单击“确定”按钮后，就会创建一个新网段。

图 11-3　IPMaster 主界面

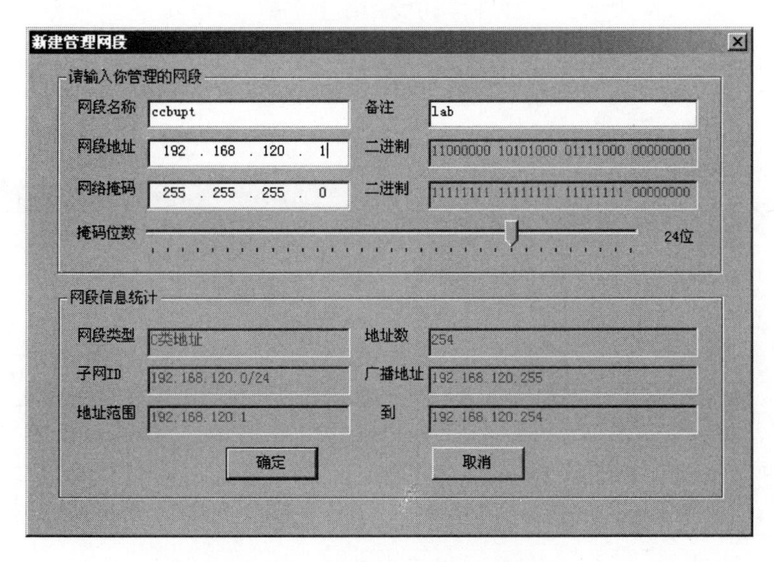

图 11-4　“新建管理网段”对话框

(2) 如图 11-5 所示，新创建的网段“192.168.120.0”显示在主界面的“IPMaster - Root”树状列表中，并且新网段的类型为“可再分”。

11.2.2　子网划分

(1) 在主界面的“IPMaster - Root”中的新建网段“192.168.120.0”上右击，从弹出的快捷菜单中选择“划分”选项，显示如图 11-6 所示的“划分子网”对话框，可以选中“自动划分”或“手工划分”单选按钮。

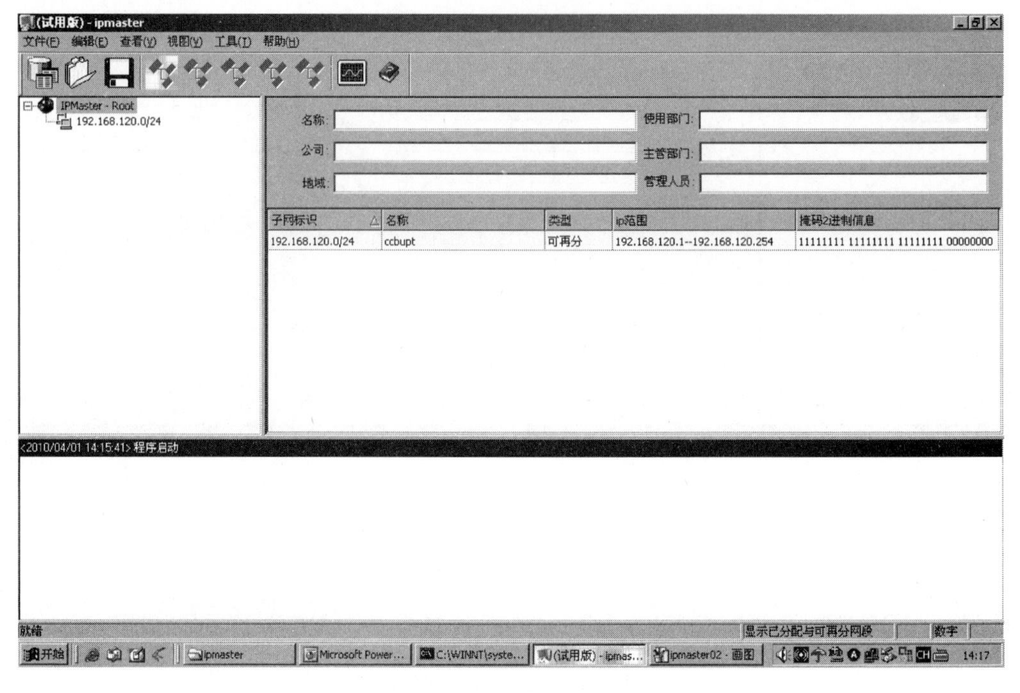

图 11-5　IPMaster 主界面

(2) 在如图 11-6 所示的“划分子网”对话框中选中“自动划分”单选按钮，单击“下一步”按钮，进入如图 11-7 所示的对话框，设置“划分的子网数量”以及“子网中的主机数”或“子网掩码”。

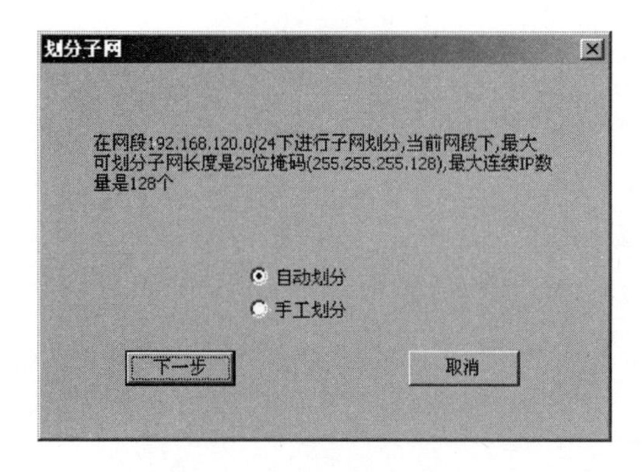

图 11-6　“划分子网”对话框

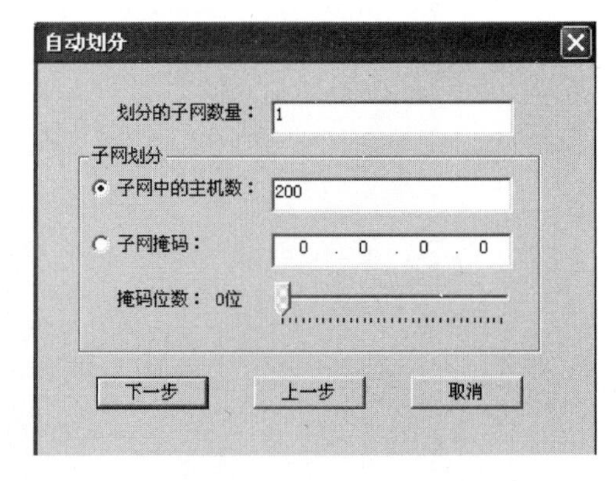

图 11-7　自动划分设置

(3) 如图 11-8 所示，从 IPMaster 主界面左边的 IPMaster-Root 可以看出已划分的两个子网，单击 IPMaster 主界面左边的 IPMaster-Root，在主界面右边显示 IPMaster-Root 下的第一级 IP 地址 192.168.120.0/24 的信息。

(4) 如图 11-9 所示，单击 IPMaster 主界面左边 IPMaster-Root 下的第一级 IP 地址 192.168.120.0/24，在主界面右边显示 192.168.120.0/24 的子网信息。

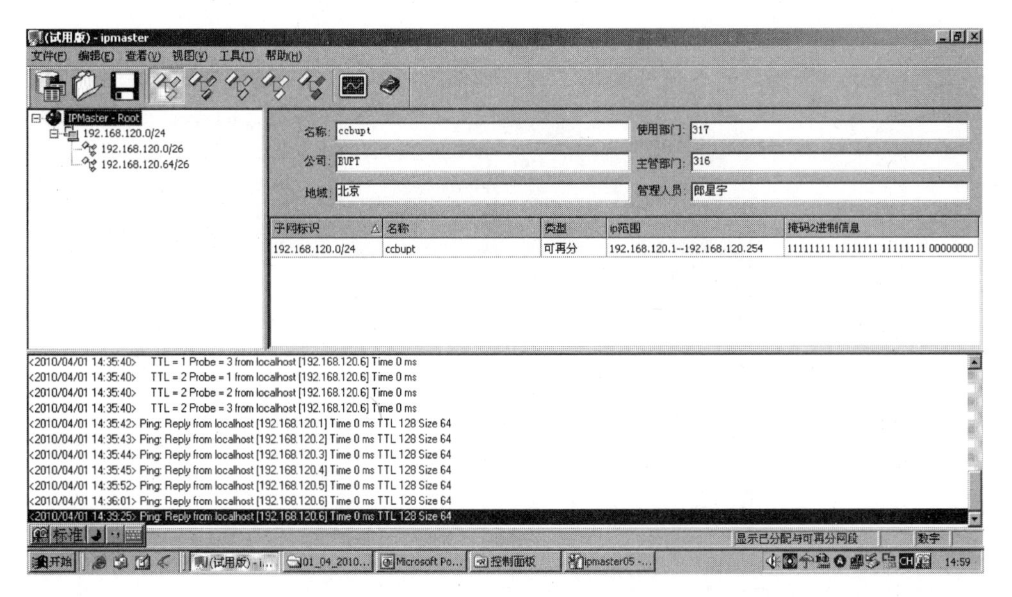

图 11-8 显示“192.168.120.0/24”的信息

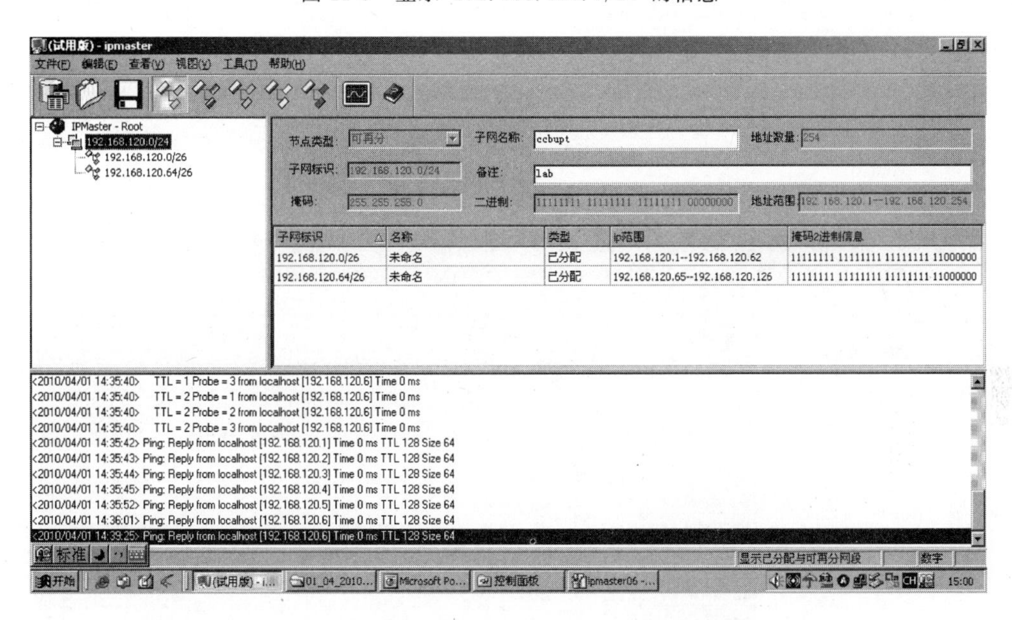

图 11-9 显示“192.168.120.0/24”的子网信息

11.2.3 扫描 IP 地址

如图 11-10 所示，右击 IPMaster 主界面左边的“192.168.120.0/26”，从弹出的快捷菜单中选择“扫描”选项，就可以扫描出子网内所有主机的信息，包括主机名、MAC 地址、机器类型、使用人、上次扫描时间等信息。

11.2.4 修改 IP 地址的分配状态

如图 11-11 所示，可以修改任一 IP 地址的分配状态。分配状态包括已分配、未使用、保留。

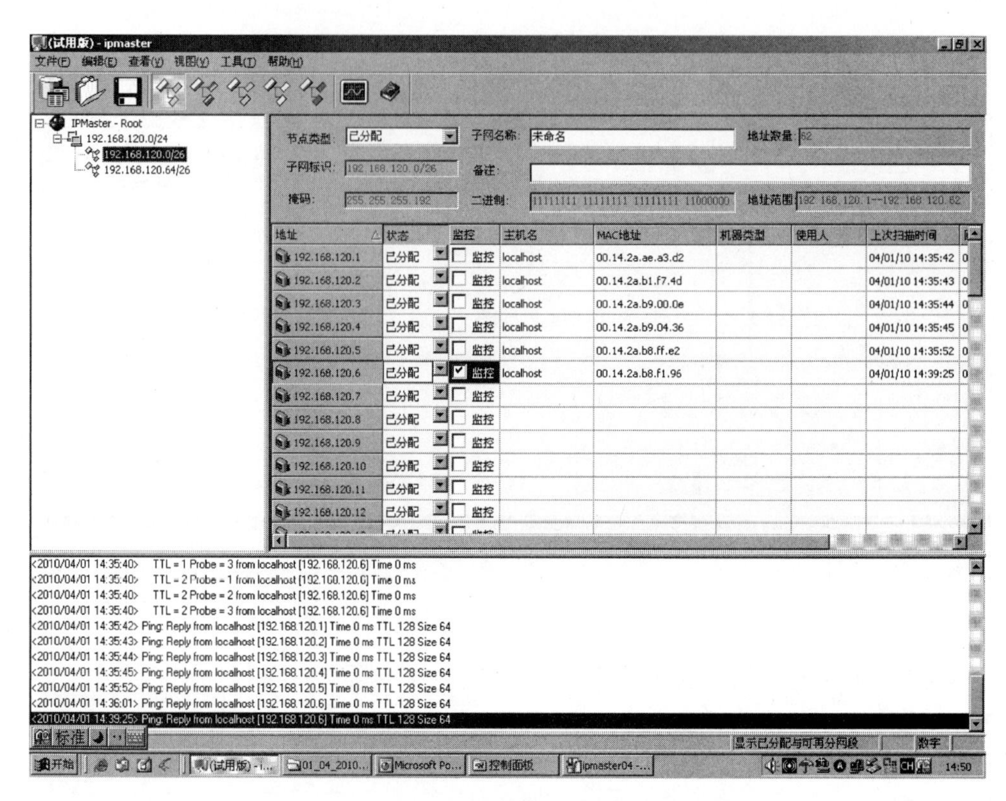

图 11-10　扫描结果

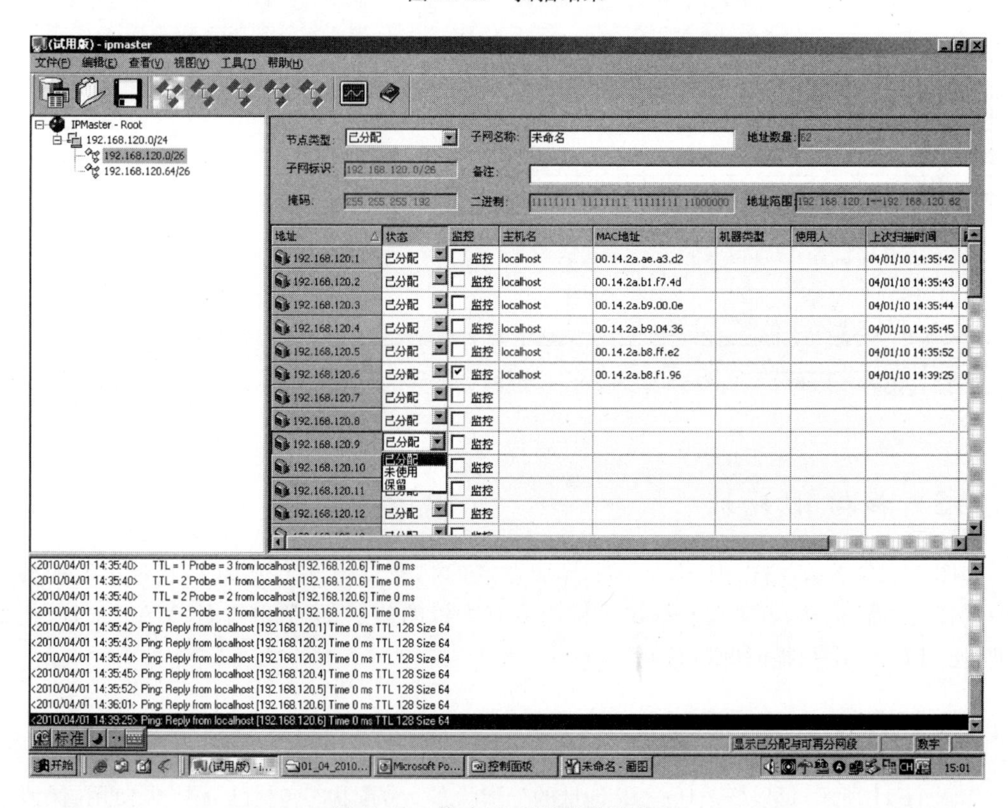

图 11-11　修改 IP 地址的分配状态

11.2.5 网络测试操作

(1) 如图 11-12 所示，右击 IPMaster 主界面右边的任一 IP 地址，弹出的快捷菜单包括 ping、traceroute、telnet、net send 等命令，选择其中一个命令就执行相应的功能。

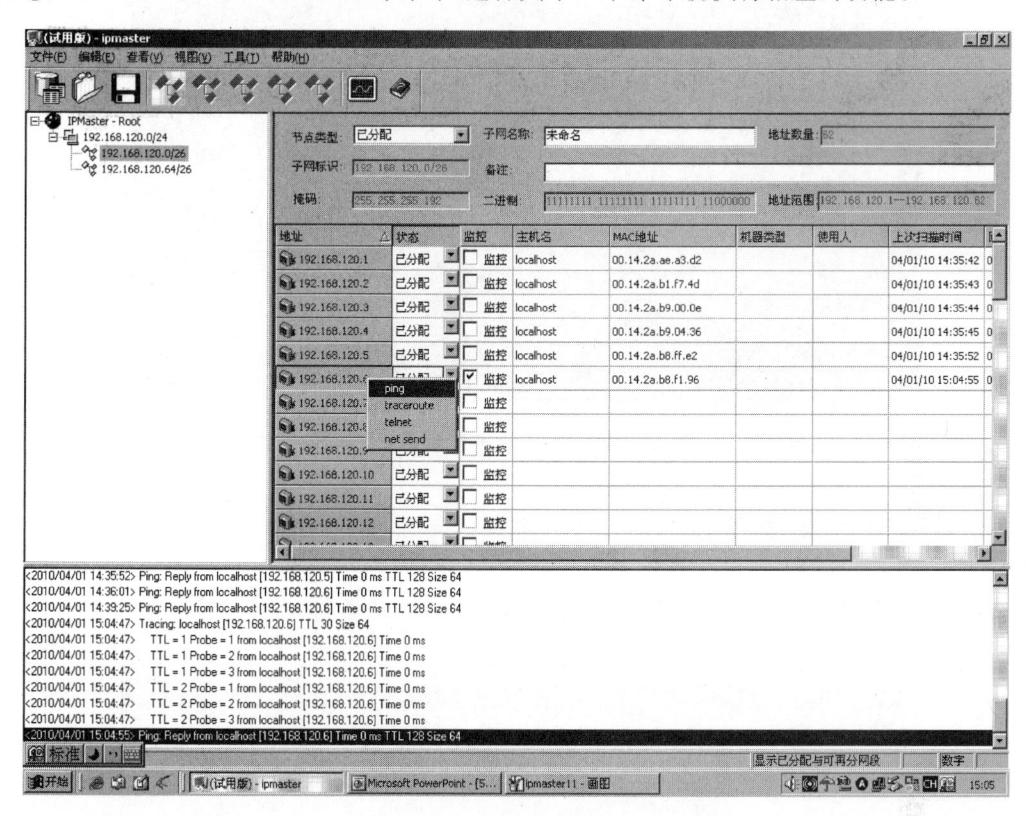

图 11-12 网络测试快捷菜单

(2) 如图 11-13 所示，对 IP 地址为 192.168.120.6 的主机进行 telnet 操作。

图 11-13 telnet 操作

（3）如图 11-14 所示为进行 telnet 操作的确定窗口。

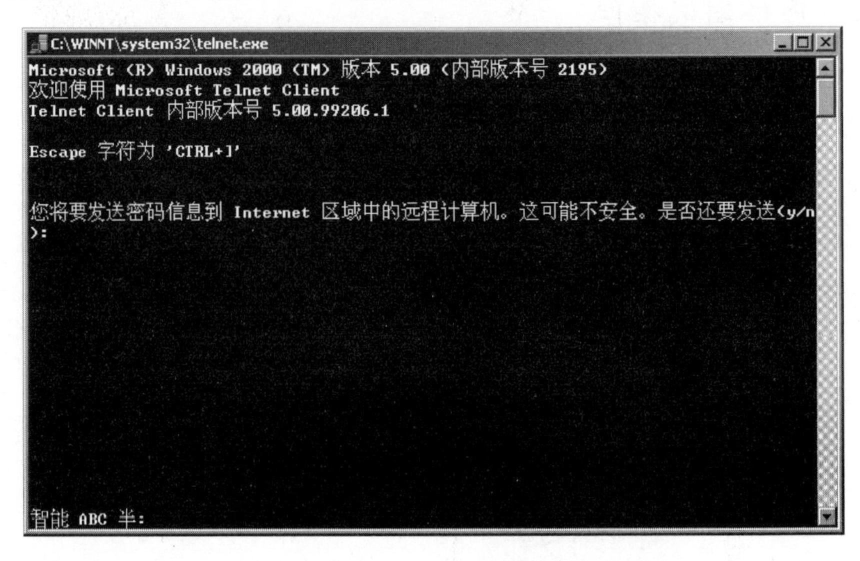

图 11-14　telnet 操作的确定

11.2.6　网内发送信息

（1）可以通过 IPMaster 向网内其他主机发送消息，接收消息的主机必须事先打开 Message 服务。图 11-15 所示为开启接收消息的主机的 Message 服务。

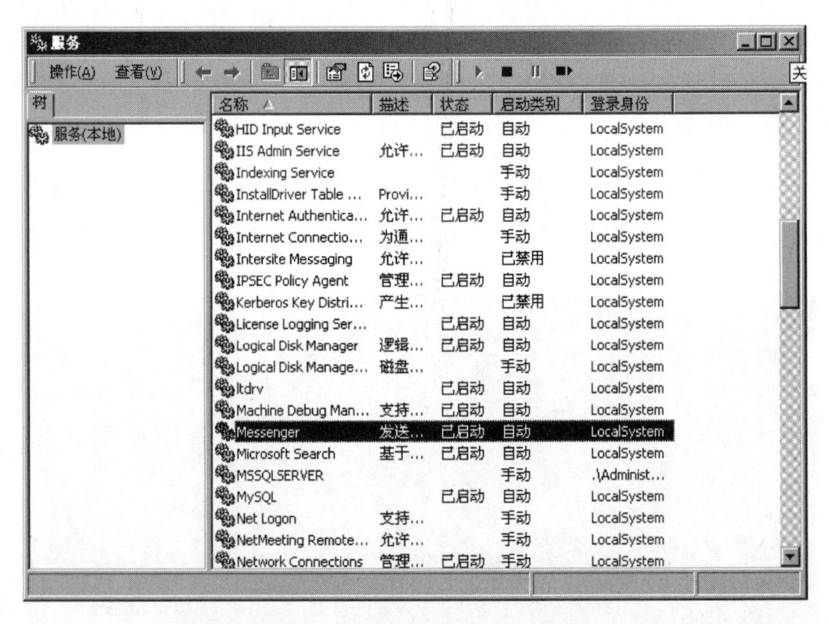

图 11-15　开启 Message 服务

（2）如图 11-16 所示，在 IPMaster 的发送消息窗口中输入需要发送给对方的消息内容。

（3）如图 11-17 所示，在接收消息的主机屏幕上显示接收到的消息内容。

（4）如图 11-18 所示，接收消息的主机向发送消息的主机返回消息。

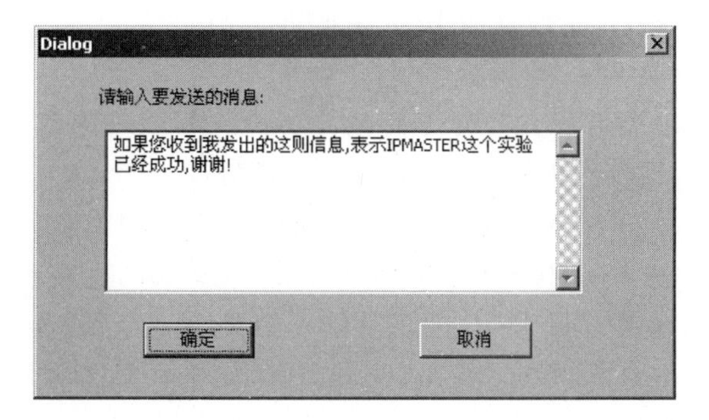

图 11-16　发送消息框

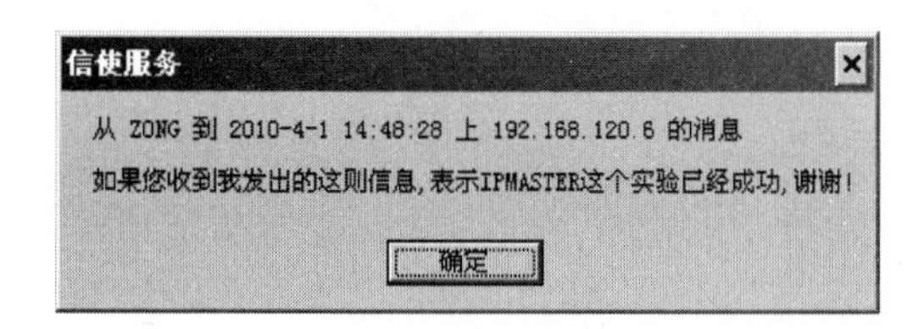

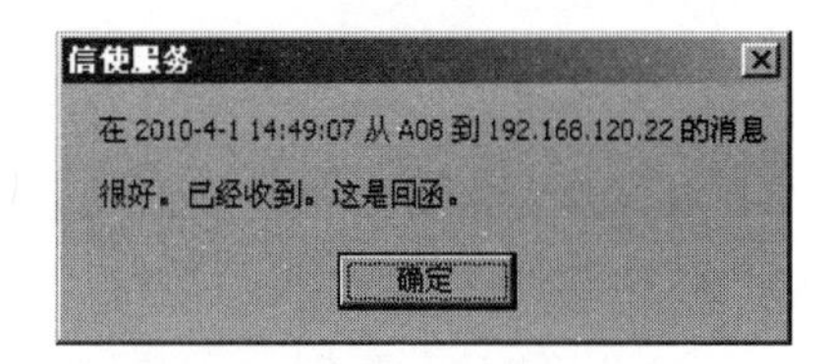

图 11-17　收到消息

图 11-18　消息回函

11.3　MAC/IP 共同维护

IPconfig 是一个内置于 Windows 操作系统的 TCP/IP 应用程序,使用它可以显示本地主机的 MAC 地址和 IP 地址等配置信息。

11.3.1　IPconfig 用法

1. IPconfig 命令的基本格式

```
ipconfig [/allcompartments] [/? | /all |
                              /renew [adapter] | /release [adapter] |
                              /renew6 [adapter] | /release6 [adapter] |
                              /flushdns | /displaydns | /registerdns |
                              /showclassid adapter |
                              /setclassid adapter [classid] ]
```

下面介绍各个参数的含义。

(1) adapter: 连接名称,允许使用通配符 * 和?。

(2) /?: 显示帮助消息。

(3) /all: 显示完整配置信息。

(4) /allcompartments: 显示所有分段的信息。

(5) /release: 释放指定适配器的 IPv4 地址。

(6) /release6: 释放指定适配器的 IPv6 地址。

(7) /renew: 更新指定适配器的 IPv4 地址。

(8) /renew6：更新指定适配器的 IPv6 地址。

(9) /flushdns：清除 DNS 解析程序缓存。

(10) /registerdns：刷新所有 DHCP 租约并重新注册 DNS 名称。

(11) /displaydns：显示 DNS 解析程序缓存的内容。

(12) /showclassid：显示适配器的所有允许的 DHCP 类 ID。

(13) /setclassid：修改 DHCP 类 ID,如果未指定 ClassId,则会删除 ClassId。

默认情况下,仅显示绑定到 TCP/IP 的适配器的 IP 地址、子网掩码和默认网关。

对于 release 和 renew,如果未指定适配器名称,则会释放或更新所有绑定到 TCP/IP 的适配器的 IP 地址租约。

2. IPconfig 命令举例

(1) ipconfig：显示信息。

(2) ipconfig /all：显示详细信息。

(3) ipconfig /renew：更新所有适配器。

(4) ipconfig /renew EL*：更新所有名称以 EL 开头的连接。

(5) ipconfig /release *Con*：释放所有匹配的连接,比如"aConnection"或"bConnection"。

(6) ipconfig /allcompartments：显示所有分段的信息。

(7) ipconfig /allcompartments /all：显示所有分段的详细信息。

11.3.2 IPconfig 实践

1. IPconfig 的应用场景

(1) 在手动配置 IP 地址后,通过 IPconfig 可以检验手动配置的 TCP/IP 参数是否正确。

(2) 当主机的 IP 地址由 DHCP 动态分配时,通过 IPconfig 可以查看主机分配的 IP 地址,而且可以通过 IPconfig 释放或重新获取 IP 地址。

IPconfig 检查网络接口的配置。当用户重新配置网络接口或仅有某个用户系统不能登录远程主机而其他主机可以,则使用此命令检查用户的网络接口配置。当 IPconfig 的参数只有网络接口名时,它显示分配给接口的当前值。

2. IPconfig 命令的一些操作例子

(1) 不带任何参数的 IPconfig 命令。

打开 Windows 系统的"运行"窗口,输入命令"cmd"打开命令提示符窗口,输入"ipconfig"命令,可以显示本地主机网络连接的 IP 地址配置信息,内容包括：IP 地址(IP Address)、子网掩码(Subnet Mask)和默认网关(Default Gateway)等,显示内容如图 11-19 所示。

(2) ipconfig /all 命令。

打开 Windows 系统的"运行"窗口,输入命令"cmd"打开命令提示符窗口,输入"ipconfig /all"命令可以显示本地主机全部的网络基本信息,显示内容如图 11-20 和图 11-21 所示。

(3) ipconfig /release 命令和 ipconfig /renew 命令。

如果网络中采用了 DHCP 服务,主机就可以自动获得 IP 地址,而不需要手动配置了。

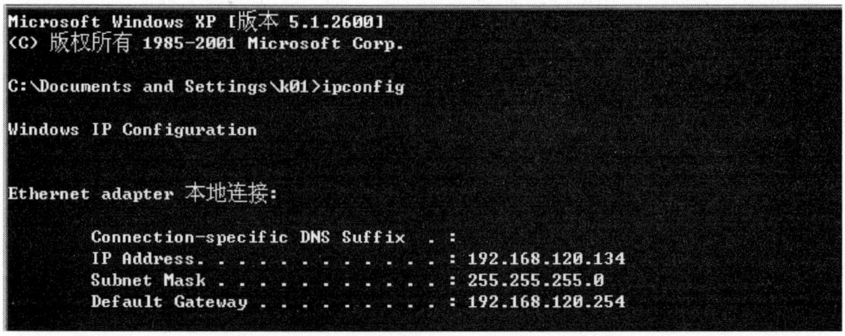

```
Microsoft Windows XP [版本 5.1.2600]
(C) 版权所有 1985-2001 Microsoft Corp.

C:\Documents and Settings\k01>ipconfig

Windows IP Configuration


Ethernet adapter 本地连接:

        Connection-specific DNS Suffix  . :
        IP Address. . . . . . . . . . . . : 192.168.120.134
        Subnet Mask . . . . . . . . . . . : 255.255.255.0
        Default Gateway . . . . . . . . . : 192.168.120.254
```

图 11-19　ipconfig 命令

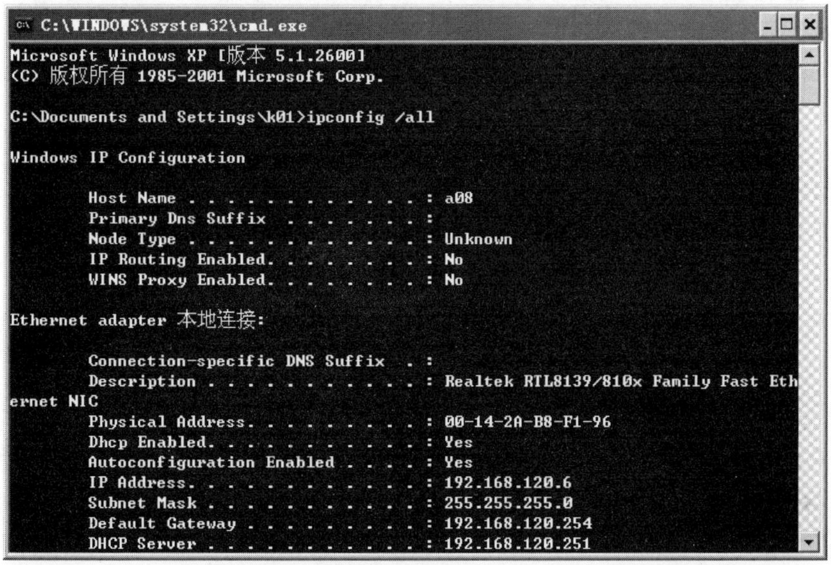

```
C:\WINDOWS\system32\cmd.exe
Microsoft Windows XP [版本 5.1.2600]
(C) 版权所有 1985-2001 Microsoft Corp.

C:\Documents and Settings\k01>ipconfig /all

Windows IP Configuration

        Host Name . . . . . . . . . . . . : a08
        Primary Dns Suffix  . . . . . . . :
        Node Type . . . . . . . . . . . . : Unknown
        IP Routing Enabled. . . . . . . . : No
        WINS Proxy Enabled. . . . . . . . : No

Ethernet adapter 本地连接:

        Connection-specific DNS Suffix  . :
        Description . . . . . . . . . . . : Realtek RTL8139/810x Family Fast Eth
ernet NIC
        Physical Address. . . . . . . . . : 00-14-2A-B8-F1-96
        Dhcp Enabled. . . . . . . . . . . : Yes
        Autoconfiguration Enabled . . . . : Yes
        IP Address. . . . . . . . . . . . : 192.168.120.6
        Subnet Mask . . . . . . . . . . . : 255.255.255.0
        Default Gateway . . . . . . . . . : 192.168.120.254
        DHCP Server . . . . . . . . . . . : 192.168.120.251
```

图 11-20　ipconfig /all 命令(1)

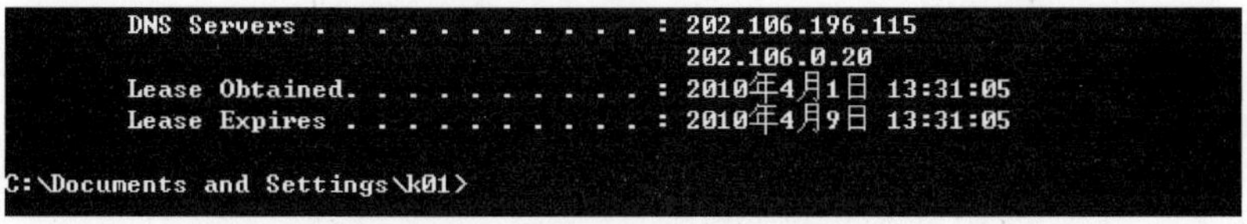

```
        DNS Servers . . . . . . . . . . . : 202.106.196.115
                                            202.106.0.20
        Lease Obtained. . . . . . . . . . : 2010年4月1日 13:31:05
        Lease Expires . . . . . . . . . . : 2010年4月9日 13:31:05

C:\Documents and Settings\k01>
```

图 11-21　ipconfig /all 命令(2)

但是,DHCP 的自动分配 IP 地址也会出现一些问题,比如:

① 由于 DHCP 服务器或网络故障等原因,致使一些主机不能正常获得所分配的 IP 地址,在这种情况下,主机的 TCP/IP 系统就会自动分配一个类似 169.254.X.X 的 IP 地址。

② 主机所获得的 IP 地址存在租约,当租约到期时,需要重新分配 IP 地址。

在上述两种情况下,就需要网络管理员使用“ipconfig /release”命令和“ipconfig /renew”命令。其中,“ipconfig /release”的功能是释放当前的 IP 地址配置,“ipconfig /renew”的功能是重新获取新的 IP 地址配置。

图 11-22 所示为输入“ipconfig /release”命令；图 11-23 所示为输入“ipconfig /renew”命令后的显示信息。

```
C:\Documents and Settings\k01>ipconfig /release

Windows IP Configuration


Ethernet adapter 本地连接:

        Connection-specific DNS Suffix  . :
        IP Address. . . . . . . . . . . . : 0.0.0.0
        Subnet Mask . . . . . . . . . . . : 0.0.0.0
        Default Gateway . . . . . . . . . :
```

图 11-22　ipconfig /release 命令

```
C:\Documents and Settings\k01>ipconfig /renew

Windows IP Configuration


Ethernet adapter 本地连接:

        Connection-specific DNS Suffix  . :
        IP Address. . . . . . . . . . . . : 192.168.120.134
        Subnet Mask . . . . . . . . . . . : 255.255.255.0
        Default Gateway . . . . . . . . . : 192.168.120.254
```

图 11-23　ipconfig /renew 命令

本章小结

本章介绍了多个与 MAC 地址维护、IP 地址维护相关的应用，其中，MAC 地址维护应用 ARP，IP 地址维护应用 IPMaster，还介绍了 MAC 地址与 IP 地址共同维护应用 IPconfig。通过了解和使用这些应用，可以提高网络中 MAC 地址与 IP 地址的管理效率。

在教学上，本章的教学目的是让学生掌握 MAC 地址维护应用和 IP 地址维护应用的使用方法。本章的重点和难点是 MAC 地址维护应用和 IP 地址维护应用的学习与使用。

习　题

1. 写出显示 ARP 表中的所有表项的命令。
2. 写出从 ARP 表中删除指定 hostname 或 IP 地址的表项的命令。
3. 写出在 ARP 表中增加新的静态表项的命令。
4. 写出 IPconfig 命令中显示本地主机全部网络基本信息的命令。
5. 写出 IPconfig 命令中释放当前 IP 地址配置的命令。
6. 写出 IPconfig 命令中重新获取新 IP 地址配置的命令。

第12章 网络链路诊断

网络链路诊断主要用来测试网络的IP链路是否工作正常，其内容包括：主机网卡和IP是否正确安装以及IP地址等参数是否配置正确，交换机和路由器等网络设备的IP连接是否正常以及IP地址等参数的配置是否正确等。

由于IP地址属于逻辑地址，只有网络的IP链路畅通，主机才可以正常地接入网络，网络设备才可以正常地发挥联网作用，因此网络链路诊断事实上是用来诊断网络逻辑链路是否畅通的。

本章将分别介绍一些网络IP链路诊断应用，包括pathping和Tracert等。

12.1 pathping

pathping首先获取源设备和目的设备之间的路径信息（包括源设备、目的设备以及它们之间的所有网络设备），接着按照设定的时间间隔将ping消息发送到源设备和目的设备之间的各个网络设备（主要是路由器）上，然后根据各个网络设备返回数据包的情况进行统计。因此，pathping可以用来检测和统计位于源设备和目的设备之间的路径上的网络设备（主要是路由器）所产生的传输滞后时间和数据包丢失率，并显示路径信息和统计信息。

网络管理员可以根据这些统计信息来确定可能存在网络问题的子网或网络设备（主要是路由器）。

12.1.1 pathping用法

pathping包含了Tracert和ping的功能，pathping的参数区分大小写。

pathping命令的基本格式如下：

```
pathping [-g host-list] [-h maximum_hops] [-i address] [-n]
        [-p period] [-q num_queries] [-w timeout]
        [-4] [-6] target_name
```

下面介绍各个参数的含义。

(1) -g host-list：与主机列表一起的松散源路由。

(2) -h maximum_hops：设置搜索目标的最大跃点数。

(3) -i address：使用指定的源地址。

(4) -n：不将地址解析成主机名。

(5) -p period：设置两次 ping 之间等待的时间(以毫秒为单位)。

(6) -q num_queries：设置每个跃点的查询数。

(7) -w timeout：设置每次等待回复的超时时间(以毫秒为单位)。

(8) -4：强制使用 IPv4。

(9) -6：强制使用 IPv6。

(10) target_name：target_name 代表目的设备，它既可以是目的设备的 IP 地址，也可以是目的设备的主机名，比如，下面的 pathping 命令中使用的是 IP 地址 192.168.120.63。

12.1.2 pathping 实践

1. pathping target_name

"pathping 192.168.120.63"命令执行后的显示结果如图 12-1 所示。

```
C:\Documents and Settings\Administrator>pathping  192.168.120.63

Tracing route to PC-201002052157 [192.168.120.63]
over a maximum of 30 hops:
  0  PC-201002052157 [192.168.120.63]
  1  PC-201002052157 [192.168.120.63]

Computing statistics for 25 seconds...
            Source to Here   This Node/Link
Hop  RTT    Lost/Sent = Pct  Lost/Sent = Pct  Address
  0                                           PC-201002052157 [192.168.120.63]
                                0/ 100 =  0%   |
  1    0ms     0/ 100 =  0%     0/ 100 =  0%  PC-201002052157 [192.168.120.63]

Trace complete.
```

图 12-1 "pathping 192.168.120.63"的执行结果

2. pathping -h maximum_hops target_name

"-h maximum_hops"指定搜索目的设备的路径中存在的跃点最大数为 maximum_hops，默认值为 30 个跃点。

"pathping -h 5 192.168.120.63"是指定搜索目标 192.168.120.63 的路径中存在的跃点最大数为 5，如图 12-2 所示。

```
C:\Documents and Settings\Administrator>pathping -h 5 192.168.120.63

Tracing route to PC-201002052157 [192.168.120.63]
over a maximum of 5 hops:
  0  PC-201002052157 [192.168.120.63]
  1  PC-201002052157 [192.168.120.63]

Computing statistics for 25 seconds...
            Source to Here   This Node/Link
Hop  RTT    Lost/Sent = Pct  Lost/Sent = Pct  Address
  0                                           PC-201002052157 [192.168.120.63]
                                0/ 100 =  0%   |
  1    0ms     0/ 100 =  0%     0/ 100 =  0%  PC-201002052157 [192.168.120.63]

Trace complete.
```

图 12-2 "pathping -h 5 192.168.120.63"的执行结果

3. pathping -i address target_name

“-i address”指定源地址为“address”。

“pathping -i 192.168.120.63 192.168.120.63”是指定源地址为“192.168.120.63”，如图 12-3 所示。

```
C:\Documents and Settings\Administrator>pathping -i 192.168.120.63 192.168.120.6
3

Tracing route to PC-201002052157 [192.168.120.63]
over a maximum of 30 hops:
  1  PC-201002052157 [192.168.120.63]

Computing statistics for 25 seconds...
            Source to Here   This Node/Link
Hop  RTT    Lost/Sent = Pct  Lost/Sent = Pct  Address
  0                                           PC-201002052157 [192.168.120.63]
                                0/ 100 =  0%   |
  1    0ms     0/ 100 =  0%     0/ 100 =  0%  PC-201002052157 [192.168.120.63]
```

图 12-3　“pathping -i 192.168.120.63 192.168.120.63”的执行结果

4. pathping -n target_name

“-n”阻止 pathping 试图将中间网络设备(路由器)的 IP 地址解析为各自的设备名，这样做的结果是有可能加快 pathping 的显示结果。

“pathping -n 192.168.120.63”的执行结果如图 12-4 所示。

```
C:\Documents and Settings\Administrator>pathping -n 192.168.120.63

Tracing route to 192.168.120.63 over a maximum of 30 hops

  0  192.168.120.63
  1  192.168.120.63

Computing statistics for 25 seconds...
            Source to Here   This Node/Link
Hop  RTT    Lost/Sent = Pct  Lost/Sent = Pct  Address
  0                                           192.168.120.63
                                0/ 100 =  0%   |
  1    0ms     0/ 100 =  0%     0/ 100 =  0%  192.168.120.63

Trace complete.
```

图 12-4　“pathping -n 192.168.120.63”的执行结果

5. pathping -p period target_name

“-p period”指定 pathping 发送两个连续的 ping 消息之间的时间间隔为“period”(以毫秒为单位)，默认值为 250ms。

“pathping -p 250 192.168.120.63”是指定 pathping 发送两个连续的 ping 消息之间的时间间隔为 250ms，如图 12-5 所示。

6. pathping -w timeout target_name

“-w timeout”指定 pathping 等待应答的时间为“timeout”(以毫秒为单位)，默认值为 3000ms。

```
C:\Documents and Settings\Administrator>pathping -p  250 192.168.120.63

Tracing route to PC-201002052157 [192.168.120.63]
over a maximum of 30 hops:
  0  PC-201002052157 [192.168.120.63]
  1  PC-201002052157 [192.168.120.63]

Computing statistics for 25 seconds...
            Source to Here   This Node/Link
Hop  RTT    Lost/Sent = Pct  Lost/Sent = Pct  Address
  0                                           PC-201002052157 [192.168.120.63]
                                0/ 100 =  0%   |
  1    0ms     0/ 100 =  0%     0/ 100 =  0%  PC-201002052157 [192.168.120.63]

Trace complete.
```

图 12-5 “pathping -p 250 192.168.120.63”的执行结果

“pathping -w 2 192.168.120.63”是指定 pathping 等待应答的时间为 2ms，如图 12-6 所示。

```
C:\Documents and Settings\Administrator>pathping -w 2   192.168.120.63

Tracing route to PC-201002052157 [192.168.120.63]
over a maximum of 30 hops:
  0  PC-201002052157 [192.168.120.63]
  1  PC-201002052157 [192.168.120.63]

Computing statistics for 25 seconds...
            Source to Here   This Node/Link
Hop  RTT    Lost/Sent = Pct  Lost/Sent = Pct  Address
  0                                           PC-201002052157 [192.168.120.63]
                                0/ 100 =  0%   |
  1    0ms     0/ 100 =  0%     0/ 100 =  0%  PC-201002052157 [192.168.120.63]

Trace complete.
```

图 12-6 “pathping -w 2 192.168.120.63”的执行结果

7. pathping -R target_name

“-R”用来测试源设备和目的设备之间的路由所经过的每个网络设备是否支持 RSVP（Resource ReSerVation Protocol，资源预留协议），RSVP 协议允许网络设备为特定数据流保留一定的带宽。

“pathping -R 192.168.120.63”的执行结果如图 12-7 所示。

```
C:\Documents and Settings\Administrator>pathping -R  192.168.120.63

Tracing route to PC-201002052157 [192.168.120.63]
over a maximum of 30 hops:
  0  PC-201002052157 [192.168.120.63]
  1  PC-201002052157 [192.168.120.63]

Checking for RSVP aware routers.

  1  192.168.120.63
Computing statistics for 25 seconds...
            Source to Here   This Node/Link
Hop  RTT    Lost/Sent = Pct  Lost/Sent = Pct  Address
  0                                           PC-201002052157 [192.168.120.63]
                                0/ 100 =  0%   |
  1    0ms     0/ 100 =  0%     0/ 100 =  0%  PC-201002052157 [192.168.120.63]

Trace complete.
```

图 12-7 “pathping -R 192.168.120.63”的执行结果

8. pathping -T target_name

"-T"在向源设备和目的设备之间的路由所经过的每个网络设备发送的回声请求消息上附加一个 2 级优先级标记，该参数用来测试到每个网络设备的连通性。

"pathping -T 192. 168. 120. 63"的执行结果如图 12-8 所示。

```
C:\Documents and Settings\Administrator>pathping -T  192.168.120.63

Tracing route to PC-201002052157 [192.168.120.63]
over a maximum of 30 hops:
  0  PC-201002052157 [192.168.120.63]
  1  PC-201002052157 [192.168.120.63]

Checking for connectivity with Layer-2 tags.

  1  192.168.120.63  OK.

Computing statistics for 25 seconds...
            Source to Here   This Node/Link
Hop  RTT    Lost/Sent = Pct  Lost/Sent = Pct  Address
  0                                           PC-201002052157 [192.168.120.63]
                                0/ 100 =  0%   |
  1    0ms     0/ 100 =  0%     0/ 100 =  0%  PC-201002052157 [192.168.120.63]

Trace complete.
```

图 12-8 "pathping -T 192. 168. 120. 63"的执行结果

9. pathping -4 target_name

"-4"指定 pathping 只使用 IPv4。

"pathping -4 192. 168. 120. 63"的执行结果如图 12-9 所示。

```
C:\Documents and Settings\Administrator>pathping -4 192.168.120.63

Tracing route to PC-201002052157 [192.168.120.63]
over a maximum of 30 hops:
  0  PC-201002052157 [192.168.120.63]
  1  PC-201002052157 [192.168.120.63]

Computing statistics for 25 seconds...
            Source to Here   This Node/Link
Hop  RTT    Lost/Sent = Pct  Lost/Sent = Pct  Address
  0                                           PC-201002052157 [192.168.120.63]
                                0/ 100 =  0%   |
  1    0ms     0/ 100 =  0%     0/ 100 =  0%  PC-201002052157 [192.168.120.63]

Trace complete.
```

图 12-9 "pathping -4 192. 168. 120. 63"的执行结果

10. pathping -6 target_name

"-6"指定 pathping 只使用 IPv6。

"pathping -6 192. 168. 120. 63"的执行结果如图 12-10 所示。

```
C:\Documents and Settings\Administrator>pathping -6 192.168.120.63
Unable to resolve target system name 192.168.120.63.
```

图 12-10 "pathping -6 192. 168. 120. 63"的执行结果

12.2 Tracert

Tracert 命令是 Windows 操作系统自带的命令，无须安装。Tracert 也是基于 ICMP 来完成操作的，它从源端向目的端多次发送 ICMP 回声请求(ECHO-REQUEST)报文，通过每次递增所发送的 ICMP 回声请求报文的 IP 控制头中的 TTL 字段值，来确定从源端到达目的端的路径，命令执行后获得的路径信息将以列表形式显示。

12.2.1 工作原理

通过使用 Tracert 命令，网络管理员可以查看从源端到达目的端 IP 报文所经过的每一个三层网络设备的工作状况，从而可以检查从源端到达目的端的网络连接是否可用。在网络连接出现故障的场景下，网络管理员可以根据该命令执行后所显示的信息来分析、判断出现故障的网络设备。

Tracert 命令执行流程如下。

(1) 源端向目的端发送一个 ICMP 回声请求报文，并且设置 IP 控制头中的 TTL 字段值为 1，并且封装的 UDP 报文的 UDP 目的端口号是目的端所运行的任何应用程序都不可能使用的端口号。

(2) 第一跳(即该回声请求报文所到达的第一个三层网络设备)收到 ICMP 回声请求报文后，会向源端返回一个 TTL 超时的 ICMP 错误信息，并且该报文中包含第一跳的 IP 地址，这样源端就获得了从源端到达目的端的路由中第一个三层网络设备的 IP 地址。

(3) 源端再次向目的端发送一个 ICMP 回声请求报文，并且设置 IP 控制头中的 TTL 字段值为 2，并且封装的 UDP 报文的 UDP 目的端口号是目的端所运行的任何应用程序都不可能使用的端口号。

(4) 第二跳(即该回声请求报文所到达的第二个三层网络设备)收到 ICMP 回声请求报文后，会向源端返回一个 TTL 超时的 ICMP 错误信息，并且该报文中包含着第二跳的 IP 地址，这样源端就获得了从源端到达目的端的路由中第二个三层网络设备的 IP 地址。

(5) 源端再次向目的端发送一个 ICMP 回声请求报文，并且设置 IP 控制头中的 TTL 字段值为 3，并且封装的 UDP 报文的 UDP 目的端口号是目的端所运行的任何应用程序都不可能使用的端口号。

(6) 这样不断重复进行下去，直到源端发送的 ICMP 回声请求报文到达了目的端，由于目的端没有任何应用程序使用所接收的 UDP 报文中的目的端口号，目的端就向源端返回一个端口不可达的 ICMP 错误消息，并且该报文中包含目的端的 IP 地址。

(7) 当源端收到来自目的端的端口不可达的 ICMP 错误消息后，就会知道 ICMP 回声请求报文已经到达了目的端，就结束向目的端发送 ICMP 回声请求报文的过程，并且获得了从源端到目的端所经历的路径。

12.2.2 Tracert 用法

如果运行不带任何参数的 Tracert 命令，就会显示该命令的帮助信息。

Tracert 命令的基本格式如下：

```
tracert [ - d] [ - h maximum_hops] [ - j host - list] [ - w timeout]
        [ - R] [ - S srcaddr] [ - 4] [ - 6] target_name
```

下面介绍各个参数的含义。

(1) -d：不将中间路由器的 IP 地址解析为主机名，这样可以加速 Tracert 的运行。

(2) -h maximum_hops：设置搜索目标主机的路径中存在的跃点的最大数目，默认值是 30。

(3) -j host-list：与 IP 列表一起的松散源路由（仅适用于 IPv4）。“tracert -j”提供了使用 IP 控制头中的“松散源路由”选项的功能，利用在 host-list 中指定的 IP 列表来路由 ICMP 包，在路经 IP 列表中的路由器之间可以经过其他未在列表上的路由器。由于 IP 控制头长度受限，只允许最多设置 9 个 IP 地址。

(4) -w timeout：等待源端每次收到回声应答消息的超时时间（毫秒），如果在规定的时间内未收到回声应答消息，tracert 会在源端显示“请求超时”的错误信息，默认的超值时间 4000ms。

(5) -R：跟踪往返行程路径（仅适用于 IPv6）。

(6) -S srcaddr：要使用的源地址（仅适用于 IPv6）。

(7) -4：强制使用 IPv4。

(8) -6：强制使用 IPv6。

(9) target_name：指定要 tracert 的目的主机名或 IP 地址。

12.2.3 Tracert 实践

1. tracert -d

图 12-11 所示为执行“tracert -d”命令的路由记录。

```
C:\Documents and Settings\Administrator>tracert www.baidu.com -d

Tracing route to www.a.shifen.com [202.108.22.142]
over a maximum of 30 hops:

  1    <1 ms    <1 ms    <1 ms  192.168.120.252
  2    <1 ms    <1 ms    <1 ms  192.168.168.1
  3     *        *       <1 ms  192.168.218.254
  4    <1 ms    <1 ms    <1 ms  124.207.242.1
  5     2 ms     1 ms     2 ms  172.30.30.45
  6     1 ms     1 ms     1 ms  10.255.48.1
  7    10 ms     8 ms    11 ms  218.241.240.61
  8     1 ms     1 ms     1 ms  124.207.222.73
  9     1 ms     2 ms     2 ms  202.99.1.141
 10     2 ms     2 ms     2 ms  202.99.57.149
 11    49 ms    49 ms    49 ms  211.99.57.33
 12    50 ms    50 ms    50 ms  61.51.26.253
 13    37 ms    37 ms    37 ms  61.148.142.105
 14    36 ms    37 ms    37 ms  61.148.3.34
 15    40 ms     *        *     202.106.43.174
 16    48 ms    47 ms    47 ms  202.108.22.142

Trace complete.
```

图 12-11 “tracert -d”命令的执行结果

2. tracert -h

图 12-12 所示为执行“tracert -h”命令的路由记录。

```
C:\Documents and Settings\Administrator>tracert www.baidu.com -h 30

Tracing route to www.a.shifen.com [202.108.22.142]
over a maximum of 30 hops:

  1    <1 ms    <1 ms    <1 ms  localhost [192.168.120.252]
  2    <1 ms    <1 ms    <1 ms  localhost [192.168.168.1]
  3     *        *        *     Request timed out.
  4     *        *        *     Request timed out.
  5     *        *        *     Request timed out.
  6     *        *        *     Request timed out.
  7     *        *        *     Request timed out.
  8     *        *        *     Request timed out.
  9     *        *        *     Request timed out.
 10     *        *        *     Request timed out.
 11     *        *        *     Request timed out.
 12     *        *        *     Request timed out.
 13     *        *       35 ms  61.148.142.105
 14     *        *        *     Request timed out.
 15     *       39 ms     *     202.106.43.174
 16    46 ms    45 ms    45 ms  xd-22-142-a8.bta.net.cn [202.108.22.142]

Trace complete.
```

图 12-12 “tracert -h”命令的执行结果

3. tracert -w

图 12-13 所示为执行“tracert -w”命令的路由记录。

```
C:\Documents and Settings\Administrator>tracert www.baidu.com -w 4000

Tracing route to www.a.shifen.com [202.108.22.5]
over a maximum of 30 hops:

  1    <1 ms    <1 ms    <1 ms  localhost [192.168.120.252]
  2    <1 ms    <1 ms    <1 ms  localhost [192.168.168.1]
  3     *       <1 ms    <1 ms  localhost [192.168.218.254]
  4     8 ms    30 ms     1 ms  124.207.242.1
  5     2 ms     2 ms     1 ms  localhost [172.30.30.45]
  6     1 ms     1 ms     1 ms  localhost [10.255.48.1]
  7     4 ms    15 ms    10 ms  218.241.240.61
  8     2 ms     1 ms     1 ms  124.207.222.73
  9     9 ms     1 ms     1 ms  202.99.1.141
 10     2 ms     2 ms     2 ms  202.99.57.149
 11    45 ms    46 ms    45 ms  211.99.57.33
 12    45 ms    44 ms    45 ms  61.51.26.253
 13    35 ms    35 ms    74 ms  61.148.142.105
 14    73 ms     *       55 ms  bt-227-018.bta.net.cn [202.106.227.18]
 15     *       65 ms    45 ms  202.106.43.66
 16    54 ms    35 ms    34 ms  xd-22-5-a8.bta.net.cn [202.108.22.5]

Trace complete.
```

图 12-13 “tracert -w 4000”命令的执行结果

4. tracert -4

图 12-14 所示为执行“tracert -4”命令的路由记录。

```
C:\Documents and Settings\Administrator>tracert -4 192.168.120.120

Tracing route to localhost [192.168.120.120]
over a maximum of 30 hops:

  1    <1 ms    <1 ms    <1 ms  localhost [192.168.120.120]

Trace complete.
```

图 12-14 “tracert -4”命令的执行结果

5. tracert -6

图 12-15 所示为执行"tracert -6"命令的路由记录。

```
C:\Documents and Settings\Administrator>tracert -6 192.168.120.120
Unable to resolve target system name 192.168.120.120.
```

图 12-15 "tracert -6"命令的执行结果

12.3 ping

ping 内置于 Windows 操作系统的 TCP/IP 协议簇中，无须单独安装，该应用操作简单且功能强大。通过 ping 可以确定网络链路是否连通以及网络链路的运行状况（比如，包丢失率的大小等）。

ping 命令可用于测试指定 IP 地址是否可达，该命令在测试网络连接是否在出现故障时非常有用。通过查看该命令的执行结果，网络管理员可以确定是否需要对网络作进一步的测试。

12.3.1 工作原理

ping 是最常用的测试远端设备或本地设备网络连接状态的命令。

ping 是基于 ICMP 协议来实现所有功能的，源端的 ping 使用 ICMP 协议从源端向目的端发送 ICMP 回声请求（ECHO-REQUEST）报文并且监听响应报文的返回，来测试与远端设备或本地设备的网络连接情况。默认情况下，源端会向目的端发送四个回声请求报文。正常情况下，接收请求报文的目的端会使用 ICMP 向源端返回 ICMP 回声应答（ECHO-REPLY）报文，源端 ping 会根据是否收到来自目的端的 ICMP 回声应答报文来判断目的端是否可达。对于可达的目的端，源端 ping 会对发送的每个 ICMP 报文和接收的相应的响应报文来计算源端和目的端之间的往返时间，并且根据发送的 ICMP 报文数量、收到的 ICMP 响应报文数量来计算没有收到响应包的百分比，以此来判断链路的质量。

根据 ping 命令返回的错误信息有助于判断网络 IP 链路出现的问题，ping 命令返回的错误信息大致如下。

（1）Request timed out

该信息表示源端发送的 ICMP 回声请求报文在所经过的路由器的路由表中具有到达目的端的路由信息，即源端发送的 ICMP 回声请求报文可以路由到目的端，但是，源端在设定的时间之内没有收到目的端返回的 ICMP 回声应答报文而超时。出现超时的原因有多个：一个原因是目的端已关机，另一个原因是无法找到目的端，还有一个原因是目的端在防火墙中设置了 ICMP 数据包过滤等。

（2）Destination host Unreachable

该信息表示源端发送的 ICMP 回声请求报文在所经过的路由器的路由表中没有到达目的端的路由信息，即源端发送的 ICMP 回声请求报文不能够路由到目的端。

(3) Bad IP address

出现该信息的原因有两个：一个原因是有可能没有连接到DNS服务器而无法解析IP地址，另一个原因是指定的IP地址有可能不存在。

(4) Source quench received

该信息表示目的端繁忙而无法应答。

(5) Unknown host

该信息表示ping命令中指定的主机名不能被DNS服务器转换成IP地址。出现该信息的原因有多个：一个原因是有可能域名服务器出现故障，另一个原因是ping命令中指定的主机名不正确，还有一个原因是源端与目的端之间的通信线路出现故障。

12.3.2 ping用法

如果运行不带任何参数的ping命令，就会显示该命令的帮助信息。

ping命令的基本格式如下：

```
ping [ - t] [ - a] [ - n count] [ - l size] [ - f] [ - i TTL] [ - v TOS]
    [ - r count] [ - s count] [[ - j host - list] | [ - k host - list]]
    [ - w timeout] [ - R] [ - S srcaddr] [ - 4] [ - 6] target_name
```

下面介绍各个参数的含义。

(1) -t：ping指定的主机，直到停止。

① 若要查看统计信息并继续操作，请按Ctrl+Break组合键；

② 若要停止，请按Ctrl+C组合键。

(2) -a：将IP地址解析成主机名并显示。

(3) -n count：设置要发送的回声请求测试包的数量，通过这个命令设定测试包的不同数量，对于测量网络速度很有帮助。通过发送不同数量的测试包，可以获得不同情况下数据包返回的平均时间、最快时间、最慢时间分别是多少。

(4) -l size：设置发送的请求消息中"数据"字段的长度(以字节为单位)，最大可设定值为65527，默认值是32，由于数据包越大则占用的带宽越大，因此，该参数会被黑客用来作为攻击服务器的手段。

(5) -f：在IP控制头中设置"不分段"标志(仅适用于IPv4)，这样，回声请求数据包就不会在路由途中被路由器分段，该参数可以用来解决路径最大传输单位(Path Maximum Transmission Unit，PMTU)问题。

(6) -i TTL：设置回声请求消息的IP控制头中的TTL字段值，默认值是源端主机的默认TTL值，通常使用该参数来帮助检测网络的运行情况。

(7) -v TOS：设置回声请求消息的IP控制头中的服务类型(TOS)字段值(只适用于IPv4可用)，TOS的值一般在0～255。

(8) -r count：记录计数跃点的路由(仅适用于IPv4)。"ping -r"提供了使用并查看IP控制头中的"记录路由"选项的功能，"ping -r"使ping程序设置发送出去的回声请求消息的IP控制头中的"记录路由"选项。在从源端到目的端的路由中的每个支持IP"记录路由"选项功能的路由器都会把它的发出IP分组的接口的IP地址放入IP控制头的选项字段中。

当回声请求消息到达目的端时，将 IP 控制头选项字段中的 IP 地址清单复制到 ICMP 回声应答消息的 IP 控制头选项字段中，ICMP 回声应答消息在返回源端的路由中所经过的路由器也将它的发出 IP 分组的接口的 IP 地址加入到 IP 地址清单中，当源端 ping 程序收到回声应答消息时，它就会显示这份 IP 地址清单。

IP 控制头的“记录路由”选项让路由中的路由器都将其 IP 地址加入到 IP 控制头的可选字段中，这为网络管理员分析数据包的路由提供了方便，能够用来检查路由选择算法的执行情况。

不过，由于 IP 控制头长度受限，选项字段最多只可以存放 9 个 IP 地址，这对于目前的网络规模而言，是不够用的。

在“ping -r”命令中，可以设定一个大于或等于源端和目的端之间跃点数的 count。

(9) -s count：计数跃点的时间戳(仅适用于 IPv4)。“ping -s”提供了使用并查看 IP 控制头中的“时间戳”选项的功能，“ping -s”使 ping 程序设置发送出去的回声请求消息的 IP 控制头中的“时间戳”选项。在从源端到目的端的路由中的每个支持 IP“时间戳”选项功能的路由器都会把回声请求消息到达的时间放入 IP 控制头的选项字段中。当回声请求消息到达目的端时，将 IP 控制头选项字段中的时间戳清单复制到 ICMP 回声应答消息的 IP 控制头选项字段中，ICMP 回声应答消息在返回源端的路由中所经过的路由器也将回声应答消息到达的时间加入到时间戳清单中。当源端 ping 程序收到回声应答消息时，它就显示这份时间戳清单。

Count 取值范围也就是“时间戳”选项的标志字段的取值范围，“时间戳”选项的操作将根据标志字段的取值来进行。

① 0：只在 IP 控制头选项字段中记录时间戳，而只记录时间戳是没有意义的，原因在于时间戳与路由器之间没有对应关系。

② 1：记录经过的每台路由器的 IP 地址和时间戳，由于 IP 控制头长度受限，在 IP 控制头选项字段中只可以存放四对地址和时间戳的空间。

③ 3：发送端对选项列表初始化，存放四个 IP 地址和四个取值为 0 的时间戳值，只有当列表中的下一个 IP 地址与当前路由器地址相匹配时，才记录它的时间戳。

(10) -j host-list：与 IP 列表一起的松散源路由(仅适用于 IPv4)。“ping -j”提供了使用 IP 控制头中的“松散源路由”选项的功能，利用在 host-list 中指定的 IP 列表来路由 ICMP 包。在路经 IP 列表中的路由器之间可以经过其他未在列表上的路由器。由于 IP 控制头长度受限，只允许最多设置九个 IP 地址。

(11) -k host-list：与 IP 列表一起的严格源路由(仅适用于 IPv4)。“ping -k”提供了使用 IP 控制头中的“严格源路由”选项的功能，规定 IP 分组要经过 host-list 上的每一个路由器，相邻路由器之间不得有中间路由器，并且所经过的路由器的顺序不可更改。由于 IP 控制头长度受限，只允许最多设置九个 IP 地址。

(12) -w timeout：设置源端等待每次收到回声应答消息的超时时间(毫秒)，如果在规定的时间内未收到回声应答消息，ping 会在源端显示“请求超时”的错误信息，默认的超时时间为 4000ms。

(13) -R：同样使用路由标头测试反向路由(仅适用于 IPv6)。

(14) -S srcaddr：要使用的源地址。

(15) -4：强制使用 IPv4。

(16) -6：强制使用 IPv6。

(17) target_name：指定要 ping 的目的主机名或 IP 地址。

(18) /?：显示帮助消息。

12.3.3 ping 实践

在 ping 的统计信息中，bytes 表示源端发送的 ICMP 消息长度；time 表示从源端向目的端发送 ICMP 回声请求（ECHO-REQUEST）报文到收到目的端返回的响应报文之间的时长，显然，time 数值越小，表示网络通信状况越通畅；TTL（Time To Live，生存时间），表示数据包在被丢弃之前最多能够经过的路由器数量。

1. ping 域名或 ping IP 地址正常

图 12-16 所示，“ping www.sohu.com”“ping 61.135.179.184”显示没有发生丢包情况，丢包率为 0%。

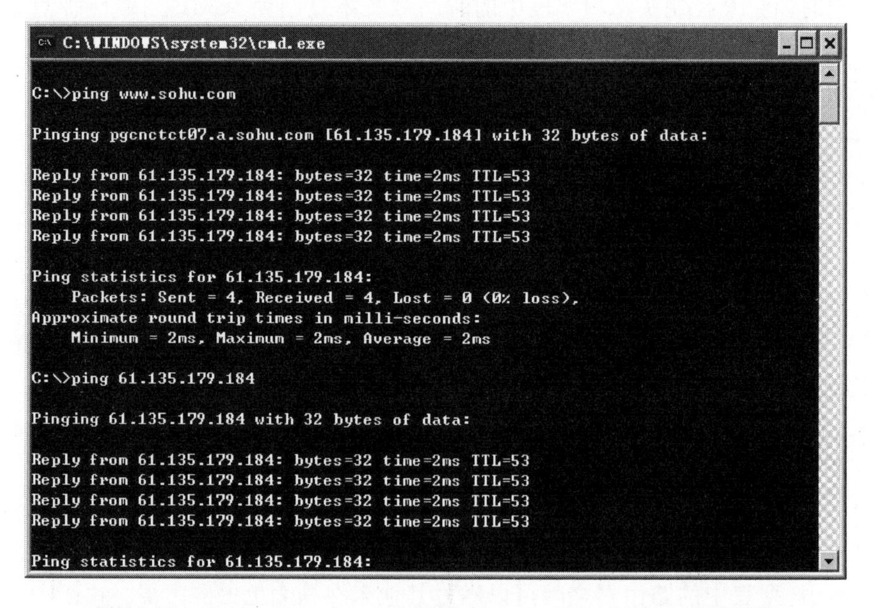

图 12-16　ping www.sohu.com 以及 ping 61.135.179.184 显示正常

2. ping IP 地址出现错误

图 12-17 所示，“ping 172.16.10.3”出现 Request timed out 错误信息，丢包率为 100%。

3. ping localhost 与 ping 127.0.0.1 正常

图 12-18 与图 12-19 所示，“ping localhost”与“ping 127.0.0.1”显示没有发生丢包情况，丢包率为 0%。localhost 是指本机，对应的 IP 地址是环回地址 127.0.0.1。

4. ping 主机名正常

图 12-20 所示，“ping a08”显示没有发生丢包情况，丢包率为 0%。

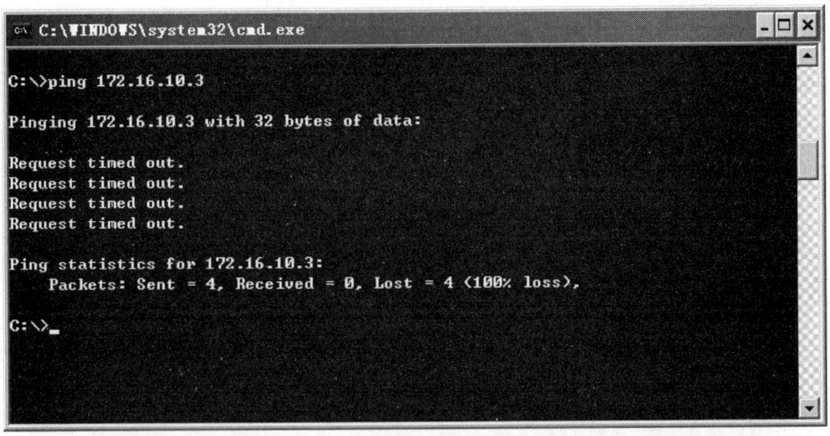

```
C:\WINDOWS\system32\cmd.exe

C:\>ping 172.16.10.3

Pinging 172.16.10.3 with 32 bytes of data:

Request timed out.
Request timed out.
Request timed out.
Request timed out.

Ping statistics for 172.16.10.3:
    Packets: Sent = 4, Received = 0, Lost = 4 (100% loss),

C:\>_
```

图 12-17　ping 172.16.10.3 显示 Request timed Out 错误信息

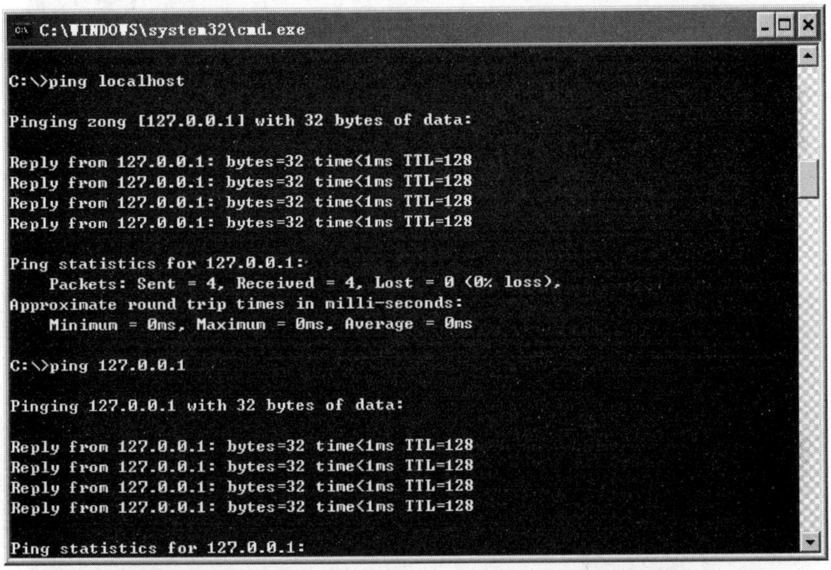

```
C:\WINDOWS\system32\cmd.exe

C:\>ping localhost

Pinging zong [127.0.0.1] with 32 bytes of data:

Reply from 127.0.0.1: bytes=32 time<1ms TTL=128
Reply from 127.0.0.1: bytes=32 time<1ms TTL=128
Reply from 127.0.0.1: bytes=32 time<1ms TTL=128
Reply from 127.0.0.1: bytes=32 time<1ms TTL=128

Ping statistics for 127.0.0.1:
    Packets: Sent = 4, Received = 4, Lost = 0 (0% loss),
Approximate round trip times in milli-seconds:
    Minimum = 0ms, Maximum = 0ms, Average = 0ms

C:\>ping 127.0.0.1

Pinging 127.0.0.1 with 32 bytes of data:

Reply from 127.0.0.1: bytes=32 time<1ms TTL=128
Reply from 127.0.0.1: bytes=32 time<1ms TTL=128
Reply from 127.0.0.1: bytes=32 time<1ms TTL=128
Reply from 127.0.0.1: bytes=32 time<1ms TTL=128

Ping statistics for 127.0.0.1:
```

图 12-18　"ping localhost"与"ping 127.0.0.1"显示正常

```
C:\WINDOWS\system32\cmd.exe
Approximate round trip times in milli-seconds:
    Minimum = 0ms, Maximum = 0ms, Average = 0ms

C:\>ping 127.0.0.1

Pinging 127.0.0.1 with 32 bytes of data:

Reply from 127.0.0.1: bytes=32 time<1ms TTL=128
Reply from 127.0.0.1: bytes=32 time<1ms TTL=128
Reply from 127.0.0.1: bytes=32 time<1ms TTL=128
Reply from 127.0.0.1: bytes=32 time<1ms TTL=128

Ping statistics for 127.0.0.1:
    Packets: Sent = 4, Received = 4, Lost = 0 (0% loss),
Approximate round trip times in milli-seconds:
    Minimum = 0ms, Maximum = 0ms, Average = 0ms

C:\>_
```

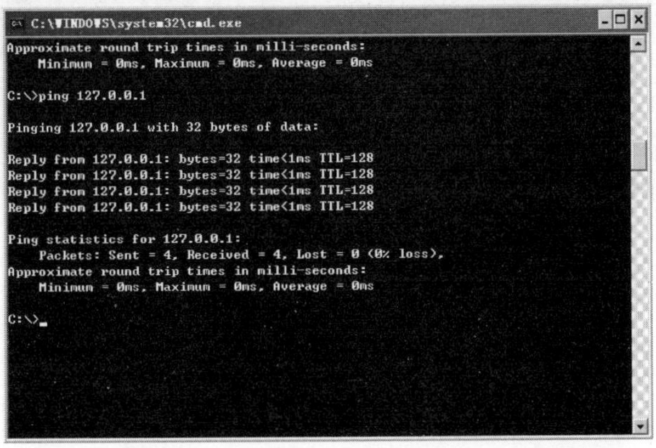

图 12-19　"ping localhost"与"ping 127.0.0.1"显示正常(续)

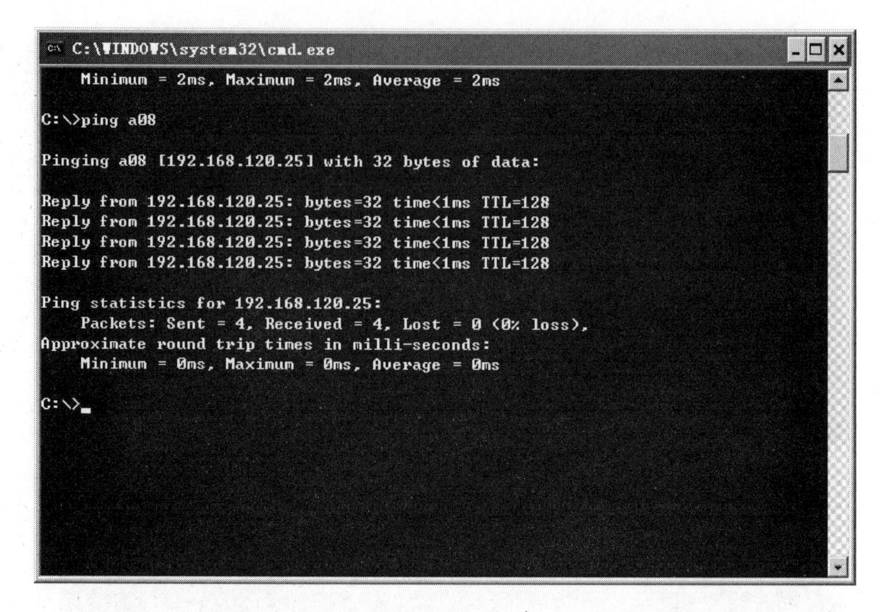

图 12-20　ping a08 显示正常

5. ping 主机名出现错误

图 12-21 所示,“ping a99”与“ping a66”显示没有发现主机 a99 与 a66,显示核对主机名信息。

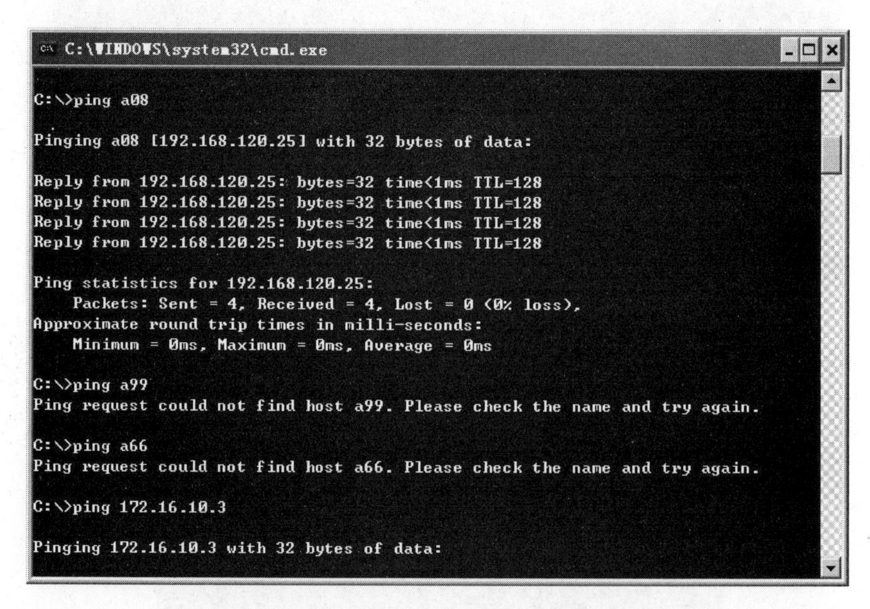

图 12-21　“ping a99”与“ping a66”显示错误

6. ping -a

“ping -a”是对目的 IP 地址进行反向名称解析,解析成功时,在显示信息中出现该 IP 地址所对应的主机名,如图 12-22 所示。

```
C:\Documents and Settings\Administrator>ping -a 192.168.120.63

Pinging PC-201002052157 [192.168.120.63] with 32 bytes of data:

Reply from 192.168.120.63: bytes=32 time<1ms TTL=64
Reply from 192.168.120.63: bytes=32 time<1ms TTL=64
Reply from 192.168.120.63: bytes=32 time<1ms TTL=64
Reply from 192.168.120.63: bytes=32 time<1ms TTL=64

Ping statistics for 192.168.120.63:
    Packets: Sent = 4, Received = 4, Lost = 0 (0% loss),
Approximate round trip times in milli-seconds:
    Minimum = 0ms, Maximum = 0ms, Average = 0ms
```

图 12-22 “ping -a”命令的执行结果

7. ping -t

“ping -t”是向目的 IP 持续发送回声请求报文，如图 12-23 所示。

```
C:\WINDOWS\system32\cmd.exe

C:\Documents and Settings\Administrator>ping -t 192.168.120.63

Pinging 192.168.120.63 with 32 bytes of data:

Reply from 192.168.120.63: bytes=32 time<1ms TTL=64
Reply from 192.168.120.63: bytes=32 time<1ms TTL=64
Reply from 192.168.120.63: bytes=32 time<1ms TTL=64
Reply from 192.168.120.63: bytes=32 time<1ms TTL=64
Reply from 192.168.120.63: bytes=32 time<1ms TTL=64
Reply from 192.168.120.63: bytes=32 time<1ms TTL=64
Reply from 192.168.120.63: bytes=32 time<1ms TTL=64
Reply from 192.168.120.63: bytes=32 time<1ms TTL=64
Reply from 192.168.120.63: bytes=32 time<1ms TTL=64
Reply from 192.168.120.63: bytes=32 time<1ms TTL=64
```

图 12-23 “ping -t”命令的执行结果

如图 12-24 所示，按 Ctrl+Break 组合键后中断并显示统计信息。

```
Ping statistics for 192.168.120.63:
    Packets: Sent = 93, Received = 93, Lost = 0 (0% loss),
Approximate round trip times in milli-seconds:
    Minimum = 0ms, Maximum = 0ms, Average = 0ms
Control-Break
Reply from 192.168.120.63: bytes=32 time<1ms TTL=64
Reply from 192.168.120.63: bytes=32 time<1ms TTL=64
Reply from 192.168.120.63: bytes=32 time<1ms TTL=64
Reply from 192.168.120.63: bytes=32 time<1ms TTL=64
Reply from 192.168.120.63: bytes=32 time<1ms TTL=64
Reply from 192.168.120.63: bytes=32 time<1ms TTL=64
Reply from 192.168.120.63: bytes=32 time<1ms TTL=64
Reply from 192.168.120.63: bytes=32 time<1ms TTL=64
```

图 12-24 按 Ctrl+Break 组合键中断并显示统计信息

如图 12-25 所示，按 Ctrl+C 组合键后中断并退出 ping。

```
Ping statistics for 192.168.120.63:
    Packets: Sent = 101, Received = 101, Lost = 0 (0% loss),
Approximate round trip times in milli-seconds:
    Minimum = 0ms, Maximum = 0ms, Average = 0ms
Control-C
^C
C:\Documents and Settings\Administrator>
```

图 12-25 中断并退出 ping

8. ping -n

“ping-n”设定发出的测试包的数量,如图 12-26 所示,设定发送五个测试包。

```
C:\Documents and Settings\Administrator>ping -n 5  192.168.120.63

Pinging 192.168.120.63 with 32 bytes of data:

Reply from 192.168.120.63: bytes=32 time<1ms TTL=64
Reply from 192.168.120.63: bytes=32 time<1ms TTL=64
Reply from 192.168.120.63: bytes=32 time<1ms TTL=64
Reply from 192.168.120.63: bytes=32 time<1ms TTL=64
Reply from 192.168.120.63: bytes=32 time<1ms TTL=64

Ping statistics for 192.168.120.63:
    Packets: Sent = 5, Received = 5, Lost = 0 (0% loss),
Approximate round trip times in milli-seconds:
    Minimum = 0ms, Maximum = 0ms, Average = 0ms
```

图 12-26 “ping -n 5”命令的执行结果

9. ping -l

“ping -l”设定发送的请求消息中“数据”字段的长度(以字节为单位),最大可设定值为 65527,默认值是 32,如图 12-27 所示,设定长度是 64。

```
C:\Documents and Settings\Administrator>ping -l 64  192.168.120.63

Pinging 192.168.120.63 with 64 bytes of data:

Reply from 192.168.120.63: bytes=64 time<1ms TTL=64
Reply from 192.168.120.63: bytes=64 time<1ms TTL=64
Reply from 192.168.120.63: bytes=64 time<1ms TTL=64
Reply from 192.168.120.63: bytes=64 time<1ms TTL=64

Ping statistics for 192.168.120.63:
    Packets: Sent = 4, Received = 4, Lost = 0 (0% loss),
Approximate round trip times in milli-seconds:
    Minimum = 0ms, Maximum = 0ms, Average = 0ms
```

图 12-27 “ping -l 64”命令的执行结果

10. ping -f

“ping -f”设置发送的回声请求数据包的 IP 控制头中的“不分段”标记为 1(只适用于 IPv4),如图 12-28 所示。

```
C:\Documents and Settings\Administrator>ping -f   192.168.120.63

Pinging 192.168.120.63 with 32 bytes of data:

Reply from 192.168.120.63: bytes=32 time<1ms TTL=64
Reply from 192.168.120.63: bytes=32 time<1ms TTL=64
Reply from 192.168.120.63: bytes=32 time<1ms TTL=64
Reply from 192.168.120.63: bytes=32 time<1ms TTL=64

Ping statistics for 192.168.120.63:
    Packets: Sent = 4, Received = 4, Lost = 0 (0% loss),
Approximate round trip times in milli-seconds:
    Minimum = 0ms, Maximum = 0ms, Average = 0ms
```

图 12-28 “ping -f”命令的执行结果

11. ping -i

"ping -i"设定回声请求消息的 IP 控制头中的 TTL 字段值，默认值是源端主机的默认 TTL 值，如图 12-29 所示，设置 TTL 为 65。

```
C:\Documents and Settings\Administrator>ping -i 65  192.168.120.63

Pinging 192.168.120.63 with 32 bytes of data:

Reply from 192.168.120.63: bytes=32 time<1ms TTL=64
Reply from 192.168.120.63: bytes=32 time<1ms TTL=64
Reply from 192.168.120.63: bytes=32 time<1ms TTL=64
Reply from 192.168.120.63: bytes=32 time<1ms TTL=64

Ping statistics for 192.168.120.63:
    Packets: Sent = 4, Received = 4, Lost = 0 (0% loss),
Approximate round trip times in milli-seconds:
    Minimum = 0ms, Maximum = 0ms, Average = 0ms
```

图 12-29 "ping -i 65"命令的执行结果

12. ping -v

"ping -v"设定回声请求消息的 IP 控制头中的服务类型(TOS)字段值，TOS 的值一般在 0～255，如图 12-30 所示，设置 TOS 为 65。

```
C:\Documents and Settings\Administrator>ping -v 65  192.168.120.63

Pinging 192.168.120.63 with 32 bytes of data:

Reply from 192.168.120.63: bytes=32 time<1ms TTL=64
Reply from 192.168.120.63: bytes=32 time<1ms TTL=64
Reply from 192.168.120.63: bytes=32 time<1ms TTL=64
Reply from 192.168.120.63: bytes=32 time<1ms TTL=64

Ping statistics for 192.168.120.63:
    Packets: Sent = 4, Received = 4, Lost = 0 (0% loss),
Approximate round trip times in milli-seconds:
    Minimum = 0ms, Maximum = 0ms, Average = 0ms
```

图 12-30 "ping -v 65"命令的执行结果

13. ping -r

图 12-31 所示，设置源端和目的端之间跃点数的 count 为 5。

```
C:\Documents and Settings\Administrator>ping -r 5  192.168.120.63

Pinging 192.168.120.63 with 32 bytes of data:

Reply from 192.168.120.63: bytes=32 time<1ms TTL=64
    Route: 192.168.120.63
Reply from 192.168.120.63: bytes=32 time<1ms TTL=64
    Route: 192.168.120.63
Reply from 192.168.120.63: bytes=32 time<1ms TTL=64
    Route: 192.168.120.63
Reply from 192.168.120.63: bytes=32 time<1ms TTL=64
    Route: 192.168.120.63

Ping statistics for 192.168.120.63:
    Packets: Sent = 4, Received = 4, Lost = 0 (0% loss),
Approximate round trip times in milli-seconds:
    Minimum = 0ms, Maximum = 0ms, Average = 0ms
```

图 12-31 "ping -r 5"命令的执行结果

14. ping -s

图 12-32 所示为“ping-s 3”命令的执行结果。

```
C:\Documents and Settings\Administrator>ping -s 3  192.168.120.63

Pinging 192.168.120.63 with 32 bytes of data:

Reply from 192.168.120.63: bytes=32 time<1ms TTL=64
    Timestamp: 192.168.120.63 : 22315155
Reply from 192.168.120.63: bytes=32 time<1ms TTL=64
    Timestamp: 192.168.120.63 : 22316155
Reply from 192.168.120.63: bytes=32 time<1ms TTL=64
    Timestamp: 192.168.120.63 : 22317155
Reply from 192.168.120.63: bytes=32 time<1ms TTL=64
    Timestamp: 192.168.120.63 : 22318155

Ping statistics for 192.168.120.63:
    Packets: Sent = 4, Received = 4, Lost = 0 (0% loss),
Approximate round trip times in milli-seconds:
    Minimum = 0ms, Maximum = 0ms, Average = 0ms
```

图 12-32 “ping -s 3”命令的执行结果

15. ping -w

图 12-33 所示为“ping -w 4000”命令的执行结果。

```
C:\Documents and Settings\Administrator>ping -w 4000  192.168.120.63

Pinging 192.168.120.63 with 32 bytes of data:

Reply from 192.168.120.63: bytes=32 time<1ms TTL=64
Reply from 192.168.120.63: bytes=32 time<1ms TTL=64
Reply from 192.168.120.63: bytes=32 time<1ms TTL=64
Reply from 192.168.120.63: bytes=32 time<1ms TTL=64

Ping statistics for 192.168.120.63:
    Packets: Sent = 4, Received = 4, Lost = 0 (0% loss),
Approximate round trip times in milli-seconds:
    Minimum = 0ms, Maximum = 0ms, Average = 0ms
```

图 12-33 “ping -w 4000”命令的执行结果

16. ping -4

图 12-34 所示为“ping -4”命令的执行结果。

```
C:\Documents and Settings\Administrator>ping -4  192.168.120.63

Pinging 192.168.120.63 with 32 bytes of data:

Reply from 192.168.120.63: bytes=32 time<1ms TTL=64
Reply from 192.168.120.63: bytes=32 time<1ms TTL=64
Reply from 192.168.120.63: bytes=32 time<1ms TTL=64
Reply from 192.168.120.63: bytes=32 time<1ms TTL=64

Ping statistics for 192.168.120.63:
    Packets: Sent = 4, Received = 4, Lost = 0 (0% loss),
Approximate round trip times in milli-seconds:
    Minimum = 0ms, Maximum = 0ms, Average = 0ms
```

图 12-34 “ping -4”命令的执行结果

17. ping -6

图 12-35 所示为“ping -6”命令的执行结果。

```
C:\Documents and Settings\Administrator>ping -6  192.168.120.63
Ping request could not find host 192.168.120.63. Please check the name and try a
gain.
```

图 12-35 “ping -6”命令的执行结果

18. ping /?

图 12-36 所示为“ping /?”命令的执行结果。

```
C:\WINDOWS\system32\cmd.exe

C:\>ping /?

Usage: ping [-t] [-a] [-n count] [-l size] [-f] [-i TTL] [-v TOS]
            [-r count] [-s count] [[-j host-list] | [-k host-list]]
            [-w timeout] target_name

Options:
    -t             Ping the specified host until stopped.
                   To see statistics and continue - type Control-Break;
                   To stop - type Control-C.
    -a             Resolve addresses to hostnames.
    -n count       Number of echo requests to send.
    -l size        Send buffer size.
    -f             Set Don't Fragment flag in packet.
    -i TTL         Time To Live.
    -v TOS         Type Of Service.
    -r count       Record route for count hops.
    -s count       Timestamp for count hops.
    -j host-list   Loose source route along host-list.
    -k host-list   Strict source route along host-list.
    -w timeout     Timeout in milliseconds to wait for each reply.

C:\>
```

图 12-36 “ping /?”命令的执行结果

本章小结

本章介绍了一些与网络 IP 链路诊断相关的应用，包括 pathping、Tracert、ping 等，通过了解和使用这些应用，可以更好地了解网络 IP 链路的工作原理，为更好地学习网络管理系统原理和开展网络管理工作打下一定的基础。

在教学上，本章的教学目的是让学生掌握一些与诊断网络 IP 链路工作是否正常相关的应用。本章重点与难点都是网络 IP 链路诊断应用的学习与使用。

习 题

1. 简答题

(1) 简述 pathping 的主要功能。

(2) 简述 Tracert 的主要功能。

(3) 简述 Tracert 的工作原理。

(4) 写出 pathping 设置两次 ping 之间等待的时间的命令。

(5) 写出 pathping 设置每次等待回复的超时时间的命令。

(6) 写出 pathping 不将地址解析成主机名的命令。

(7) 写出 Tracert 不将中间路由器的 IP 地址解析为主机名的命令。

(8) 写出"ping -t"的功能。

(9) 写出 ping 将 IP 地址解析成主机名并显示的命令。

(10) 写出"ping -n"的功能。

2. 填空题

(1) pathping 包含了(　　)和(　　)的功能。

(2) Tracert 命令通过每次递增所发送的 ICMP 回声请求(　　)报文的 IP 控制头中的(　　)字段值,来确定从源端到达目的端的路径。

第13章 服务器状态监测

在相当大的程度上，网络向用户提供的功能是通过网络服务来实现的，网络中的服务器为网络提供了众多的网络服务，其中包括：办公自动化服务、打印服务、DHCP 服务、DNS 服务、E-mail 服务、FTP 服务、即时信息服务、HTTP 服务、目录服务、文件服务、视频点播服务、视频会议服务和数据库服务等。一旦服务器系统瘫痪或服务中断，都将导致灾难性的后果。只有服务器和服务保持正常的运行状态，才有可能为网络用户提供稳定的、可靠的网络服务。因此，网络服务器的运行状态和网络服务的运行状态都将直接关系着网络向用户所提供的功能的好坏。

借助服务器状态监测应用，可以有效地监测服务器以及各种服务的运行状态。利用服务器状态监测应用对网络中的各种服务器或服务进行实时监测，不仅可以及时发现服务器或所提供的服务可能出现的故障，为网络管理员及时修复服务器和服务，也及时为排除故障隐患提供了强有力的保障。另外，很多情况下网络中部署着多台服务器，并且分布在网络的多个位置。通过服务器状态监测应用，网络管理员就可以在网络中的任何一个接入点对网络中的服务器和服务进行远程监测，从而大大提高了网络管理员的管理工作效率。

本章将分别介绍一些服务器状态监测应用，包括 PortQry、ServersAlive 等。

13.1 PortQry

PortQry 是一个命令行实用应用，它是用于检测本地主机或远程主机上的 TCP 或 UDP 端口的状态。通过 PortQry 报告的检测结果，可以帮助解决 TCP/IP 的连接问题。

13.1.1 PortQry 用法

PortQry 安装完成后，进入 Windows 操作系统的命令提示符界面，就可以输入 PortQry 命令了，下面介绍 PortQry 命令的使用方法。

```
portqry - n ServerName [ - p Protocol][ - e port|| - r start port; end port || - o port,port,
port...][ - l filename]
```

(1) -n ServerName：该参数必选。ServerName 的取值是不含空格的主机名或主机 IP 地址，用于指定目标主机。如果 ServerName 是主机名，PortQry 会将主机名解析为 IP 地址；如果解析不成功的话，PortQry 会报告错误，并退出。如果 ServerName 是 IP 地址，PortQry 会将 IP 地址解析为主机名；如果解析不成功，PortQry 也会报告错误，但并不会退出。

(2) -p Protocol：该参数可选。它是用于指定连接到目标主机上目标端口的协议。如果没有指定协议，则 PortQry 默认使用 TCP 协议。

(3) -e port：该参数可选。它是用于指定目标主机上的目标端口号。它必须是介于 1 和 65535(包括 1 和 65535)的有效端口。不能将该参数与**-o** 或**-r** 一起使用。如果没有指定的话，PortQry 将默认使用端口 80。

(4) -r start port；end port：该参数可选。它是用于指定按先后顺序查询的端口范围。使用分号分隔起始端口号和终止端口号，端口号与分号之间不能有空格，并且指定的起始端口号要小于终止端口号。不能将该参数与**-e** 或**-o** 一起使用。

(5) -o port，port，port：该参数可选。它是用于指定按顺序查询的一定数量的端口，可以按任意顺序输入端口号，使用逗号来分隔各个端口号，并且端口号和逗号之间不能有空格。不能将该参数与**-e** 参数或**-r** 参数一起使用。

(6) -l filename：该参数可选。它是用于指定日志文件名和文件扩展名。PortQry 是以文本格式来生成日志文件，并在所运行的文件夹中创建日志文件。如果目录中存在相同名称的文件，会显示覆盖原有日志文件的提示信息。日志文件名中不能有空格。

13.1.2 PortQry 原理

PortQry 检测的端口状态结果有三种。

(1) 侦听(LISTENING)：有进程正在侦听所检测的端口号。

(2) 未侦听(NOT LISTENING)：没有进程正在侦听所检测的端口号。

(3) 筛选(FILTERED)：所检测的端口号正在被筛选，进程可能在侦听，也有可能不在侦听。

PortQry 会使用"%SYSTEMROOT%\System32\Drivers\Etc"目录下的 services 文件来确定是哪个服务在侦听端口。services 文件内容如图 13-1 所示。

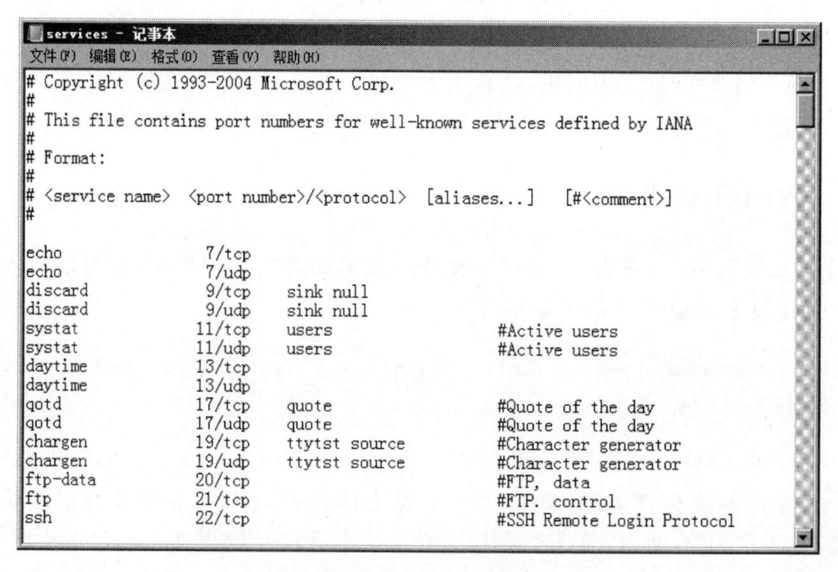

```
services - 记事本
文件(F) 编辑(E) 格式(O) 查看(V) 帮助(H)
# Copyright (c) 1993-2004 Microsoft Corp.
#
# This file contains port numbers for well-known services defined by IANA
#
# Format:
#
# <service name>  <port number>/<protocol>  [aliases...]   [#<comment>]
#

echo                7/tcp
echo                7/udp
discard             9/tcp    sink null
discard             9/udp    sink null
systat             11/tcp    users                  #Active users
systat             11/udp    users                  #Active users
daytime            13/tcp
daytime            13/udp
qotd               17/tcp    quote                  #Quote of the day
qotd               17/udp    quote                  #Quote of the day
chargen            19/tcp    ttytst source          #Character generator
chargen            19/udp    ttytst source          #Character generator
ftp-data           20/tcp                           #FTP, data
ftp                21/tcp                           #FTP. control
ssh                22/tcp                           #SSH Remote Login Protocol
```

图 13-1　services 文件内容

13.1.3 PortQry 实践

1. 检测域名的 UDP 端口 389

在 Windows 操作系统的命令提示符界面，输入如图 13-2 所示的 PortQry 命令，端口状态是 LISTENING 或 FILTERED。

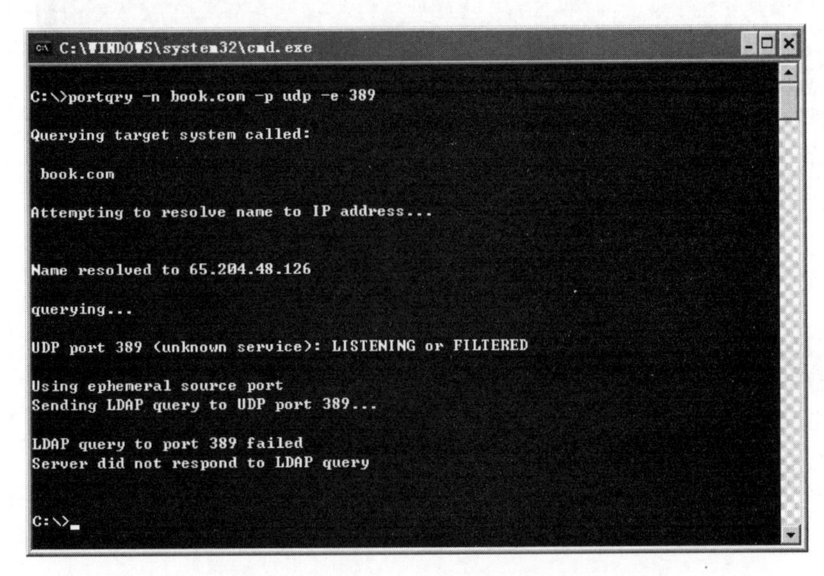

图 13-2　检测 book.com 的 UDP 端口 389

2. 检测域名的 UDP 端口 135

在 Windows 操作系统的命令提示符界面，输入如图 13-3 所示的 PortQry 命令，端口状态是 LISTENING 或 FILTERED。

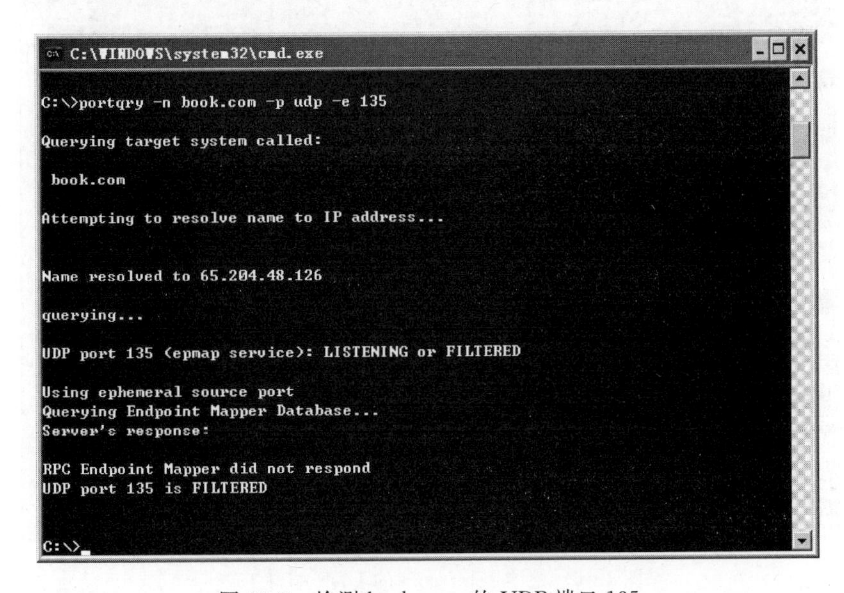

图 13-3　检测 book.com 的 UDP 端口 135

3. 检测域名的 TCP 端口 80

在 Windows 操作系统的命令提示符界面，输入如图 13-4 所示的 PortQry 命令，端口状态是 LISTENING。

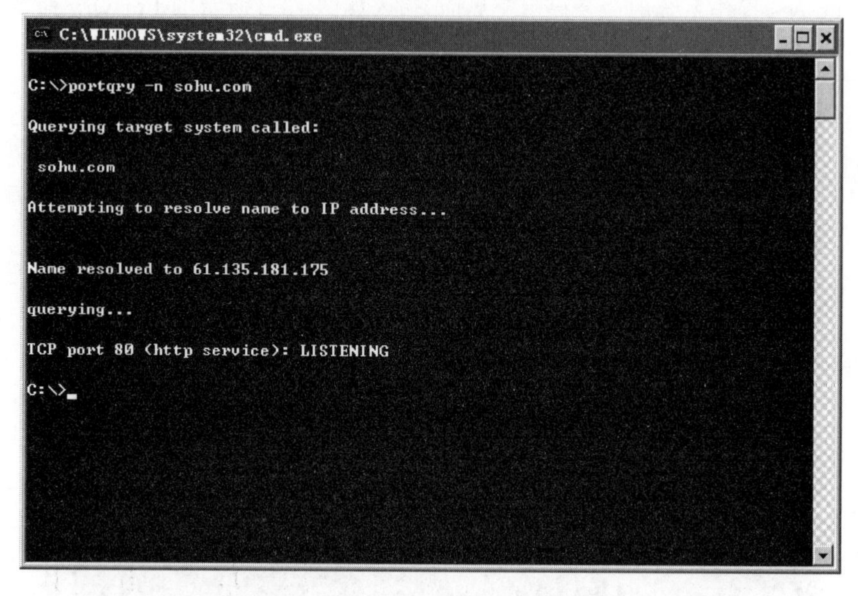

图 13-4 检测 sohu. com 的 TCP 端口 80

4. 检测域名的 UDP 端口 137

在 Windows 操作系统的命令提示符界面，输入如图 13-5 所示的 PortQry 命令，端口状态是 LISTENING 或 FILTERED。

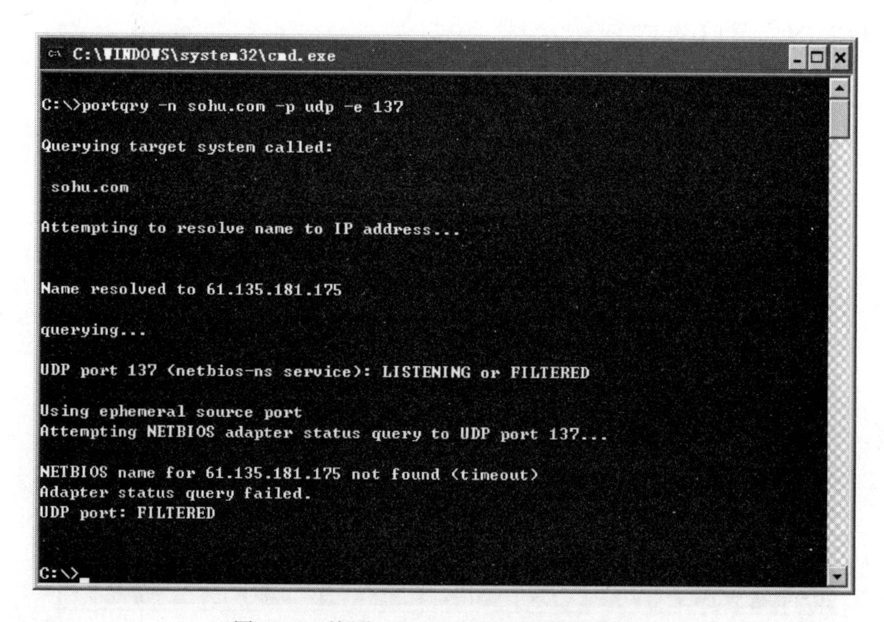

图 13-5 检测 sohu. com 的 UDP 端口 137

5. 检测域名的 UDP 端口 161

在 Windows 操作系统的命令提示符界面，输入如图 13-6 所示的 PortQry 命令，端口状态是 LISTENING 或 FILTERED。

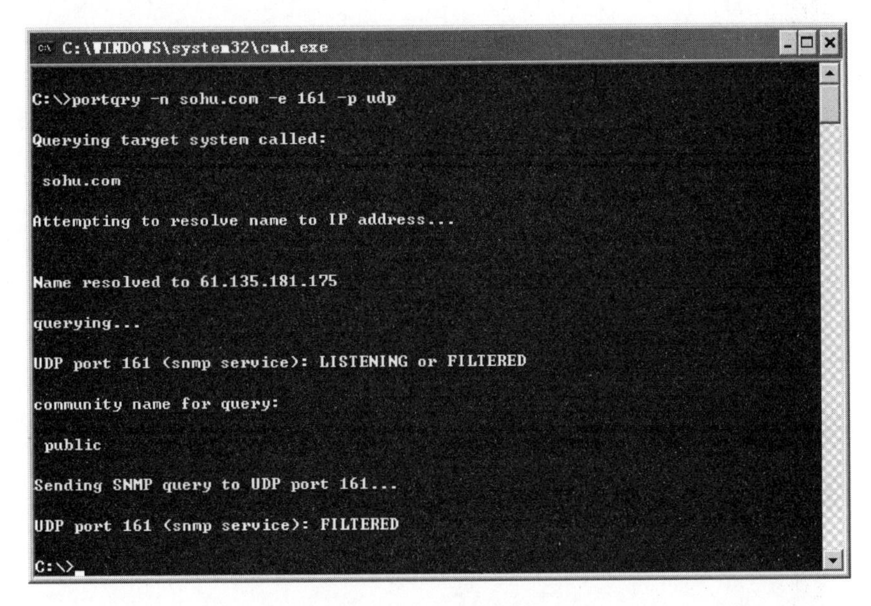

图 13-6　检测 sohu.com 的 UDP 端口 161

6. 检测 IP 地址的 UDP 端口 1434

在 Windows 操作系统的命令提示符界面，输入如图 13-7 所示的 PortQry 命令，端口状态是 LISTENING 或 FILTERED。

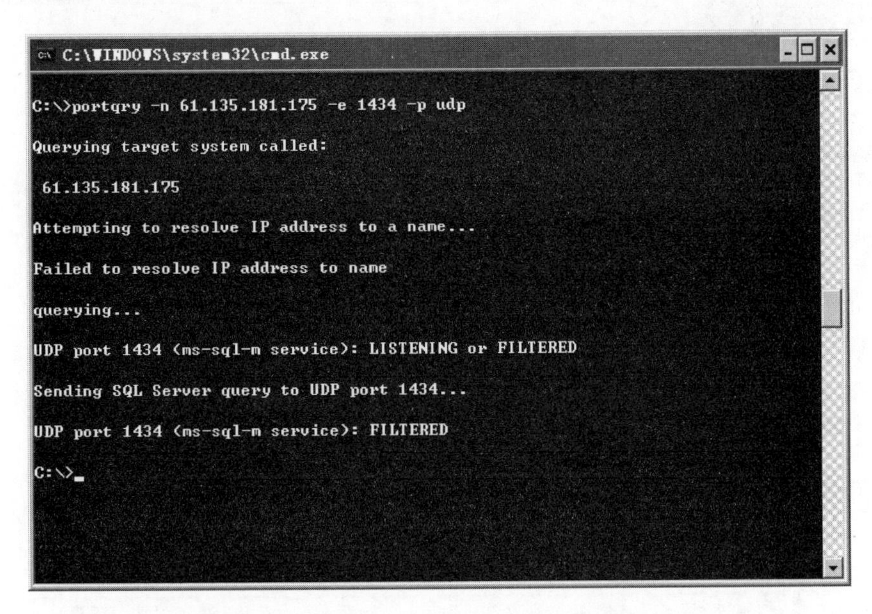

图 13-7　检测 61.135.181.175 的 UDP 端口 1434

7. 检测本地所有端口状态

在 Windows 操作系统的命令提示符界面，输入如图 13-8 所示的 PortQry 命令，检测本地主机端口状态，并将结果重定向保存到指定文件。

图 13-8 检测本地所有端口状态，并重定向指定文件

图 13-9 所示，可以看到在指定路径成功创建指定文件 shiyan. txt。

图 13-9 检查是否创建指定文件

图 13-10 所示，打开新创建的文件 shiyan. txt，可以看到本地主机 TCP/UDP 各个端口的状态。

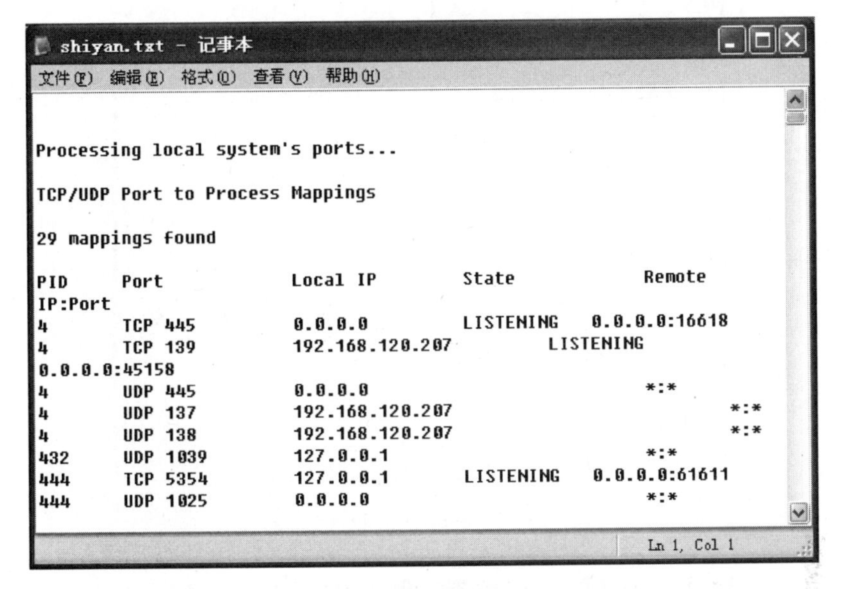

图 13-10 打开重定向的指定文件

13.2 Servers Alive

Servers Alive 是一个服务器监测应用，它的下载地址是 http://www. woodstone. nu/salive，下载完成后，直接安装即可，安装完成后需要重新启动计算机。

Servers Alive 操作简单但功能强大，它可以监测网络服务器上各种服务的运行状态，还可以使用多种方式来报警服务器所出现的问题，比如发出声音、发送电子邮件等，又可以让网络管理员及时了解服务器的运行状况。此外，它还提供了多个内置服务器，比如 Web server、Telnet server、SSH server、SNMP trap receiver 等。通过将 Servers Alive 所在的主机设置成相应的服务器，就可以在网上通过相应的客户端来登录 Servers Alive 所在主机，以此来查看 Servers Alive 的运行状态，让网络管理员了解 Servers Alive 的运行状态。

13.2.1 启动

依次选择“开始”“程序”“Alive”“Servers Alive”选项，可以打开 Servers Alive 主界面，如图 13-11 所示。

13.2.2 添加监测服务项

1. General 选项卡

单击 Servers Alive 主界面左下角的 Add 按钮，可以打开 Entries 对话框，并直接显示如图 13-12 所示的 General 选项卡。

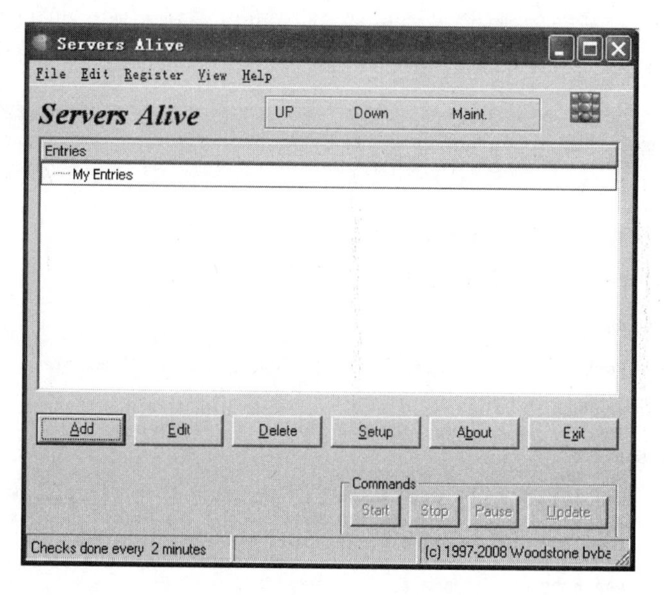

图 13-11 Servers Alive 主界面

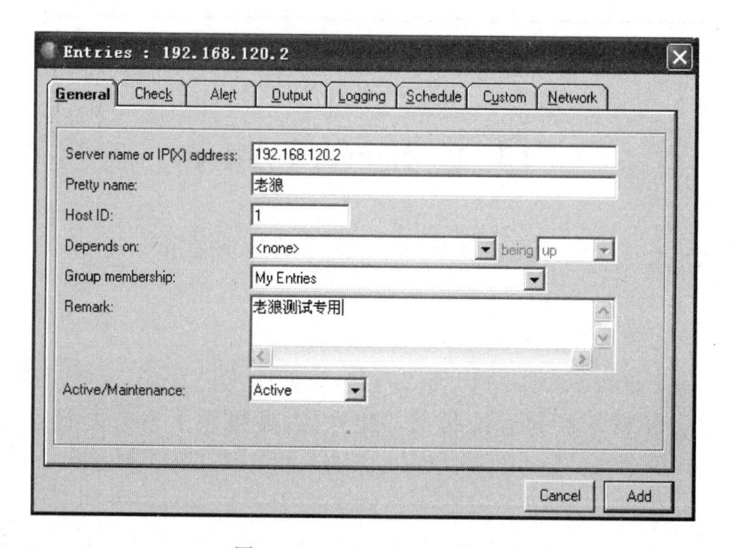

图 13-12 General 选项卡

General 选项卡中的主要显示内容的含义如下。

(1) Server name or IP[X] address：被监测的服务器名称或 IP 地址。

(2) Pretty name：该监测操作的名称，不同监测操作的名称必须不同。

(3) Host ID：显示的序号，可以手动输入，也可以根据添加的先后自动设置。

(4) Active/Maintenance：下拉列表中的选项分别是 Active（活动）、Maintenance（维护）。

2. Check 选项卡

切换到 Check 选项卡，可以设置检测项目，如图 13-13 所示。

Check 选项卡中的主要显示内容的含义如下。

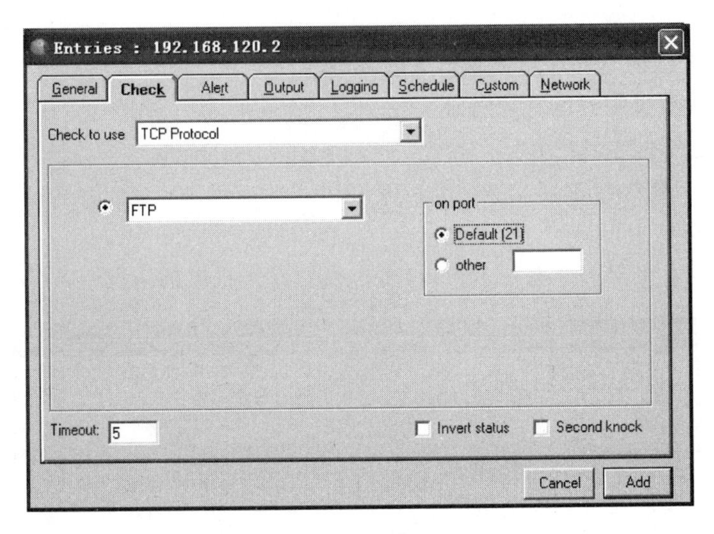

图 13-13　Check 选项卡

(1) Check to use：要监测的项目，比如 TCP 等。

(2) on port：要监测的端口号。

3. Alert 选项卡

切换到 Alert 选项卡，可以设置报警方式。

在打开的 Alert 选项卡窗口中，单击左下角的 Add 按钮，会显示一个包含多种报警方式的快捷菜单。下面以选择发送邮件报警为例，在该快捷菜单中选择 Send SMTP mail 选项，会显示如图 13-14 所示的 Add/edit alert 对话框，该窗口包含三个选项卡，分别是 What、When、Schedule。

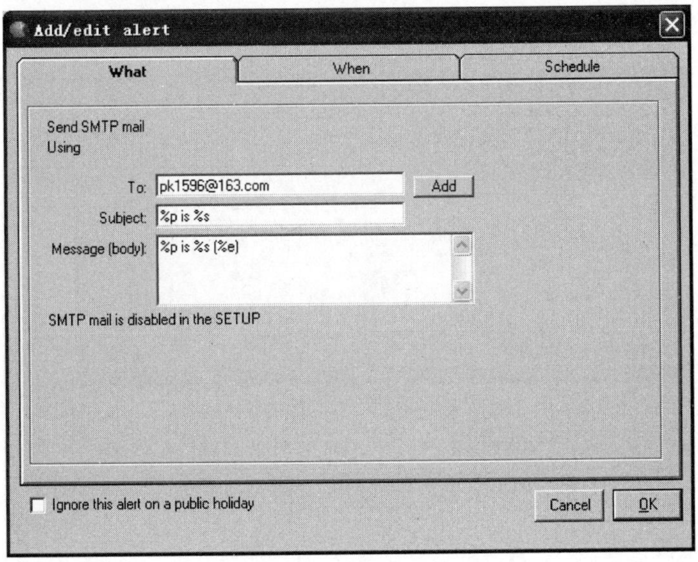

图 13-14　What 选项卡

（1）What 选项卡窗口

What 选项卡中的主要显示内容的含义如下。

① To：接收报警邮件的邮箱地址。

② Subject：邮件主题。

③ Message：邮件内容。

（2）When 选项卡窗口

图 13-15 所示，在 When 选项卡窗口，可以设置发送报警的情况。

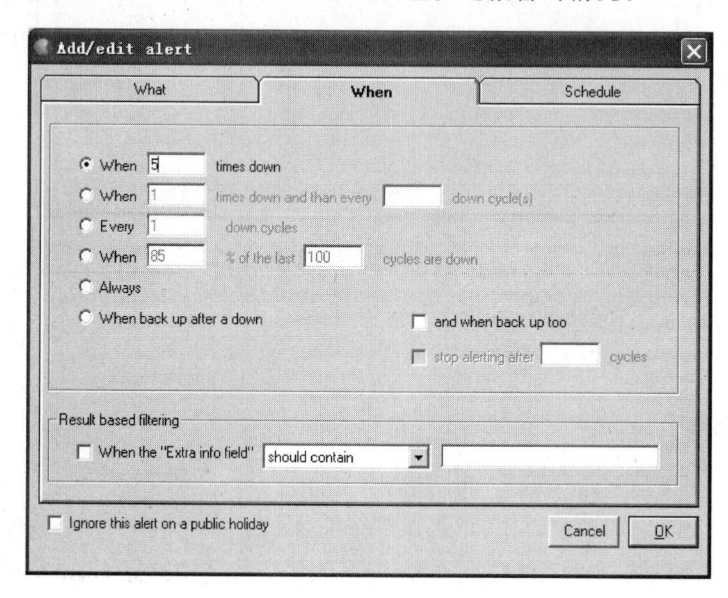

图 13-15　When 选项卡

（3）Schedule 选项卡窗口

图 13-16 所示，在 Schedule 选项卡窗口，可以设置发出报警的时间。

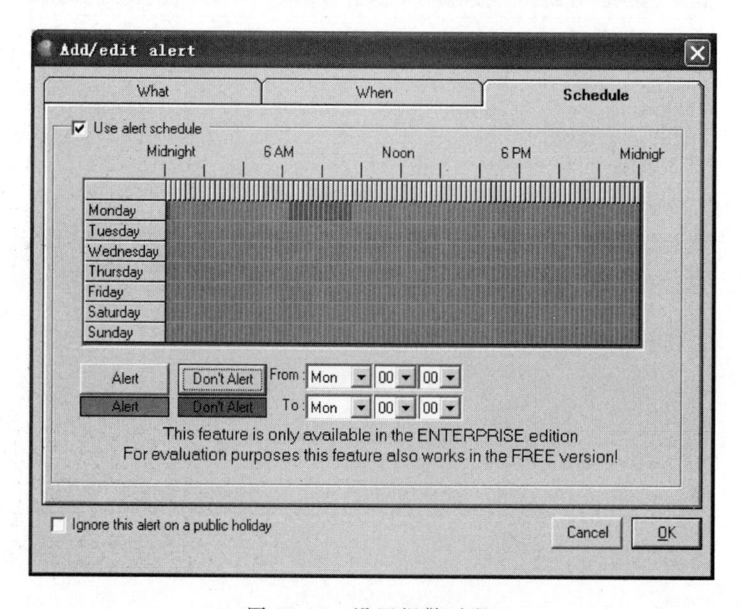

图 13-16　设置报警时段

选中 Use alert schedule 复选框，可以设置报警时间段、非报警时间段，其中，红色表示不使用报警，绿色表示使用报警。

(4) 生成报警项

What、When、Schedule 三项设置完成后，单击 OK 按钮，就会在如图 13-17 中的 Alert 列表中添加一项报警。

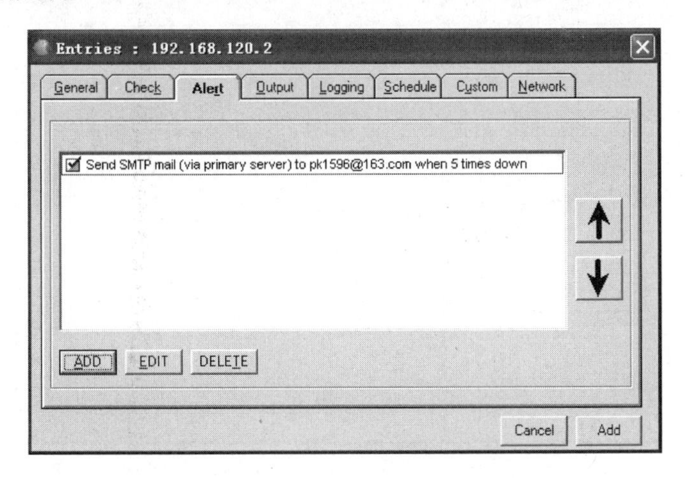

图 13-17 生成报警项

图 13-17 中的主要功能键含义如下。

① ADD：添加新报警。

② EDIT：编辑某项报警。

③ DELETE：删除某项报警。

4. Output 选项卡

切换到 Output 选项卡，可以设置如何将监测内容输出到 HTML 网页中。

图 13-18 所示，单击左下角的 ADD 按钮，会弹出 Add HTML page 对话框，在该对话框上可以添加一个 HTML 页，网络管理员能够以网页的方式来查看报警信息。

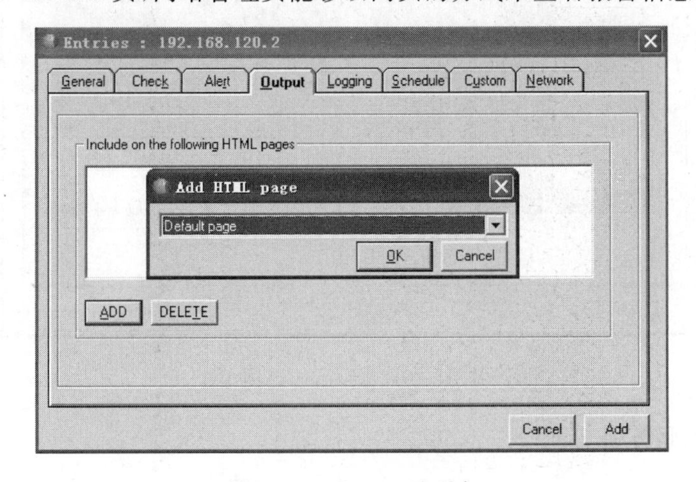

图 13-18 Output 选项卡

5. Logging 选项卡

切换到 Logging 选项卡，如图 13-19 所示，可以设置需要记录到监测日志中的日志类型。

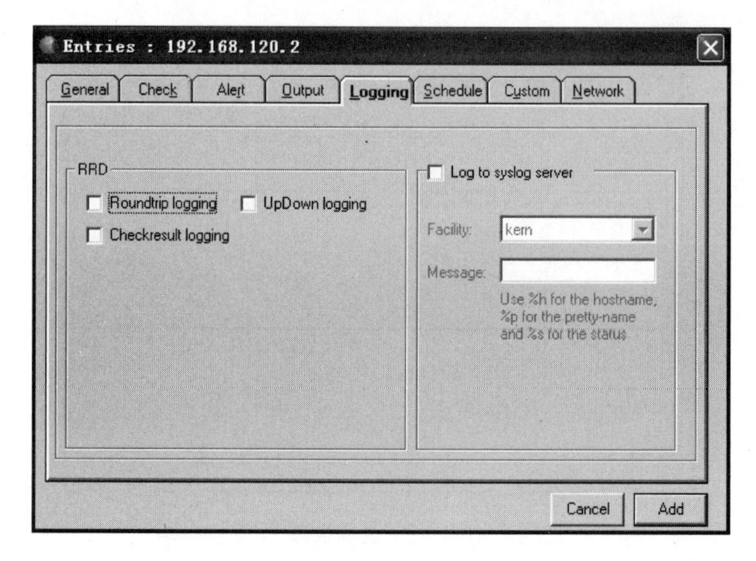

图 13-19　Logging 选项卡

6. Schedule 选项卡

切换到 Schedule 选项卡，如图 13-20 所示，可以设置监测时间表，具体而言，就是设置进行监测的时间段和不进行监测的时间段。

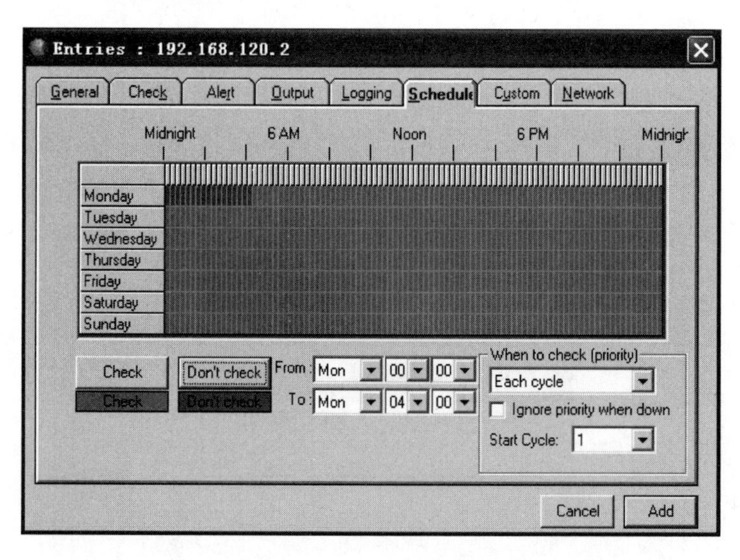

图 13-20　Schedule 选项卡

7. 生成监测服务项

各个选项卡都设置完成后，单击图 13-20 的右下角的 Add 按钮，会在 Servers Alive 主界面的窗口中添加该监测服务项，如图 13-21 所示，可以单击 Servers Alive 主界面左下角的 Add 按钮，添加多个监测服务项。当添加了多项监测服务时，可以通过选择或取消位于各个监测服务项之前的复选框来设置各个监测服务项为有效状态或无效状态。

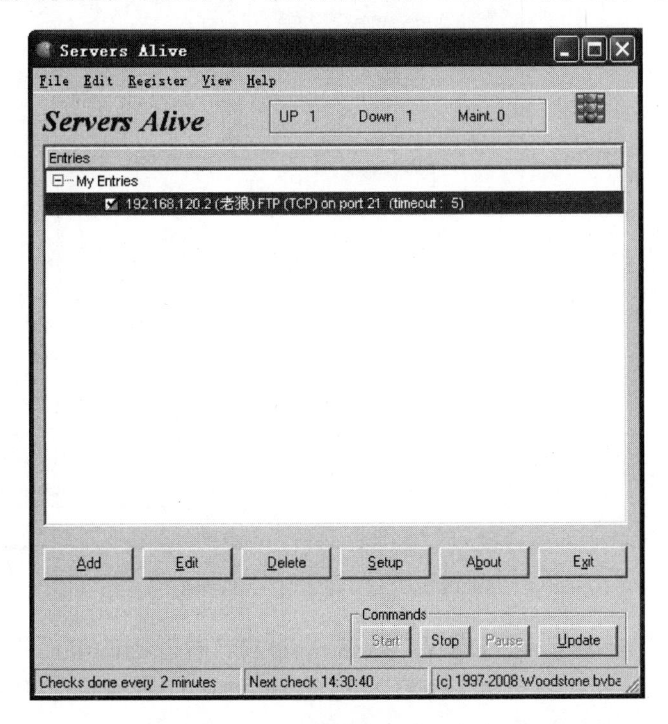

图 13-21　监测服务项添加成功

单击图 13-21 中的 Commands 区域中的 Start 按钮，Servers Alive 就开始执行所有的属于有效状态的监测服务项，监测统计结果显示在窗口的上方，有三项结果：UP、Down、Maint。单击 Commands 区域中的 Update 按钮可以立即更新监测结果。

13.2.3　邮件服务器设置

前面的 Alert 选项卡中可以设置接收报警邮件的邮箱地址、邮件主题和邮件内容等信息，但是，由于没有设置邮件服务器、邮箱登录名及密码等信息，因此，还无法发送邮件，单击 Setup 按钮可以完成与邮件服务器相关的设置。下面将进行介绍。

在 Servers Alive 主界面单击 Setup 按钮，打开 Setup 窗口，在该窗口中左边结构图中单击并展开 Alerts、SMTP，SMTP(Simple Mail Transfer Protocol，简单邮件传输协议)用于发送邮件，接着展开 SMTP 下的 Primary 项，在 Setup 窗口右窗格显示相应设置项，如图 13-22 所示，选中 Enable primary SMTP mail 复选框。其他的设置项信息如下。

(1) Mail host：SMTP 服务器。

(2) From：发送邮件的邮箱。

(3) Default to：接收邮件的邮箱。

(4) Default subject：邮件主题。

(5) Default message：邮件内容。

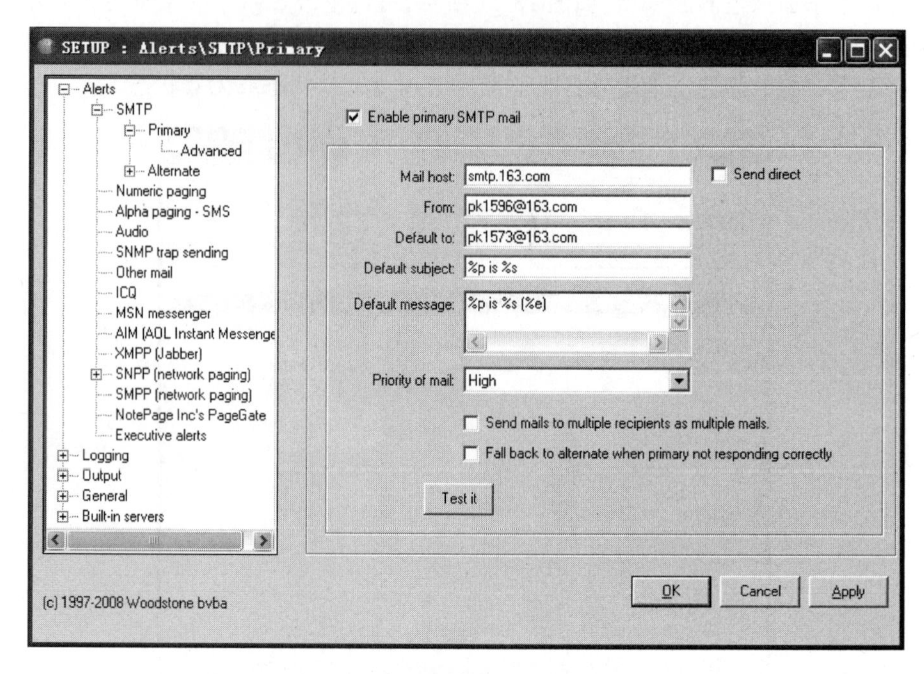

图 13-22　SMTP 的 Primary 项

展开 SMTP 的 Primary 的 Advanced 项，在 Setup 窗口右边显示相应设置项，如图 13-23 所示，在 Authentication 下拉列表中选择 ESMTP 选项，并在 Username 和 Password 文本框内分别输入邮箱的登录名和密码。

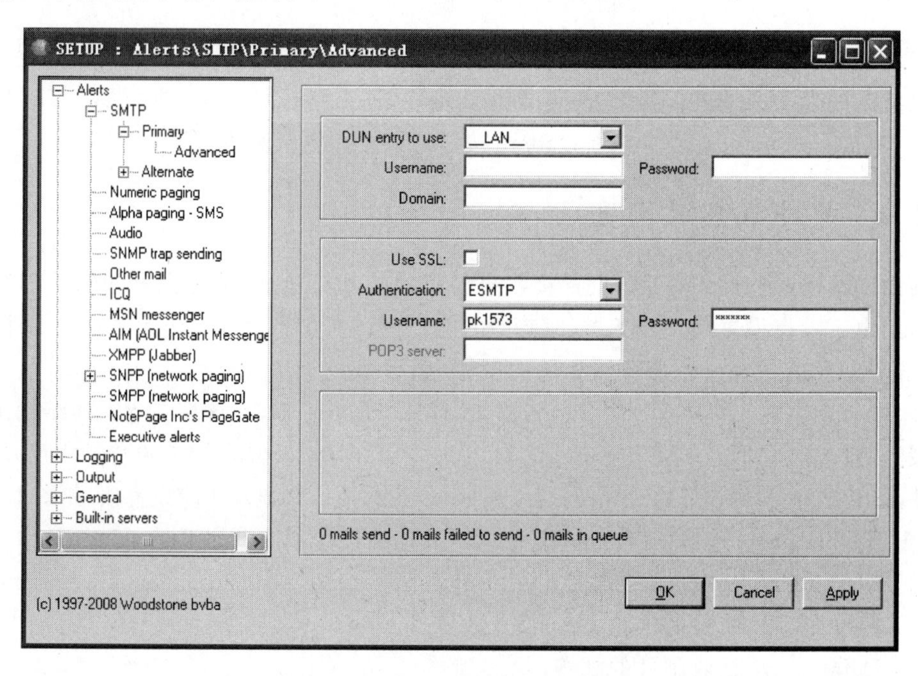

图 13-23　Primary 的 Advanced 项

13.2.4 内置服务器设置

Servers Alive 内置了多个服务器，包括 Web server、Telnet server、SSH server、SNMP trap receiver 等，通过将 Servers Alive 所在的主机设置成相应的服务器，就可以在网上通过与相应服务器相对应的客户端来登录 Servers Alive 所在的主机，从而来查看 Servers Alive 运行的监测服务项和该服务项的状态以及最后一次监测时间。

下面以设置 Web server 为例，介绍 Web server 的设置过程，并通过 IE 来查看 Servers Alive 生成的监测信息。

图 13-24 所示，在 Servers Alive 主界面单击 Setup 按钮，打开 Setup 窗口，在该窗口中左窗格结构图中单击并依次展开 Built-in servers、Web server，在 Setup 窗口右窗格显示 Web server 的设置项。

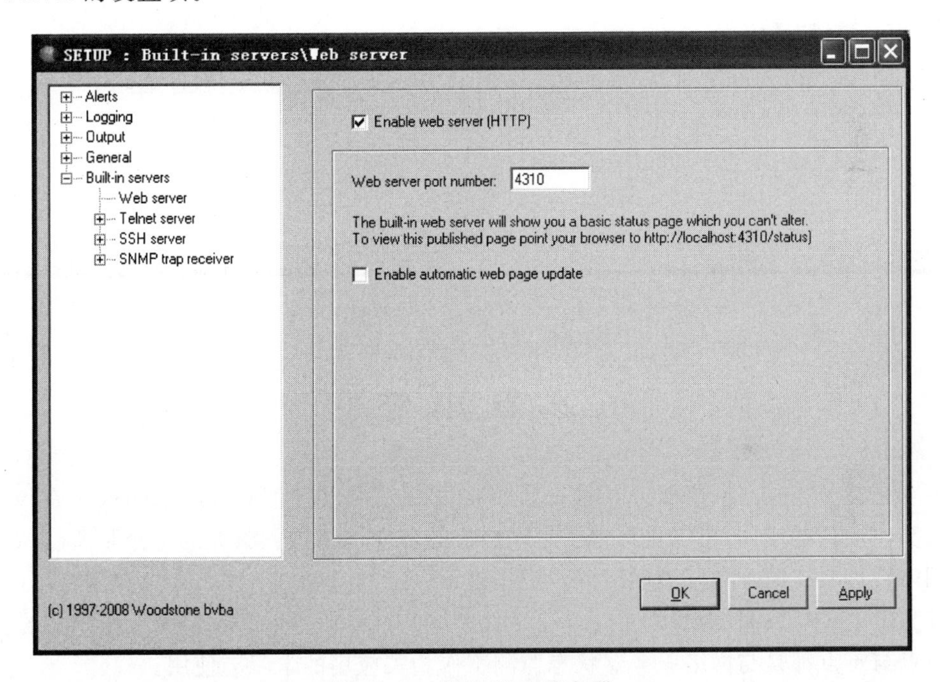

图 13-24　设置 Web 服务器

在图 13-24 中，选中 Enable web server[HTTP]和 Enable automatic web page update 两个复选框，在 Web server port number 文本框中输入 web 服务的端口，4310 是它的默认值，设置完成后，单击图 13-24 右下角的 OK 或 Apply 按钮来保存并应用设置内容。

在能够连接到 Servers Alive 所在主机的其他主机上，打开 IE 浏览器，输入以下格式的网页地址：“http://ServerAlive 所在主机的 IP 地址或主机名:4310/status”，如图 13-25 所示，Servers Alive 所在主机的 IP 地址为“192.168.120.1”，那么在 IE 浏览器的地址框内输入的网址就是 http://192.168.120.1:4310/status，就会显示 Servers Alive 的监测服务项名称和该服务项的运行状态以及最后一次监测的时间。

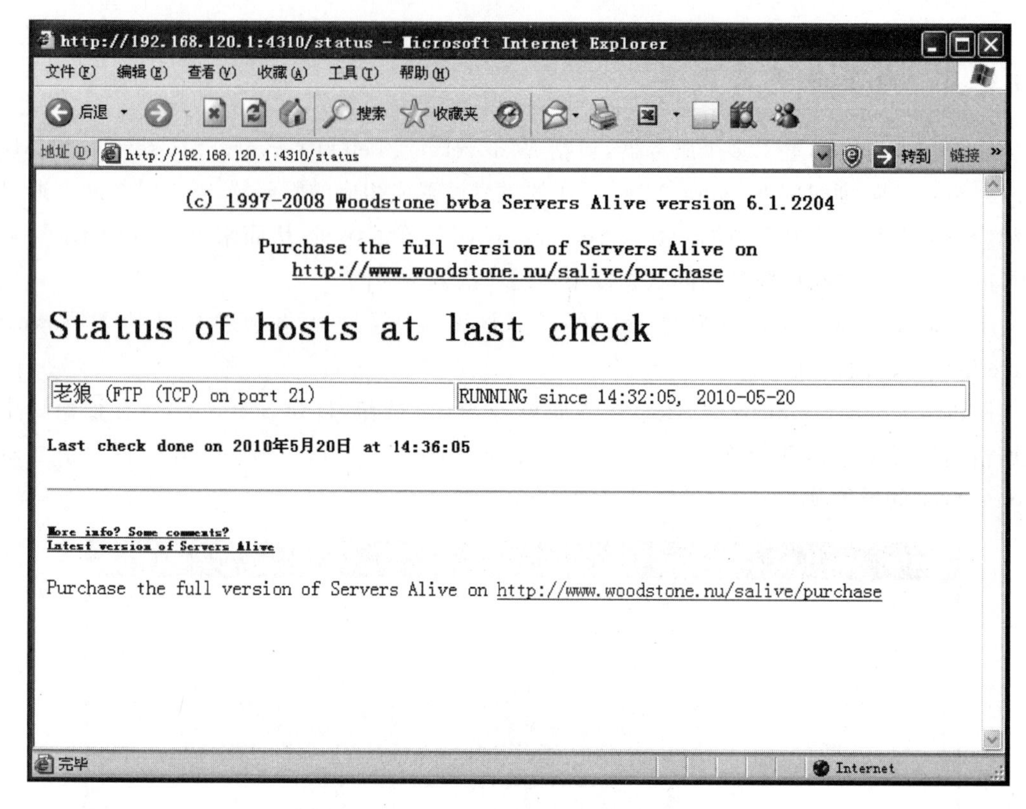

图 13-25　以 Web 方式显示监控服务项状态

本章小结

本章介绍了一些与网络服务器状态监测相关的应用，包括 PortQry、Servers Alive。通过了解和使用这些应用，可以更好地了解网络服务器向网络提供服务的工作原理，为更好地学习网络管理系统原理和开展网络管理工作打下一定的基础。

在教学上，本章的教学目的是让学生掌握一些与网络服务器状态监测工作相关的应用。本章重点与难点都是与网络服务器状态监测工作相关应用的学习与使用。

习　　题

1. 简述 PortQry 的主要功能。
2. 简述 Servers Alive 的主要功能。

第14章 网络监测

网络运行的监测工作是网络管理员在网络管理工作中的一项重要内容。

本章将分别介绍一些与网络运行监测相关的应用,包括 IP-Tools、LAN Explorer 等。

14.1 IP-Tools

IP-Tools 的主要功能如下。

(1) 查看本地主机信息,内容包括操作系统信息、CPU 信息、内存状态、Winsock 状态、各种协议的统计信息、路由表信息、网络接口信息、调制解调器信息等。

(2) 查看本地网络连接信息,内容包括协议、本地 IP 地址、端口号、远端 IP 地址、远端端口号、端口状态、端口上运行的进程和进程 ID 等。

(3) 查看本地主机的 NetBIOS 信息,内容包括使用的最大会话数、最大会话包的大小和 MAC 地址等。

(4) 查看指定 IP 地址段内的共享资源。

(5) 查看指定 IP 地址段内的 SNMP。

(6) 查看指定 IP 地址段内的主机名。

(7) 查看指定 IP 地址段内开放的端口。

(8) 查看指定 IP 地址段内 UDP。

(9) 批量 ping 操作。

(10) 测试指定网址,并显示该网站的 HTTP 代码。

(11) 实时监测 TCP、UDP、ICMP 三种协议的接收数据包、发送数据包和错误数据包的数量。

(12) 监测网络内主机的工作状态,并且可以设置当主机状态发生改变时的报警方式。

14.1.1 IP-Tools 初始主界面

从网上下载 IP-Tools,安装完成后,运行 IP-Tools 会显示如图 14-1 所示的 IP-Tools 初始主界面,同时会执行 IP-Tools 菜单条中 Tools 下拉菜单中 Local Info 的功能,显示了本地主机的信息,包括操作系统信息、CPU 信息、内存状态、Winsock 状态、各种协议的统计信息、路由表信息、网络接口信息、调制解调器信息等。

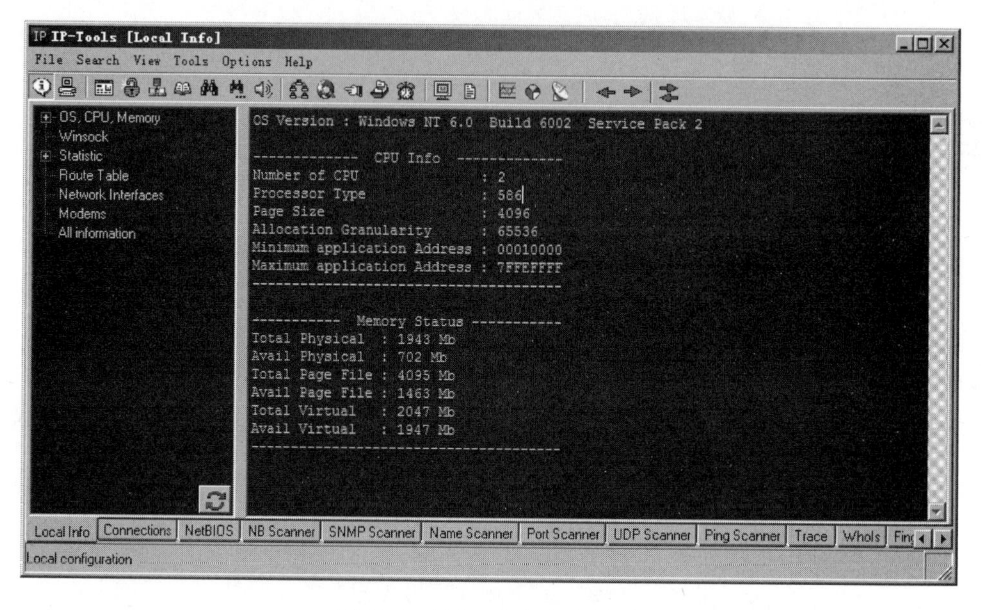

图 14-1　IP-Tools 初始主界面

14.1.2　查看网络连接信息 Connections

选择 IP-Tools 主界面最下端的 Connections 标签或选择 IP-Tools 菜单条中 Tools 下拉菜单中 Connections 选项或单击 IP-Tools 主界面上端工具栏中的 Connections 按钮，会扫描当前主机的 TCP/IP 信息，扫描结果显示在如图 14-2 所示的 IP-Tools 主界面列表中，内容包括协议、本地 IP 地址、端口号、远端 IP 地址、远端端口号、端口状态、端口上运行的进程和进程 ID 等。在主界面列表中右击，在弹出的快捷菜单中选择 Refresh 选项，会手动刷新网络连接信息。

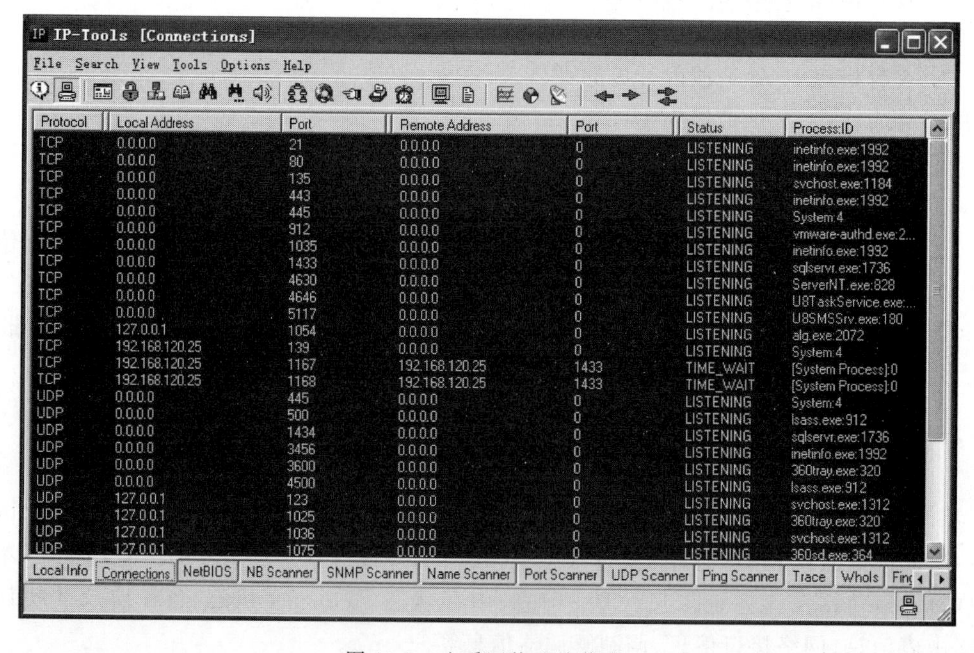

Protocol	Local Address	Port	Remote Address	Port	Status	Process:ID
TCP	0.0.0.0	21	0.0.0.0	0	LISTENING	inetinfo.exe:1992
TCP	0.0.0.0	80	0.0.0.0	0	LISTENING	inetinfo.exe:1992
TCP	0.0.0.0	135	0.0.0.0	0	LISTENING	svchost.exe:1184
TCP	0.0.0.0	443	0.0.0.0	0	LISTENING	inetinfo.exe:1992
TCP	0.0.0.0	445	0.0.0.0	0	LISTENING	System:4
TCP	0.0.0.0	912	0.0.0.0	0	LISTENING	vmware-authd.exe:2...
TCP	0.0.0.0	1035	0.0.0.0	0	LISTENING	inetinfo.exe:1992
TCP	0.0.0.0	1433	0.0.0.0	0	LISTENING	sqlservr.exe:1736
TCP	0.0.0.0	4630	0.0.0.0	0	LISTENING	ServerNT.exe:828
TCP	0.0.0.0	4646	0.0.0.0	0	LISTENING	U8TaskService.exe:...
TCP	0.0.0.0	5117	0.0.0.0	0	LISTENING	U8SMSSrv.exe:180
TCP	127.0.0.1	1054	0.0.0.0	0	LISTENING	alg.exe:2072
TCP	192.168.120.25	139	0.0.0.0	0	LISTENING	System:4
TCP	192.168.120.25	1167	192.168.120.25	1433	TIME_WAIT	[System Process]:0
TCP	192.168.120.25	1168	192.168.120.25	1433	TIME_WAIT	[System Process]:0
UDP	0.0.0.0	445	0.0.0.0	0	LISTENING	System:4
UDP	0.0.0.0	500	0.0.0.0	0	LISTENING	lsass.exe:912
UDP	0.0.0.0	1434	0.0.0.0	0	LISTENING	sqlservr.exe:1736
UDP	0.0.0.0	3456	0.0.0.0	0	LISTENING	inetinfo.exe:1992
UDP	0.0.0.0	3600	0.0.0.0	0	LISTENING	360tray.exe:320
UDP	0.0.0.0	4500	0.0.0.0	0	LISTENING	lsass.exe:912
UDP	127.0.0.1	123	0.0.0.0	0	LISTENING	svchost.exe:1312
UDP	127.0.0.1	1025	0.0.0.0	0	LISTENING	360tray.exe:320
UDP	127.0.0.1	1036	0.0.0.0	0	LISTENING	svchost.exe:1312
UDP	127.0.0.1	1075	0.0.0.0	0	LISTENING	360sd.exe:364

图 14-2　查看网络连接信息

从图 14-2 的列表的 Status 项，可以查看各个端口的当前工作状态，如图 14-3 所示为图 14-2 中的端口状态，为 LISTENING 的截图。

UDP	127.0.0.1	1900	0.0.0.0	0	LISTENING	svchost.exe:1592
UDP	192.168.120.25	123	0.0.0.0	0	LISTENING	svchost.exe:1312
UDP	192.168.120.25	137	0.0.0.0	0	LISTENING	System:4
UDP	192.168.120.25	138	0.0.0.0	0	LISTENING	System:4
UDP	192.168.120.25	1107	0.0.0.0	0	LISTENING	StudentMain.exe:3760
UDP	192.168.120.25	1900	0.0.0.0	0	LISTENING	svchost.exe:1592
UDP	192.168.120.25	4804	0.0.0.0	0	LISTENING	StudentMain.exe:3760

图 14-3　监听状态的端口

设置监测网络连接信息的方式：在主界面列表中右击，在弹出的快捷菜单中选择 Options 选项，会显示如图 14-4 所示的 Options 窗口的 Connection Monitor 选项卡页面。在该页面，可以设置自动刷新时间、所保存的日志文件名、网络连接信息显示过滤器等。

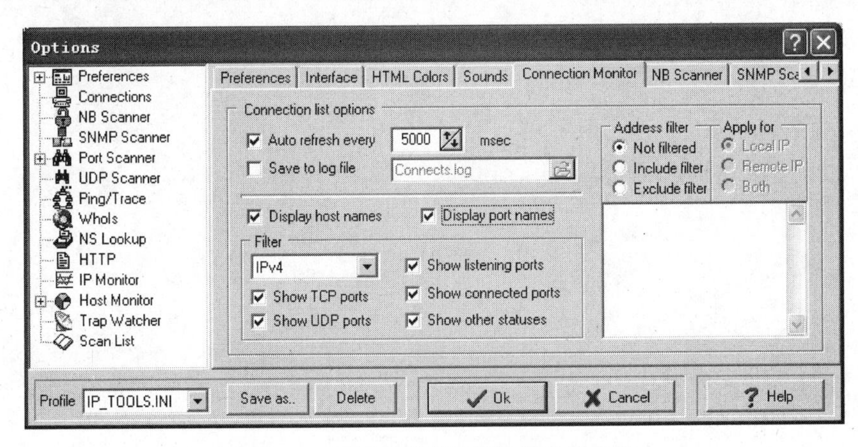

图 14-4　设置监测网络连接信息的方式

14.1.3　查看 NetBIOS 信息

选择 IP-Tools 主界面最下端的 NetBIOS 标签或选择 IP-Tools 菜单条中 Tools 下拉菜单中 NetBIOS 选项或单击 IP-Tools 主界面上端工具栏中的 NetBIOS 按钮，会显示如图 14-5 所示的 NetBIOS 窗口。

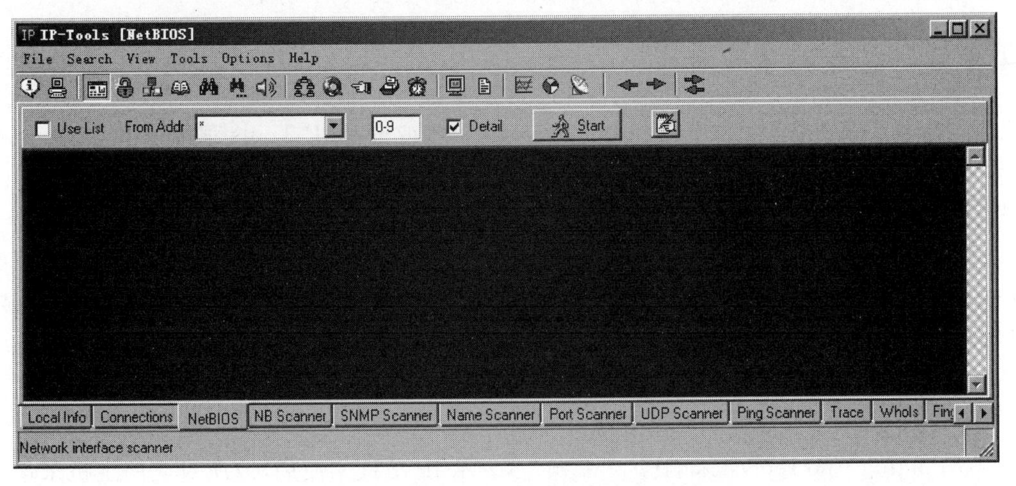

图 14-5　NetBIOS 窗口

1. 查看本地主机 NetBIOS 信息

在如图 14-5 所示的 NetBIOS 窗口中的中央显示框的上面有一个 Start 按钮，直接单击该按钮，会扫描本地主机的 NetBIOS 信息，如图 14-6 显示，NetBIOS 扫描结果显示在 NetBIOS 窗口的中央显示框内，内容包括使用的最大会话数、最大会话包的大小以及 MAC 地址等。

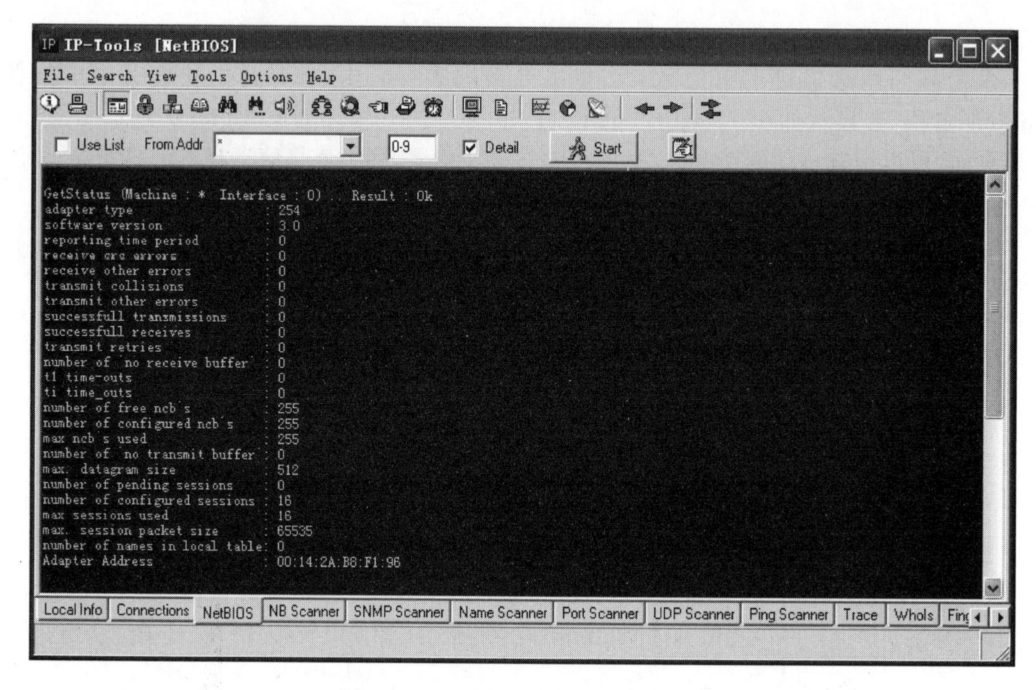

图 14-6 查看本地的 NetBIOS 信息

2. 查看其他主机 NetBIOS 信息

在 NetBIOS 窗口中的 From Addr 下拉框内输入其他主机的 IP 地址，然后再单击 Start 按钮，会扫描指定 IP 地址所在主机的 NetBIOS 信息，如图 14-7 所示。

14.1.4 查看共享资源

选择 IP-Tools 主界面最下端的 NB Scanner 标签或选择 IP-Tools 菜单条中 Tools 下拉菜单中 NB Scanner 选项或单击 IP-Tools 主界面上端工具栏中的 NB Scanner 按钮，会显示如图 14-8 所示的 NB Scanner 窗口。

在该窗口上部的 From Addr 下拉列表中设置需要扫描的起始 IP 地址，在窗口上部的 To Addr 下拉列表中设置需要扫描的终止 IP 地址，然后单击 Start 按钮，就会执行扫描指定 IP 地址段内共享资源的操作，扫描结果显示在窗口列表中。

扫描结果列表中的 Status 列显示所得到的响应，它的取值有以下四项。

① OK：表示已成功查到共享资源。

② Pinging…no reply：未响应 ping 操作，表示 IP 地址未使用，或所对应的主机未连到

网络或未开放。

③ List of resources is empty：资源列表为空，表示已查到该主机，但未提供共享资源。

④ Error：表示该主机未开启直接访问权限，因而无法获得共享资源。

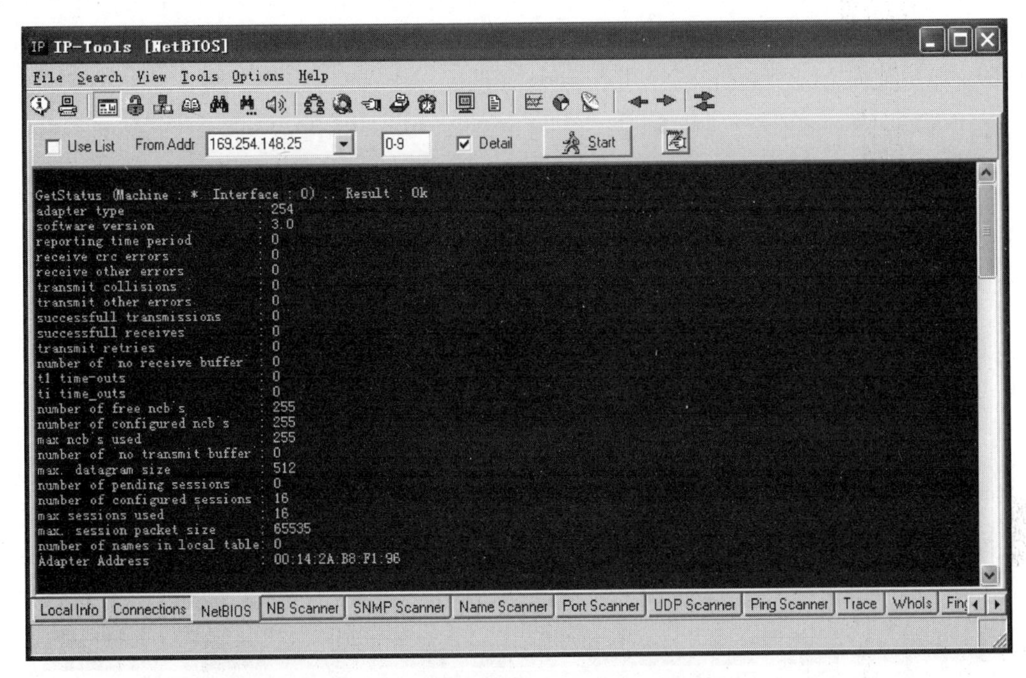

图 14-7　查看其他主机的 NetBIOS 信息

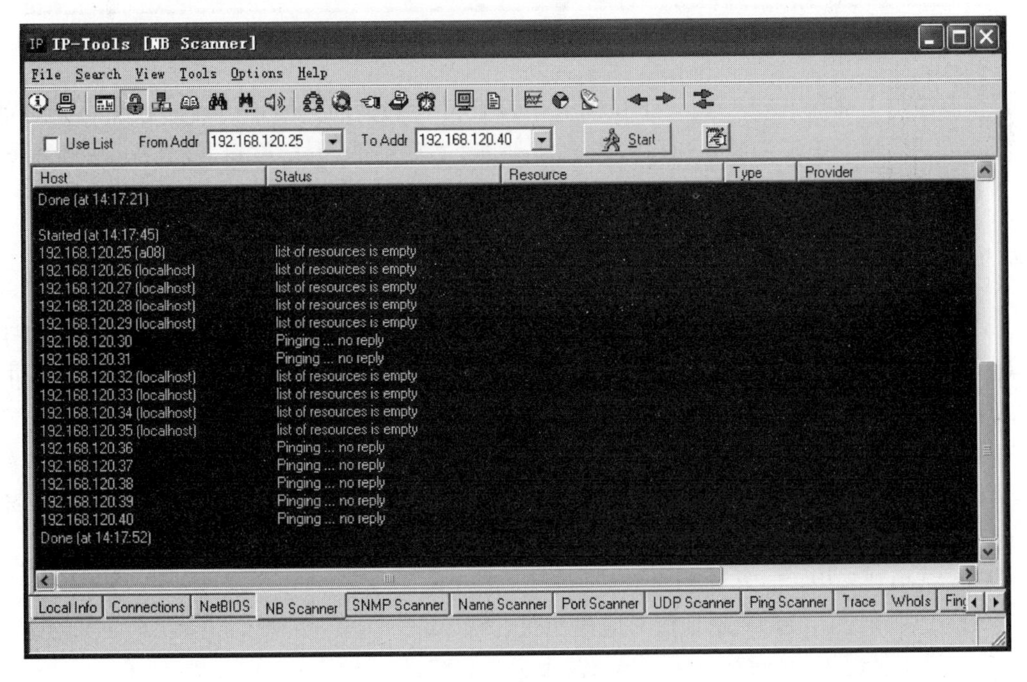

图 14-8　查看共享资源

14.1.5 查看 SNMP

选择 IP-Tools 主界面最下端的 SNMP Scanner 标签或选择 IP-Tools 菜单条中 Tools 下拉菜单中 SNMP Scanner 选项或单击 IP-Tools 主界面上端工具栏中的 SNMP Scanner 按钮，会显示如图 14-9 所示的 SNMP Scanner 窗口。

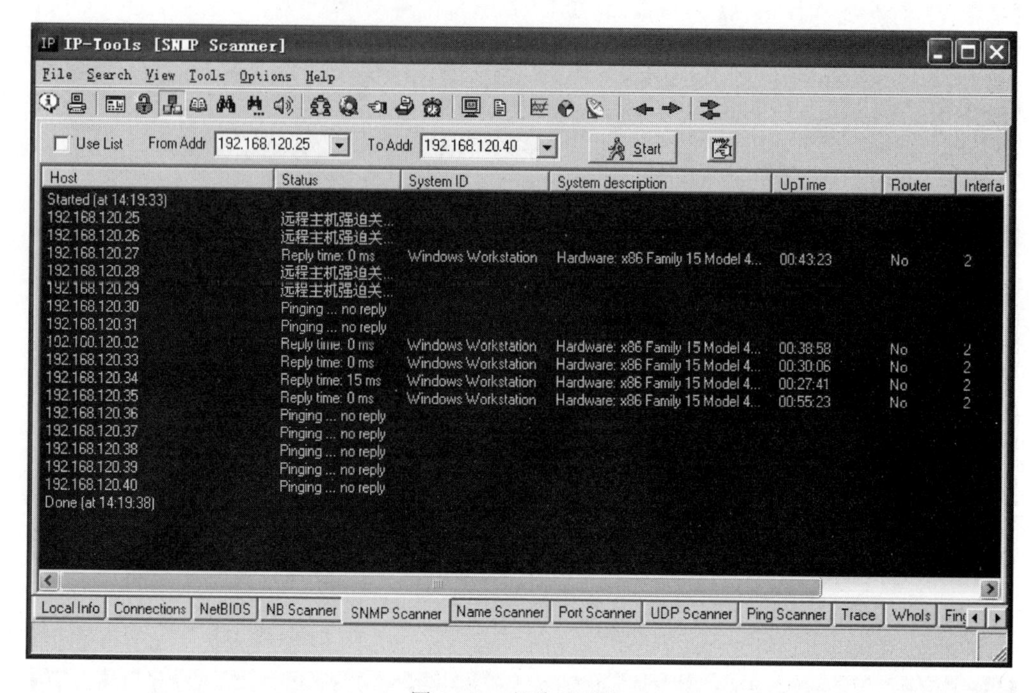

图 14-9 查看 SNMP

在该窗口上部的 From Addr 下拉列表中设置需要扫描的起始 IP 地址，在窗口上部的 To Addr 下拉列表中设置需要扫描的终止 IP 地址，然后单击 Start 按钮，就会执行扫描指定 IP 地址段内的 SNMP 的操作，扫描结果显示在窗口列表中。

14.1.6 查看主机名

选择 IP-Tools 主界面最下端的 Name Scanner 标签或选择 IP-Tools 菜单条中 Tools 下拉菜单中 Name Scanner 选项或单击 IP-Tools 主界面上端工具栏中的 Name Scanner 按钮，会显示如图 14-10 所示的 Name Scanner 窗口。

在该窗口上部的 From Addr 下拉列表中设置需要扫描的起始 IP 地址，在窗口上部的 To Addr 下拉列表中设置需要扫描的终止 IP 地址，然后单击 Start 按钮，就会执行扫描指定 IP 地址段内的主机名的操作，扫描结果显示在窗口列表中。

扫描结果列表中，与 IP 地址对应的值有以下两项。

(1) 正常情况下，是 IP 地址所对应的主机名称。

(2) 异常情况下，显示“not resolved”，表示没有解析。

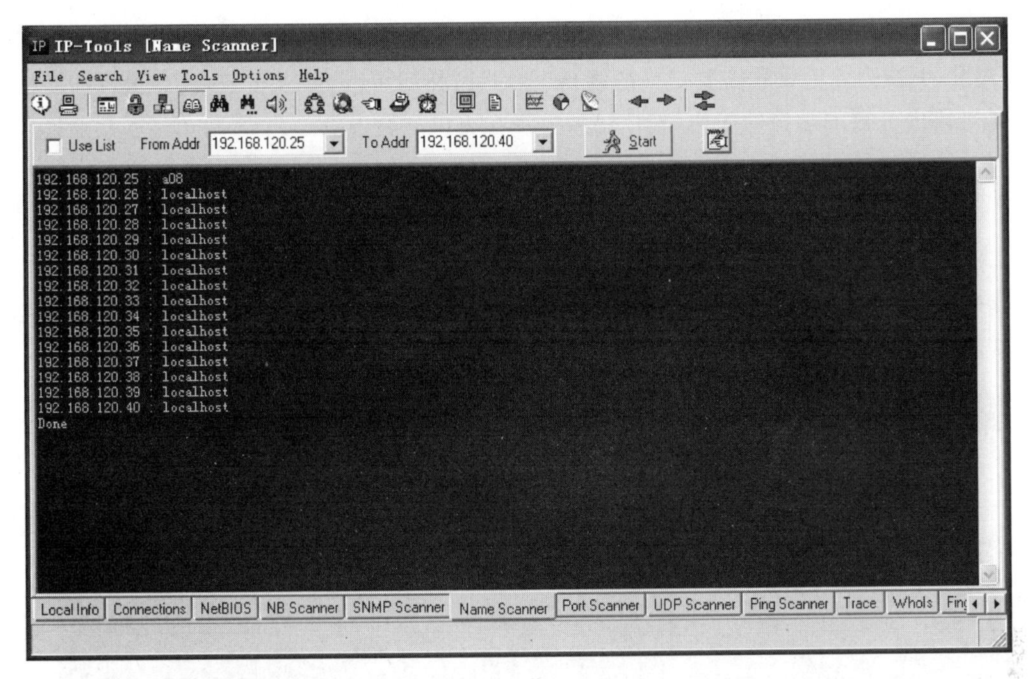

图 14-10　查看网络内的主机名

14.1.7　查看开放的端口

选择 IP-Tools 主界面最下端的 Port Scanner 标签或选择 IP-Tools 菜单条中 Tools 下拉菜单中 Port Scanner 选项或单击 IP-Tools 主界面上端工具栏中的 Port Scanner 按钮，会显示如图 14-11 所示的 Port Scanner 窗口。

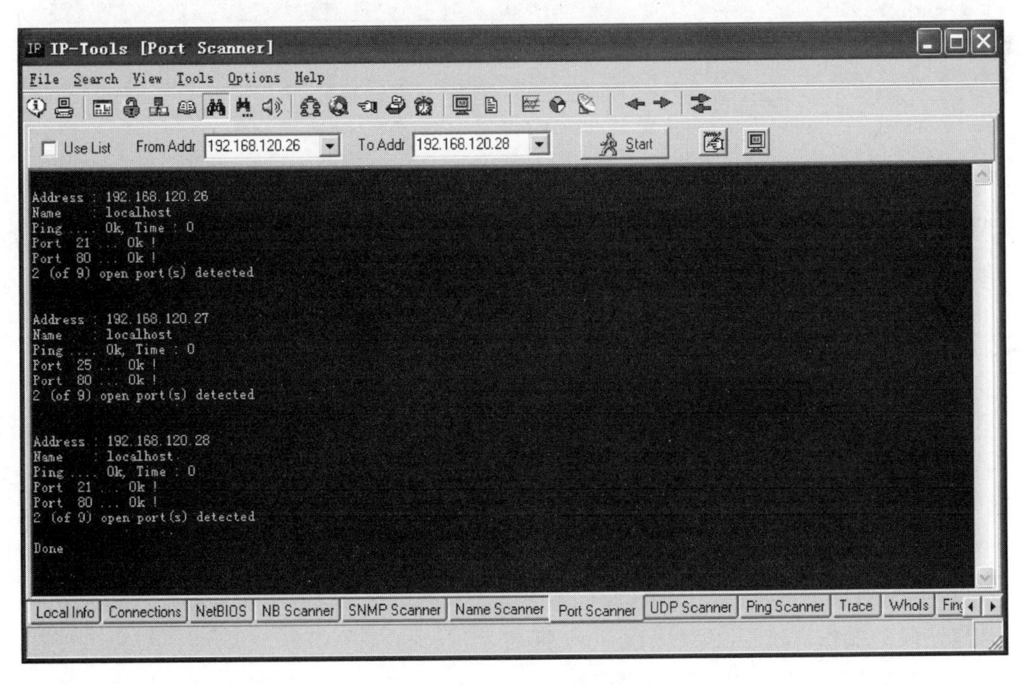

图 14-11　查看开放的端口

在该窗口上部的 From Addr 下拉列表中设置需要扫描的起始 IP 地址，在窗口上部的 To Addr 下拉列表中设置需要扫描的终止 IP 地址，然后单击 Start 按钮，就会执行扫描指定 IP 地址段内开放的端口的操作，扫描结果显示在窗口列表中。

14.1.8 查看 UDP

选择 IP-Tools 主界面最下端的 UDP Scanner 标签或选择 IP-Tools 菜单条中 Tools 下拉菜单中 UDP Scanner 选项或单击 IP-Tools 主界面上端工具栏中的 UDP Scanner 按钮，会显示如图 14-12 所示的 UDP Scanner 窗口。

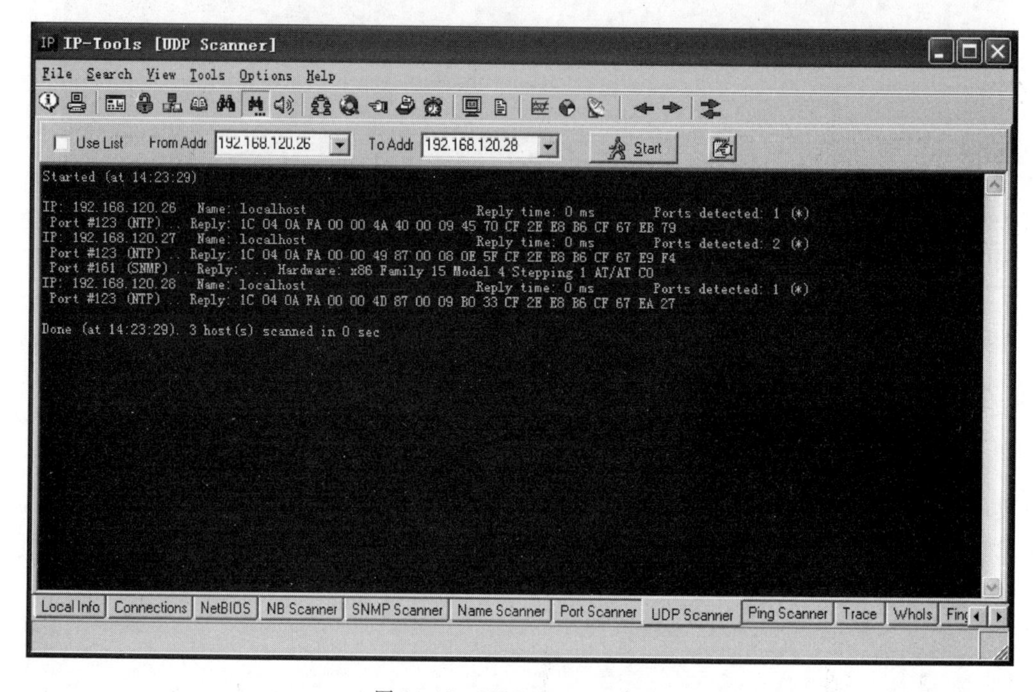

图 14-12 UDP Scanner 窗口

在该窗口上部的 From Addr 下拉列表中设置需要扫描的起始 IP 地址，在窗口上部的 To Addr 下拉列表中设置需要扫描的终止 IP 地址，然后单击 Start 按钮，就会执行扫描指定 IP 地址段内 UDP 的操作，扫描结果显示在窗口列表中。

14.1.9 ping 操作

选择 IP-Tools 主界面最下端的 Ping Scanner 标签或选择 IP-Tools 菜单条中 Tools 下拉菜单中 Ping Scanner 选项或单击 IP-Tools 主界面上端工具栏中的 Ping Scanner 按钮，会显示如图 14-13 所示的 Ping Scanner 窗口。

在该窗口上部的 From Addr 下拉列表中设置需要扫描的起始 IP 地址，在窗口上部的 To Addr 下拉列表中设置需要扫描的终止 IP 地址，然后单击 Start 按钮，就会执行 ping 指定 IP 地址段的操作，ping 结果显示在窗口列表中。

ping 操作设置：选择 IP-Tools 菜单条中 Options，就会显示如图 14-14 所示的 Options

窗口的 Ping/Trace 选项卡页面，在该页面可以设置发送的数据包数量、发送的数据包大小、超时、TTL 值、跳数等。

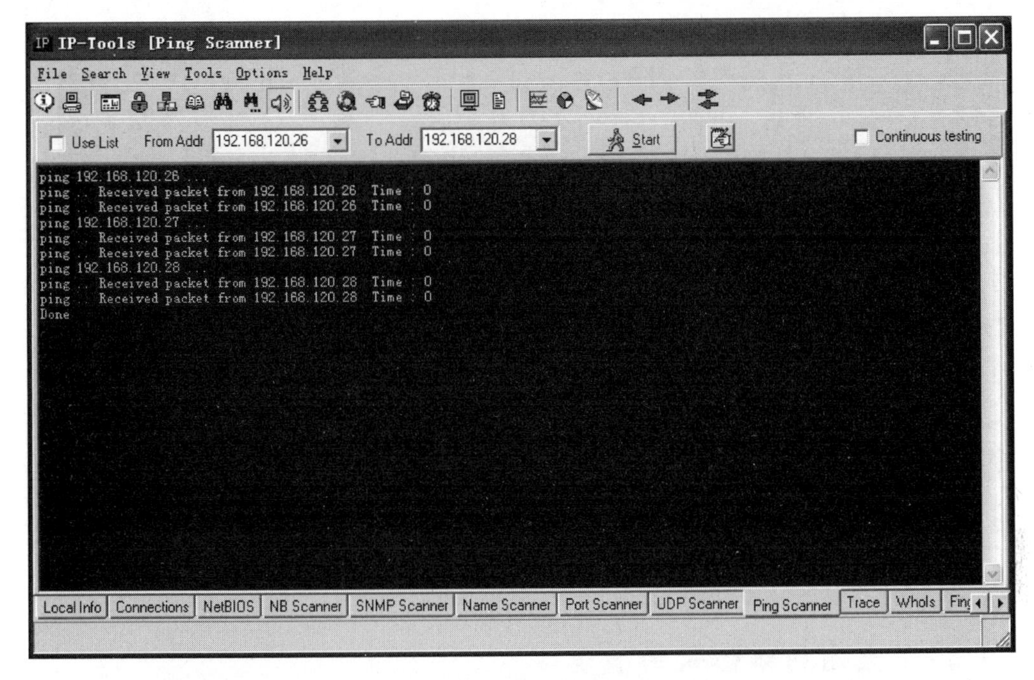

图 14-13　批量 ping 操作

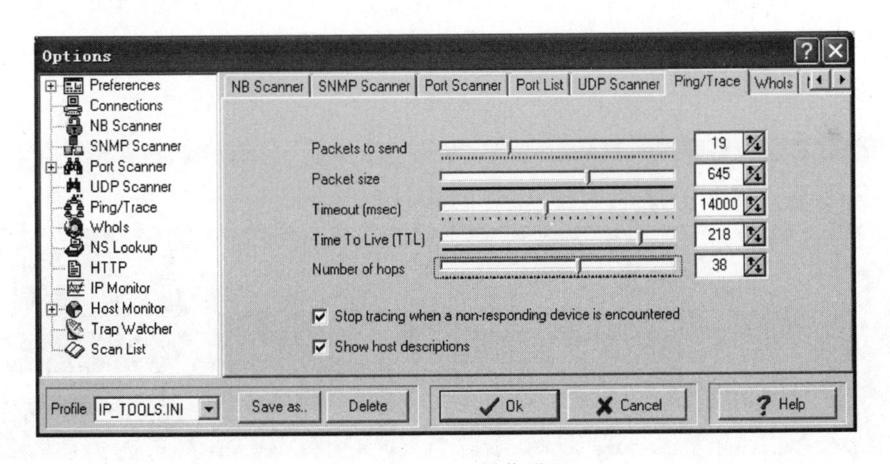

图 14-14　ping 操作设置

14.1.10　HTTP 测试

选择 IP-Tools 主界面最下端的 HTTP 选项卡或选择 IP-Tools 菜单条中 Tools 下拉菜单中 HTTP 选项或单击 IP-Tools 主界面上端工具栏中的 HTTP 按钮，会显示如图 14-15 所示的 HTTP 窗口。

在该窗口上部的 URL 下拉列表中设置需要测试的网址，然后单击 Start 按钮，就会测试指定网址，并将该网站的 HTTP 代码显示在主窗口中。

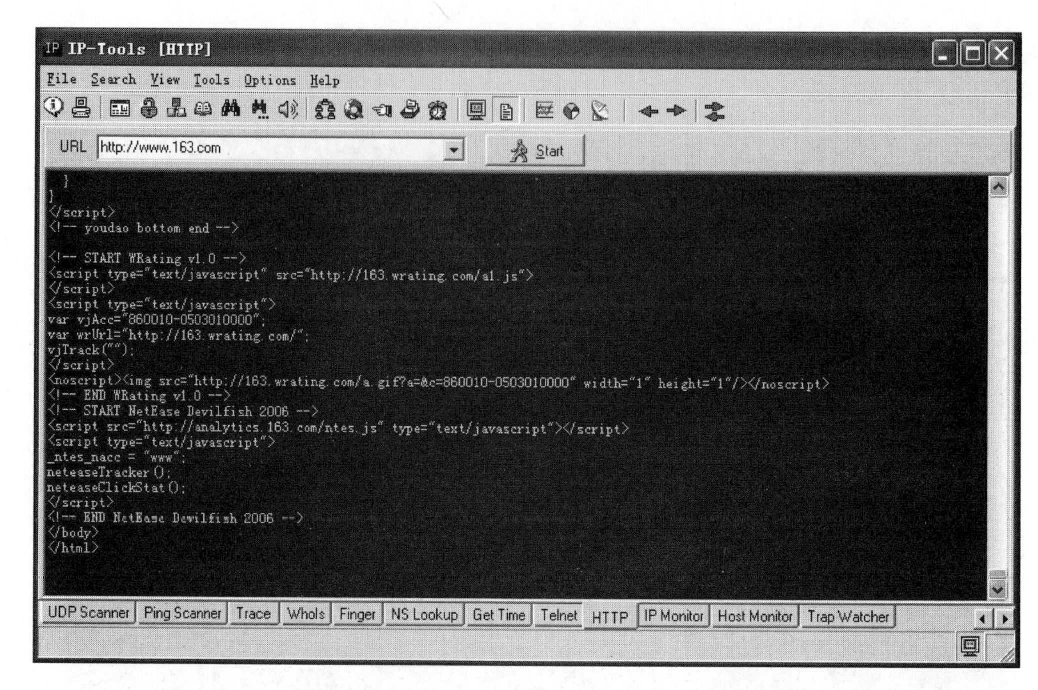

图 14-15　HTTP 测试

14.1.11　监测网络协议的流量

选择 IP-Tools 主界面最下端的 IP Monitor 选项卡或选择 IP-Tools 菜单 Tools 下拉菜单中 IP Monitor 选项或单击 IP-Tools 主界面上端工具栏中的 IP Monitor 按钮，会显示如图 14-16 所示的 IP Monitor 窗口。

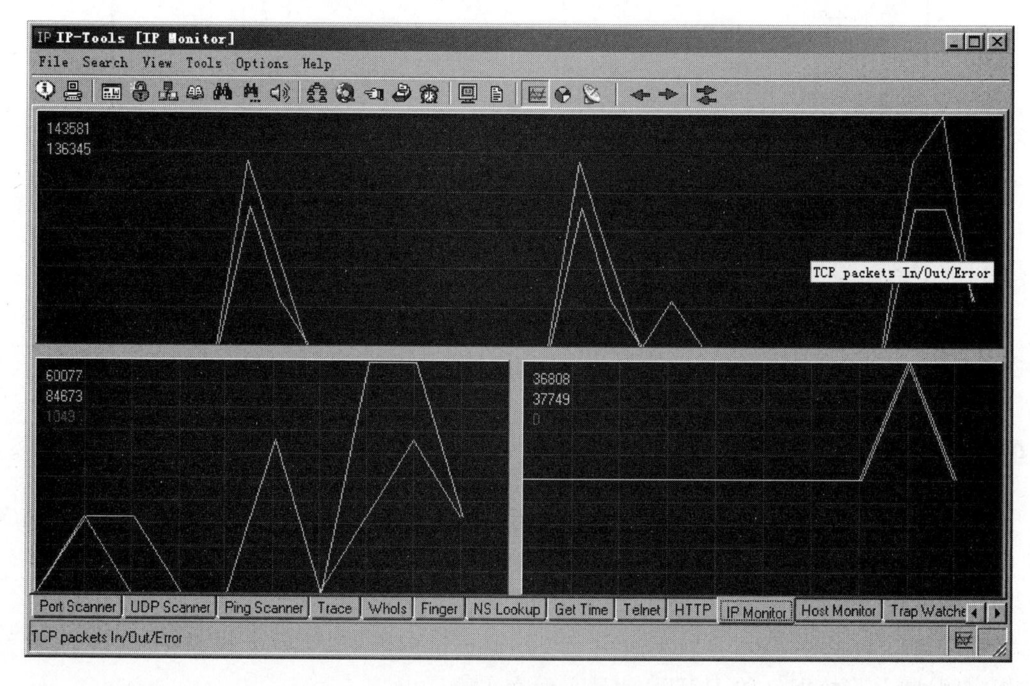

图 14-16　监测网络协议的流量

该窗口以图形方式显示了 TCP、UDP、ICMP 三种协议的接收数据包、发送数据包和错误数据包的数量。其中，窗口上半部分是 TCP packets In/Out/Error 的内容，窗口下半部分左侧是 UDP packets In/Out/Error 的内容，窗口下半部分右侧是 ICMP packets In/Out/Error 的内容。

14.1.12 主机监测

选择 IP-Tools 主界面最下端的 Host Monitor 标签或选择 IP-Tools 菜单条中 Tools 下拉菜单中 Host Monitor 选项或单击 IP-Tools 主界面上端工具栏中的 Host Monitor 按钮，会显示如图 14-17 所示的 Host Monitor 窗口。通过该窗口，可以监测网络内主机的工作状态，并且可以设置当主机状态发生改变时的报警方式。

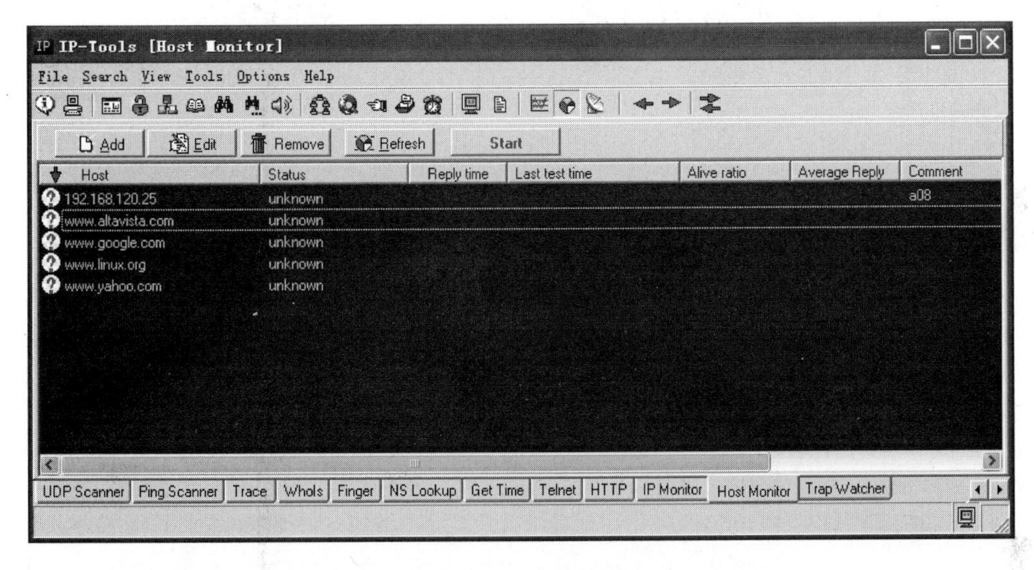

图 14-17 主机监测

设置需监测的主机可进行如下操作：单击图 14-17 窗口上部的 Add 按钮，添加需要监测的主机，会显示如图 14-18 所示的 Properties 窗口，在该窗口内可以设置需要监测的主机

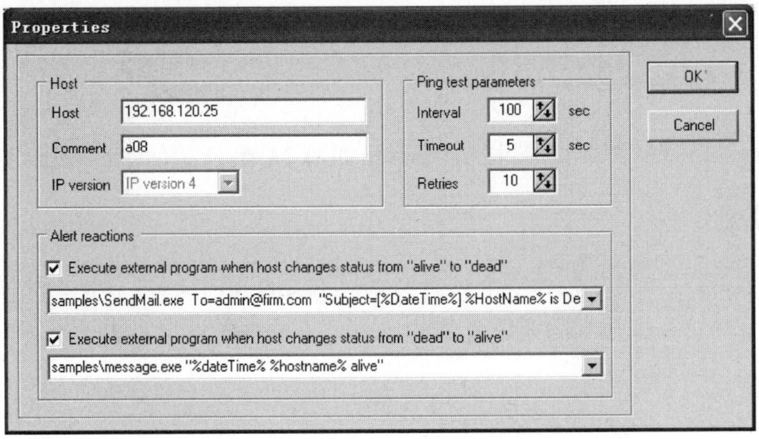

图 14-18 设置需监测的主机

名、ping 操作参数、主机状态改变时的报警方式。设置完成后，单击 OK 按钮后，该主机就添加到图 14-17 的窗口中，通过多次上述步骤可以添加多个需监测的主机。添加主机的操作结束后，单击图 14-17 窗口上部的 Start 按钮，就开始监测所添加的主机。

14.2 LAN Explorer

LAN Explorer 能够搜索局域网内的共享文件，可以按照网上邻居或者 IP 地址段的方式执行搜索操作，LAN Explorer 还内置了一些网络应用，包括 IP 地址查询、Nbtstat 扫描、TCP 端口扫描、批量 ping 操作、发送消息等。

14.2.1 LAN Explorer 主界面

从网上下载 LAN Explorer 并安装后，运行 LAN Explorer，会显示如图 14-19 所示的主界面。

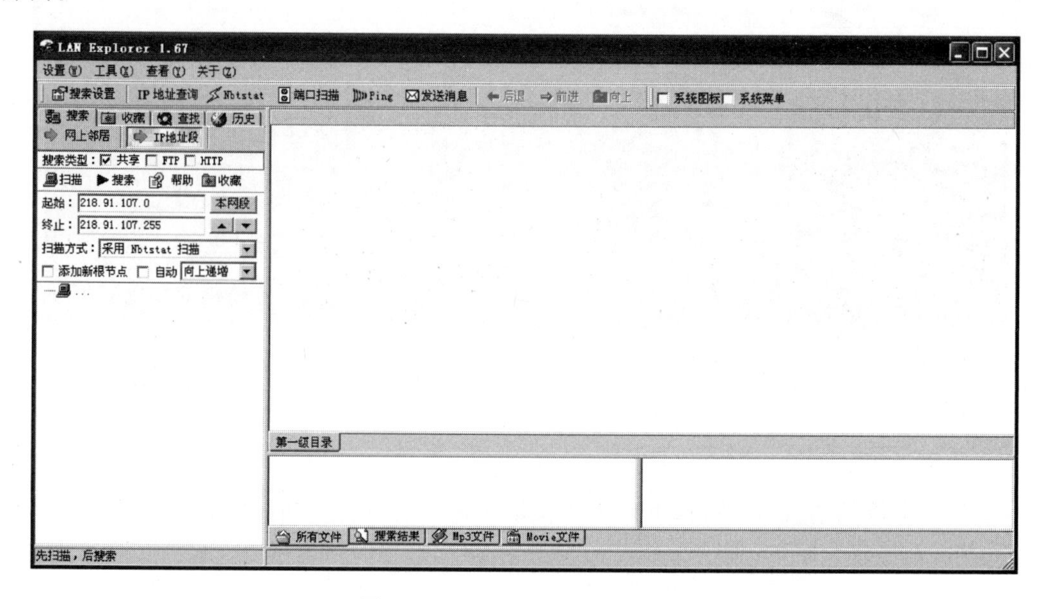

图 14-19 LAN Explorer 主界面

14.2.2 搜索设置

单击图 14-19 中的“搜索设置”按钮，会弹出如图 14-20 所示的“有关设置”窗口。

1. 文件过滤

“文件过滤”选项卡窗口包含三个页面，分别是“要查找的文件”、MP3 和 Movie，在这三个页面中，可以添加需要搜索的文件名信息。

2. 自动搜索

单击图 14-20 中的“自动搜索”选项卡，会显示如图 14-21 所示的对话框，在该选项卡中可以设置与搜索操作相关的内容。

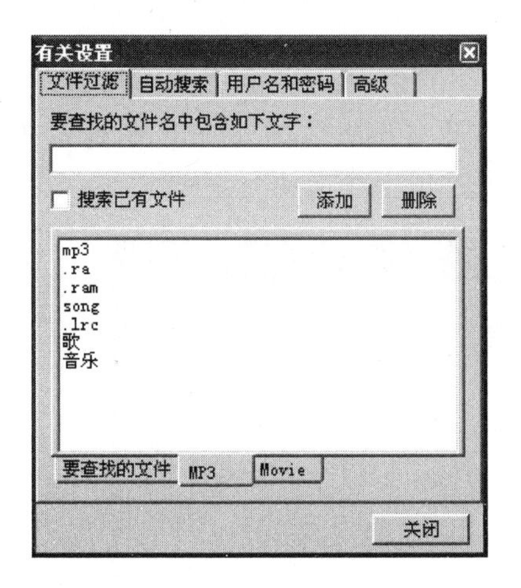

图 14-20　文件名设置

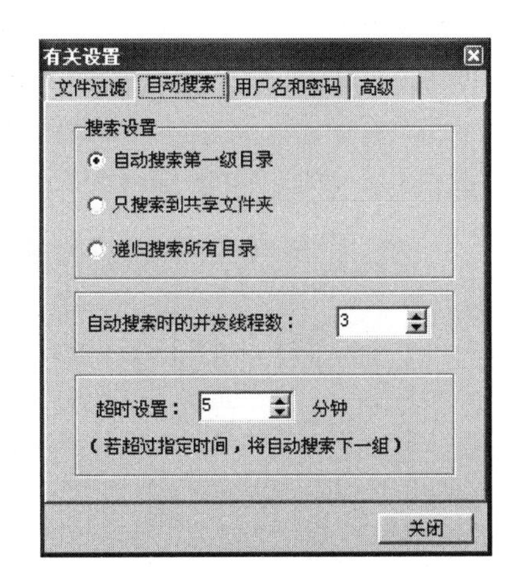

图 14-21　自动搜索

3. 用户名和密码

单击图 14-21 中的“用户名和密码”选项卡，会显示如图 14-22 所示的对话框，在该对话框中可以设置登录主机所需要的用户名和密码。

4. 高级

单击图 14-22 中的“高级”选项卡，会显示如图 14-23 所示的对话框，在该对话框中可以设置“访问未设置密码的主机的默认共享”复选框。

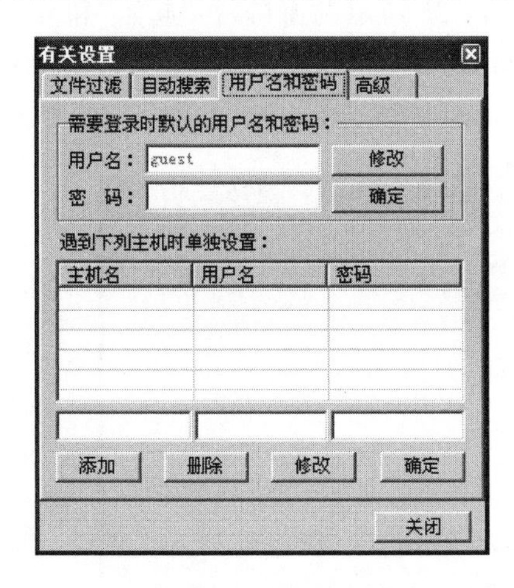

图 14-22　设置登录主机的用户名和密码

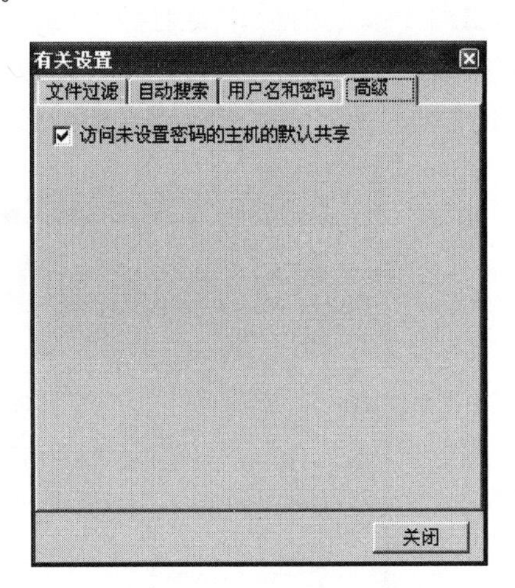

图 14-23　“高级”选项卡

14.2.3　搜索

从图 14-19 可以看出，LAN Explorer 主界面左上角的“搜索”选项下包含两个选项，分别是“网上邻居”和“IP 地址段”，这两个选项具有不同的搜索条件。

1. 网上邻居搜索

单击图 14-19 中的“网上邻居”按钮，接着从“起始”和“终止”中选择工作组，然后单击“搜索”按钮，LAN Explorer 就会把搜索到的共享信息以主机名排列的方式，通过树型结构的形式在窗口的左侧显示出来，如图 14-24 所示。

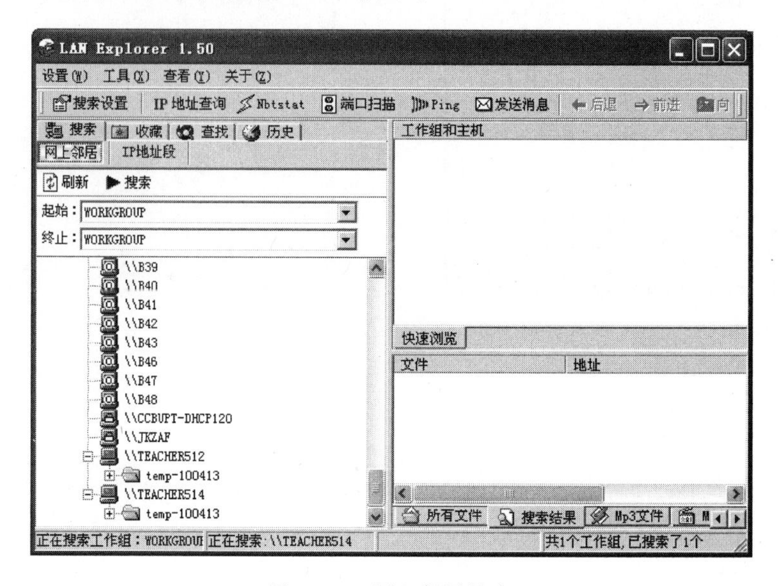

图 14-24 网上邻居搜索

2. IP 地址段搜索

单击图 14-24 中的“IP 地址段”，会显示如图 14-25 所示的窗口，在“起始”和“终止”中输入需要搜索的 IP 地址范围，然后单击“搜索”按钮，LAN Explorer 就会把搜索到的共享信息以 IP 地址排列的方式通过树型结构的形式在窗口的左侧显示出来，如图 14-25 所示。

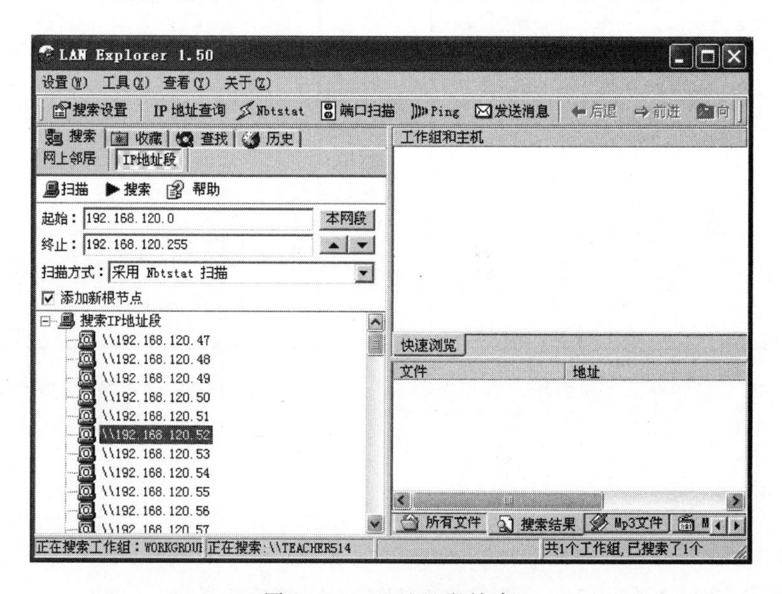

图 14-25 IP 地址段搜索

14.2.4 查找

单击图 14-25 中的“查找”按钮，会显示如图 14-26 所示的窗口，输入需要查找的名称，设置“搜索选项”，单击“立即搜索”按钮，就可以执行查找功能。

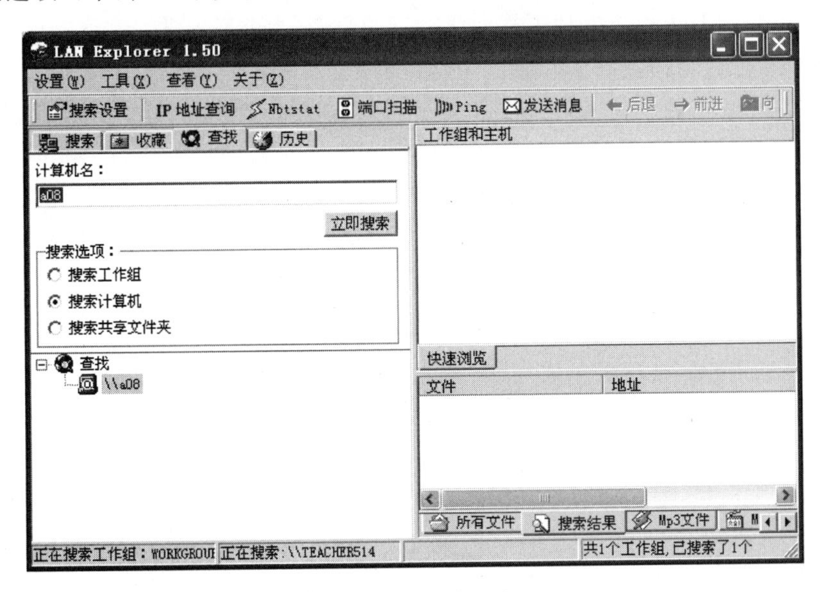

图 14-26 查找主机 a08

14.2.5 历史

单击图 14-26 中的“历史”按钮，会显示如图 14-27 所示的窗口，在 LAN Explorer 主界面的左侧会显示前面所做过的历史操作内容，在当前的例子中，历史树由“WORKGROUP”“搜索 IP 地址段”“查找”组成。

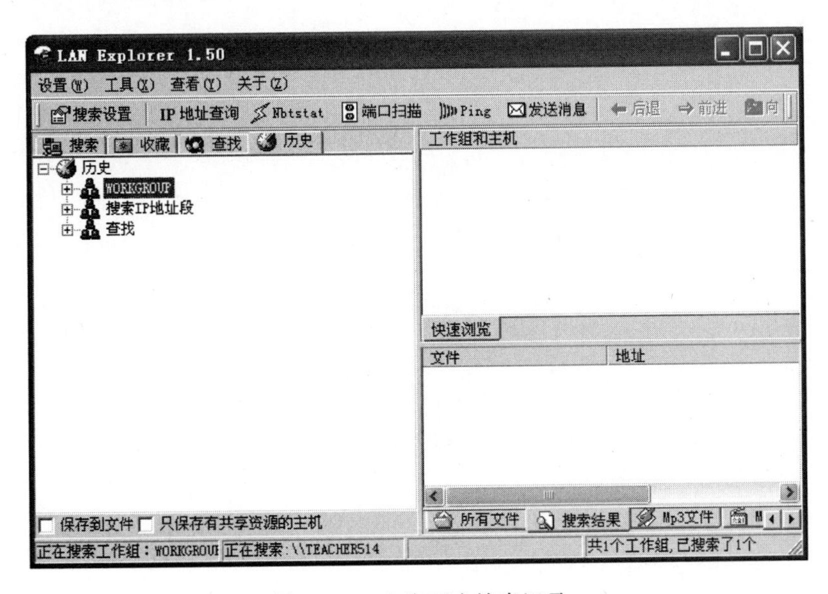

图 14-27 查询历史搜索记录

本章小结

本章介绍了一些与网络运行监测相关的应用，包括 IP-Tools、LAN Explorer 等。通过了解和使用这些应用，可以更好地了解网络运行的原理，为更好地学习网络管理系统原理和开展网络管理工作打下一定的基础。

在教学上，本章的教学目的是让学生掌握一些与监测网络运行相关的应用。本章重点和难点都是与监测网络运行相关应用的学习与使用。

习　题

1. 简述 IP-Tools 的主要功能。
2. 简述 LAN Explorer 的主要功能。

第15章 数据包捕获与协议分析

了解协议数据包的封装数据，以及实时了解网络内传输的数据包信息，对于管理网络运行以及解决网络故障很有帮助。本章将分别介绍一些监测网络数据包与分析网络协议的应用，包括 CommView、Wireshark。

15.1 CommView

CommView 是一个捕获网络中传输的数据包的应用，该应用的主要功能如下。

（1）捕获最新的 IP 连接数据包，显示的内容包括本地 IP 地址、远端 IP 地址、传入的数据量、传出的数据量、数据传输方向、会话时间、端口号、主机名、传输字节数、使用的进程名称等。

（2）按协议分析捕获的每一个数据包内容。

（3）设置多种报警规则。

（4）以图形或列表的形式显示捕获的实时数据或统计数据。

15.1.1 CommView 主界面

从网上下载并安装后，运行 CommView 会显示如图 15-1 所示的主界面，在该主界面中，有五个选项卡，分别是 Latest IP Connections、Packets、Logging、Rules 和 Alarms，它们可以实现不同的功能。

在图 15-1 所示的 CommView 主界面的菜单条下有一个下拉列表，在该列表中列出了本机所有已安装的网卡信息，从中选择与需要监测的网络相连的网卡。

15.1.2 捕获网络数据

选择指定网卡后，单击工具栏上的 Start Capture 按钮，或者选择菜单条中的 File 中的 Start Capture 选项，就开始捕获指定网卡上流经的数据包。在捕获过程中，如果想中止捕获操作，单击工具栏上的 Stop Capture 按钮就可以。捕获的信息会显示在 CommView 主界面中的列表中。

1. Latest IP Connections

CommView 会默认显示主界面的五个选项卡中的第一个选项卡 Latest IP Connections

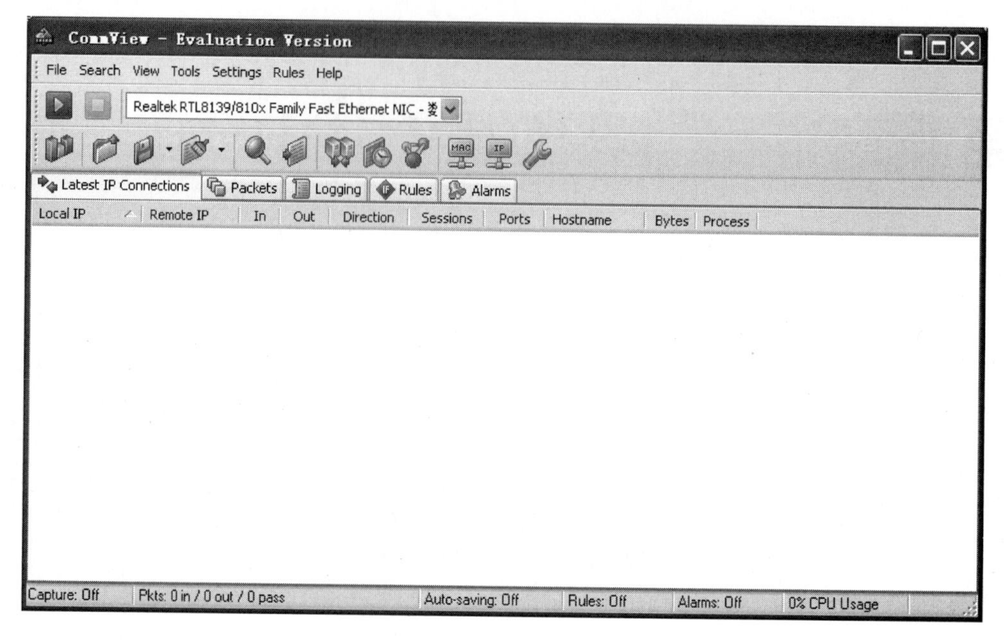

图 15-1 CommView 主界面

(最新的 IP 连接),如图 15-2 所示,在该选项卡页面中,显示的内容包括 Local IP(本地 IP 地址)、Remote IP(远端 IP 地址)、In(传入的数据量)、Out(传出的数据量)、Direction(数据传输方向)、Sessions(会话时间)、Ports、Hostname、Bytes(传输字节数)、Process(使用的进程名称)。从这些信息中可以看出通信双方的名称、占用的端口号、通信量等。

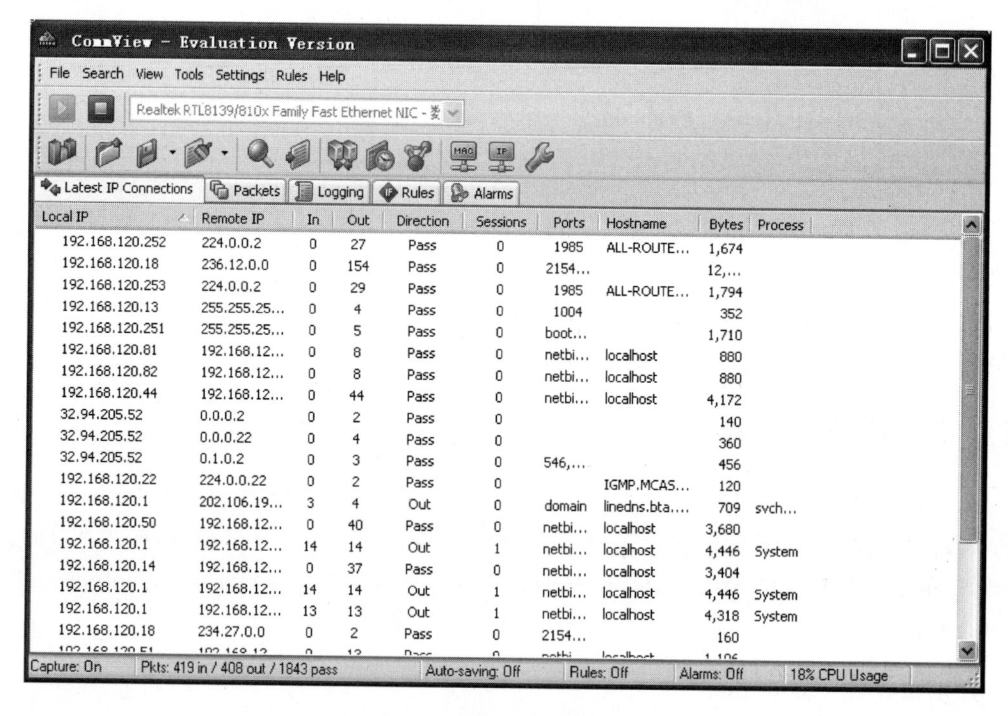

图 15-2 最新的 IP 连接信息

2. Packets

单击 CommView 主界面的五个选项卡中的第二个选项卡 Packets，就会显示如图 15-3 所示的 Packets 页面，在这里可以显示在指定网卡捕获的每一个数据包的详细信息。Packets 页面共分成三个窗格，其中，最上面的窗格显示数据包的控制信息，中间窗格是以十六进制代码的形式显示的数据包信息，最下面的窗格以树型结构显示了数据包每层封装的协议信息。当在最上面窗格选择某一条信息时，中间窗格和最下面窗格都会显示同一条信息的相应内容。最上面的数据包控制信息显示窗格的内容包括 No(按捕获时间前后的数据包编号)、Protocol(协议)、MAC Address(MAC 地址)、IP Address(IP 地址)、Ports(端口号)、Time(捕获数据包的时间)。如图 15-4 所示，协议信息显示窗格由上向下分别显示 Ethernet、IP、TCP/UDP、Name Service 等。展开每一个协议，就会显示在所捕获的数据包中在该协议上的数据，如图 15-4 展开了 Ethernet 协议，Ethernet 协议层所显示的内容包括 Destination MAC(目的 MAC 地址)、Source MAC(源 MAC 地址)、Ethertype(以太网类型)、Direction(数据包传输方向)、Date(数据传输日期)、Time(数据传输时间)、Frame size(帧的大小)、Frame number(帧的编号)等。图 15-5 展开了 IP 协议，图 15-6 展开了 UDP 协议。

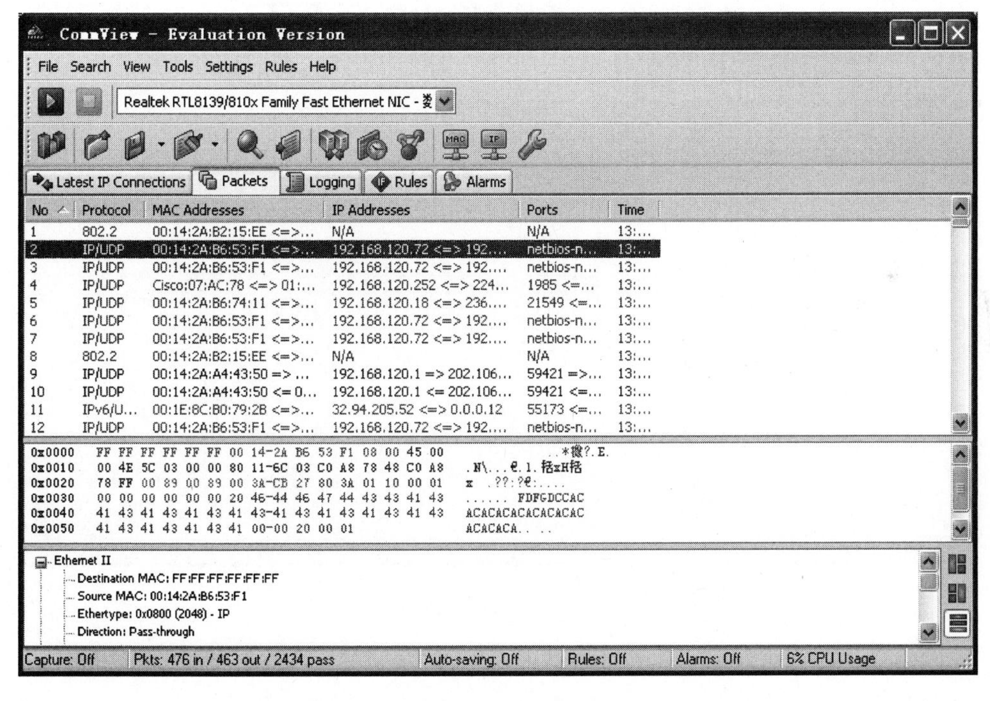

图 15-3　数据包分析

3. Rules

单击 CommView 主界面的五个选项卡中的第四个选项卡 Rules，就会显示如图 15-7 所示的 Rules 页面，在该页面可以设置过滤器的各种规则。在 Rules 页面的左侧是功能列表，单击其中的功能项，会在 Rules 页面的右侧显示相应的文本框、复选框以及按钮等。

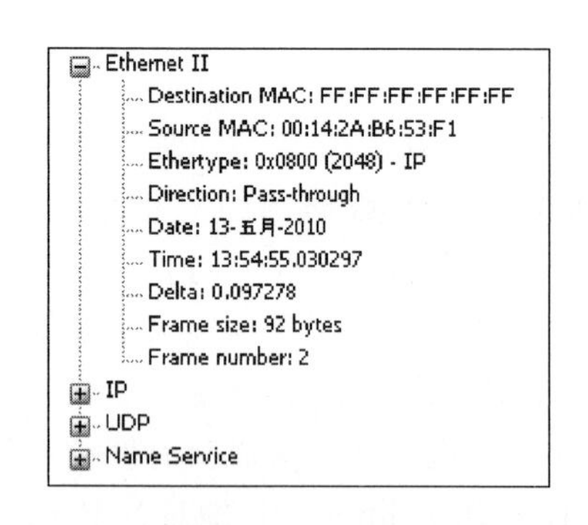

图 15-4　查看 EthernetⅡ文件头信息

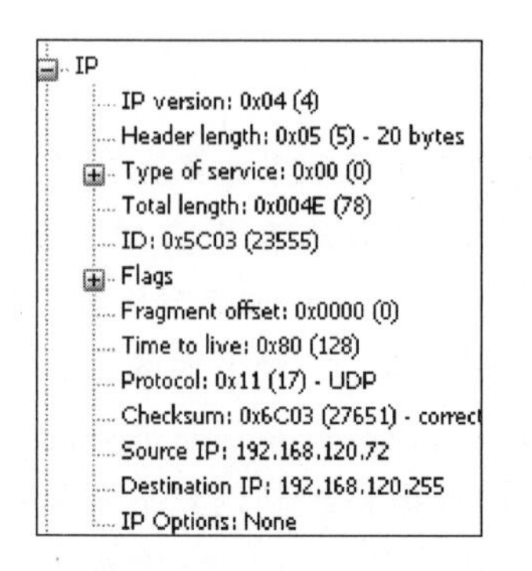

图 15-5　查看 IP 文件头信息

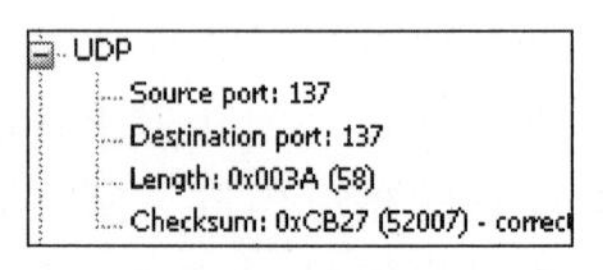

图 15-6　查看 UDP 文件头信息

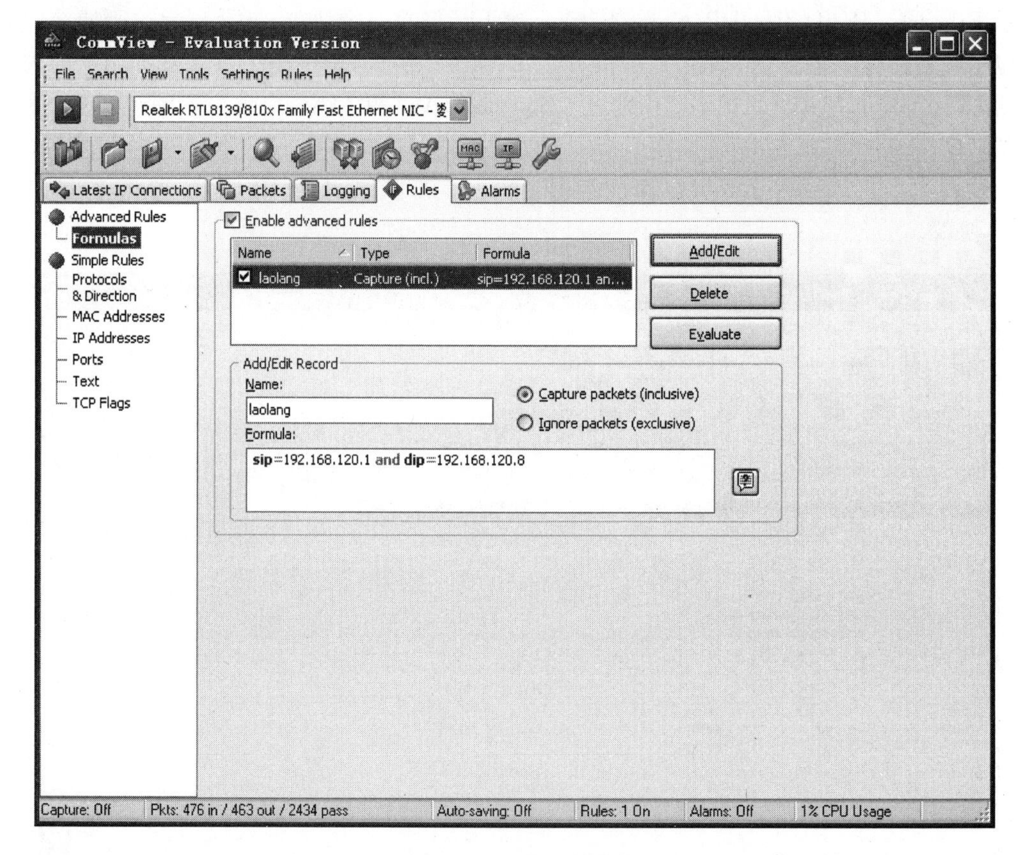

图 15-7　添加过滤器

(1) Formulas

单击 Rules 页面左侧功能列表中的 Formulas，可以设置过滤规则。

图 15-7 所示，在与 Formulas 相对应的 Rules 页面中，复选框 Enable advanced rules 必须选中，以开启过滤器功能。在 Add/Edit Record 区域中可以输入和设置每一条过滤规则，其中，在 Name 文本框内输入新过滤规则的名称，不同过滤规则的名称不能相同。在 Formula 文本框内输入新过滤规则的内容，在图 15-7 的 Formula 文本框内，sip 是源 IP 地址，dip 是目的 IP 地址，“sip=192.168.120.1 and dip=192.168.120.8”表明需要捕获源 IP

地址为 192.168.120.1 并且目的 IP 地址为 192.168.120.8 的网络连接所传输的数据包。

(2) Protocols & Direction

单击 Rules 页面左侧功能列表中的 Protocols & Direction，可以设置需要捕获的协议以及需要捕获的网络数据包的传输方向。

图 15-8 所示，在 Protocols & Direction 相对应的 Rules 页面中，有三个选择区域，分别用来设置捕获以太网协议的规则、捕获 IP 协议的规则、捕获数据包的传输方向。

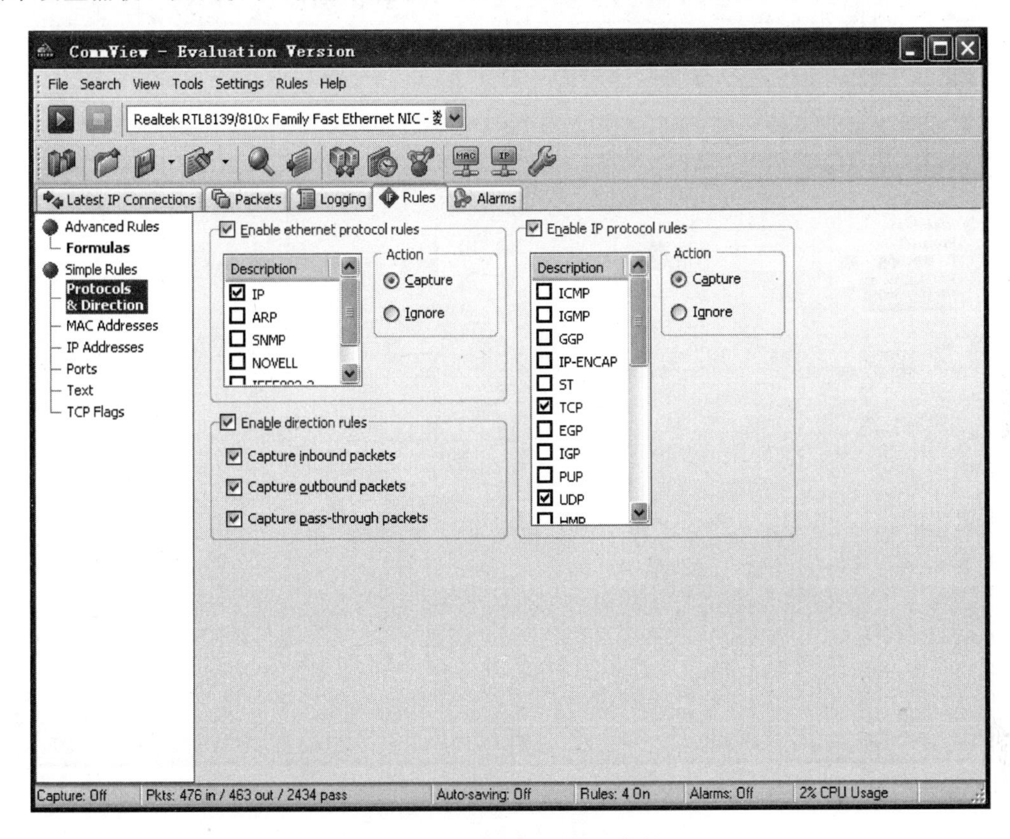

图 15-8 设置需要捕获的协议

① 在设置捕获以太网协议的规则区域里，选中复选框 Enable ethernet protocol rules，以启用以太网协议规则，在 Action 选择区域里选中 Capture 单选项，在 Description 中选中需要捕获的协议。

② 在设置捕获 IP 的规则区域里，选中复选框 Enable IP protocol rules，以启用 IP 协议规则，在 Action 选择区域里选中 Capture 单选项，在 Description 中选中需要捕获的协议。

③ 在设置捕获数据包的传输方向区域里，选中 Enable direction rules 复选框，以启用数据包传输方向规则。在选择区域中，复选框 Capture inbound packets 表示捕获传入的数据包，复选框 Capture outbound packets 表示捕获传出的数据包，复选框 Capture pass-through packets 表示捕获经过的数据包。

(3) IP Addresses

单击 Rules 页面左侧功能列表中的 IP Addresses，可以设置 IP 地址规则。

如图 15-9 所示，在与 IP Addresses 相对应的 Rules 页面中，选中复选框 Enable IP

address rules,以启用IP地址规则。在Action选择区域选中Capture选项,Add Record选择区域用来设置IP地址规则。其中,To表示目的地址,From表示源地址,Both表示目的地址与源地址都有。比如,选中From选项,并且在Add Record选择区域的文本框内输入IP地址"192.168.120.1",然后单击Add Record选择区域的Add IP Address按钮,所增加的IP地址规则就会添加到Add Record选择区域左侧的列表框内。

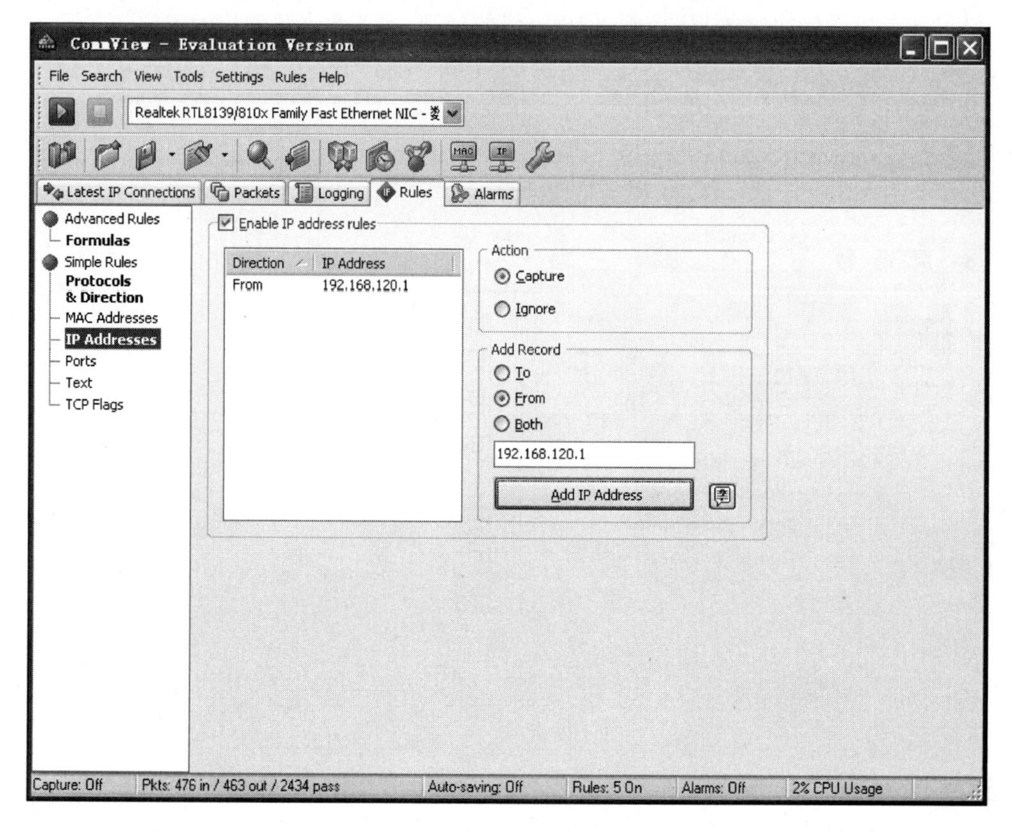

图 15-9 设置IP地址规则

(4) Ports

单击Rules页面左侧功能列表中的Ports,可以设置端口规则。

如图15-10所示,在与Ports相对应的Rules页面中,选中复选框Enable port rules,以启用端口规则。在Action选择区域选中Capture选项,Add Record选择区域用来设置端口规则。其中,To表示目的端口,From表示源端口,Both表示目的端口与源端口都有。比如,选中From选项,并且在Add Record选择区域的文本框内输入端口"3389",然后单击Add Record选择区域的Add Port按钮,所增加的端口规则就会添加到Add Record选择区域左侧的列表框内。

4. Alarms

单击CommView主界面的五个选项卡中的第五个选项卡Alarms,就会显示如图15-11所示的Alarms页面,在该页面可以设置报警。

在图15-11所示的Alarms页面中,选中Enable alarms复选框,以启用报警功能。

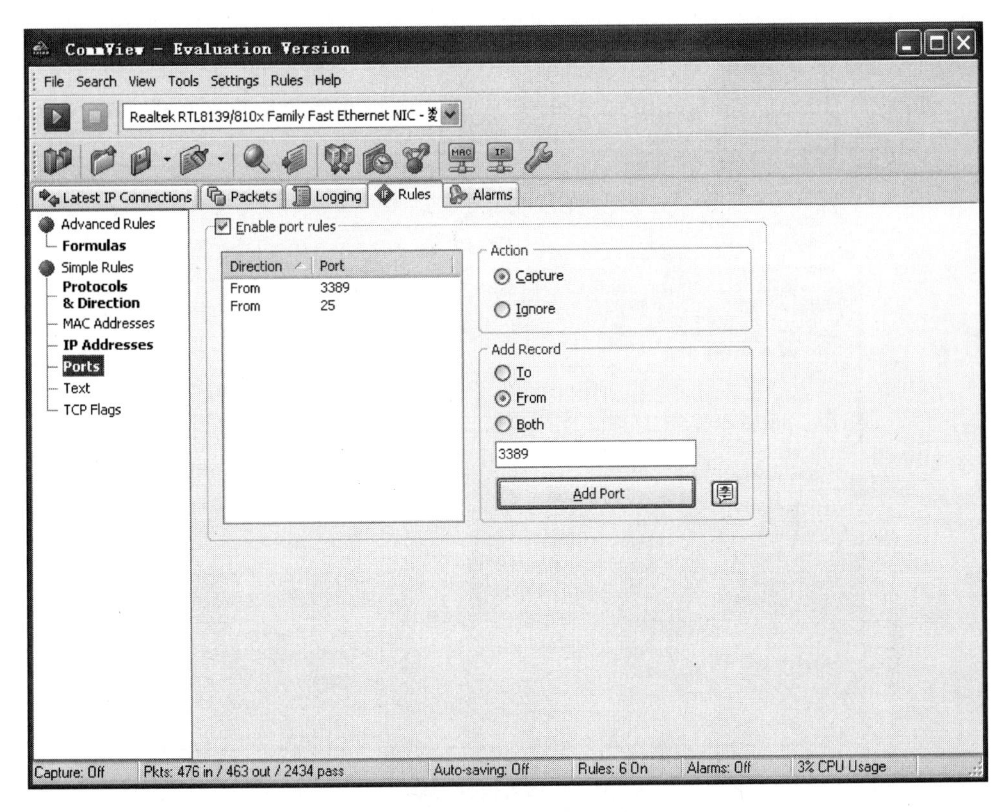

图 15-10 设置端口规则

图 15-11 设置报警

单击 Alarms 页面中的 Add 按钮来增加一个警报，会显示如图 15-12 所示的 Alarm Setup 页面，该页面有四个设置区域，分别是 General、Alarm type、Event occurrences 和 Action，可以分别用来设置报警名称、报警类型、触发报警事件和报警动作。下面分别描述这四个区域的设置。

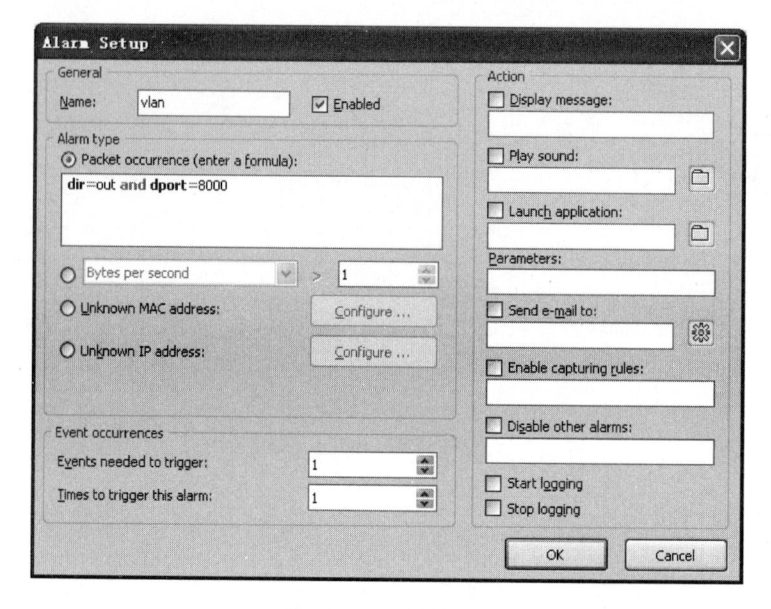

图 15-12　报警设置

(1) General 区域

在 Name 文本框内可以输入报警名称，并选中复选框 Enabled。

(2) Alarm type 区域

在该区域设置报警类型。该区域内有四个单选项。

① 选中 Packet occurrence 选项，需要在该选项下面的文本框内设置报警公式，当捕获的数据包满足该公式时报警，比如，输入“dir=out and dport=8000”，表示当捕获到从端口 8000 传出的数据包时报警。

② 选中紧邻 Packet occurrence 选项的下面的选项，可以从下拉列表中选择报警类型，比如，Bytes per second 表示当每秒所捕获的字节数大于指定数值时报警。

③ 选中 Unknown MAC address 选项，单击 Configure 按钮，添加 MAC 地址，并生成 MAC 列表，表示当捕获的数据包的 MAC 地址不在该 MAC 列表中时报警。

④ 选中 Unknown IP address 选项，单击 Configure 按钮，添加 IP 地址，并生成 IP 列表，表示当捕获的数据包的 IP 地址不在该 IP 列表中时报警。

(3) Event occurrences 区域

① Events needed to trigger 下拉列表框，用来设置触发报警的事件数量，当事件数量达到所设置的数值时才会报警。

② Times to trigger this alarm 下拉列表框，用来设置触发同一报警的次数。

(4) Action 区域

① Display message 复选框：选中该复选框，表示报警时显示在该复选框下的文本框内

输入的内容。

② Play sound 复选框：选中该复选框，表示报警时发出声音，声音由该复选框下选择的声音文件提供。

③ Launch application 复选框：选中该复选框，表示报警时运行在复选框下选择的应用程序，Parameters 文本框内需要输入所选择的应用程序的参数。

④ Send e-mail to 复选框：选中该复选框，表示报警时向在复选框下设置的电子邮件发送邮件。

⑤ Enable capturing rules 复选框：选中该复选框，以开启捕获规则。

⑥ Disable other alarms 复选框：选中该复选框，将关闭其他警报，而只使用这一个报警。

⑦ Start logging 复选框：选中该复选框，表示将报警内容记录到日志文件中。

⑧ Stop logging 复选框：选中该复选框，表示停止将报警内容记录到日志文件中。

15.1.3 Statistics

单击工具栏上的 Statistics 按钮，或者选择菜单条中的 View 中的 Statistics 选项，显示如图 15-13 所示的 Statistics 窗口。在 Statistics 窗口的左侧是树型的功能选项，单击不同的功能选项，会在 Statistics 窗口右侧显示相应的图形或按钮。

1. General

Statistics 窗口打开后，会显示 General 窗口，如图 15-13 所示，该窗口由上中下三部分组成，其中，最上面的图形是 Packets per second(每秒传输的数据包数量)图，并且在最上面图的右上角显示 Average(平均值)；中间的图形可根据中间的下拉列表选项的不同显示不

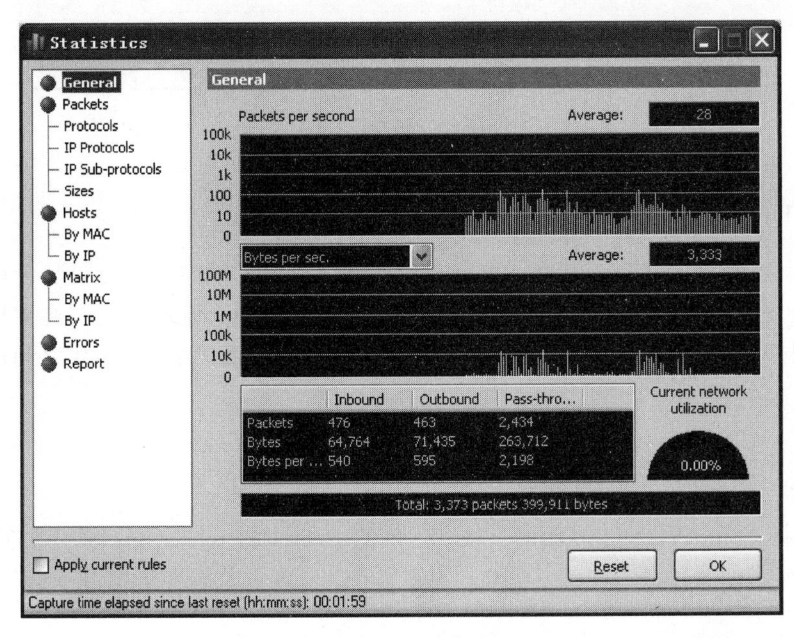

图 15-13　网络传输数据统计

同的图，比如，Bytes per sec.（每秒传输的字节数）或 Current network utilization（当前的网络利用率）等，并且在中间图的右上角显示 Average（平均值）；最下面的列表显示了数据包传输的统计信息，其中列表的列标题有 Inbound（传入）、Outbound（传出）和 Pass-through（路过），列表的行标题有 Packets、Bytes 和 Bytes per sec.，在该列表的下面是 Packets 和 Bytes 的 Total（总数）。

2. Protocols

如图 15-14 所示，单击 Statistics 窗口左侧的 Protocols 功能选项，会在 Statistics 窗口右侧的中央显示一个圆饼图，来显示所统计的协议的使用情况，并且在 Statistics 窗口的右上角列出了示意图，示意图中有各个协议所传输的数据包数量。

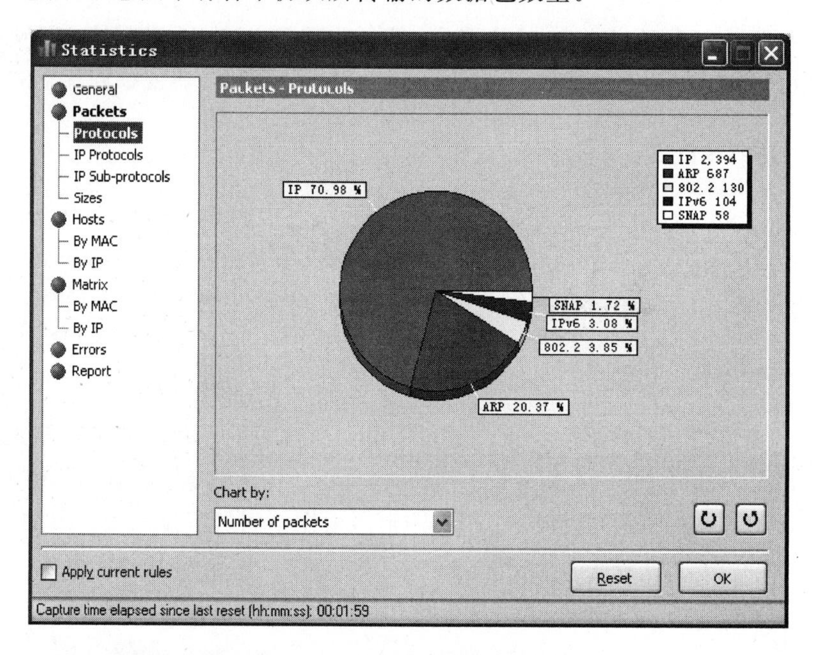

图 15-14　协议传输数据包统计

3. Matrix By MAC

如图 15-15 所示，单击 Statistics 窗口左侧的 Matrix By MAC 功能选项，会在 Statistics 窗口右侧的中央显示一个连接图，该连接图表示了各个 MAC 地址所代表的主机之间的连接情况，图中写有 MAC 地址的小方块表示网络中的一台设备，两个小方块之间的连线表示两台主机相连。

15.1.4　Port Reference

依次选择 CommView 主界面的 View 菜单的 Port Reference（端口参考）选项，会显示如图 15-16 所示的 Port Reference 窗口。从该窗口，可以查看到各个端口上运行的服务、协议等信息。

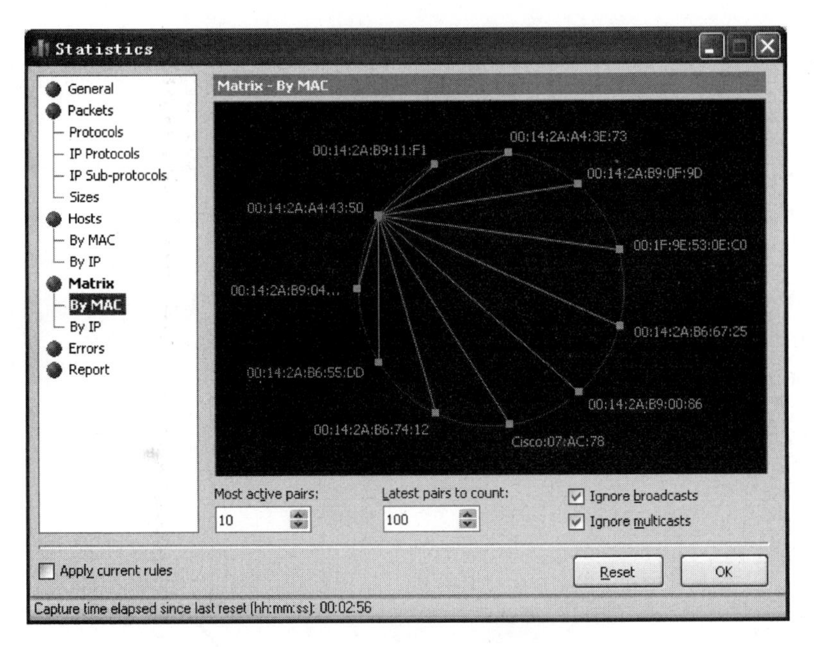

图 15-15　查看 MAC 地址连接情况

Port Reference

Port	Service	Protocol	Comment
7	echo	tcp	
7	echo	udp	
9	discard	tcp	
9	discard	udp	
11	systat	tcp	Active users
11	systat	tcp	Active users
13	daytime	tcp	
13	daytime	udp	
17	qotd	tcp	Quote of the day
17	qotd	udp	Quote of the day
19	chargen	tcp	Character generator
19	chargen	udp	Character generator
20	ftp-data	tcp	FTP, data
21	ftp	tcp	FTP. control
23	telnet	tcp	
25	smtp	tcp	Simple Mail Transfer Protocol
37	time	tcp	
37	time	udp	

图 15-16　查看端口信息

15.2　Wireshark

Wireshark 是一个免费的网络协议检测和分析应用，它于 2006 年问世，是 Ethereal 的升级。Ethereal 的主要开发人员在离开所供职的公司以后，继续开发了 Ethereal 的升级版本，但由于 Ethereal 的名称使用权已经由原来所在公司注册，于是就启用了 Wireshark 这个新名字。

15.2.1　Wireshark 主界面

从网上下载 Wireshark 以后，在安装过程中，会同时安装 WinPcap(windows packet capture)。WinPcap 是 Win32(即 32 位的 Windows 操作系统)平台下一个免费的、公共的网络访问系统，为应用程序提供了访问网络底层的能力，其主要功能是独立于 TCP/IP 协议而发送和接收原始数据包。WinPcap 包括一个核心态的包过滤器、一个底层的动态链接库(packet. dll)和一个高层的不依赖于系统的库(wpcap. dll)。

安装完成后，运行 Wireshark，会显示如图 15-17 所示的 Wireshark 初始界面。

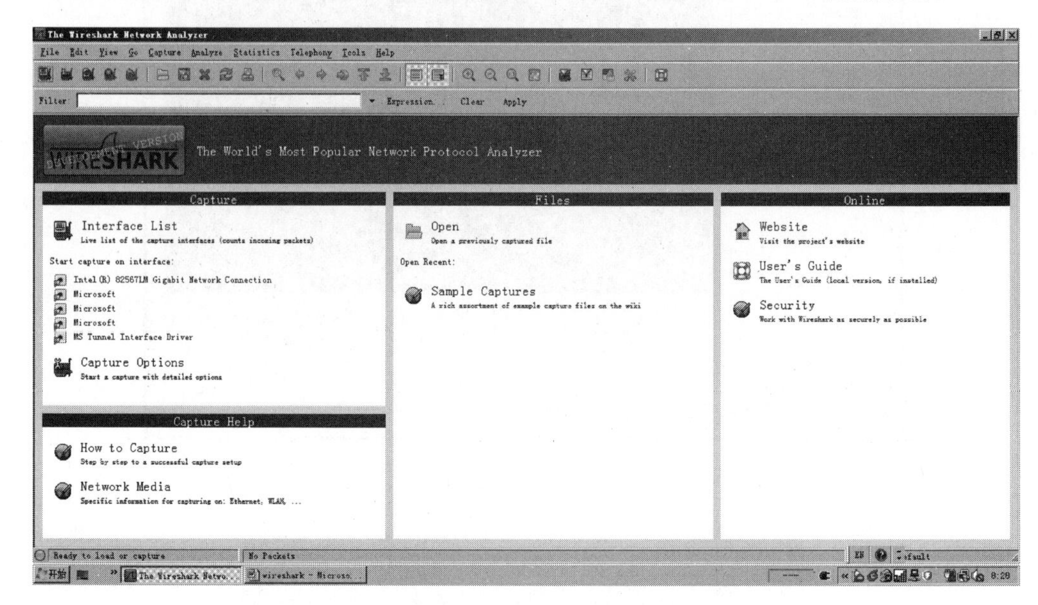

图 15-17 Wireshark 初始界面

Wireshark 初始界面的最上方是菜单条，下面介绍主要菜单项的功能。

① File(文件)：打开或保存捕获的信息。

② Edit(编辑)：查找或标记封包，进行全局设置。

③ View(查看)：设置 Wireshark 的视图。

④ Go(转到)：跳转到捕获的数据。

⑤ Capture(捕获)：设置捕获过滤器并开始捕获。

⑥ Analyze(分析)：设置分析选项。

⑦ Statistics(统计)：查看 Wireshark 的统计信息。

⑧ Help(帮助)：查看本地或者在线支持信息。

15.2.2 设置过滤器

当使用 Wireshark 的默认设置时，会捕获大量的数据包，其中包含了许多并不需要的多余数据包，以至于很难找到所需要分析的数据包。这个时候就需要设置过滤器来从庞杂的数据包信息中找到所需要的数据包。

Wireshark 有两种过滤器，分别是捕获过滤器和显示过滤器。其中，捕获过滤器需要在开始捕获数据包之前设置，它是 Wireshark 的第一层过滤器，用于控制捕获数据包的数量，决定了 Wireshark 需要捕获的数据包的范围，目的是避免产生过大的日志文件。而显示过滤器可以在得到捕获结果后随意修改，通过在显示过滤器所设置的过滤规则，可以在捕获数据包日志文件中快速地、准确地找到所需要的数据包并显示在 Wireshark 主界面上，也就是说，显示过滤器决定了在 Wireshark 主界面上所显示的捕获结果的范围。

另外，两种过滤器所使用的语法是完全不同的，下面将分别进行介绍。

1. 捕获过滤器设置步骤

下面介绍设置捕获过滤器的步骤。

（1）在设置捕获过滤器之前，必须首先停止捕获操作。

（2）在如图 15-17 所示的 Wireshark 初始界面最上方的菜单条中选择 Capture 菜单。如图 15-18 所示，在 Capture 下拉菜单中选择 Options 选项，会显示如图 15-19 所示的 Wireshark：Capture Options 窗口。

（3）在如图 15-19 所示的窗口的 Interface 下拉列表中选择需要捕获数据包的网卡，过滤规则的设置方法有三种。一种是在 Capture Filter：下拉列表中选择以前设置过的过滤规则。另一种是直接在 Capture Filter：文本框内输入过滤规则。还有一种是单击 Capture Filter：按钮，会显示如图 15-20 所示的 Wireshark：Capture Filter 窗口，在该窗口中可以从 Capture Filter 列表框内选择一个过滤规则，或者在 Filter name 和 Filter string 文本框内分别输入过滤器名称以及过滤字符串，然后单击 New 按钮，会将新输入的过滤器名称添加在 Capture Filter 列表框中，以便今后继续使用这个过滤器。比如，在图 15-20 中，设置的过滤规则是 not arp and port not 53，设置完成后，单击 OK 按钮退出 Wireshark：Capture Filter 窗口，过滤规则 not arp and port not 53 就显示在图 15-19 的 Capture Filter：文本框内。

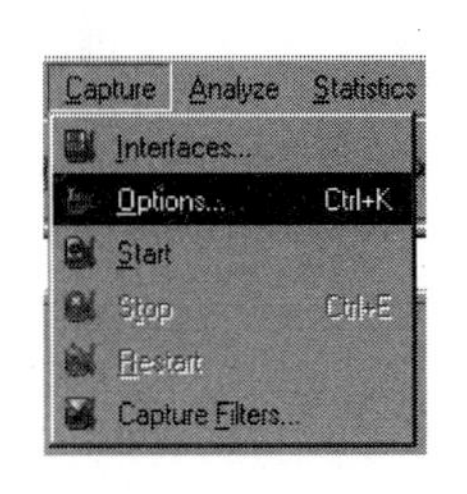

图 15-18　Capture 下拉菜单

Wireshark: Capture Options
Capture
Interface: Local　Realtek RTL8139/810x Family Fast Ethernet NIC
IP address: 192.168.120.44
Link-layer header type: Ethernet　Wireless Settings
Capture packets in promiscuous mode　Remote Settings
Capture packets in pcap-ng format (experimental)　Buffer size: 1 megabyte(s)
Limit each packet to 1 bytes
Capture Filter:　not arp and port not 53
Capture File(s)
File:　Browse...
Use multiple files
Next file every 1 megabyte(s)
Next file every 1 minute(s)
Ring buffer with 2 files
Stop capture after 1 file(s)
Display Options
Update list of packets in real time
Automatic scrolling in live capture
Hide capture info dialog
Name Resolution
Enable MAC name resolution
Enable network name resolution
Enable transport name resolution
Stop Capture ...
... after 1 packet(s)
... after 1 megabyte(s)
... after 1 minute(s)
Help　Start　Cancel

图 15-19　捕获选项设置

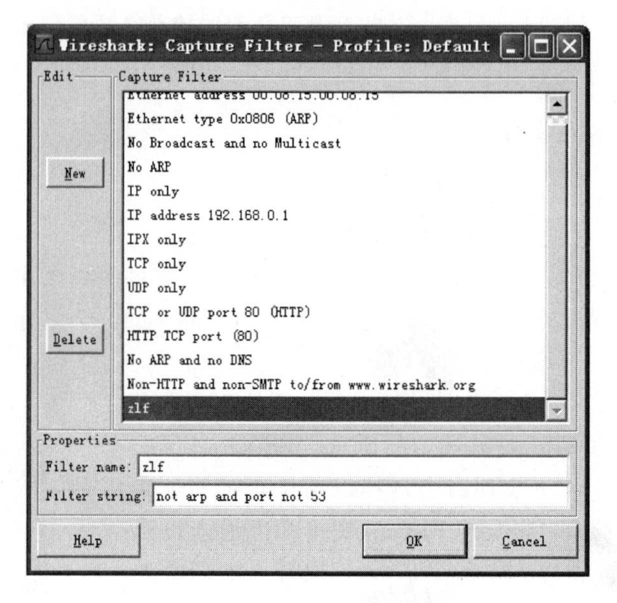

图 15-20 捕获过滤器设置

最后，单击 Start 按钮就可以执行捕获操作。

2. 捕获过滤器设置语法

Wireshark 捕获过滤器的语法与其他使用 WinPcap 开发的捕获软件的语法是一样的。

语法规则：

```
Protocol - Direction - Host(s) - Value - Logical Operations - Other expression
```

举例：

```
tcp dst 10.1.1.1 80 and tcp dst 10.2.2.2 3128
```

语法规则中的各项内容说明如下。

(1) Protocol(协议)

Protocol 可取的值包括：ether、fddi、ip、arp、rarp、decnet、lat、sca、moprc、mopdl、tcp、udp。

如果在设置过滤器时没有设置 Protocol 的值，则默认使用所有所支持的协议。

(2) Direction(方向)

Direction 可取的值包括：src、dst、src and dst、src or dst。

如果在设置过滤器时没有设置 Direction 的值，则默认使用 src or dst。

(3) Host(s)

Host(s)可取的值包括：net、port、host、portrange。

如果在设置过滤器时没有设置 Host(s)的值，则默认使用 host。

(4) Logical Operations(逻辑运算)

Logical Operations 可取的值包括：not、and、or。

在这三个逻辑运算符中，not 具有最高优先级，or 和 and 具有相同优先级，运算时从左至右进行。

3. 显示过滤器设置步骤

一般情况下，经过捕获过滤器过滤以后的数据包结果还是很庞杂的。这时，就需要使用显示过滤器在已捕获的数据包结果中进行更加细致的查找，显示过滤器的功能比捕获过滤器强大。显然，每次修改显示过滤器，并不需要重新执行捕获操作。

下面介绍设置显示过滤器的步骤。

(1) 显示过滤器的设置工作，可以在捕获操作执行之前或之后进行。

(2) 在如图 15-17 所示的 Wireshark 初始界面上方的 Filter Toolbar 中可以设置显示过滤规则，Filter Toolbar 如图 15-21 所示。

图 15-21　显示过滤器工具栏

设置显示过滤规则的方法有三种，第一种方法是如图 15-21 所示，直接在 Filter: 文本框内输入过滤规则。第二种方法是单击 Filter Toolbar 中的 Expression 按钮，会显示如图 15-22 所示的 Wireshark:Filter Expression 窗口。

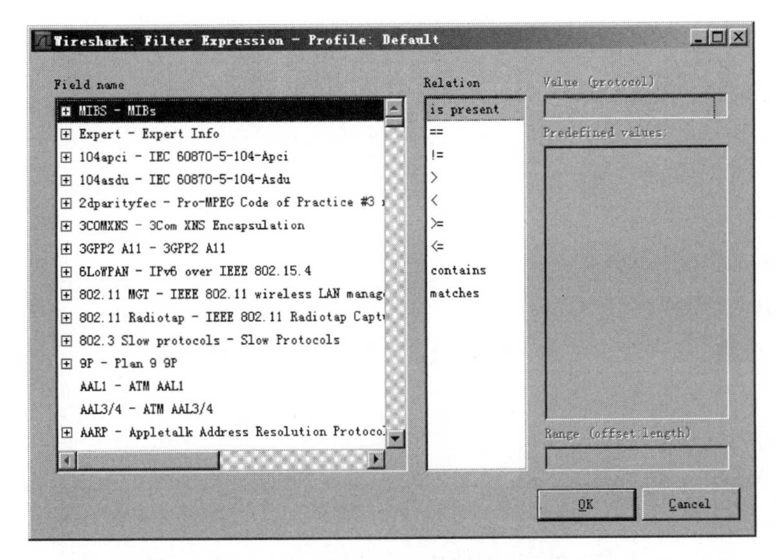

图 15-22　显示过滤规则表示式设置

在图 15-22 中的 Field name 列表框内选择协议的字段，在 Relation 列表中选择逻辑关系，在 Range 内输入协议字段的取值，单击 OK 按钮，就会在图 15-21 的 Filter: 文本框内显示所设置的过滤规则。

第三种方法是单击 Filter Toolbar 中的 Filter: 按钮，会显示如图 15-23 所示的 Wireshark: Display Filter 窗口。

在图 15-23 的窗口中可以从 Display Filter 列表框内选择一个过滤规则，或者在 Filter name 和 Filter string 文本框内分别输入过滤器名称以及过滤字符串，然后单击 New 按钮，会将新输入的过滤器名称添加在 Display Filter 列表框中，以便今后继续使用这个过滤器。

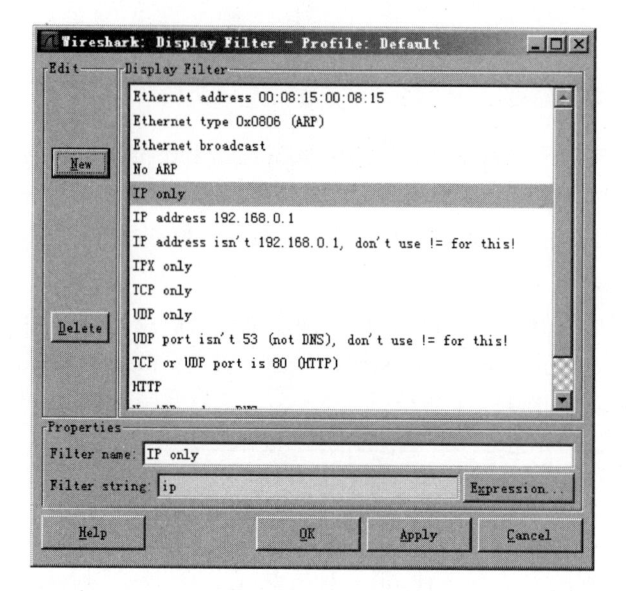

图 15-23　显示过滤器设置

设置完成后，单击 OK 按钮退出 Wireshark：Display Filter 窗口，过滤规则就显示在图 15-21 的 Filter：文本框内。

4. 显示过滤器设置语法

语法规则：

```
Protocol - String1 - String2 - Comparison operators - Value - Logical operators - Other expression
```

语法规则中的各项内容说明如下。

(1) Protocol(协议)

Protocol 可取的值包括：OSI 7 层模型的第 2 层至第 7 层协议，Wireshark 网站提供了对各种协议及其子类的说明。

(2) String1，String2

String1 与 String2 是可选项，表示协议的子类。

(3) Comparison operators(比较运算符)

Comparison operators 可以使用六种比较运算符，如表 15-1 所示。

表 15-1　比较运算符

英文写法	C 语言写法	含　　义
eq	==	等于
ne	!=	不等于
gt	>	大于
lt	<	小于
ge	>=	大于或等于
le	<=	小于或等于

(4) Logical operators(逻辑运算符)

Logical operators 可以使用四种逻辑运算符,如表 15-2 所示。

表 15-2　逻辑运算符

英文写法	C 语言写法	含　义
and	&&	逻辑与
or	||	逻辑或
xor	^^	逻辑异或
not	!	逻辑非

15.2.3　捕获执行后的主界面

设置完成过滤器,捕获执行后的显示界面如图 15-24 所示。

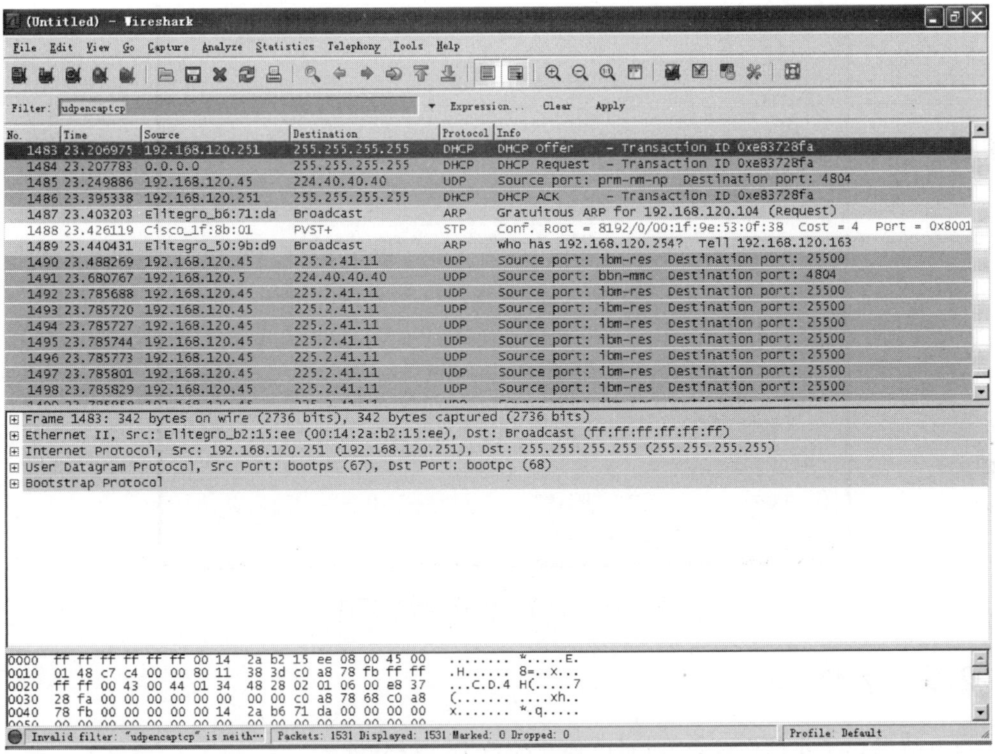

图 15-24　Wireshark 捕获主界面

如图 15-24 所示,Wireshark 捕获主界面的显示窗口分为上中下三大部分,其中,最上面窗口为数据包列表窗口,用来显示截获的每个数据包的总结构性信息;中间窗口是协议树,用来显示在最上面窗口中所选定的数据包内包含的各层协议信息;最下面窗口是以十六进制形式显示的在最上面窗口中所选定的数据包的内容信息,用来显示数据包在物理层上传输时的形式。

在 Wireshark 捕获主界面的最下一行是状态栏 Statusbar,在状态栏中,Packets 是已捕获数据包的数量,Displayed 是经过显示过滤器过滤后仍然显示的数据包数量,Marked 是被标记的数据包数量。

15.2.4 保存捕获记录

单击图 15-24 的菜单栏中的 File 选项卡，在打开的下拉菜单中选择 Save 选项，就会显示如图 15-25 所示的 Wireshark：Save file as 对话框，在 Packet Range 区域内设置需要保存的内容后，输入文件名，就可以保存指定的捕获记录了。

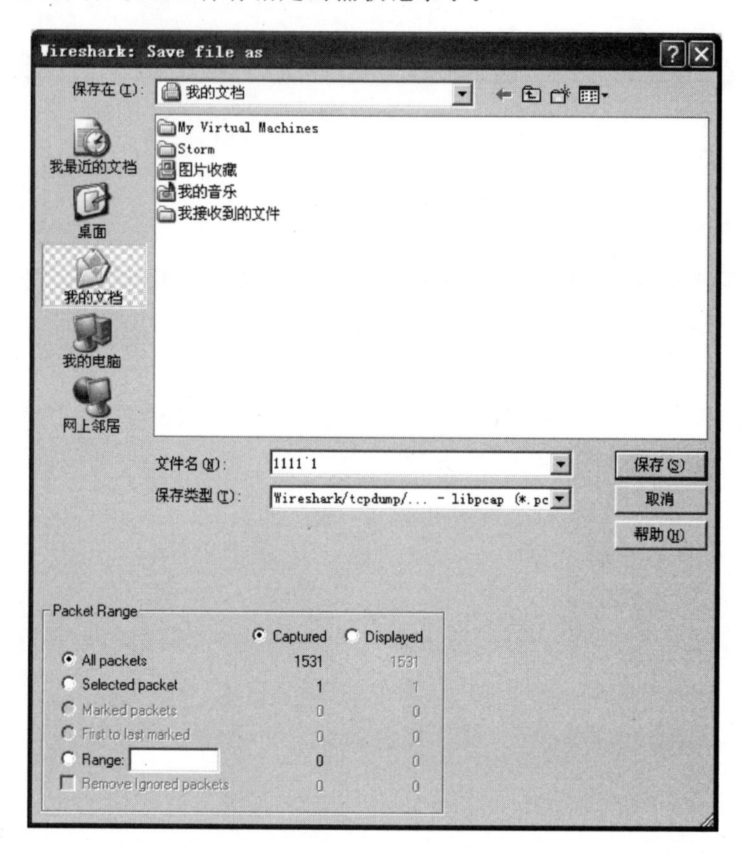

图 15-25 保存指定的已捕获记录

15.2.5 分析

执行数据包捕获操作后，可以对已捕获的数据进行分析。

1. Enabled Protocols(需要分析的协议)

单击图 15-24 的菜单栏中的 Analyze 选项卡，在打开的下拉菜单中选择 Enabled Protocols 选项，就会显示如图 15-26 所示的 Wireshark：Enabled Protocols 窗口，在该窗口可以设置需要分析的协议。

2. TCP Stream(TCP 流数据)

在 Wireshark 主窗口中的最上部分选择一条捕获项，被选择的捕获项会显示蓝色，如

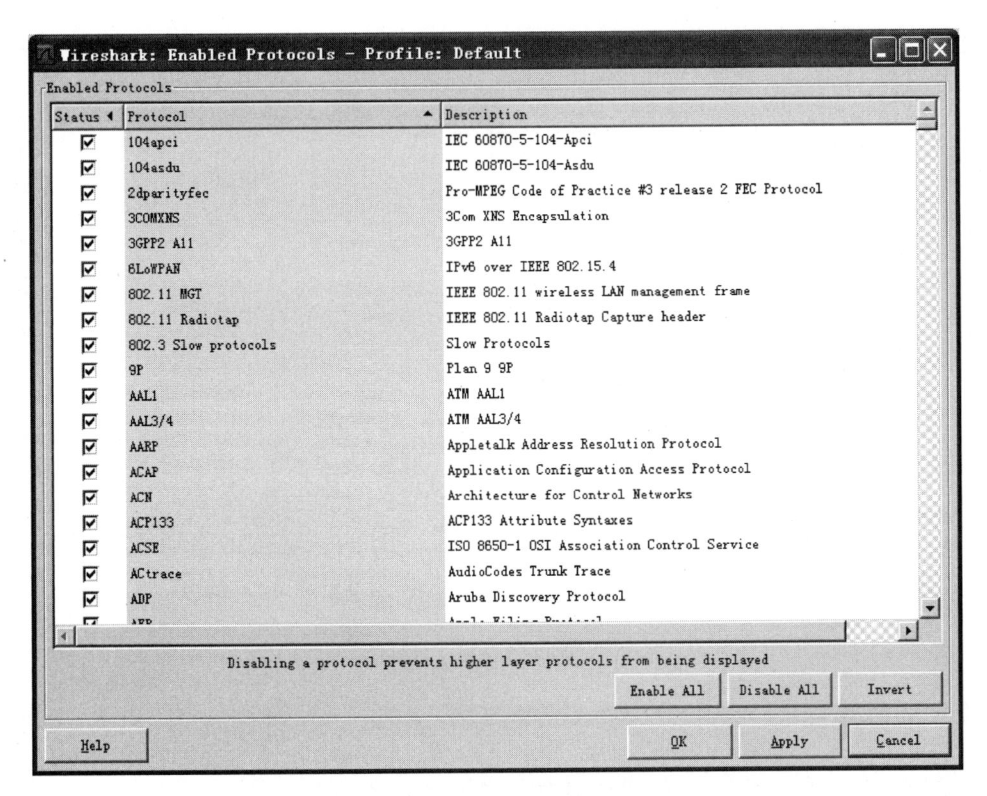

图 15-26　设置需要分析的协议

图 15-28 所示，这个捕获项的协议是 TCP，然后，单击图 15-27 的菜单栏中的 Analyze 选项卡，在打开的下拉菜单中选择 Follow TCP Stream 选项，就会显示如图 15-28 所示的 Follow TCP Stream 窗口，默认的显示格式是 ASCII。

图 15-27　选择 TCP 数据包

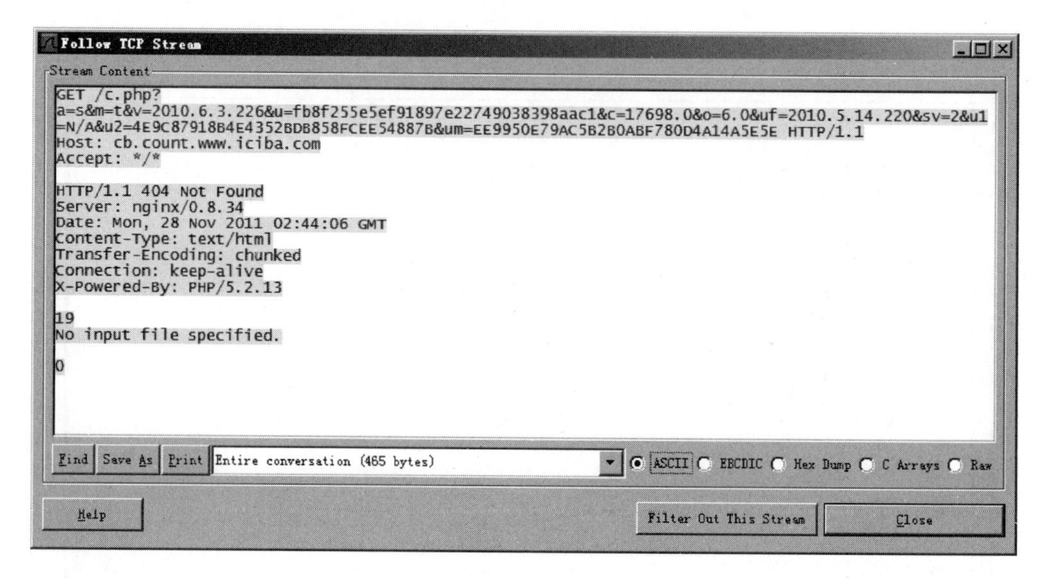

图 15-28　ASCII 格式的 TCP 流数据

如果选择 Hex Dump，会按照十六进制的格式来显示 TCP 流数据，如图 15-29 所示。

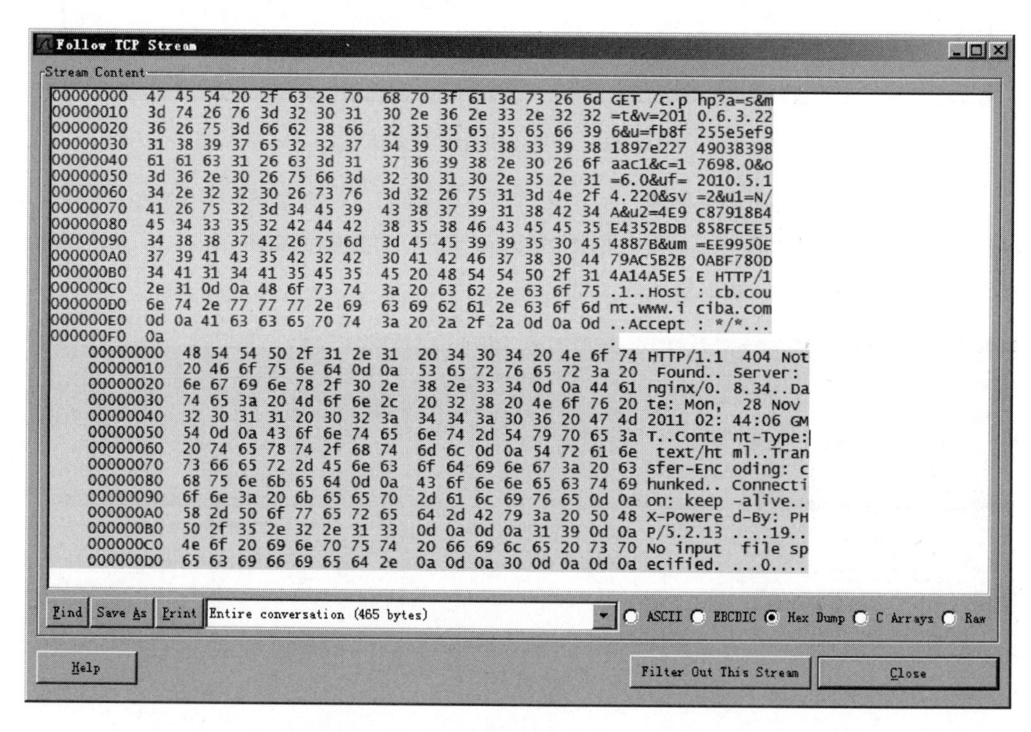

图 15-29　十六进制格式的 TCP 流数据

如果选择 C Arrays，会按照 C 语言数组格式来显示 TCP 流数据，如图 15-30 所示。

3. UDP Stream（UDP 流数据）

在 Wireshark 主窗口中的最上部分选择一条捕获项，被选择的捕获项会显示蓝色，

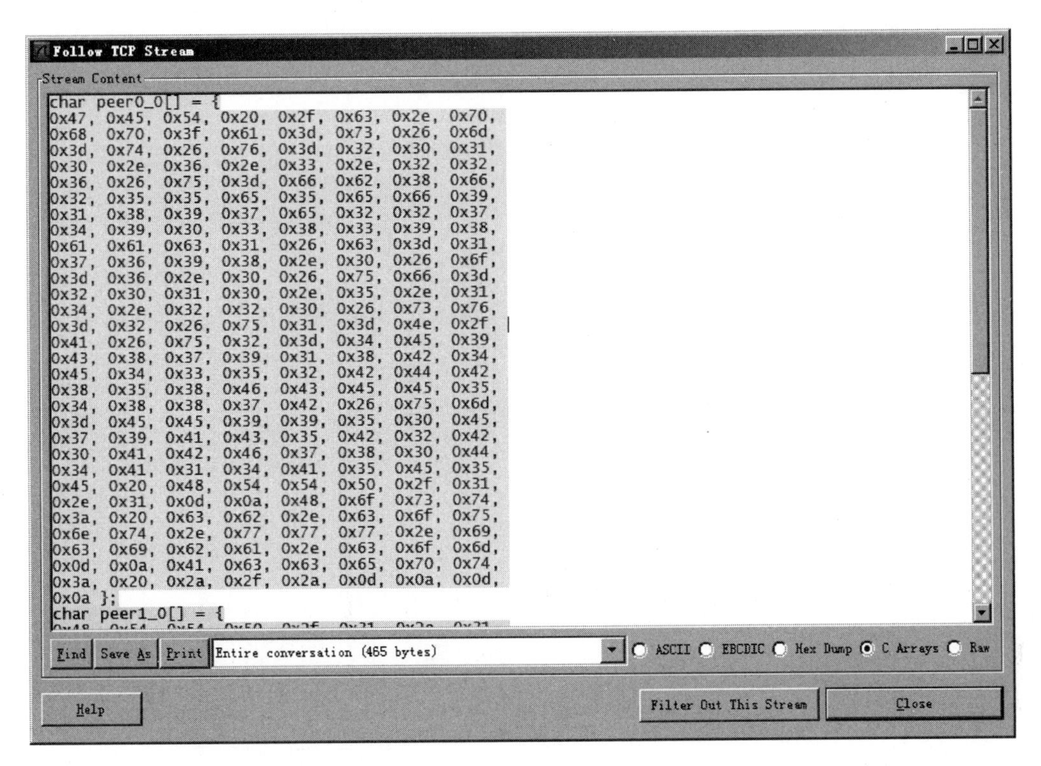

图 15-30　C 语言数组格式的 TCP 流数据

如图 15-31 所示，这个捕获项的协议是 UDP，然后，单击图 15-31 的菜单栏中的 Analyze 选项卡，在打开的下拉菜单中选择 Follow UDP Stream，就会显示如图 15-32 所示的 Follow UDP Stream 窗口，默认的显示格式是 ASCII。

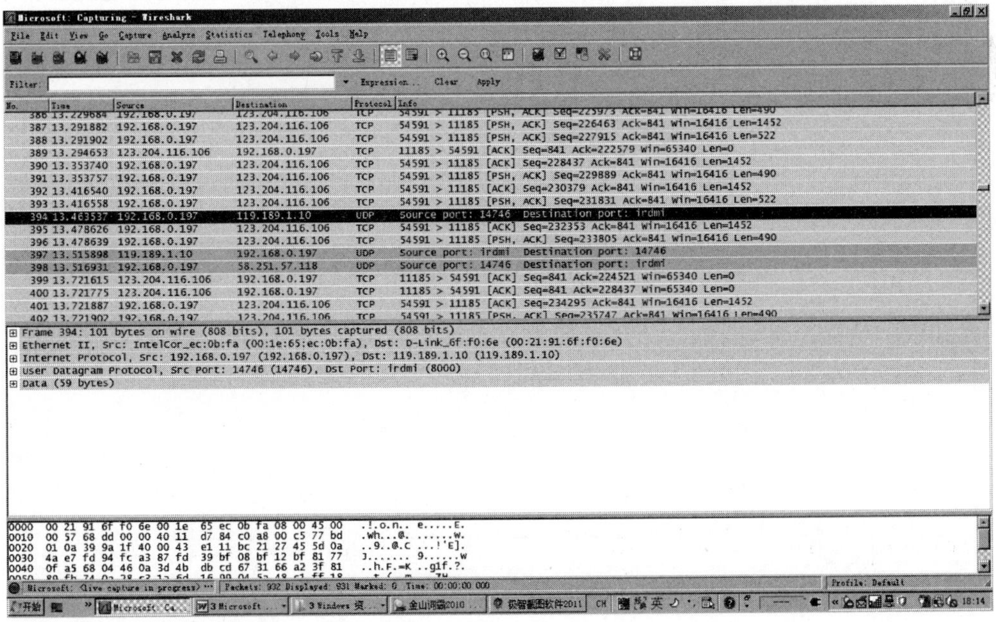

图 15-31　选择 UDP 数据包

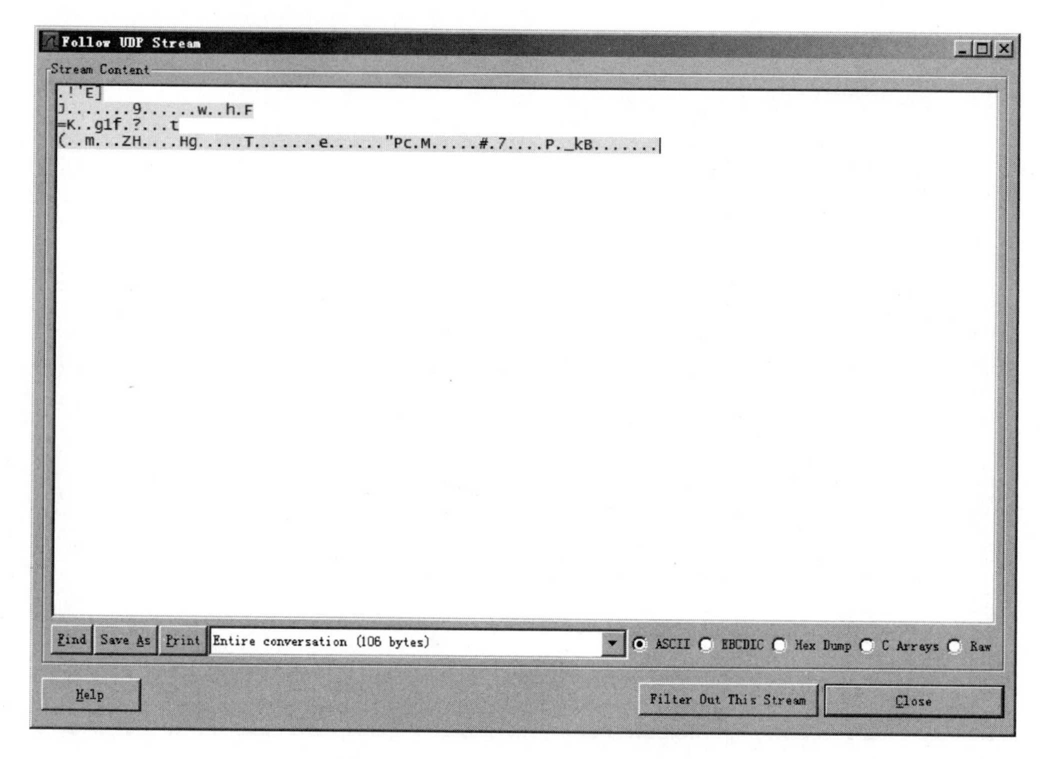

图 15-32　ASCII 格式的 UDP 流数据

如果选择 Hex Dump，会按照十六进制的格式来显示 UDP 流数据，如图 15-33 所示。

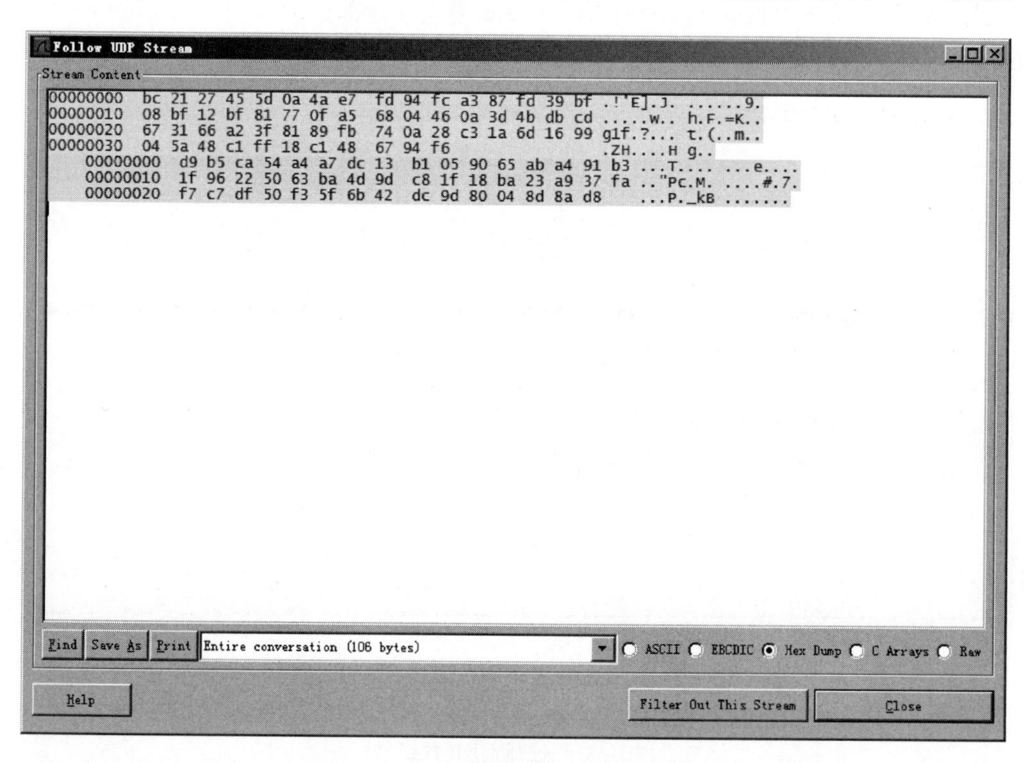

图 15-33　十六进制格式的 UDP 流数据

如果选择 CArrays，会按照 C 语言数组格式显示 UDP 流数据，如图 15-34 所示。

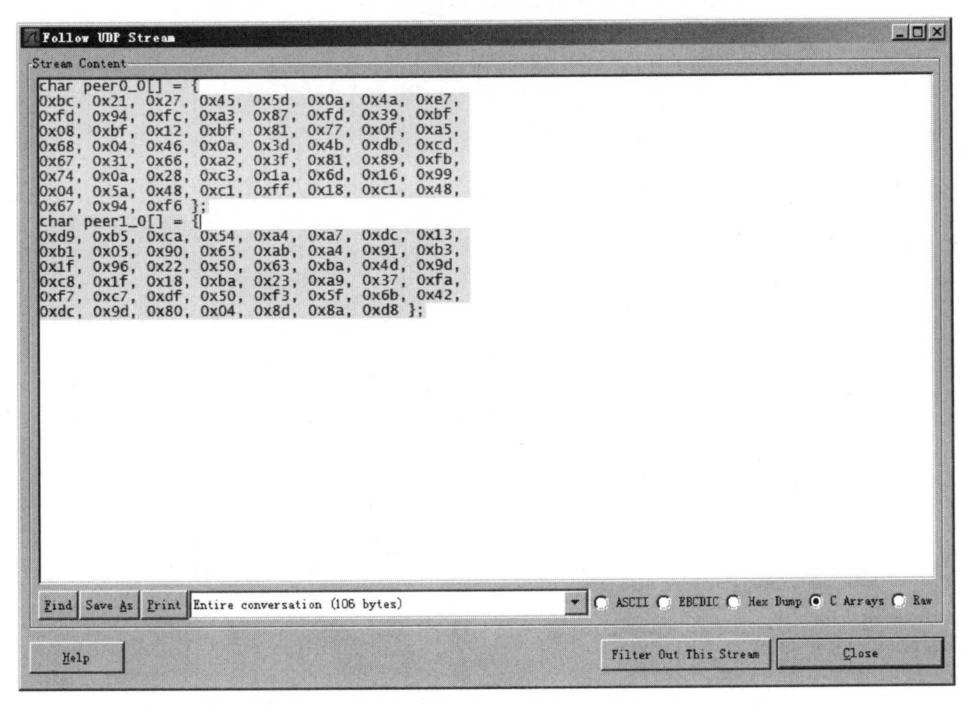

图 15-34　C 语言数组格式的 UDP 流数据

15.2.6　数据统计

执行数据包捕获操作后，可以对已捕获的数据进行统计。

1. Summary（摘要）

单击图 15-31 的菜单栏中的 Statistics 选项卡，在打开的下拉菜单中选择 Summary 选项，就会显示如图 15-35 所示的 Wireshark：Summary 窗口，在该窗口显示了捕获操作的摘要信息。

2. Protocol Hierarchy（协议统计）

单击图 15-31 的菜单栏中的 Statistics 选项卡，在打开的下拉菜单中选择 Protocol Hierarchy，就会显示如图 15-36 所示的 Wireshark：Protocol Hierarchy Statistics 窗口，在该窗口显示了在所捕获的数据包中使用的协议的次数统计数据。

3. Conversations（会话统计）

单击图 15-24 的菜单栏中的 Statistics，在打开的下拉菜单中选择 Conversations，就会显示如图 15-37 所示的 Conversations 窗口，在该窗口显示了在所捕获的数据包中在不同协议上的会话统计数据。

（1）Ethernet 会话统计

默认显示的是 Ethernet 选项卡，即在以太网数据链路层上的会话统计数据。

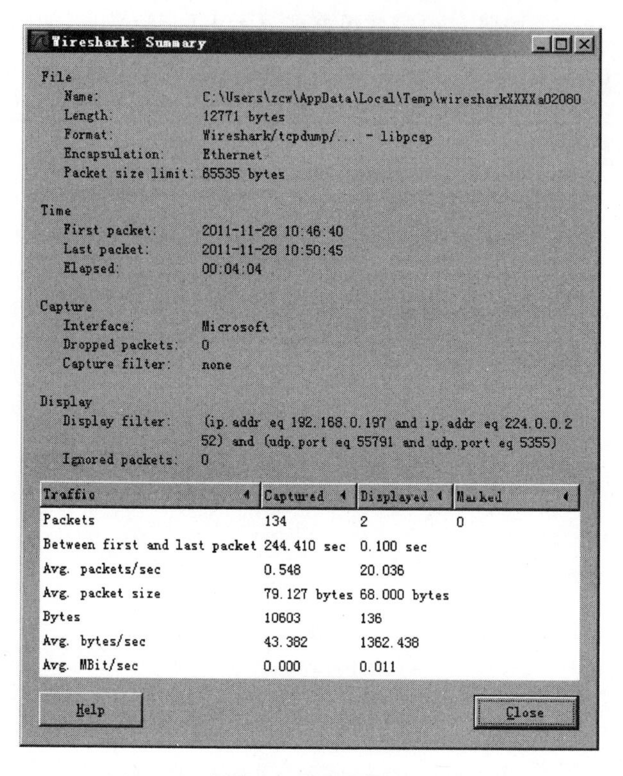

图 15-35　捕获摘要

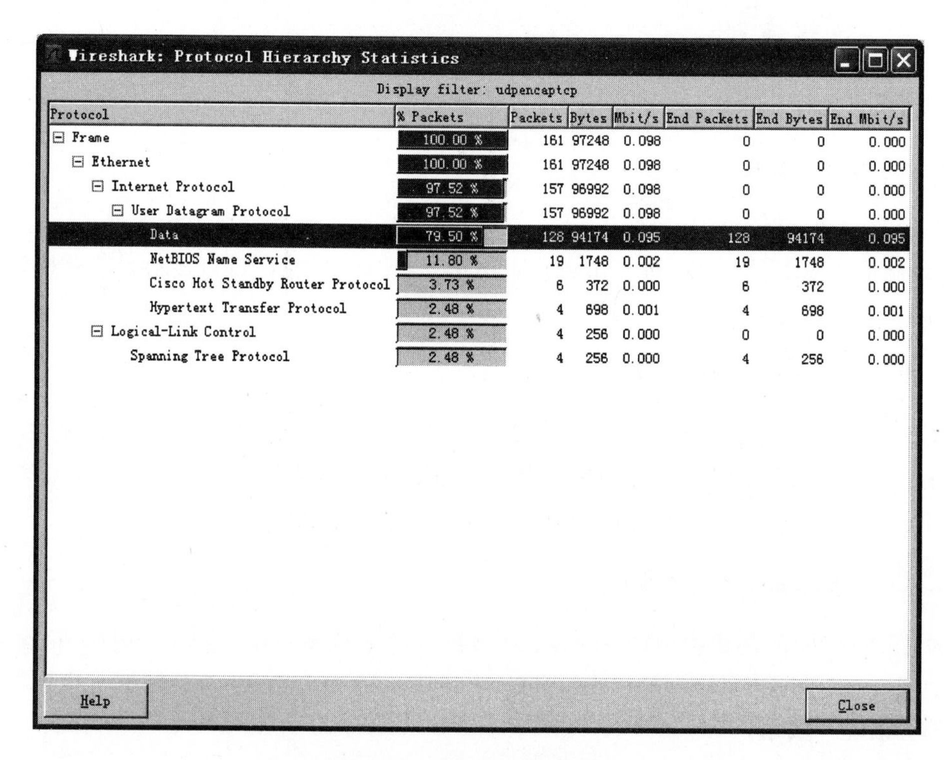

图 15-36　协议使用次数统计

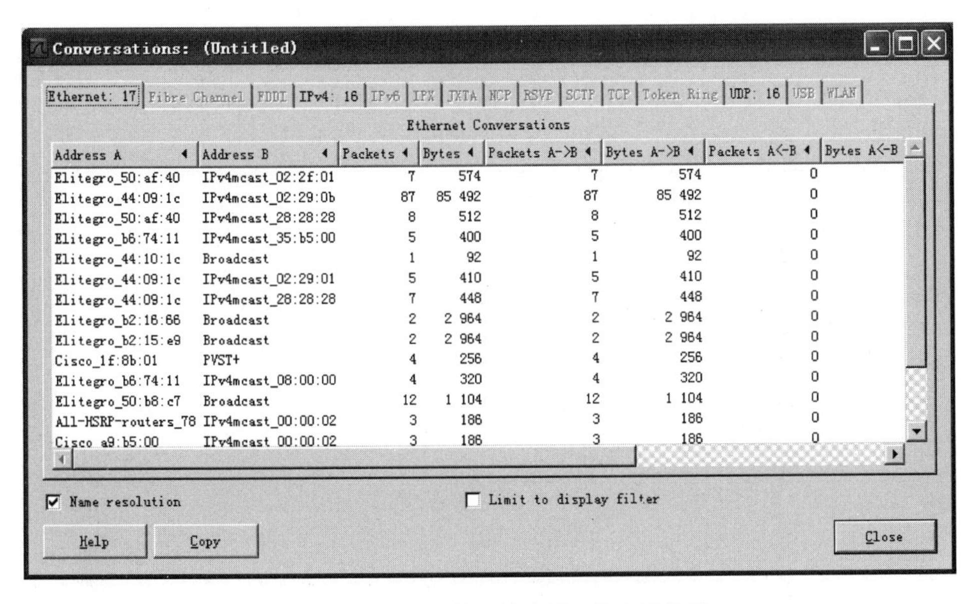

Conversations: (Untitled)

Ethernet: 17 | Fibre Channel | FDDI | IPv4: 16 | IPv6 | IPX | JXTA | NCP | RSVP | SCTP | TCP | Token Ring | UDP: 16 | USB | WLAN

Ethernet Conversations

Address A	Address B	Packets	Bytes	Packets A->B	Bytes A->B	Packets A<-B	Bytes A<-B
Elitegro_50:af:40	IPv4mcast_02:2f:01	7	574	7	574	0	
Elitegro_44:09:1c	IPv4mcast_02:29:0b	87	85 492	87	85 492	0	
Elitegro_50:af:40	IPv4mcast_28:28:28	8	512	8	512	0	
Elitegro_b6:74:11	IPv4mcast_35:b5:00	5	400	5	400	0	
Elitegro_44:10:1c	Broadcast	1	92	1	92	0	
Elitegro_44:09:1c	IPv4mcast_02:29:01	5	410	5	410	0	
Elitegro_44:09:1c	IPv4mcast_28:28:28	7	448	7	448	0	
Elitegro_b2:16:66	Broadcast	2	2 964	2	2 964	0	
Elitegro_b2:15:e9	Broadcast	2	2 964	2	2 964	0	
Cisco_1f:8b:01	PVST+	4	256	4	256	0	
Elitegro_b6:74:11	IPv4mcast_08:00:00	4	320	4	320	0	
Elitegro_50:b8:c7	Broadcast	12	1 104	12	1 104	0	
All-HSRP-routers_78	IPv4mcast_00:00:02	3	186	3	186	0	
Cisco_a9:b5:00	IPv4mcast_00:00:02	3	186	3	186	0	

☑ Name resolution　　☐ Limit to display filter

Help　Copy　Close

图 15-37　以太网数据链路层上的会话统计

(2) IP 会话统计

单击 IPv4 标签，就会显示 IPv4 会话统计数据，如图 15-38 所示。

Conversations: (Untitled)

Ethernet: 17 | Fibre Channel | FDDI | IPv4: 16 | IPv6 | IPX | JXTA | NCP | RSVP | SCTP | TCP | Token Ring | UDP: 16 | USB | WLAN

IPv4 Conversations

Address A	Address B	Packets	Bytes	Packets A->B	Bytes A->B	Packets A<-B	Bytes A<-B	Rel
192.168.120.5	225.2.47.1	7	574	7	574	0	0	0.0
192.168.120.45	225.2.41.11	87	85 492	87	85 492	0	0	0.1
192.168.120.5	224.40.40.40	8	512	8	512	0	0	0.3
192.168.120.108	228.53.181.0	5	400	5	400	0	0	0.4
192.168.120.212	192.168.120.255	1	92	1	92	0	0	0.6
192.168.120.45	225.2.41.1	5	410	5	410	0	0	0.7
192.168.120.45	224.40.40.40	7	448	7	448	0	0	0.9
192.168.120.46	255.255.255.255	2	2 964	2	2 964	0	0	1.1
192.168.120.94	255.255.255.255	2	2 964	2	2 964	0	0	1.2
192.168.120.108	225.8.0.0	4	320	4	320	0	0	1.4
192.168.120.160	192.168.120.255	12	1 104	12	1 104	0	0	1.4
192.168.120.252	224.0.0.2	3	186	3	186	0	0	1.6
192.168.120.253	224.0.0.2	3	186	3	186	0	0	2.0
192.168.120.38	239.255.255.250	4	698	4	698	0	0	2.2

☑ Name resolution　　☐ Limit to display filter

Help　Copy　Close

图 15-38　IP 会话统计

(3) UDP 会话统计

单击 UDP 标签，就会显示 UDP 会话统计数据，如图 15-39 所示。

(4) IO Graphs(流量图)

单击图 15-24 的菜单栏中的 Statistics，在打开的下拉菜单中选择 IO Graphs，就会显示如图 15-40 所示的 Wireshark IO Graphs 窗口。

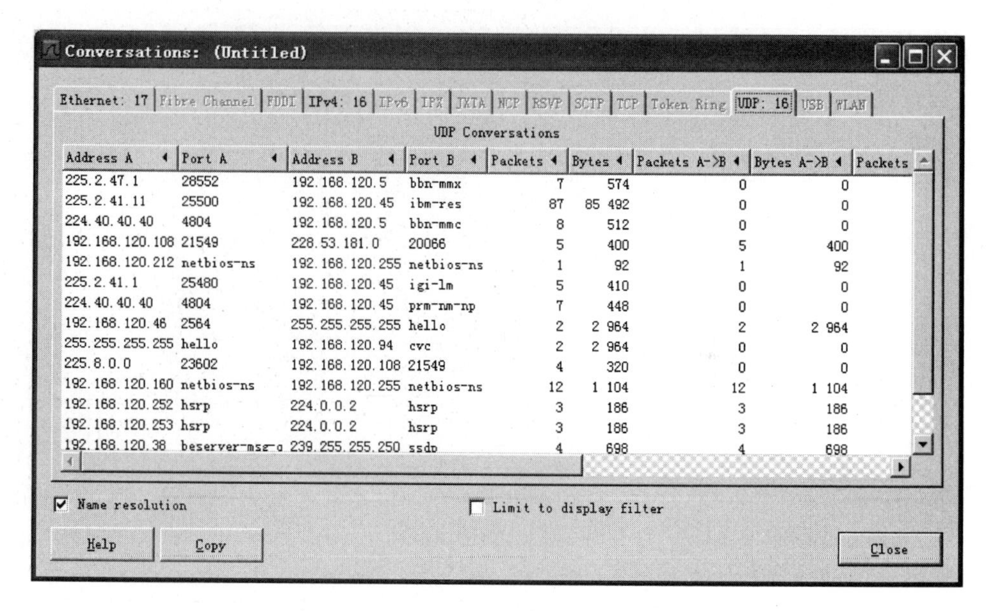

图 15-39　UDP 会话统计

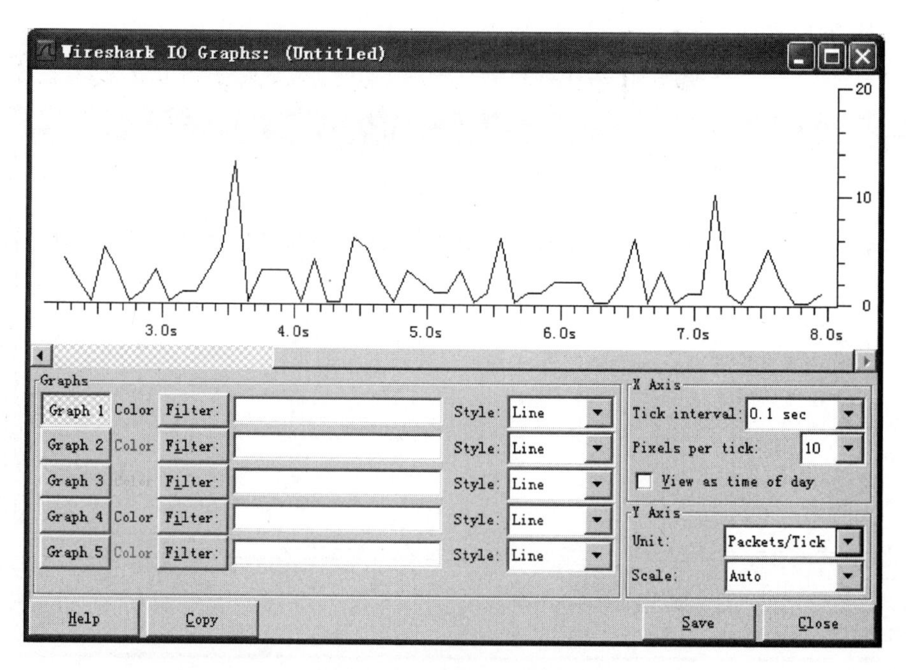

图 15-40　网络流量动态图

本 章 小 结

本章介绍了一些与监测网络数据包与分析网络协议相关的应用，包括 CommView、Wireshark 等。通过了解和使用这些应用，可以更好地了解网络运行的原理，为更好地学习网络管理系统原理以及开展网络管理工作打下一定的基础。

在教学上，本章的教学目的是让学生掌握与监测网络数据包与分析网络协议相关的一些应用。本章重点与难点都是监测网络数据包和分析网络协议相关应用的学习与使用。

习　　题

1. 简述 CommView 的主要内容。
2. 简述 Wireshark 的主要内容。

第16章　网络监控

本章将分别介绍一些网络监控，包括 AnyView、LanSee。通过运行这些应用，不仅可以了解网络和网络设备的工作状态，还可以执行远程控制操作。

16.1　AnyView

AnyView（网络警）网络监控软件是一款国内目前最专业的企业级的网络监控软件产品，包含局域网上网监控、邮件监控、聊天监控、BT 禁止、带宽/流量限制、屏幕监测和录像、QQ 聊天内容监控、硬件禁止、软件限制、打印监测等功能。

AnyView 是功能最全面、最有效的网络管理软件之一。

16.1.1　安装

1. AnyView 的安装

要实现网络监控功能，需要在负责监控的主机上安装 AnyView（网络警）。在安装之前，有两个方面需要注意，一个是如果在安装 AnyView（网络警）的主机上正在运行防火墙，需要首先关闭或删除防火墙以免发生冲突，另一个是 AnyView 所在主机需要固定的 IP 地址并设置外部的 DNS 服务器。安装完成后，会在 Windows 操作系统桌面上出现"AnyView 控制台"图标。

2. IntraView 工作站的安装

如果需要 AnyView（网络警）对局域网内其他主机的运行情况进行监控，就需要在被监控的主机上安装 IntraView 工作站程序。安装 IntraView 工作站有两个方面需要注意，一个是由于 AnyView（网络警）与 IntraView 工作站之间通过 TCP 端口 11901-11905 进行通信，因此，在安装 IntraView 工作站之前，一定要确保开放 AnyView（网络警）所在主机的这五个 TCP 端口，否则在安装 IntraView 工作站的时候会提示无法连接的信息。另一个是在安装过程中，需要输入安装 AnyView（网络警）主机的 IP 地址。IntraView 工作站安装完成后，需要重启机器才能起到被监控的作用。

16.1.2　AnyView 服务管理

AnyView（网络警）安装完成后，或者，依次打开 Windows"开始"菜单、"所有程序"

"Amoisoft AnyView 4"和"AnyView 服务管理器",会显示如图 16-1 所示的"AnyView 服务管理器"窗口,在该窗口可以控制 AnyView 服务的开启和停止,可以设置数据自动保存天数,进行备份配置信息和恢复配置信息等操作,单击"高级设置"按钮,会显示"驱动程序功能设置"窗口。

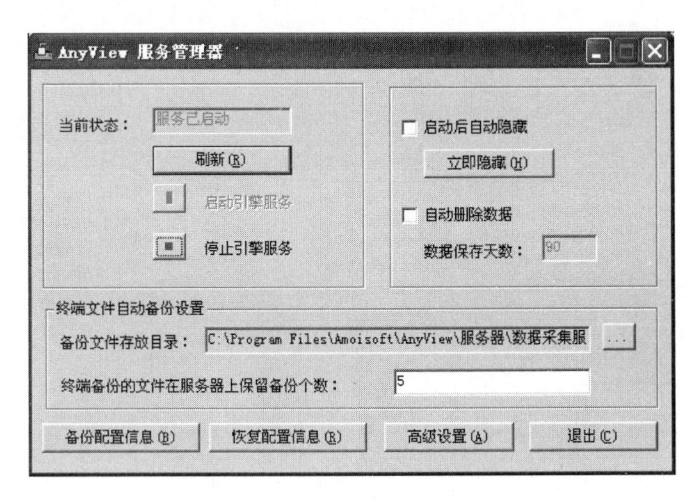

图 16-1　AnyView 服务管理器

16.1.3　AnyView 主界面

在 AnyView(网络警)端,单击 Windows 桌面上的"AnyView 控制台"图标,就会运行 AnyView(网络警),首先会打开"登录服务器"对话框,登录后会显示如图 16-2 所示的 AnyView(网络警)主界面。从该主界面的菜单条上,可以看出 AnyView(网络警)的主要监控功能,包括"现场观察""聊天监视""邮件监视""操作日志""统计报表""资产管理""控制规则""系统设置"等。在 AnyView(网络警)主界面的左侧是功能选项区域,功能有"现场观察""聊天监视""邮件监视""操作日志""统计报表""资产管理""控制规则""系统设置"等。

AnyView(网络警)初次运行并显示主界面的同时,会在主界面中央显示"本地网络"树型图,显示搜索到的网络内的工作组和工作组内的主机,如图 16-2 所示。

16.1.4　现场观察

通过"现场观察",可以查看网内用户的实时行为、实时流量、实时屏幕显示、远端主机的资源管理器、聊天内容、在玩的游戏、上网内容、炒股信息、在线用户信息等。

1. 实时日志

如图 16-3 所示,选择主界面中央"本地网络"树型图中需要查看的主机,比如,在图 16-3 中选择工作组 WORKGROUP 下的主机 A02,然后单击 AnyView(网络警)主界面左侧功能选项区域中"现场观察"的"实时日志"功能选项,就会在 AnyView(网络警)主界面右侧的列表中显示 A02 主机的实时日志信息,内容包括"分组""工作站""时间""事件类型""对象"和"描述"等。查看实时日志就可以清楚地知道局域网内用户正在进行什么操作。

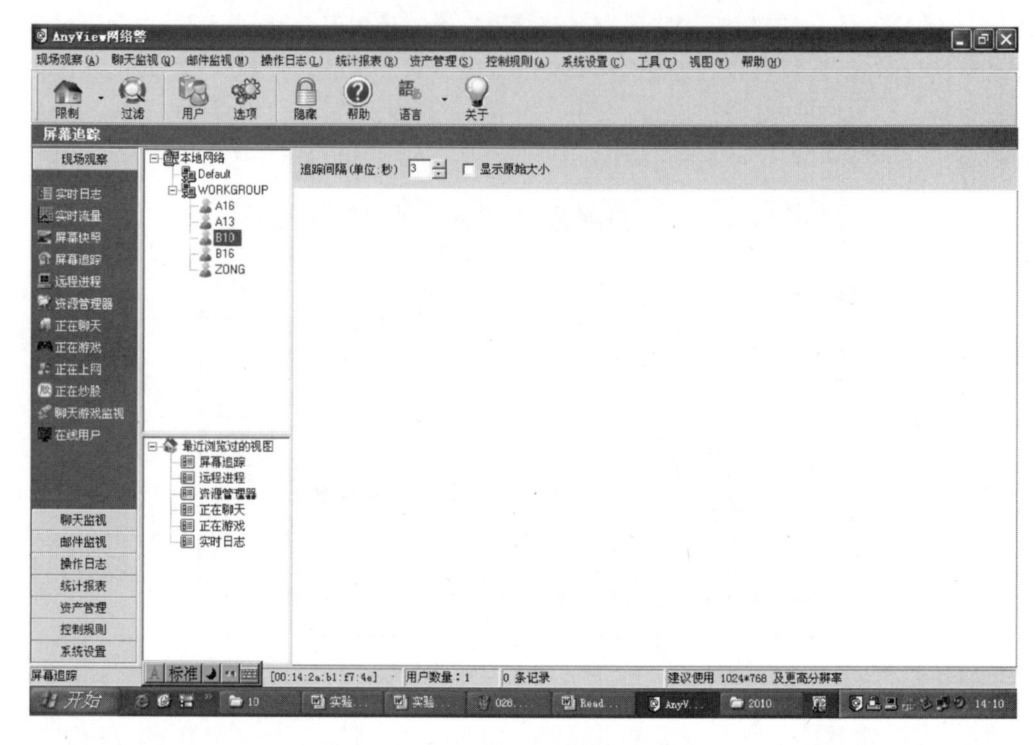

图 16-2　AnyView(网络警)主界面

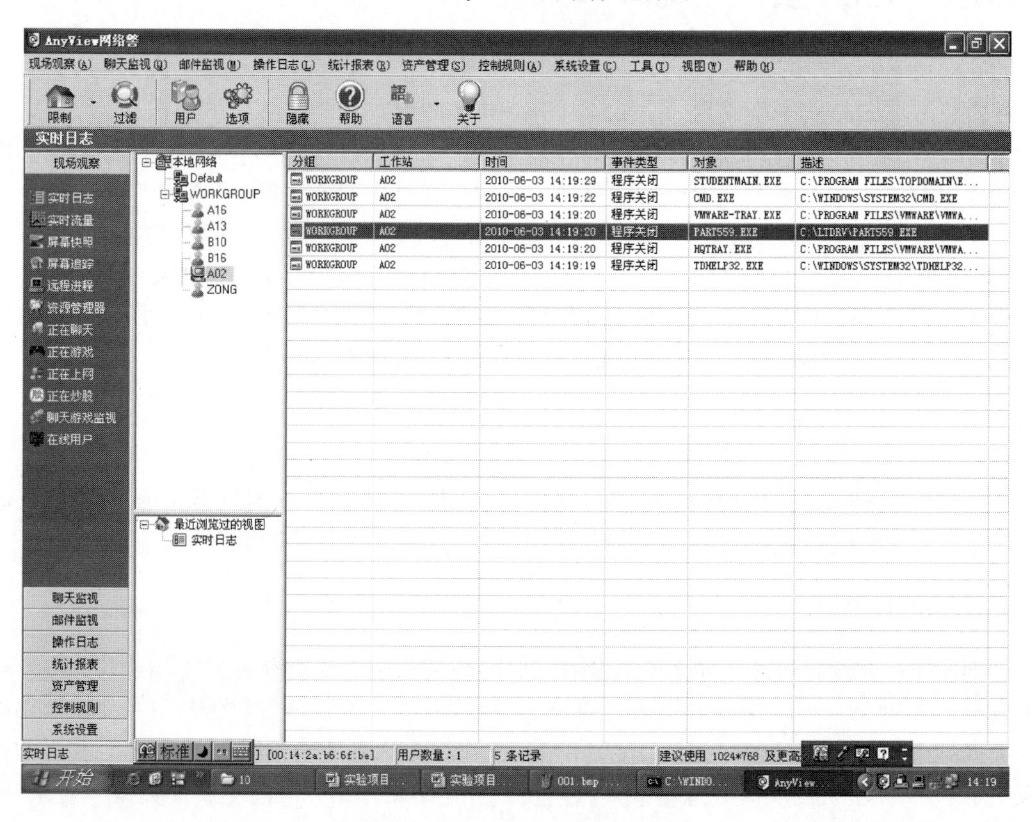

图 16-3　主机 A02 的实时日志

2. 实时流量

如图 16-4 所示，选择主界面中央“本地网络”树型图中需要查看的主机，比如，在图 16-4 中选择工作组 WORKGROUP 下的主机 A02，然后单击 AnyView(网络警)主界面左侧功能选项区域中“现场观察”的“实时流量”功能选项，就会在 AnyView(网络警)主界面右侧的上半部分显示实时流量图，在主界面右侧的下半部分显示流量统计列表。

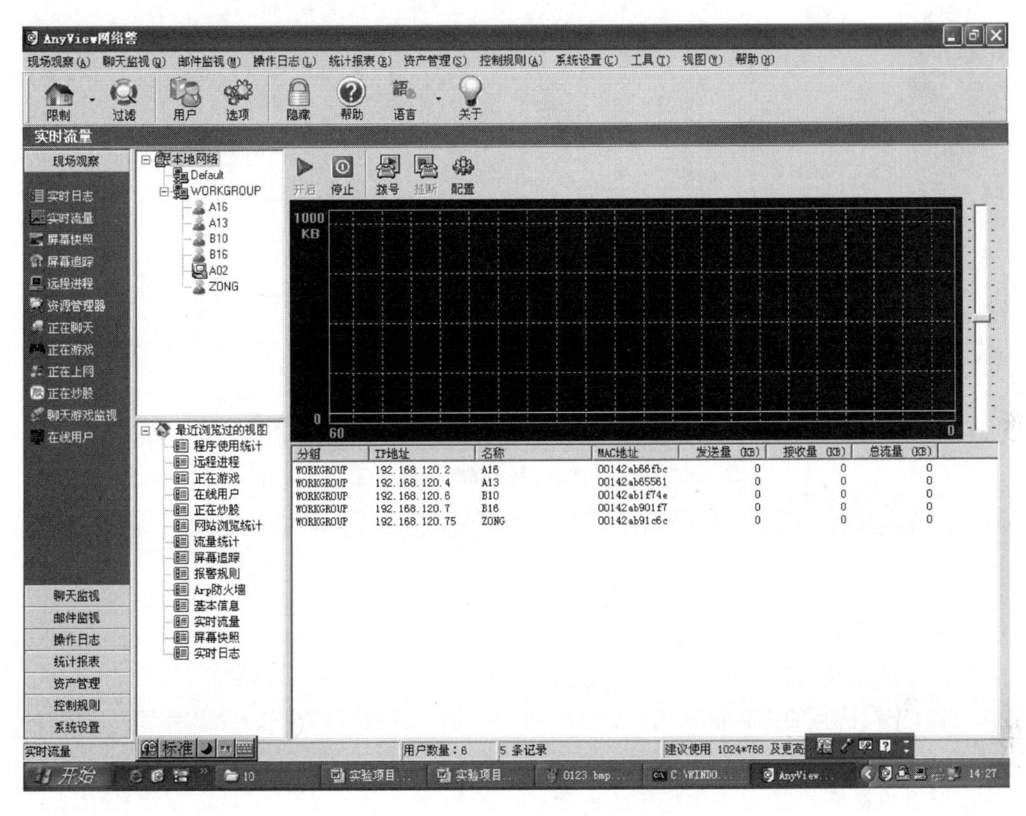

图 16-4　实时流量监测动态图

网络管理员从实时流量监测动态图中就可以了解到最新的网络流量统计数据。

3. 屏幕追踪

如图 16-5 所示，选择主界面中央“本地网络”树型图中需要查看的主机，比如，在图 16-5 中选择工作组 WORKGROUP 下的主机 A02，然后单击 AnyView(网络警)主界面左侧功能选项区域中“现场观察”的“屏幕追踪”功能选项，就会在 AnyView(网络警)主界面右侧显示主机 A02 的当前屏幕内容。

通过对主机 A02 进行屏幕追踪操作，可以看到主机 A02 当前正在进行的操作，在此基础上，可以对它做更进一步的监控工作，比如，可以直接对主机 A02 进行重启或关机等操作。

4. 远程进程

图 16-6 所示，选择主界面中央“本地网络”树型图中需要查看的主机，比如，在图 16-6

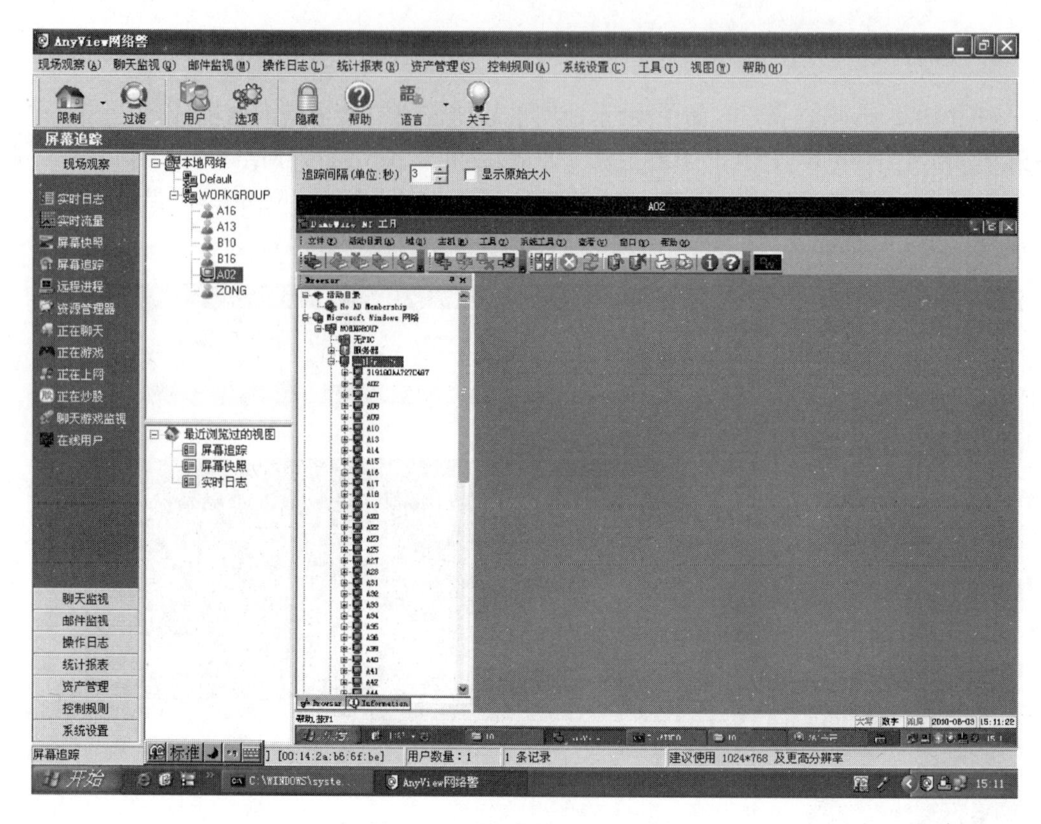

图 16-5　追踪主机 A02 的屏幕

中选择工作组 WORKGROUP 下的主机 A02，然后单击 AnyView(网络警)主界面左侧功能选项区域中"现场观察"的"远程进程"功能选项，就会在 AnyView(网络警)主界面右侧显示主机 A02 当前正在执行的进程信息列表(包括"进程名称""进程 ID""CPU 占用率"等)和实时图。

在查看主机 A02 当前进程的界面中，可以直接查看到主机 A02 的任务管理器中的信息，并且可以直接终止某个正在运行的进程。

16.1.5　资产管理

AnyView(网络警)主界面中的"资产管理"菜单包括四项功能选项，分别是"基本信息""硬件改变日志""软件改变日志"和"打印机日志"。下面是各个功能选项的主要功能。

(1) 基本信息：查看工作站的软件、硬件配置详细信息。

(2) 硬件改变日志：查看工作站硬件变更信息。

(3) 软件改变日志：查看工作站软件变更信息。

(4) 打印机日志：查看工作站使用局域网内打印机的信息。

图 16-7 所示，在 AnyView(网络警)主界面"本地网络"主机树中选择需要查看基本信息的主机，然后单击 AnyView(网络警)主界面"资产管理"菜单中的"基本信息"选项，会在 AnyView(网络警)主界面右侧显示选定主机的基本信息树，内容包括"计算机配置""硬件清单"和"软件清单"等。其中，硬件清单主要是主机"设备管理器"中的硬件列表，软件清单主要是主机"控制面板"中已安装程序的列表，如图 16-7 所示为查看主机 A02 的基本信息。

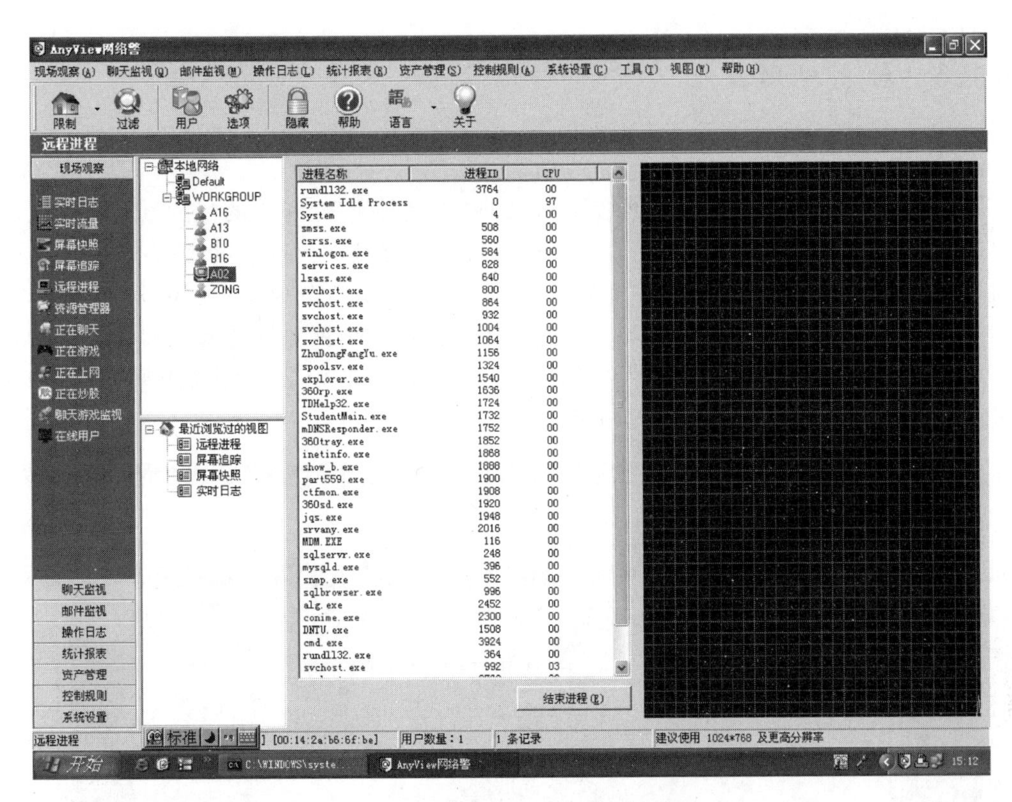

图 16-6　查看主机 A02 当前进程信息

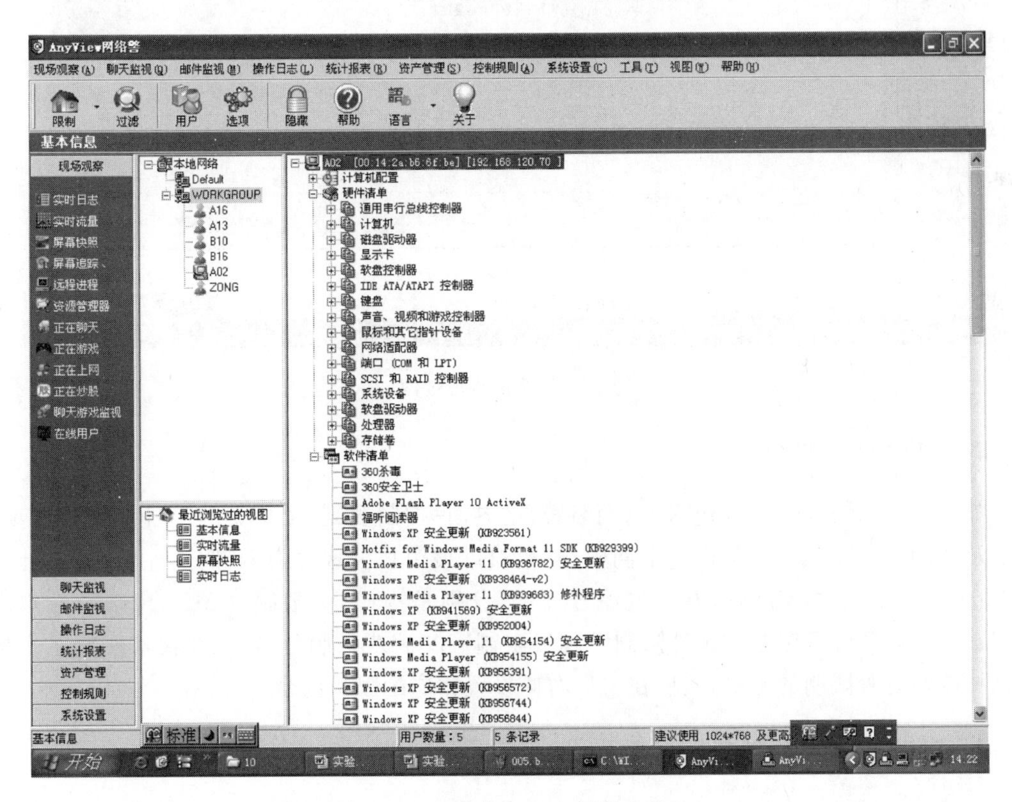

图 16-7　查看主机 A02 的基本信息

16.1.6 控制规则

1. 监视项过滤设置

图 16-8 所示，单击 AnyView（网络警）主界面“控制规则”菜单中的“过滤选项”选项，或者单击 AnyView（网络警）主界面工具栏中的“过滤”功能键，会显示“过滤选项”窗口，通过该窗口可以设置 AnyView（网络警）需要监控的行为。该窗口分成左右两部分，左侧是“本地网络”所包含的主机树，右侧是五个过滤选项卡，分别是“内网监视过滤”“上网监视过滤”“网页监视过滤”“文件监视过滤”和“文件备份过滤”。首先在窗口左侧主机树中选择需要设置过滤的主机，然后在窗口右侧设置相应的过滤内容。

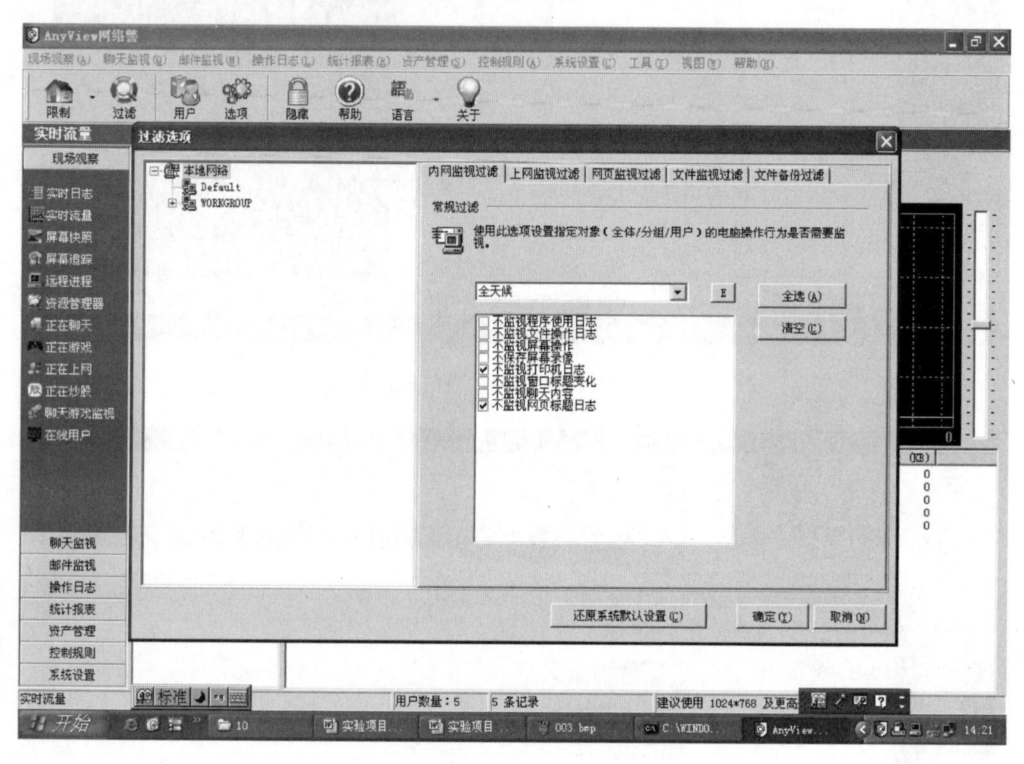

图 16-8 设置监视过滤

2. 工作站上网限制

如图 16-8 所示，单击 AnyView（网络警）主界面“控制规则”菜单中的“上网限制”选项，会显示如图 16-9 所示的“工作站上网限制”窗口。该窗口分成左右两部分，左侧是“本地网络”所包含的主机树；右侧是八个过滤选项卡，分别是“自定义限制”“ACL 规则”“端口限制”“常规限制”“网页限制”“邮件限制”“聊天限制”和“游戏限制”。首先在窗口左侧主机树中选择需要设置限制的主机，然后在窗口右侧设置相应的限制内容。

3. 工作站应用程序限制

如图 16-8 所示，单击 AnyView（网络警）主界面“控制规则”菜单中的“应用程序限制”

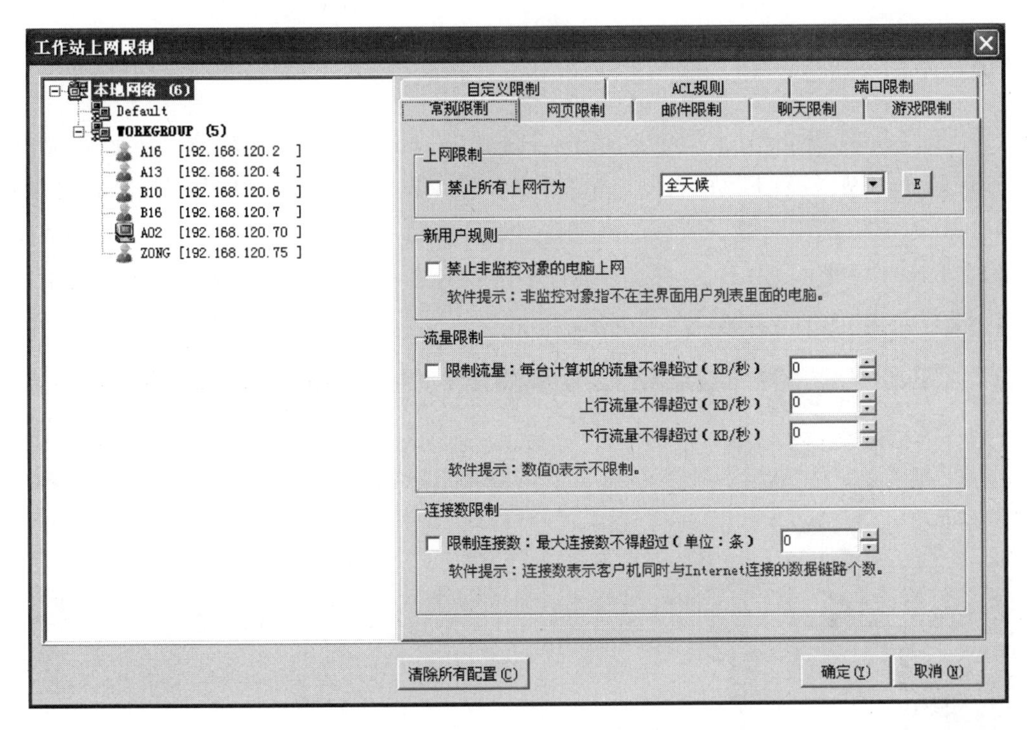

图 16-9　设置上网限制

选项，会显示如图 16-10 所示的“工作站应用程序限制”窗口。该窗口分成左右两部分，左侧是“本地网络”所包含的主机树；右侧是三个过滤选项卡，分别是“程序限制”“窗口限制”和“其他限制”。首先在窗口左侧主机树中选择需要设置限制的主机，然后在窗口右侧设置相应的限制内容。

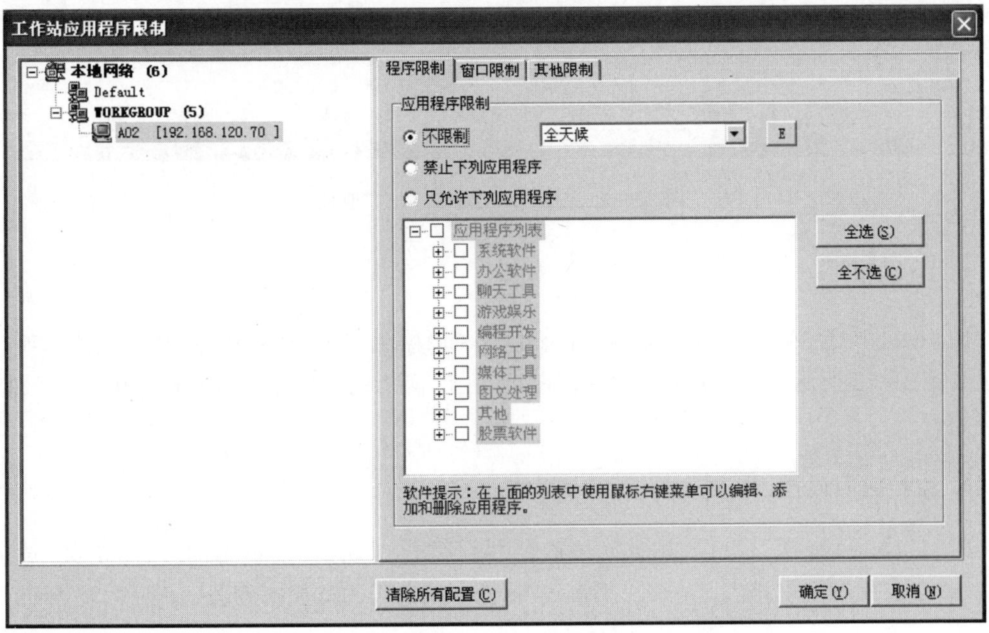

图 16-10　设置程序限制

4. Arp 防火墙

图 16-11 所示，单击 AnyView（网络警）主界面“控制规则”菜单中的“Arp 防火墙”选项，会在 AnyView（网络警）主界面右侧显示“绑定下列计算机的 ARP 信息”区域，在该区域可以绑定 IP 地址和 MAC 地址，所有的绑定数据都会放到 IP 地址和 MAC 地址绑定列表中。但是，在 DHCP 网络里，由于主机的 IP 地址不是固定的，而是由 DHCP 服务器动态分配的，因此不能设置 IP 地址和 MAC 地址绑定。

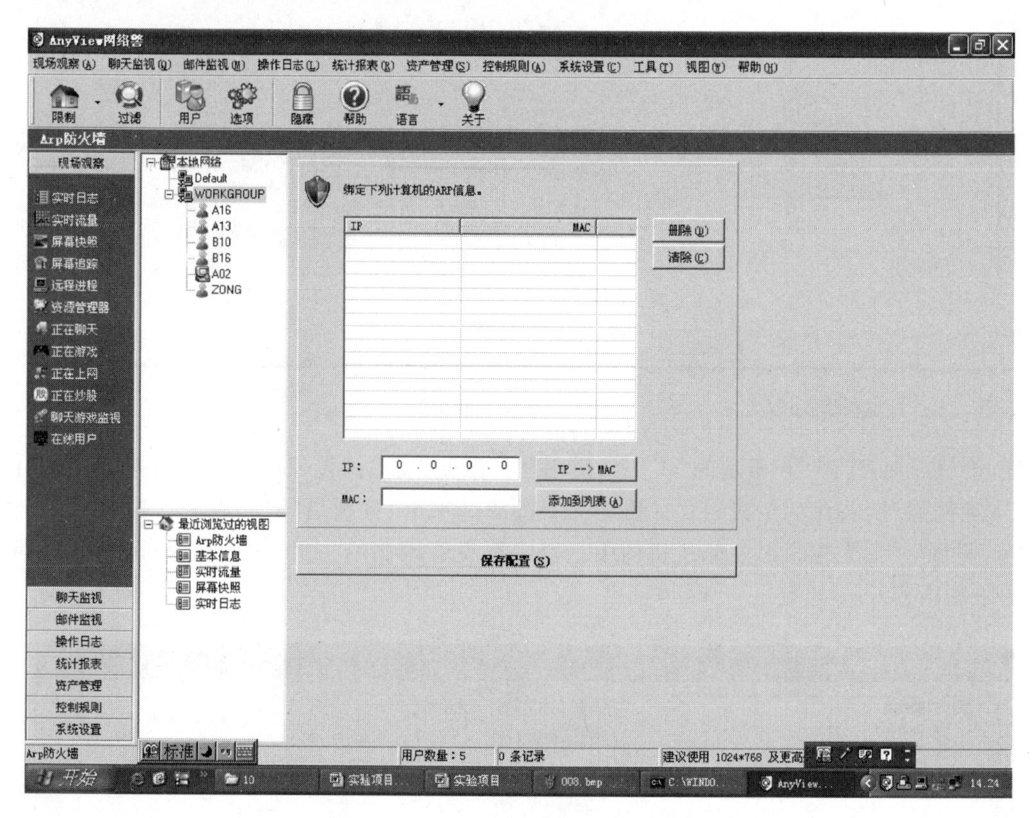

图 16-11 绑定 IP 地址和 MAC 地址

5. IP 绑定

图 16-11 所示，单击 AnyView（网络警）主界面“控制规则”菜单中的“IP 绑定”选项，会显示如图 16-12 所示的“MAC 绑定限制”窗口，在该窗口的中央显示 IP 地址和 MAC 地址绑定列表。

6. 监控时间设置

图 16-13 所示，单击 AnyView（网络警）主界面“控制规则”菜单中的“时间定义”选项，会显示“自定义时间安排表”，在该表中可以设置一周七天的监控时间段。

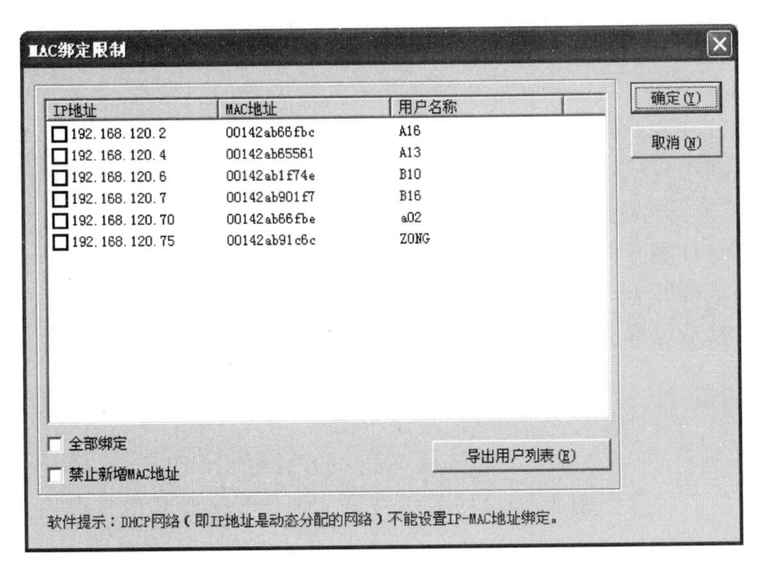

图 16-12　IP 地址和 MAC 地址绑定列表

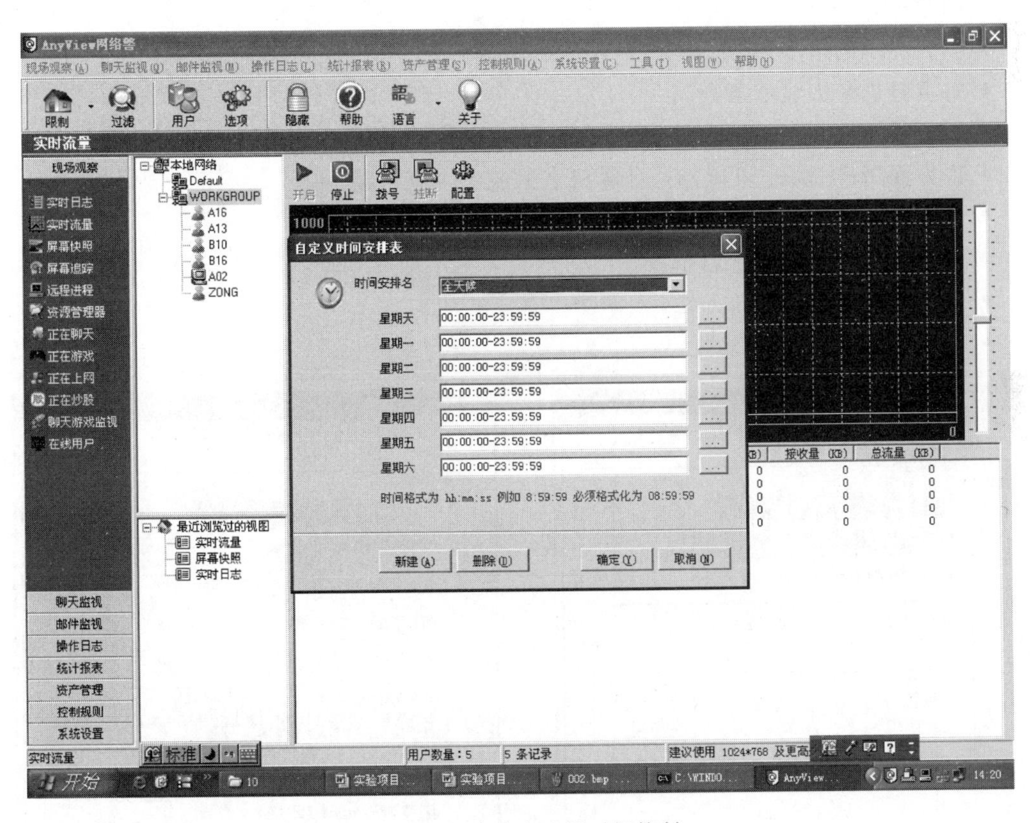

图 16-13　自定义上网时间控制

16.1.7　系统设置——系统选项

图 16-13 所示，单击 AnyView(网络警)主界面"系统设置"菜单中的"系统选项"选项，会显示如图 16-14 所示的"系统设置选项"窗口，该窗口包含六个选项卡，分别是"服务器"

“控制台”“工作站”“工作模式”“用户模式”和“防止 Arp 攻击”。

1. 服务器设置

如图 16-14 所示，单击“系统设置选项”窗口的“服务器”选项卡，会显示“服务器”页面。在该页面可以设置如下内容。

(1) 解析网页标题并保存网页快照。

(2) 设置监视哪些 URL(网页地址)。

(3) 每天自动从远程服务器获取最新的数据文件。

2. 控制台设置

如图 16-15 所示，单击“系统设置选项”窗口的“控制台”选项卡，会显示“控制台”页面。在该页面，可以设置当前控制台的显示界面，但不能设置其他控制台。可以设置如下内容。

◆ 实时日志最多显示条数：当实时日志显示条数多于设置的条数时，会自动删除多余的数据。

◆ 图表显示的最多条数。

◆ 每页日志最多显示条数。

◆ 流量视图最大显示值。

◆ 主界面用户标识：可以选择计算机名称或者计算机昵称。

◆ 当采集服务器硬盘空间不足时提示。

◆ 限制每次最多提取日志条数。

◆ 登录后是否隐藏到任务栏。

◆ 主界面是否显示 IP 地址。

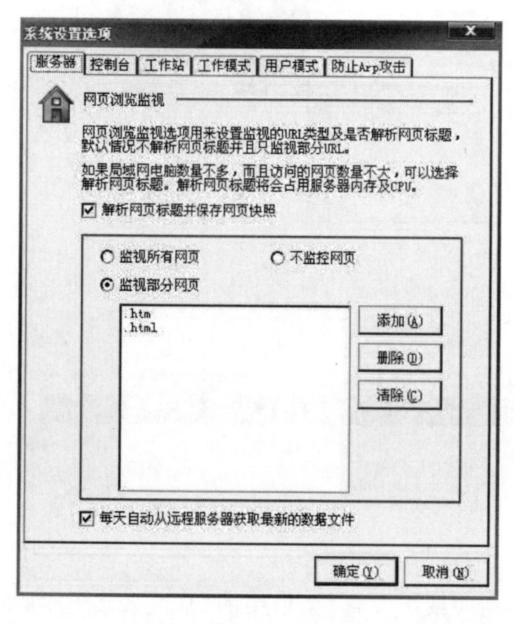

图 16-14 服务器设置

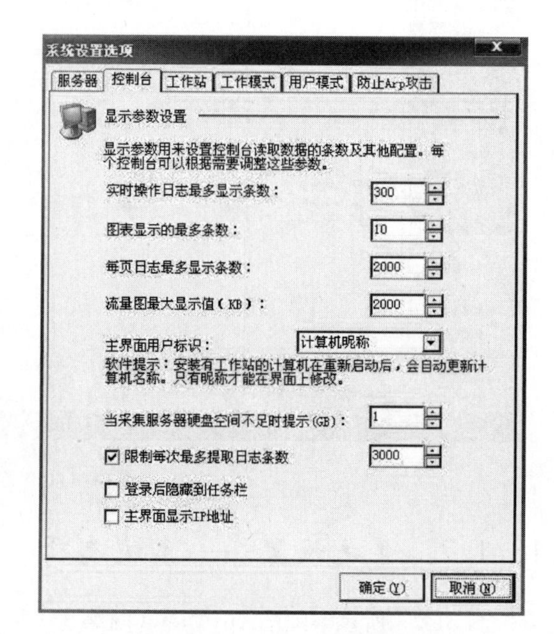

图 16-15 控制台设置

3. 工作站设置

如图 16-16 所示，单击“系统设置选项”窗口的“工作站”选项卡，会显示“工作站”页面。在该页面可以设置如下内容。

(1) 抓屏的时间间隔。

(2) 是否在程序窗口标题改变时抓屏。

(3) 是否在工作站屏保状态下定时抓屏。

(4) 图像压缩率的高低。

(5) 统计信息上报的时间间隔。

(6) 数据缓存时间。

(7) 同时显示的屏幕追踪的最大计算机数。

(8) 是否启动终端服务。

4. 工作模式设置

如图 16-17 所示，单击“系统设置选项”窗口的“工作模式”选项卡，会显示“工作模式”页面。在该页面，可以设置系统运行的工作模式，即从网关模式、网桥模式、旁听模式和旁路模式四个模式中选择一个。

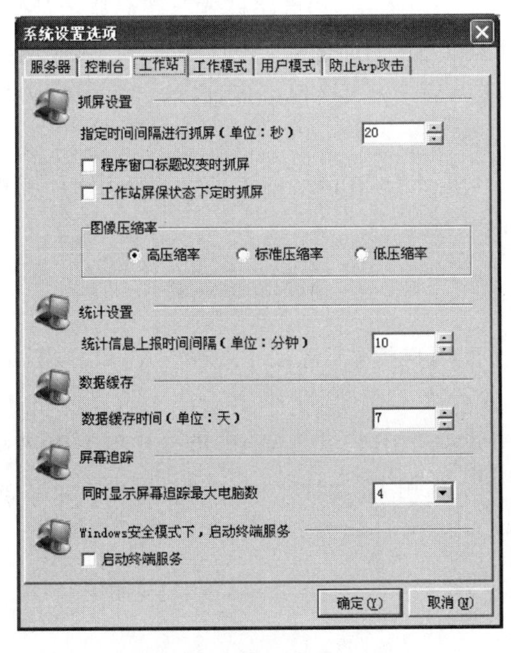

图 16-16　工作站设置

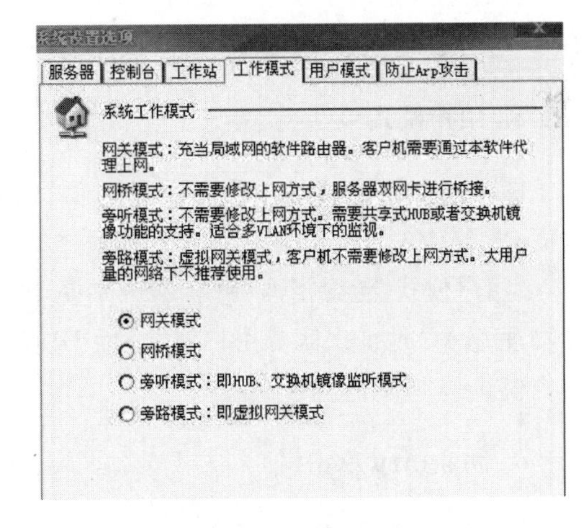

图 16-17　工作模式设置

下面介绍网关模式、网桥模式、旁听模式和旁路模式这四个模式。

(1) 网关模式

网关模式是 AnyView(网络警)运行的默认模式，该模式是四个模式中功能最全的模式，但是该模式的设置比较复杂，需要把本机 IP 地址设置为其他主机的默认网关地址。

(2) 网桥模式

网桥模式适合于以下场景：VPN、网络内主机数量较多、跨 VLAN 管理、多网段管理等。

网桥模式的特点如下：

① 适合网络内主机数量较多的环境；

② 全透明转发，支持 VPN、无线、多 VLAN、多网段等所有的网络应用情况；

③ 与网关模式相比，网桥模式的安装简单，不需要修改路由、网关、交换机以及被监视主机的任何设置；

④ 与网关模式相比，网桥模式只比网关模式减少了"并发连接数限制"和"禁止非监视计算机上网"这两个功能。

(3) 旁听模式(需要共享式 HUB 或镜像交换机支持)

旁听模式是老的被淘汰的模式，能兼容老版本用户和特殊用户的需求，但一般不建议采用。

(4) 旁路模式

旁路模式是虚拟网关模式，采用该模式的话，在网络内任意一台主机安装就可以控制整个网络。

旁路模式的设置内容：在"工作模式"页面，单击页面中的"旁路模式"，就会显示"网关 IP 地址"和"网关 MAC 地址"文本框，输入路由网关 IP 地址之后，单击"根据 IP 获取网关 MAC 地址"按钮，会在"网关 MAC 地址"文本框内显示网关 MAC 地址，然后单击"确定"按钮。

旁路模式是四个模式中最简单的工作模式，但是，对于在网络内主机数量较多的环境和有条件的用户，推荐使用网关模式或网桥模式。

5. 用户模式

图 16-17 所示，单击"系统设置选项"窗口的"用户模式"选项卡，会显示"用户模式"页面。

"用户模式"包含了两种模式，分别是 MAC 模式和 IP 模式。MAC 模式是指采用网卡的物理 MAC 地址来区分用户对象，而 IP 模式是指采用 IP 地址来区分用户对象。默认的用户模式是 MAC 模式。

6. 防止 Arp 攻击

图 16-18 所示，单击"系统设置选项"窗口的"防止 Arp 攻击"选项卡，会显示"防止 Arp 攻击"页面。在该页面提供了 Arp 绑定功能，通过设置该功能来防止 Arp 攻击，需要把 IP 和 MAC 地址进行 Arp 绑定并且需要指定网关出口地址。如果被监控主机已安装了 IntraView 工作站，那么被监控主机将会自动绑定而不会被 Arp 攻击。

但是，在 DHCP 环境下不能使用本功能，否则会导致 IP 地址冲突；另外，如果 AnyView(网络警)所在主机采用的上网方式是拨号上网，那么也不需要设置本功能。

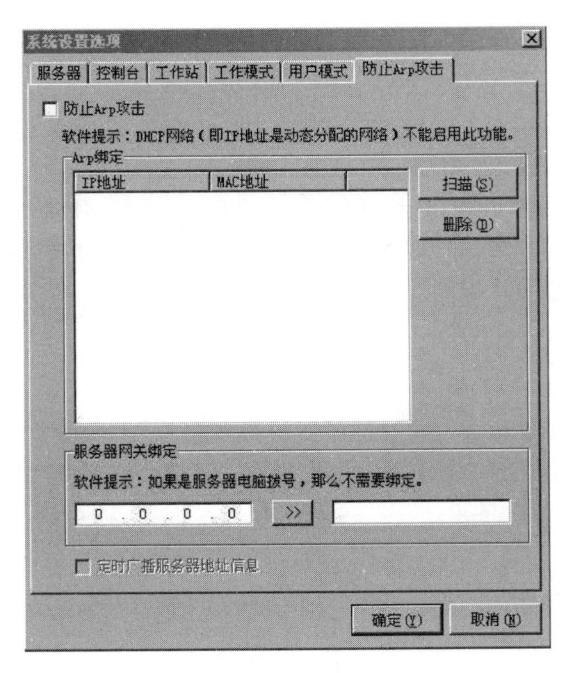

图 16-18　防止 Arp 攻击

16.1.8　系统设置——操作员管理

图 16-13 所示，单击 AnyView（网络警）主界面“系统设置”菜单中的“操作员管理”选项，会显示如图 16-19 所示的“操作员管理”窗口。在该窗口可以设置操作员的管理权限、密码和登录名称等信息。

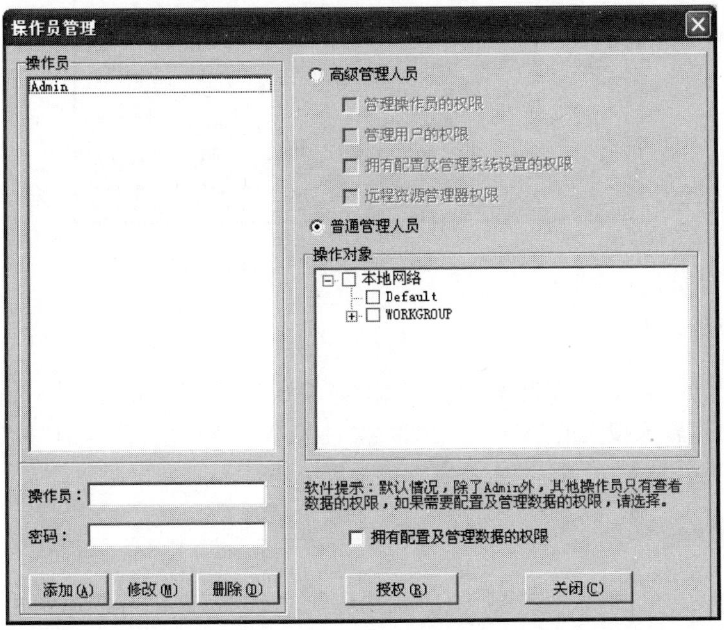

图 16-19　操作员管理

16.2 LanSee

LanSee 是一个局域网管理软件，下载后无须安装即可直接运行。

LanSee 可以监测局域网内指定范围内的主机信息（比如，IP 地址、计算机名、所在工作组、MAC 地址、端口、用户名等）以及共享资源，LanSee 还可以执行远程关机和远程重启操作，通过 LanSee 还可以与局域网内其他主机聊天。

16.2.1 工具选项

选择 LANSee 主界面菜单栏中"设置"下拉菜单中的"工具选项"，显示如图 16-20 所示的"选项"窗口。在该窗口的左侧显示功能选项，包括"搜索计算机""搜索共享文件""局域网聊天""扫描端口"和"网络嗅探"。

1. 搜索计算机

图 16-20 所示，单击"搜索计算机"功能选项，在"选项"窗口右侧显示相应的列表与按钮，在这里，可以输入搜索的"起始 IP 段""结束 IP 段"以及"超时"，然后单击"添加"按钮，会将所输入的搜索 IP 段显示在"选项"窗口右上侧的列表中。

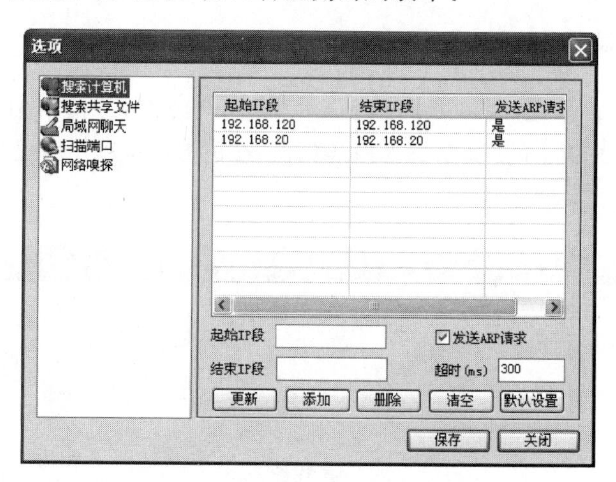

图 16-20　设置搜索计算机的搜索范围

2. 搜索共享文件

图 16-21 所示，单击"搜索共享文件"功能选项，在"选项"窗口右侧显示相应的列表与按钮。在这里，可以输入搜索的"文件类型"和"文件大小"，然后单击"添加"按钮，就会将所输入的共享文件类型显示在"选项"窗口右上侧的列表中。

3. 局域网聊天

图 16-22 所示，单击"局域网聊天"功能选项，在"选项"窗口右侧显示相应的列表与按钮。在这里，可以输入本机在聊天中显示的用户名以及备注信息。

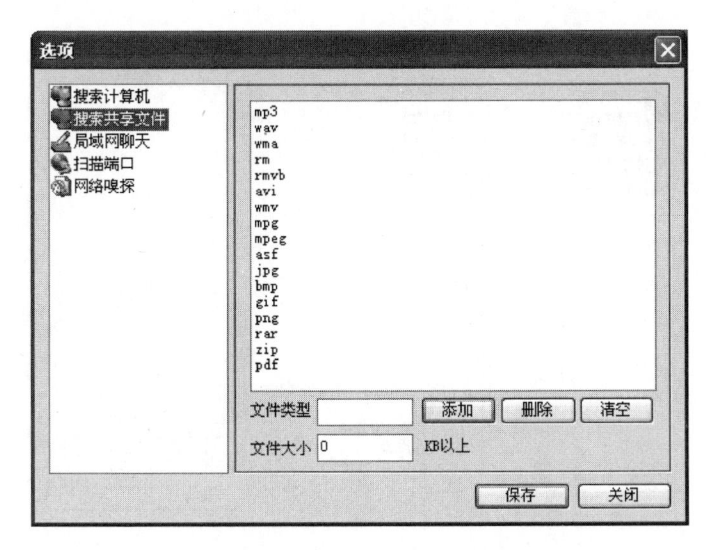

图 16-21　设置搜索共享文件类型

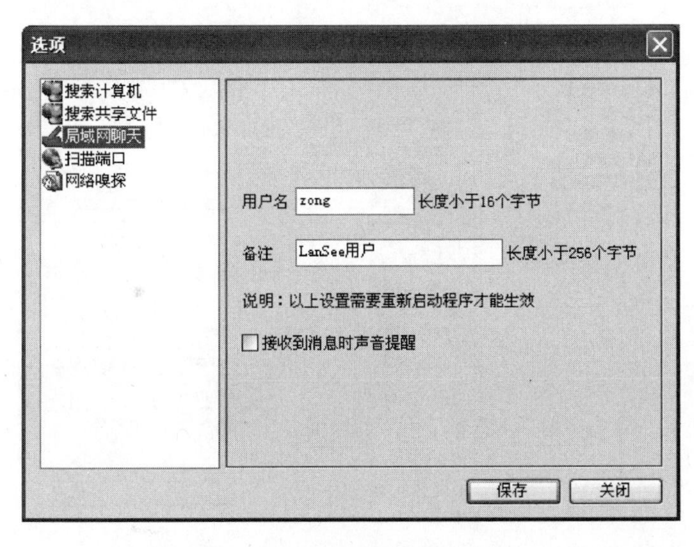

图 16-22　设置局域网聊天信息

4. 扫描端口

如图 16-23 所示，单击“扫描端口”功能选项，在“选项”窗口右侧显示相应的列表与按钮。在这里，可以输入需要扫描的“IP 地址”“端口”和“超时”，然后单击“添加”按钮，会将所输入的 IP 地址和端口数据显示在“选项”窗口右上侧的列表中。

5. 网络嗅探

图 16-24 所示，单击“网络嗅探”功能选项，在“选项”窗口右侧显示相应的列表与按钮。在这里，可以输入“捕获数据包”信息，包括“协议”“源 IP”“源端口”“目的 IP”和“目的端口”，还可以输入“嗅探文件”信息，包括“文件类型”“大小”和“目的端口”。

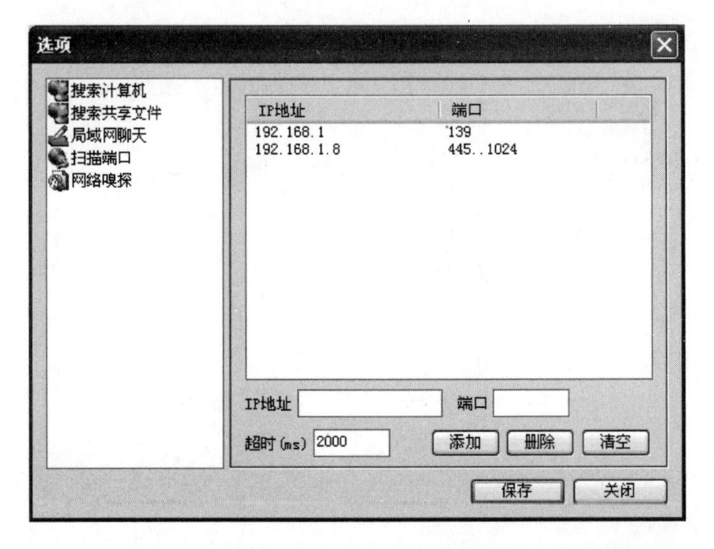

图 16-23　设定扫描端口范围值

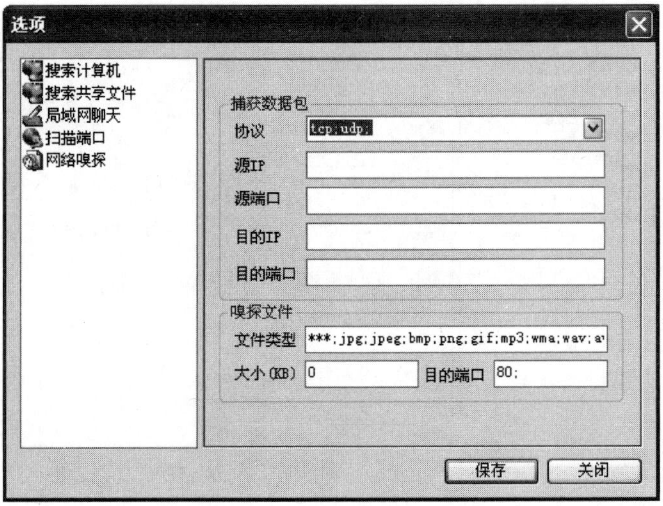

图 16-24　设置网络嗅探捕获信息

16.2.2　搜索计算机

单击 LanSee 主界面左侧的“搜索工具”，会打开一些功能选项，包括“搜索计算机”“主机巡测”和“设置共享资源”，如图 16-25 所示。

单击“搜索计算机”功能选项，在 LanSee 主界面右侧显示与“搜索计算机”功能相对应的列表与按钮，单击“开始”按钮，就开始按照在“选项”中的输入信息搜索当前局域网中所有能够正常连接到网络的主机信息和共享信息。如图 16-25 所示，搜索结果显示在 LanSee 主界面右侧的列表中，显示内容包括 IP 地址、计算机名、所在工作组、MAC 地址、用户名等，同时还会显示共享资源。另外，在 LanSee 主界面的最下方，会显示 LanSee 所在本机的主机名以及 IP 地址等信息。

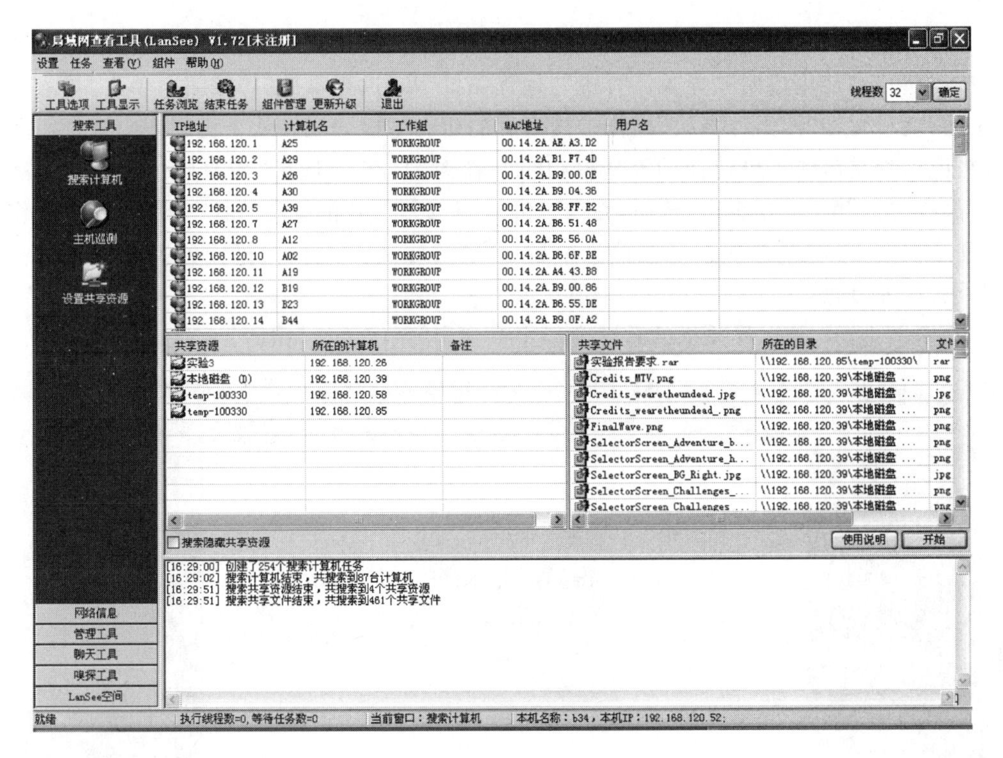

图 16-25　搜索计算机

16.2.3 远程关机

单击 LanSee 主界面左侧的“管理工具”，会打开一些功能选项，包括“复制文件”“远程关机”和“发送消息”，如图 16-26 所示。

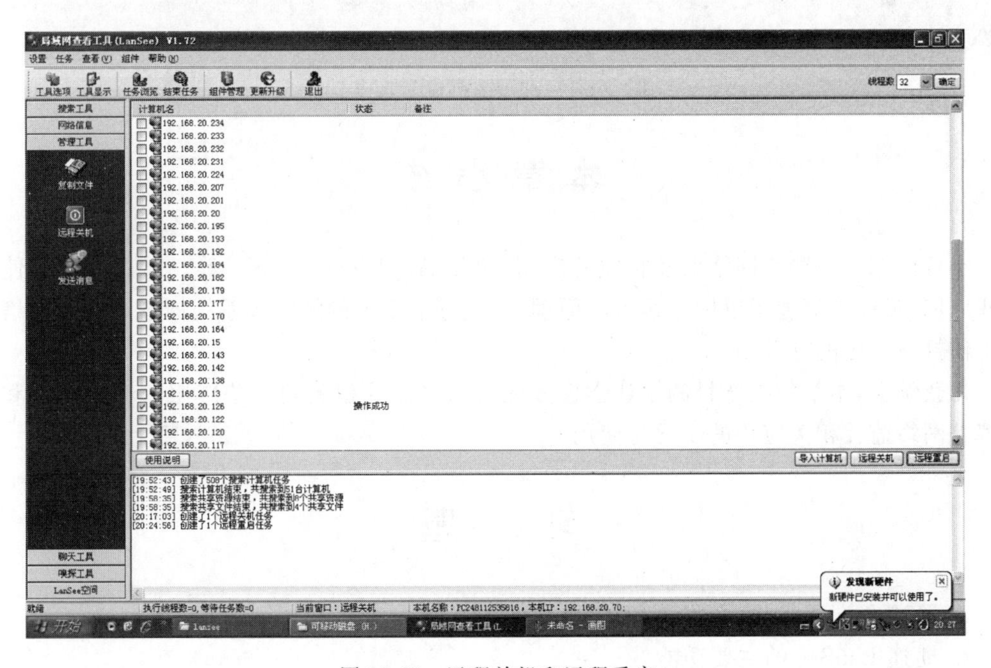

图 16-26　远程关机和远程重启

单击“远程关机”功能选项，在 LanSee 主界面右侧显示与“远程关机”功能相对应的列表与按钮(包括“使用说明”“导入计算机”“远程关机”和“远程重启”等按钮)，单击“导入计算机”按钮，就显示在“搜索计算机”操作中搜索到的所有主机列表。从主机列表中选择需要远程关机或远程重启的主机前面的复选框，比如，在图 16-26 中选择“192.168.20.126”，然后单击“远程关机”和“远程重启”按钮，在与“192.168.20.126”相对应的状态列上显示“操作成功”，并且在图 16-26 中的下面备注信息中显示“创建了 1 个远程关机任务”和“创建了 1 个远程重启任务”信息。

图 16-27 所示，被远程关机的系统窗口中央弹出“系统关机”报警。

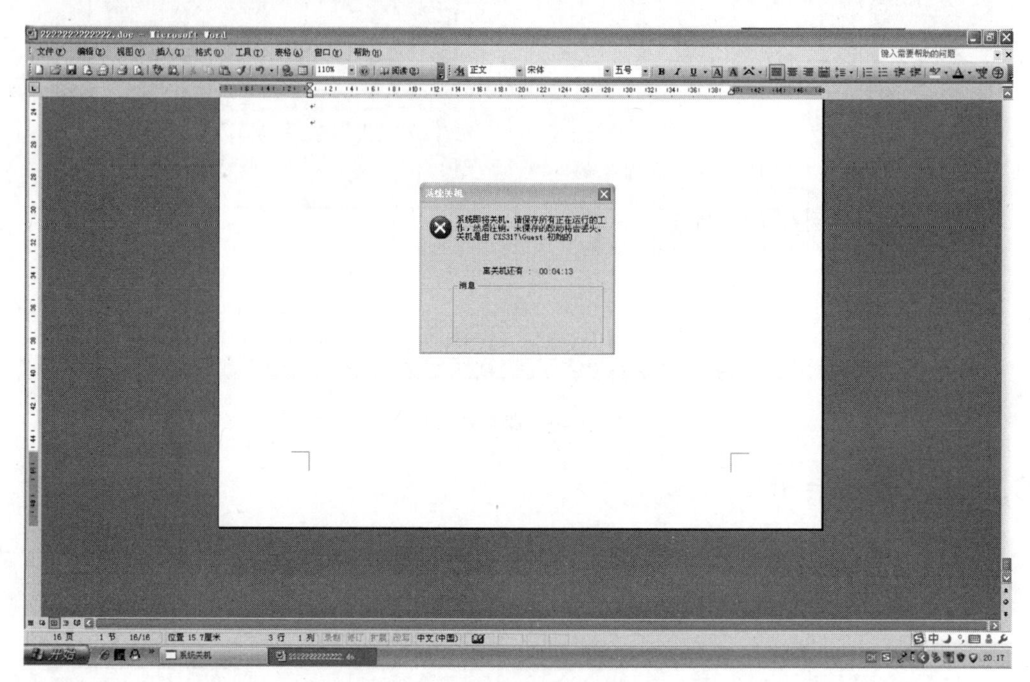

图 16-27 远程关机命令成功

本 章 小 结

本章介绍了一些与网络监控相关的应用，包括 AnyView、LanSee 等。通过了解和使用这些应用，可以更好地了解网络运行的原理，为更好地学习网络管理系统原理和开展网络管理工作打下一定的基础。

在教学上，本章的教学目的是让学生掌握与网络监控相关的一些应用。本章重点和难点都是网络监控相关应用的学习与使用。

习 题

1. 简述 AnyView 的主要功能。
2. 简述 LanSee 的主要功能。

第17章　网络性能测试

本章将分别介绍一些网络性能监测应用，包括MRTG和SolarWinds。通过运行这些应用，可以测试网络带宽、CPU负载等网络性能。

17.1　MRTG

17.1.1　MRTG概述

流量监测应用一般分为离线分析和实时监测，其中MRTG是一种统计分析应用。

MRTG(Multi Router Traffic Grapher，多路由器流量记录器)是由Tobias Oetike和Dave Rand设计的一个基于SNMP的监测并统计分析网络链路流量和网络主机资源的管理应用。MRTG将SNMP的共同体名作为密码，通过SNMP从被管设备取得流量统计数据，包括被监测设备的输入流量数据和输出流量数据。这些数据经过MRTG计算以后写入内部日志文件之中，并且可以生成反映流量情况的GIF图以及包含流量图的HTML页面，这样的话，结合Web服务器就可以监测并显示网络流量信息了。

17.1.2　MRTG的特点

(1) 源码开放

MRTG采用Perl编写，它的源代码完全开放。

(2) 可移植性

MRTG采用了具有可移植性的SNMP实现模块，从而不依赖于具体操作系统，它可以在Unix系统和Windows系统之中运行。

(3) 日志文件大小控制

MRTG采用了数据合并算法，因此MRTG日志文件的大小不会随着监测时间的增长而大幅度增大。

(4) 自动配置功能

MRTG自身带有配置工具套件，简化了配置过程。

(5) PNG格式图形

MRTG图形采用GD库来直接产生PNG格式的图形。

（6）可定制性

MRTG 生成的 Web 页面完全可以定制。

（7）多种界面标识

MRTG 可以采用 IP 地址、设备描述、SNMP 对接口的编号以及 MAC 地址等来标识被监测设备的接口。

17.1.3 MRTG 的组成模块

MRTG 主要由四个模块组成，分别是 SNMP 模块、数据库模块、RateUp 模块和配置模块。下面分别介绍这四个模块。

1. SNMP 模块

该模块以 SNMP 为基础，用来收集网络设备的各种网络状态变量数据，它完全是用 Perl 语言写成的，因此独立于所运行的平台。

2. 数据库模块

该模块是用来将收集到的原始流量数据和系统信息记录到后台数据库当中，以用于统计分析。MRTG 以 ASCII 文本格式来记录所获取的流量数据，并且由 RateUp 模块进行定时更新。

为了避免由于长时间执行监测功能所带来的数据存储量不断增加的问题，MRTG 采用了一种能够有效避免数据记录无限增加的机制，从而能够支持长期的网络监测任务。该机制的主要内容是：MRTG 会定期合并所存储的数据，能够根据数据的记录日期而采用不同的分辨率来保存数据，随着时间的推移，相应数据的分辨率会逐渐下降，如果超过了两年则不再保存该数据。

3. RateUp 模块

该模块用来快速生成每日、每周、每月、每年统计分析图形，GIF 图形的快速生成是由 GD 库来完成的。

4. 配置模块

该模块是用来辅助用户生成 MRTG 的目标对象配置文件。配置工具是 cfgmaker，它利用 SNMP 来读取路由器的接口信息表，并且自动产生一个关于该路由器的框架配置文件，用户可以对其执行编辑或修改操作。

17.1.4 MRTG 的工作原理

MRTG 基于 SNMP，采用具有读权限的共同体名来访问被管网络设备的流量数据。根据配置文件内的设置信息，可以周期性地使用 Get 命令来获取各个被管设备的对象信息，并且将这些信息存入 Log 文件或数据库中，然后计算各个周期所获取数据的平均值，并且通过 GD 库将计算结果直接生成 PNG 格式的图形文件，最后生成包含 PNG 图形的 HTML

网页，网络管理员可以从 Web 浏览器中读取包含网络流量数据的网页。

MRTG 不仅能够提供详细的每日流量记录，而且还可以展现过去一周、过去一个月以及过去一年的流量记录。

MRTG 默认提供四种时间周期的流量统计图，包括以 5min 平均值表示的每日流量统计图、以 30min 平均值表示的每周流量统计图、以 2h 平均值表示的每月流量统计图和以 24h 平均值表示的每年流量统计图。

MRTG 存储了大量的流量数据，才能展现上述所有周期的数据。不过，在从被管网络设备获取了数据以后，MRTG 会自动合计这些数据，减少了大量数据所占用的存储空间，因此，MRTG 存储流量数据所占用的空间不会随着监测时间的增加而快速增大。

事实上，MRTG 并不只是监测网络流量，它也可以用来监测任何其他的 SNMP 参数，可以采用外挂程序来收集所有可以监测的信息，比如系统负载、登录用户数量等，MRTG 还可以将二项或多项数据来源结合在同一个图形中查看。

17.1.5 MRTG 的安装与配置

1. 安装 Web 服务器

由于 MRTG 会生成包含 PNG 图形的 HTML 网页，为了方便网络管理员可以从网络上浏览所生成的网页，需要在 MRTG 所在主机上安装 Web 服务器。

2. 安装 Perl 编译程序

由于 MRTG 是采用 Perl 脚本语言编写的程序，因此，在运行 MRTG 之前，需要首先安装 Perl 编译程序，从网上下载 Perl，下载网址是"http://www.activestate.com/Products/ActivePerl/"，它的默认安装路径是"C:\Perl"，安装完成后，打开"控制面板""系统""高级""环境变量"，在用户环境变量中增加 PATH 变量，内容是"C:\Perl\bin"，否则在 DOS 窗口中输入不带路径的 Perl 命令，会找不到 Perl 的可执行文件在什么位置。

3. 安装第三方库

由于 MRTG 所生成的流量图采用了 PNG 格式，而要使用该格式，需要安装以下第三方库。

(1) GD 函数库

该库是由 Thomas Boutell 创建的基础图形绘制库。

(2) LIBPNG 函数库

GD 函数库需要该库来生成 PNG 图像文件。

(3) ZLIB 压缩函数库

LIBPNG 需要该库来压缩图像文件。

4. 安装 MRTG

可以从网站"http://mirrors.kingisme.com/MRTG/"下载 Windows 版本的 MRTG，MRTG 不需要安装，将 MRTG 解压到指定路径中，比如"C:\MRTG"。

17.1.6 MRTG 实验

(1) 测试 MRTG

运行 CMD,进入 DOS 窗口,输入"C:\> cd \MRTG\bin"命令进入 MRTG 的解压目录,准备执行命令,如图 17-1 所示,输入"perl MRTG"命令来测试 MRTG 是否运行正常。

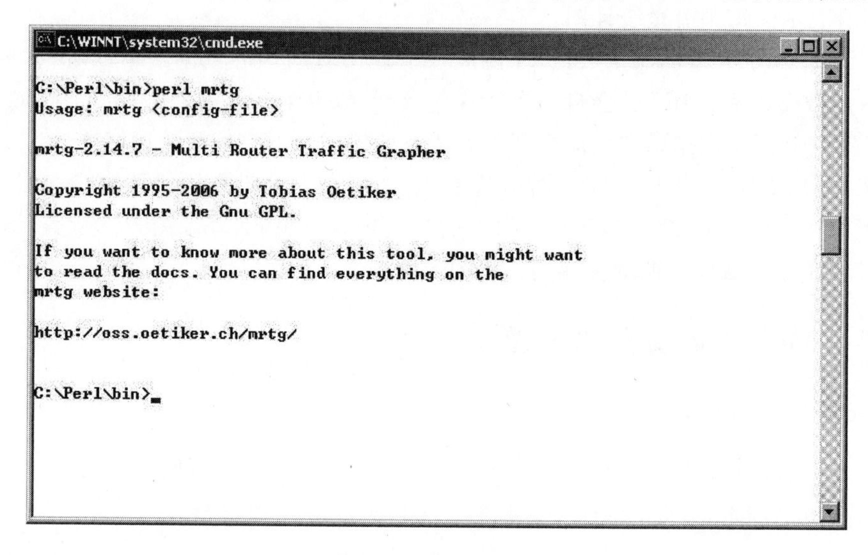

图 17-1　测试 MRTG

(2) 创建 MRTG 目录

在 C:\Inetpub\wwwroot 目录下创建 MRTG 目录。

(3) 输入监控命令

当有多个网络设备需要监控时,输入下面的命令:

```
perl cfgmaker public@192.168.120.2 public@192.168.120.8 --global "WorkDir: C:\Inetpub\wwwroot\MRTG" --output fdmrtg.cfg
```

① 192.168.120.2 与 192.168.120.8 是已开启 SNMP 的设备 IP 地址,可以根据情况修改。

② public 是默认的共同体字符串。

③ fdmrtg.cfg 是输出配置文件,它的存放位置在"MRTG\bin",如图 17-2 所示。

④ WorkDir 内是 MRTG 生成的网页文件。本例指定在 IIS 默认目录。

(4) 输出重定向以及扫描间隔

为了让 MRTG 每隔五分钟监视一次,并将获得的数据重定向输出到 fdmrtg.cfg 文件中,如图 17-3 所示,在 DOS 下的"MRTG\bin"目录输入下面的命令:

```
echo RunAsDaemon:yes >> fdmrtg.cfg
echo Interval:5 >> fdmrtg.cfg
```

(5) 使用 indexmaker 生成报表首页

```
perl indexmaker fdmrtg.cfg > c:\Inetpub\wwwroot\MRTG\index.htm
```

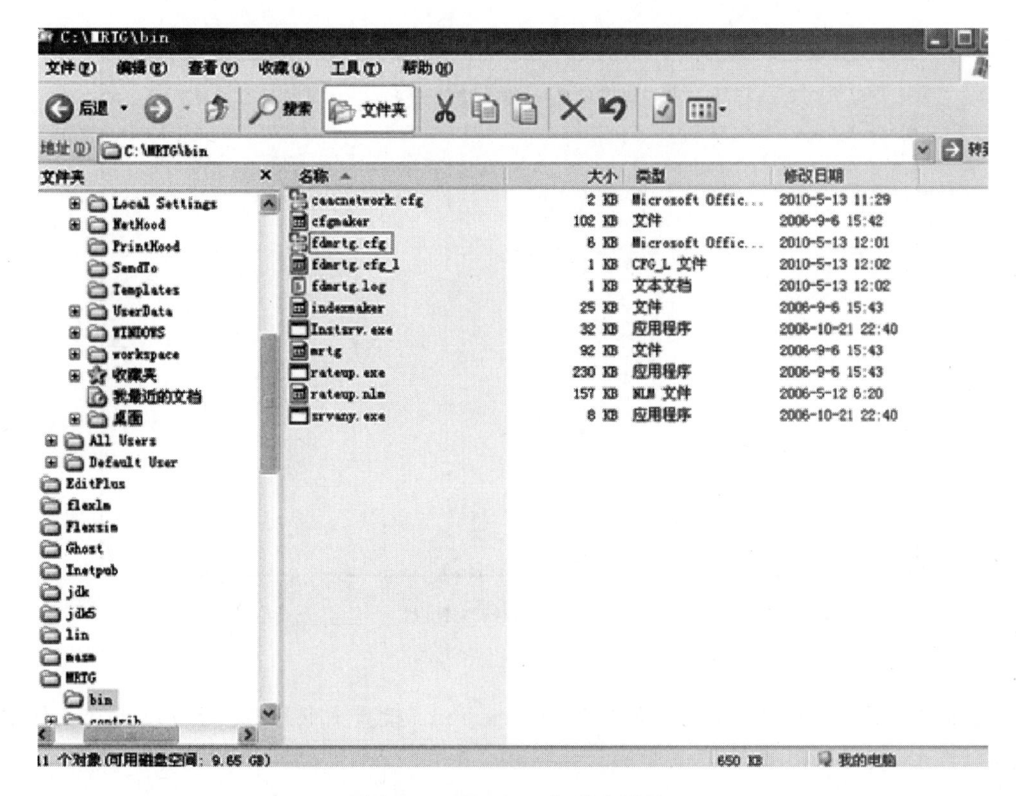

图 17-2　fdmrtg.cfg 所在目录

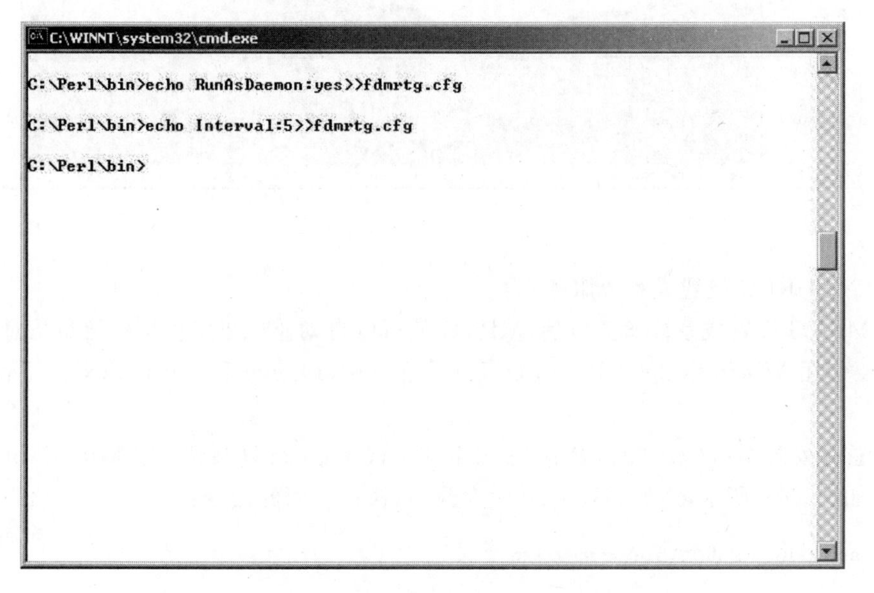

图 17-3　输出重定向以及扫描间隔

(6) 运行 MRTG

如图 17-4 所示，输入以下命令，来运行 MRTG。

```
perl MRTG --logging=fdmrtg.log fdmrtg.cfg
```

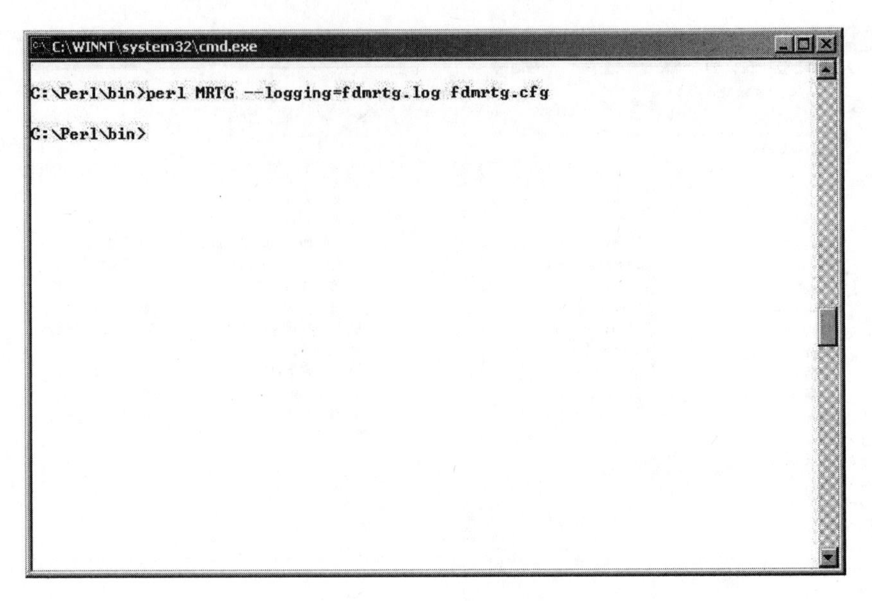

图 17-4　运行 MRTG

(7) 生成统计图形

访问“C:\Inetpub\wwwroot\MRTG\index.htm”检查 MRTG 是否可以正常工作，生成统计图形，统计图形如图 17-5 所示。

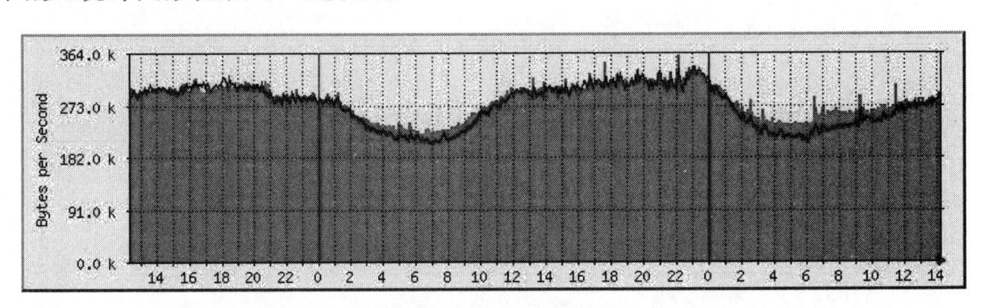

图 17-5　统计图形

(8) 将 MRTG 设置成系统服务

将 MRTG 设置成系统服务以后，MRTG 就可以自动监视指定主机的流量信息了。

需要使用 Windows 2003 Resource Kit 中的 instsrv.exe 和 srvany.exe。下面是设置步骤。

① 首先安装 Windows 2003 Resource Kit，将 srvany.exe 复制到“C:\MRTG\bin”目录。

② 如图 17-6 所示，添加 srvany.exe 为服务，执行下面的命令：

```
instsrv MRTG "c:\MRTG\bin\srvany.exe"
```

③ 配置 srvany。在注册表 HKEY_LOCAL_MACHINE\SYSTEM\CurrentControlSet\Services\MRTG 中，添加一个 parameters 子键。在该子键中添加以下项目：

Application 的字串值，内容为“C:\perl\bin\perl.exe”，该值为 Perl 程序目录；

AppDirectory 的字串值，内容为“C:\MRTG\BIN\”，该值为 MRTG 程序目录；

AppParameters 的字串值，内容为“MRTG --logging=fdmrtg.log fdmrtg.cfg”。

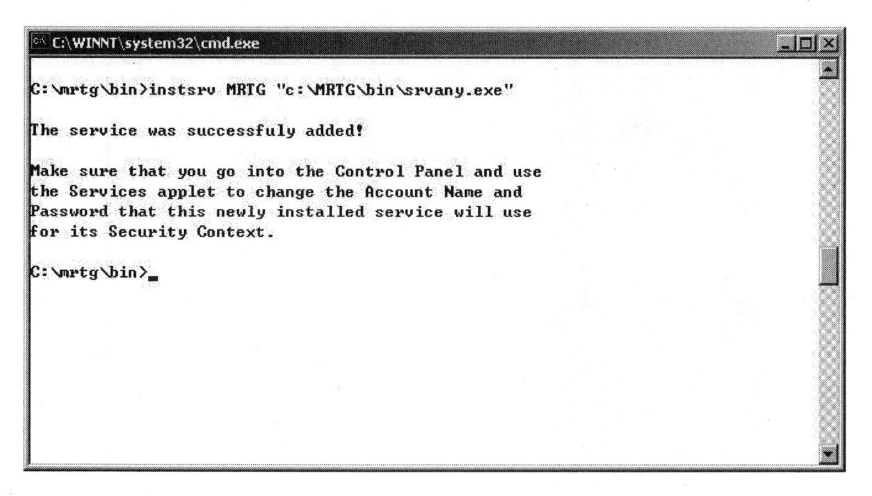

图 17-6　添加 srvany 为服务

④ 启用 MRTG 服务。在"控制面板""管理工具""服务"中，找到 MRTG 服务，并启用该服务。

17.2　SolarWinds

SolarWinds Engineer's Toolset 可以执行网络发现功能、网络监测功能、IP 地址管理功能等几大类功能。在这几大类功能中，SolarWinds Engineer's Toolset 可以测试网络带宽、测试 CPU 负载、测试网络性能等。

可以从 SolarWinds Engineer's Toolset 的官方网站"http://www.solarwinds.com"下载该软件，安装完成后需要重启计算机。

17.2.1　SolarWinds 主界面

运行 SolarWinds 会显示如图 17-7 所示的主界面，该主界面的左侧是各个功能类列表，单击左侧某个功能类，在主界面右侧窗口会显示与该功能类相关的所有功能项。另外，如图 17-7 所示，选择左侧功能类列表中的最上端的 Recently Used Tools，会在右侧窗口中显示最近使用过的所有工具。

17.2.2　查询 CPU 负载

选择 SolarWinds 主界面左侧功能类列表中的 Network Monitoring（网络监测），会在主界面右侧窗口中显示与网络监测功能相关的所有功能项。

1. 查询 CPU 负载主界面

双击网络监测功能项中的 Advanced CPU Load 功能项，会显示如图 17-8 所示的 Advanced CPU Load 窗口。在该窗口，不仅可以实时监测网络设备的当前 CPU 使用率，而且可以查看网络设备的历史 CPU 使用率。

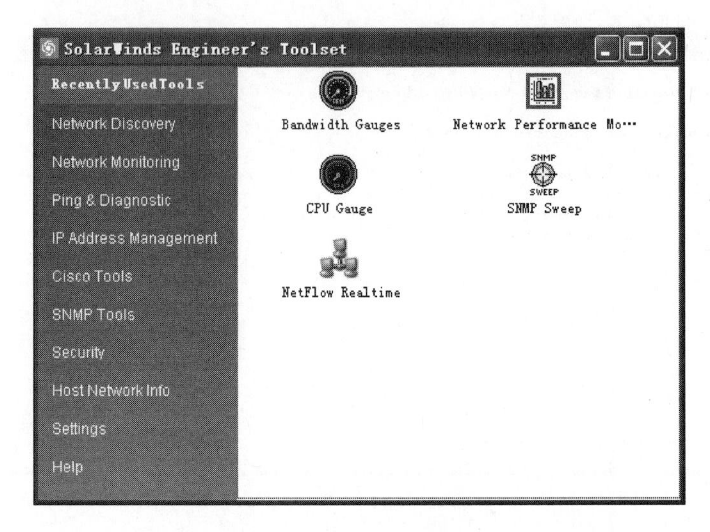

图 17-7　SolarWinds 主界面

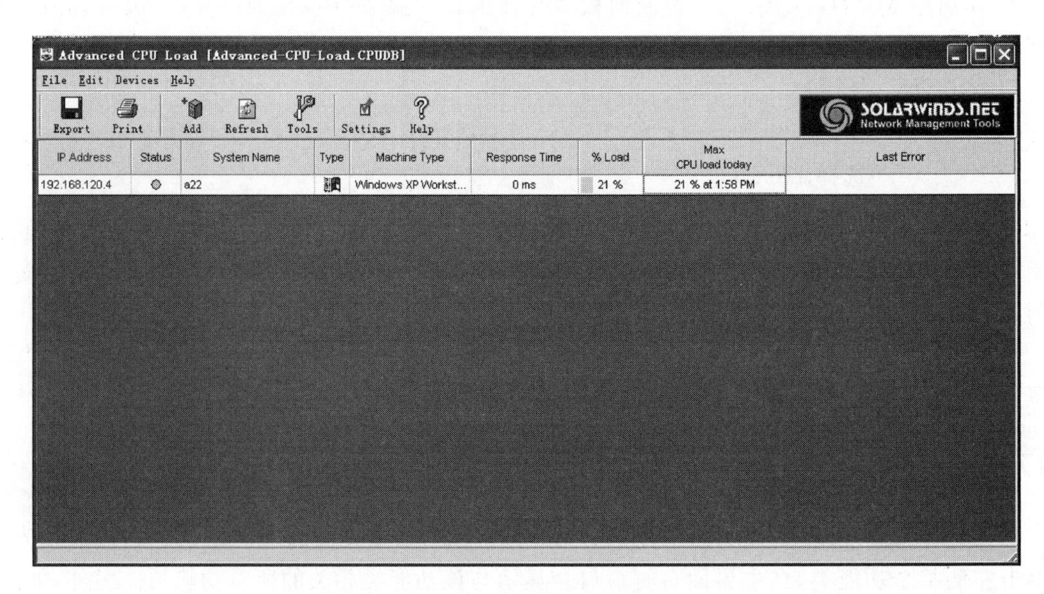

图 17-8　查询 CPU 负载

单击查询 CPU 负载界面工具栏中的 Add 按钮，在所显示的 Add Network Device 窗口中的 IP Address or Hostname 和 SNMP Community String 文本框内输入所添加设备的 IP 地址和 SNMP 共同体串，添加设置操作成功后，会在查询 CPU 负载界面的中央列表中显示所增加的设备信息。

2. 编辑设备的详细信息

在查询 CPU 负载界面中，右击需要查看详细信息的设备条目，在所弹出的快捷菜单中选择 Edit Device Detail 选项，会显示如图 17-9 所示的窗口。在该窗口的上部是一些文本框，可以进行修改，修改完成后，单击 Apply Changes 按钮来保存修改。在该窗口下部的框中，可以查看描述信息、设备类型、响应时间、当前 CPU 负载、处理器数量、最后重启时间、最后发生错误的时间、下一次测试时间和系统 OID 信息等。

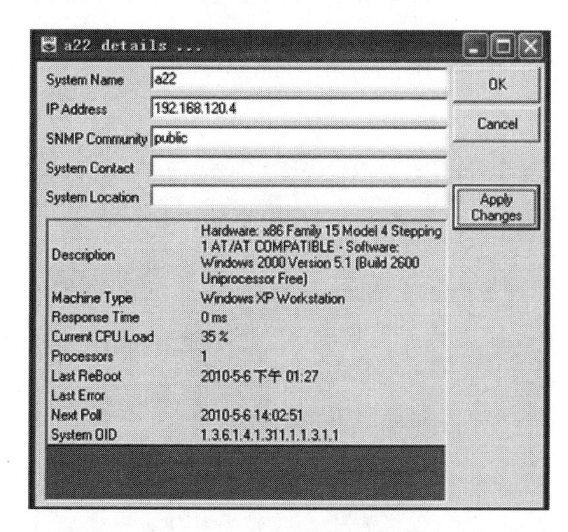

图 17-9 编辑设备的详细信息

3. 查询当前与历史 CPU 使用率

在查询 CPU 负载界面中，右击需要查看当前与历史 CPU 使用率的设备条目，在所弹出的快捷菜单中选择 Historical Graph 选项，会显示如图 17-10 所示的窗口。在该窗口中，可以查看所选设备的当前 CPU 利用率和最近一个月的 CPU 利用率。

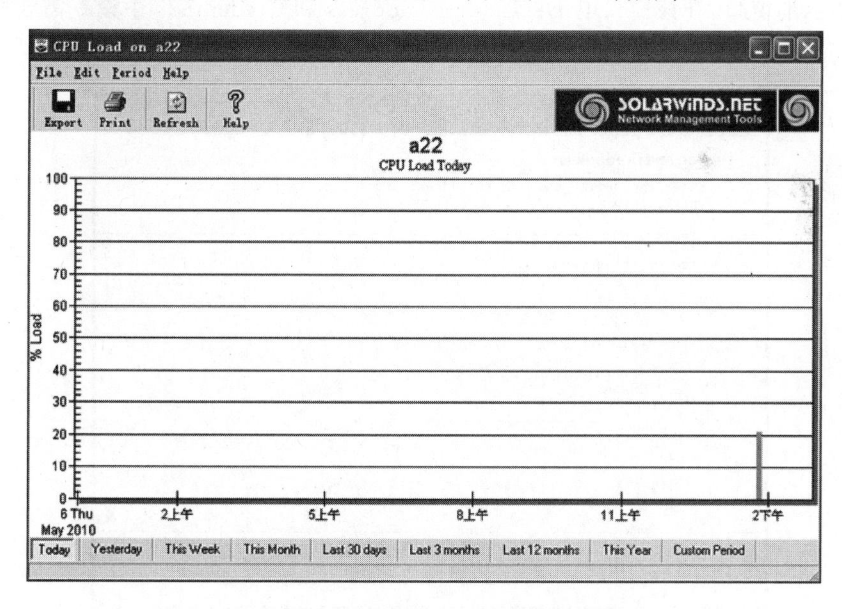

图 17-10 查询当前与历史 CPU 使用率

17.2.3 带宽测试

选择 SolarWinds 主界面左侧功能类列表中的 Network Monitoring(网络监测)，会在主界面右侧窗口中显示与网络监测功能相关的所有功能项。

1. 带宽测试主界面

双击网络监测功能项中的 Bandwidth Gauges 功能项，会显示如图 17-11 所示的 Bandwidth Gauges 窗口。

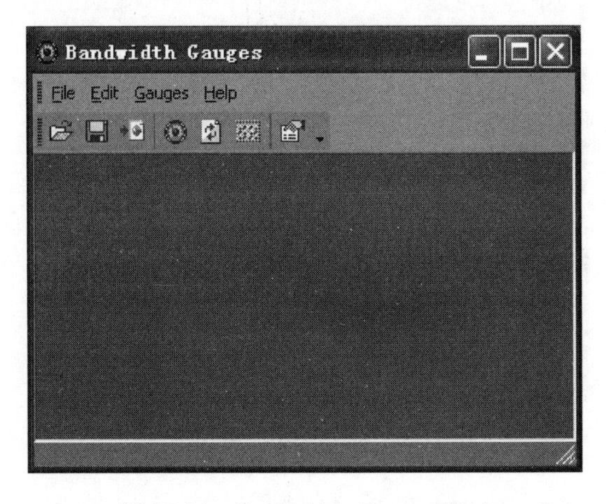

图 17-11 Bandwidth Gauges 窗口

2. 增加新的带宽测试

在 Bandwidth Gauges 窗口的菜单条 Gauges 中选择 New Gauges 选项，会显示如图 17-12 所示的窗口，在该窗口的 Device or IP address 和 Credentials 中设置需要监测的设备的 IP 地址和 SNMP 共同体串。

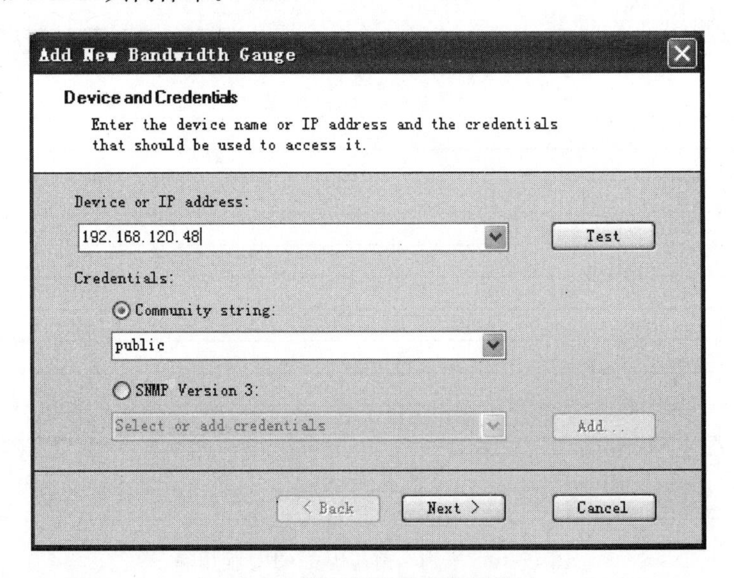

图 17-12 增加新的带宽测试界面

3. 测试是否可以监测

单击图 17-12 中的 Test 按钮，可以测试是否能够监测目的设备，测试完成后，会显示如图 17-13 所示的 Credentials Test 窗口。从该图可以得知，目的设备已经通过了测试。

4. 选择监测端口

单击图 17-13 中的 OK 按钮，就会返回到增加新的带宽测试界面，单击该界面的 Next 按钮，会显示如图 17-14 所示的窗口，在该窗口，可以选择需要监测的端口。

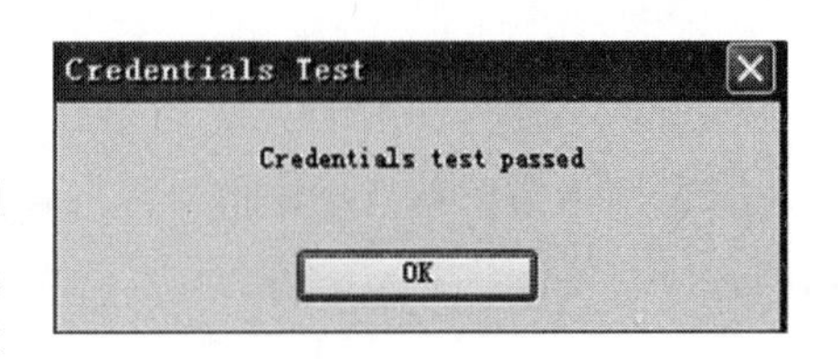

图 17-13　测试通过界面

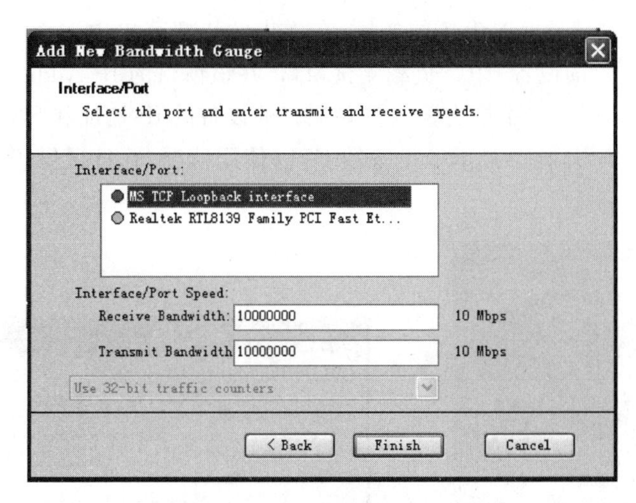

图 17-14　选择监测端口界面

5. 执行带宽监测

单击选择监测端口界面的 Finish 按钮，就开始监测指定的目标端口的带宽，如图 17-15 所示。

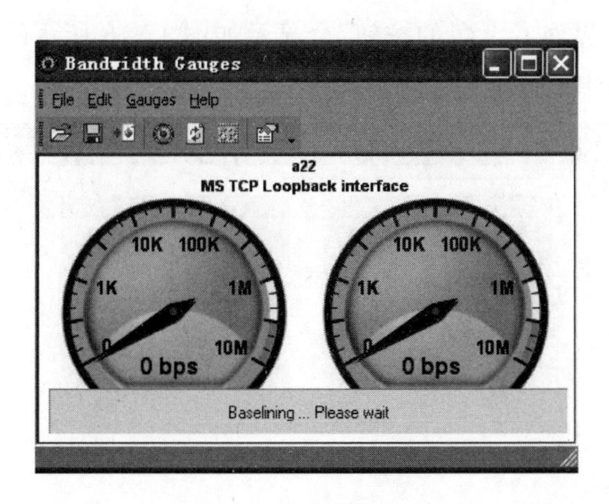

图 17-15　执行带宽监测

17.2.4　CPU 负载测试

选择 SolarWinds 主界面左侧功能类列表中的 Network Monitoring（网络监测），会在主界面右侧窗口中显示与网络监测功能相关的所有功能项。

1. CPU 负载测试主界面

双击网络监测功能项中的 CPU Gauges 功能项，会显示如图 17-16 所示的 CPU Gauges 窗口。

2. 设置 CPU 负载测试

单击 CPU 负载测试界面右上角的按钮，在弹出的快捷菜单中选择 Setup Gauge 选项，会显示如图 17-17 所示的设置 CPU 负载测试窗口，在该窗口的 IP Address or Hostname 和 SNMP Community String 文本框内输入需要测试的设备的 IP 地址和 SNMP 共同体串。输入完成后，单击 OK 按钮，就会显示该设备的 CPU 使用情况，并且提供了实时 CPU 负载的图形显示。

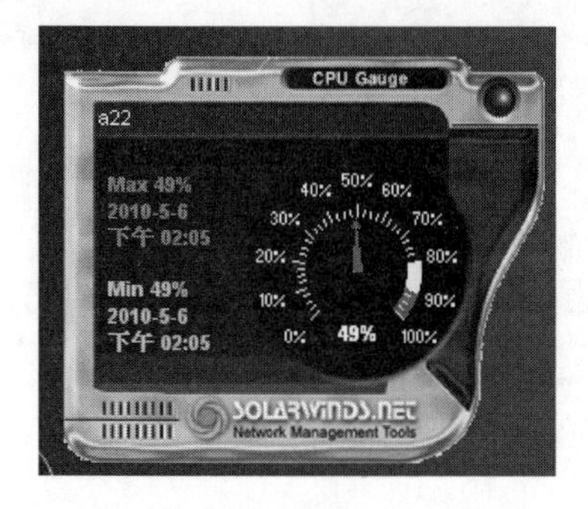

图 17-16　CPU 负载测试界面

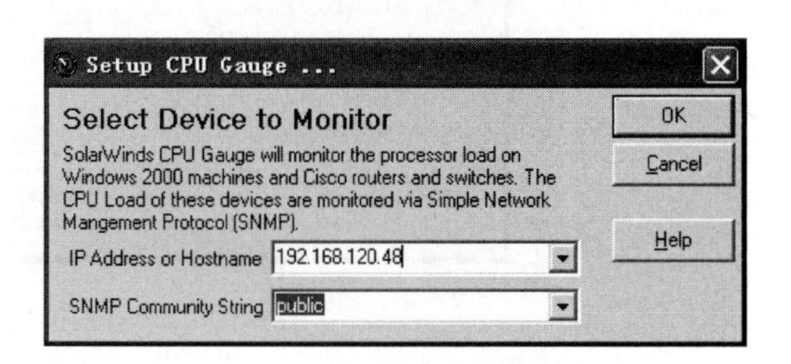

图 17-17　设置 CPU 负载测试界面

3. 保存 CPU 负载测试信息

再次单击图 17-16 界面右上角的按钮，会显示如图 17-18 所示的文件保存窗口。在该窗口，可以设置文件名和保存到哪一个目录中。

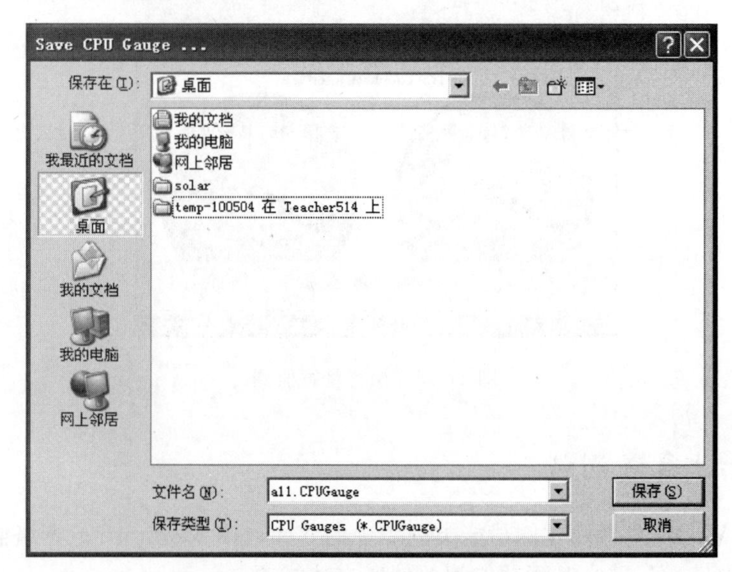

图 17-18　保存 CPU 负载测试信息

17.2.5　网络性能监测

选择 SolarWinds 主界面左侧功能类列表中的 Network Monitoring(网络监测),会在主界面右侧窗口中显示与网络监测功能相关的所有功能项。

1. 网络性能监测主界面

双击网络监测功能项中的 Network Performance Monitor 功能项,会显示如图 17-19 所示的 Network Performance Monitor 窗口。

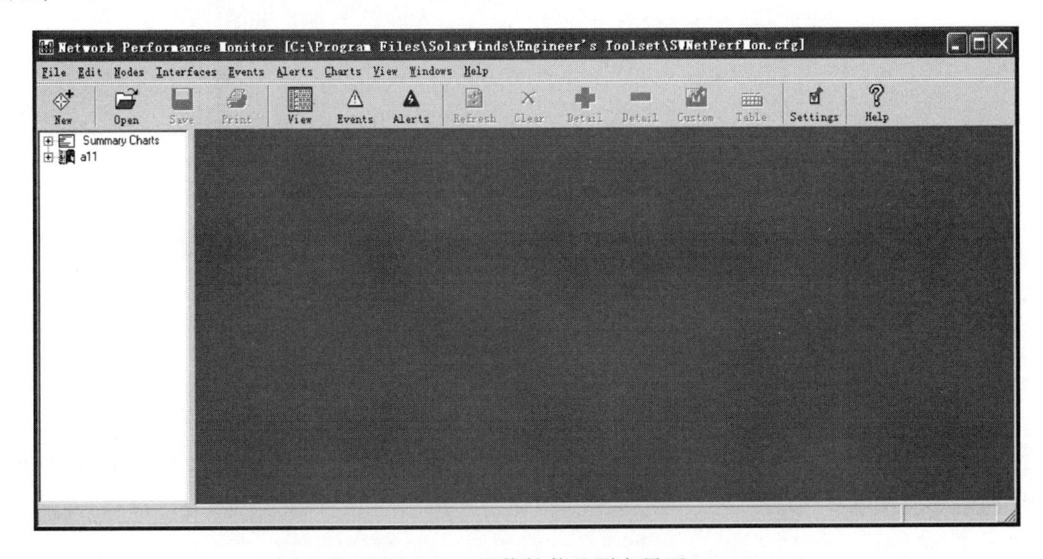

图 17-19　网络性能监测主界面

2. 设置需监测设备的 IP 地址

单击网络性能监测主界面工具栏中的 New 按钮,显示如图 17-20 所示的窗口,在该窗口的 Device or IP address 下拉列表框内输入需进行性能监测的设备的 IP 地址。

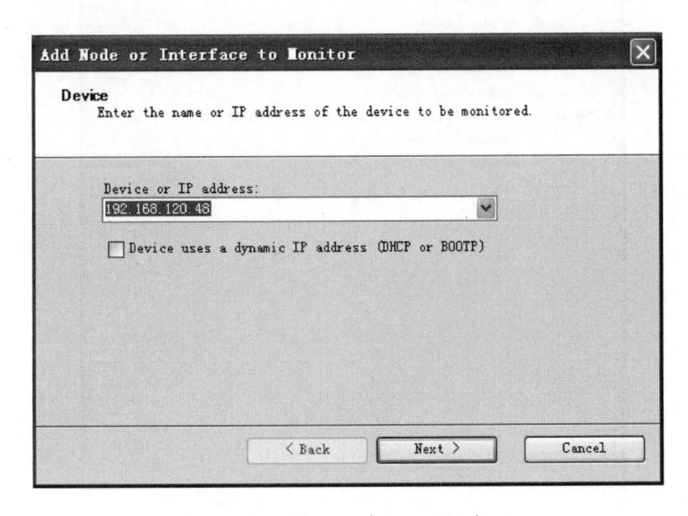

图 17-20　输入设备 IP 地址窗口

3. 设置共同体串

单击输入设备 IP 地址窗口中的 Next 按钮，显示如图 17-21 所示的窗口，在该窗口的 Credentials 区域中的 Community string 框内输入被监测设备的共同体串。

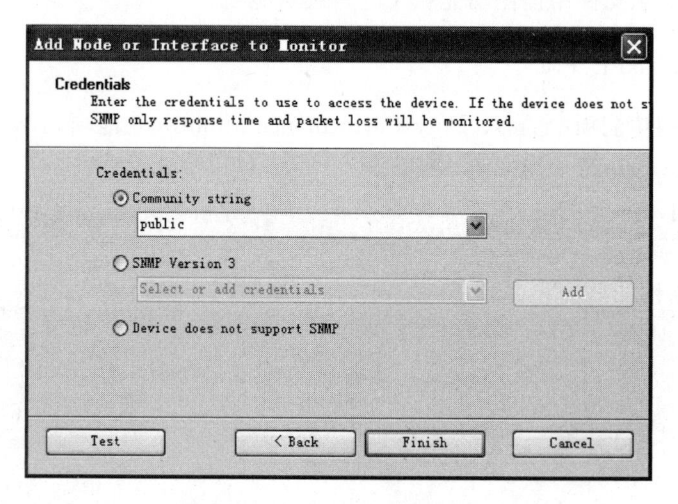

图 17-21　设置共同体串窗口

4. 选择需监测的资源

单击设置共同体串界面中的 Finish 按钮，显示如图 17-22 所示的窗口，在该窗口中，可以选择需要监测的资源。

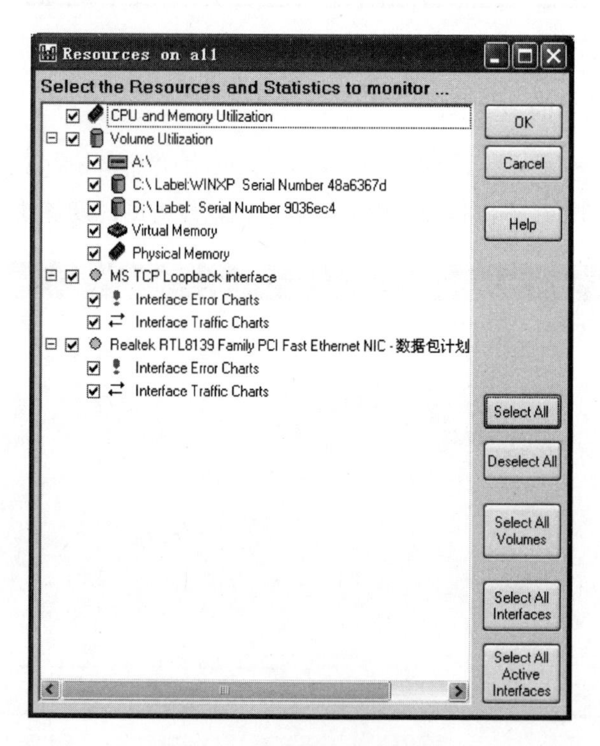

图 17-22　选择需监测的资源

单击 OK 按钮返回 Network Performance Monitor 窗口，在该窗口的左侧树列表中显示了新增加的需监测的资源信息和可以监测的各项信息（比如最大值、最小值、平均值等），右击某个需监测资源，会弹出包括许多功能的快捷菜单。

本章小结

本章介绍了一些与网络性能监测相关的应用，包括 MRTG 和 SolarWinds 等。通过了解和使用这些应用，可以更好地了解网络运行的原理，为更好地学习网络管理系统原理和开展网络管理工作打下一定的基础。

在教学上，本章的教学目的是让学生掌握与网络性能监测相关的一些应用。本章重点与难点都是与网络性能监测相关应用的学习与使用。

习 题

1. 简述 MRTG 的主要功能。
2. 简述 SolarWinds 的主要功能。

参 考 文 献

[1] 谢希仁.计算机网络[M].北京：电子工业出版社，2008.

[2] 苗凤君.局域网技术与组网工程[M].北京：清华大学出版社，2010.

[3] 九州书源.计算机网络实用技术[M].北京：清华大学出版社，2011.

[4] 郭军.网络管理[M].北京：北京邮电大学出版社，2008.

[5] 雷震甲.计算机网络管理[M].北京：人民邮电出版社，2009.

[6] 胡道元.计算机局域网[M].北京：清华大学出版社，2010.

[7] 肖新峰，宋强，王立新.TCP/IP 协议与网络管理标准教程[M].北京：清华大学出版社，2007.

[8] 武孟军.精通 SNMP[M].北京：人民邮电出版社，2010.

图书资源支持

感谢您一直以来对清华版图书的支持和爱护。为了配合本书的使用，本书提供配套的资源，有需求的读者请扫描下方的“书圈”微信公众号二维码，在图书专区下载，也可以拨打电话或发送电子邮件咨询。

如果您在使用本书的过程中遇到了什么问题，或者有相关图书出版计划，也请您发邮件告诉我们，以便我们更好地为您服务。

我们的联系方式：

地　　址：北京市海淀区双清路学研大厦A座701

邮　　编：100084

电　　话：010-83470236　010-83470237

资源下载：http://www.tup.com.cn

客服邮箱：2301891038@qq.com

QQ：2301891038（请写明您的单位和姓名）

资源下载、样书申请

书圈

扫一扫，获取最新目录

课 程 直 播

用微信扫一扫右边的二维码，即可关注清华大学出版社公众号“书圈”。